ENCYCLOPÉDIE
DES
TRAVAUX PUBLICS
Fondée par M.-C. LECHALAS, Inspr génal des Ponts et Chaussées
Médaille d'or à l'Exposition universelle de 1889

CHEMINS DE FER FUNICULAIRES

TRANSPORTS AÉRIENS

PAR

A. LÉVY-LAMBERT
INGÉNIEUR CIVIL

PARIS
LIBRAIRIE POLYTECHNIQUE
BAUDRY ET Cie, LIBRAIRES-ÉDITEURS
15, RUE DES SAINTS-PÈRES
MÊME MAISON A LIÈGE

ENCYCLOPÉDIE DES TRAVAUX PUBLICS

CHEMINS DE FER FUNICULAIRES

TRANSPORTS AÉRIENS

Tous les exemplaires des CHEMINS DE FER FUNICULAIRES *devront être revêtus de la signature de l'auteur.*

ENCYCLOPÉDIE

DES

TRAVAUX PUBLICS

Fondée par **M.-C. LECHALAS**, Inspr génl des Ponts et Chaussées

Médaille d'or à l'Exposition universelle de 1889

CHEMINS DE FER FUNICULAIRES

TRANSPORTS AÉRIENS

PAR

A. LÉVY-LAMBERT

INGÉNIEUR CIVIL

PARIS

LIBRAIRIE POLYTECHNIQUE

BAUDRY ET Cie, LIBRAIRES-ÉDITEURS

15, RUE DES SAINTS-PÈRES

MÊME MAISON A LIÉGE

1894

AVANT-PROPOS

Le livre que nous publions aujourd'hui est la suite naturelle de l'ouvrage paru l'an dernier dans l'Encyclopédie des Travaux publics, et relatif aux chemins de fer à crémaillère.

Ayant eu à étudier quelques applications des systèmes funiculaires, nous avons constaté, comme pour les chemins à crémaillère, le manque absolu d'ouvrages spéciaux.

La recherche des diverses monographies contenant des études relatives aux chemins funiculaires, est souvent fort difficile ; notre but a été d'éviter à nos successeurs la gêne que nous avons rencontrée dans ces études.

Nous avons dû nécessairement faire de très nombreux emprunts aux divers auteurs qui ont traité ces sujets.

Nous avons puisé d'utiles indications dans les études de M. Vautier sur les chemins funiculaires, dans celles de M. Strub, de M. Bucknall Smith (*Cable or Rope Traction*).

Le travail de mission de M. Bienvenüe, ingénieur des Ponts et Chaussées, nous a fourni de nombreuses données sur les tramways funiculaires anglais : nous avons reproduit en annexe l'important travail de M. Widmer, ingénieur des Ponts et Chaussées, relatif au funiculaire de Belleville.

On trouvera au commencement du présent volume la liste des ouvrages à consulter, dans lesquels nous avons puisé.

Nous avons cité aussi exactement que possible les noms des auteurs des ouvrages mis par nous à contribution. Si nous avons omis quelques citations de ce genre nous demandons que l'on veuille bien excuser ces oublis involontaires.

Nous exprimons nos remerciements à ceux qui ont bien voulu nous fournir des renseignements et des documents ; et en particulier à M. C. Lechalas, directeur de l'Encyclopédie des Travaux publics dont le concours nous a été précieux tant pour la publication du présent ouvrage que pour celle du précédent.

A. L. L.

INTRODUCTION

LES CHEMINS DE FER FUNICULAIRES

Historique.
Classification.
Comparaison entre les systèmes.

LES CHEMINS DE FER FUNICULAIRES

INTRODUCTION

HISTORIQUE

La traction sur les fortes déclivités des voies ferrées ne peut plus se faire simplement par adhérence.

Nous avons examiné dans un précédent ouvrage comment on suppléait à l'adhérence à l'aide de la crémaillère.

Les systèmes à crémaillères sont tout indiqués pour les voies ferrées très longues, présentant de nombreuses courbes. Mais lorsque le parcours à effectuer est restreint, les pentes extrêmement raides, et le tracé de la ligne peu sinueux, on emploie souvent un autre mode de traction ; c'est la traction par câble, ou traction funiculaire.

Comme le mot l'indique, dans les systèmes funiculaires le véhicule est tiré à la montée et guidé à la descente par un câble moteur. Le câble est mis en mouvement par une machine fixe ou par un contrepoids d'eau.

L'emploi de la traction funiculaire remonte à l'origine des chemins de fer.

L'industrie des mines en présente de très nombreuses applications tant à l'intérieur des galeries de mines que dans les installations extérieures.

Mais dès 1830 on trouve un exemple de traction funiculaire employée au transport des voyageurs et des marchandises au chemin de fer de Liverpool à Manchester. Cette voie funiculaire présentait une pente de 20 m/m. Aujourd'hui il parait surprenant que l'on n'ait pas fait gravir à une locomotive des rampes de vingt millimètres, mais il faut se souvenir qu'en 1830 le maximum admis pour les déclivités d'une voie ferrée à traction de locomotives était de dix millimètres (1).

(1). Vautier, *Chemins de fer funiculaires.* Lausanne, 1887.

En 1840 un chemin de fer funiculaire destiné à un trafic de voyageurs très considérable fut établi entre Londres et Blackwal par Robert Stéphenson, fils de l'éminent ingénieur anglais Georges Stéphenson.

Cette ligne était en palier et construite sur un viaduc en briques presque dans l'intérieur de Londres. On avait écarté tout d'abord la traction par locomotives à cause des craintes d'incendie, la ligne passant au niveau du toit des maisons. La longueur totale était de 6300 mètres et cinq stations intermédiaires étaient ménagées.

Le point le plus saillant à noter est qu'à chacune de ces stations, un dispositif particulier permettait de laisser une voiture sans arrêter le mouvement des autres véhicules du convoi.

Nous décrirons plus loin avec détail les diverses installations de ce chemin de fer qui fut exploité par câble jusqu'en 1848, époque à laquelle on substitua à ce mode d'exploitation la traction par locomotives.

Notons de suite que la rupture fréquente des câbles en fils végétaux avait conduit, dès cette époque. les ingénieurs de la ligne à l'emploi de câbles métalliques.

En 1840, Michel Chevalier signalait dans son ouvrage, *Histoire des voies de communication aux États-Unis*, un plan incliné automoteur que des trains de houille remontaient tirés par un train descendant formé de wagons en tôle rempli d'eau.

Perdonnet, qui mentionne cet exemple dans son *Traité élémentaire des chemins de fer*, fait remarquer qu'il avait indiqué le principe de cette solution dès 1832.

Vers 1840, un grand nombre de plans inclinés à traction funiculaire étaient en usage sur les voies ferrées. Nous citerons ceux du chemin de Hetton, construits par le père de Georges Stéphenson, ceux des chemins de Darlington à Stockton et de Cronford à Peakforest, en Angleterre.

Sur cette dernière ligne, destinée surtout au trafic des marchandises, on avait substitué des chaînes aux câbles de traction, par raison d'économie ; mais elles se rompirent souvent et causèrent des accidents.

En France, indiquons les plans inclinés des lignes de Saint-Etienne à Roanne et d'Alais à Beaucaire. Sur ce dernier chemin, les pentes atteignaient 0, 093 par mètre ; mais le trafic était surtout le transport de la houille.

En Belgique, on peut citer les plans inclinés de Liège, conçus et exécutés par M. Maus. Ces chemins à traction funiculaire ouverts à l'exploitation en 1840, ont fonctionné jusqu'en 1871 pour le transport des marchandises ; très remarquables comme installation, ils offrent le premier exemple de l'emploi d'un câble sans fin. Toutefois le brin ascendant du câble était seul utilisé pour la traction ; les véhicules descendant sur freins sans être liés au câble.

La pente maxima atteignait 31 mm. par mètre.

C'était à peu près la pente maxima jugée admissible à l'époque de la construction pour les lignes comportant un trafic de voyageurs.

Mais cette limite de pente fut franchie et dépassée de beaucoup sur les lignes ultérieures.

Dès 1862, MM. Molinos et Pronier construisaient à Lyon un plan incliné à machine fixe, reliant deux quartiers de la ville séparés par une différence de niveau de 70 mètres, et présentant une pente uniforme de 160 mm. par mètre. Ce chemin funiculaire dessert un mouvement de voyageurs considérable.

En 1870 on établit en Hongrie le plan incliné d'Offen, reliant la partie basse de la ville au Kœnigsburg qui la domine de 45 mètres. La pente atteint 0m500 par mètre. Une des particularités à noter est que la machine fixe motrice est placée au bas du plan incliné, ce qui entraine des complications dans les installations.

Depuis ce moment les plans inclinés se sont multipliés avec une très grande rapidité; nous examinerons les plus remarquables d'entre eux.

Récemment, en 1873, on appliqua pour la première fois à San-Francisco la traction funiculaire par cables sans fin aux tramways urbains. On comprend que dans ce cas la grande difficulté du problème est de placer convenablement le câble moteur et ses poulies de support, sans qu'il en résulte aucune gène pour les voitures ordinaires suivant le tracé de la voie funiculaire.

Les tramways à câble de San Francisco suivent des rues présentant des pentes de 160 à 190 mm. par mètre; ils ne transportent que des voyageurs. On sait combien ce système a reçu d'applications nouvelles et importantes depuis cette époque.

D'après M. Bucknal Smith [1], le principe pratique des trawmays funiculaires à câble sans fin aurait été indiqué dès 1858 par Es. Gardiner, de Philadelphie, qui prit un brevet relatif à ce mode de traction sans toutefois en poursuivre l'application. Nous reviendrons du reste sur ce point quand nous parlerons plus en détail des funiculaires à câble sans fin.

Le funiculaire par câble à mouvements alternatifs de Territet-Glion, près Montreux, présente des pentes allant jusqu'à 570 m/m par mètre. Il est exclusivement destiné au transport des voyageurs et mû par contrepoids d'eau. M. Vauthier cite le funiculaire du Saillon en Valais, comportant une pente de 800 m/m par mètre ; mais ce funiculaire dessert une carrière, et n'est pas utilisé pour le transport des personnes.

On peut dire, pour terminer ce court aperçu historique, que les plans inclinés ont disparu des chemins de fer ordinaires. Les perfectionne-

1. *Cable or Rope Traction*, par Bucknal Smith, London, 1887.

ments apportés dans la construction des locomotives, et l'emploi de la crémaillère, ont amené peu à peu la suppression des anciens plans inclinés.

On est arrivé à les réserver absolument pour les lignes très courtes, et à déclivités tout à fait exceptionnelles.

M. Couche, dans son *Traité des chemins de fer*, indique nettement les conditions d'application de la traction funiculaire.

« Il y a entre les deux modes de traction : locomotive, machine fixe « à câble, en ce qui concerne les limites pratiques de leur application, « une sorte d'opposition qu'il est bon de signaler dès à présent. Pour « la locomotive, l'élément qui est surtout limité c'est l'inclinaison; « pour la machine fixe, c'est la longueur. Quelque soit l'intermédiaire « employé, il entraîne nécessairement des pertes de travail croissant « avec la longueur et qui, au delà d'un certain point, placeraient ce mode « de traction dans des conditions d'effet utile tout aussi défavorables « que celles de la locomotive fonctionnant sur des rampes d'inclinaison « excessive. »

Toutefois l'emploi de câbles sans fin a permis d'appliquer la traction funiculaire sur de grandes sections ininterrompues.

Mais avant d'entrer dans plus de détails sur les divers systèmes de funiculaires, il importe d'établir une classification.

CLASSIFICATION.

Nous distinguerons dans les chemins à traction funiculaire deux groupes principaux.

Les *funiculaires à mouvements alternatifs ;*

Les *funiculaires à câble sans fin.*

FUNICULAIRES A MOUVEMENTS ALTERNATIFS.

Les véhicules sont attachés à chacun des deux brins du câble. Pendant qu'un brin s'enroule sur le tambour moteur, l'autre s'en déroule.

Ce tambour moteur tourne alternativement dans deux sens contraires à chaque voyage. Le caractère distinctif de ce système de funiculaire réside dans le mouvement alternatif du tambour.

Ces funiculaires à mouvements alternatifs comprennent du reste diverses variétés. Celles-ci présentent toutes cette particularité que pendant la durée de l'ascension d'un train ou d'un véhicule l'autre descend, et que les véhicules descendants arrivent au bas de leur course quand les véhicules montants arrivent à l'extrémité supérieure du plan incliné.

On peut classer les différents types de funiculaires à mouvements alternatifs comme il suit:

1° *Plans inclinés ascendants.*

Ce sont ceux dans lesquels le mouvement est imprimé par une machine fixe actionnant un tambour moteur, ou des poulies.

Exemples : Plan incliné de Lyon-Croix-Rousse, Galata-Péra, Lausanne-Ouchy, etc. etc.,

2° *Plans inclinés automateurs.*

Lorsque le poids du train descendant est toujours supérieur au poids du train montant, on supprime la machine fixe motrice ; et les wagons pleins hissent les wagons vides au sommet du plan incliné par l'intermédiaire des câbles.

On a seulement à modérer la vitesse de la descente en agissant sur le tambour sur lequel le câble vient s'enrouler et s'infléchir.

Les plans automoteurs employés pour le trafic des marchandises exigent naturellement que le mouvement ait lieu exclusivement dans le sens de la descente.

Ces installations de plans automoteurs sont faites surtout en vue des exploitations de mines ou de carrières.

Types : Plans de Hetton, de Rive de Gier, du Saillon, etc., etc.

Nous n'examinerons pas cette classe de funiculaires, dont les applications sont réservées surtout pour l'exploitation des mines et carrières.

3° *Plans inclinés à contrepoids d'eau.*

Dans ce système, les véhicules portent une caisse que l'on peut remplir d'eau au sommet du plan incliné ; de façon à ce que ce lest d'eau soit assez considérable pour remonter les véhicules, attachés à l'autre brin du câble. Arrivé au bas du plan incliné, on vide les caisses des véhicules et l'on remplit celles de ceux qui sont au sommet du plan incliné. On a ainsi une sorte de balance hydraulique.

L'usage de ces plans inclinés s'est surtout répandu depuis que l'on a pu y adjoindre un frein à crémaillère permettant de modérer la vitesse de la marche.

4° *Funiculaires à câbles sans fin.*

Ils forment le second groupe, et présentent tous le caractère suivant.

Les véhicules sont mis en mouvement par un câble sans fin entraîné à une extrémité par un tambour moteur et s'infléchissant à l'autre extrémité du tracé sur une poulie de renvoi. Le mouvement est imprimé au tambour moteur par une machine fixe.

Les funiculaires à câble sans fin peuvent être divisés en deux catégories, suivant que le câble moteur est souterrain ou aérien.

Les funiculaires à *câble souterrain* sont employés pour les tramways urbains.

Le câble porté par des poulies est logé dans un caniveau souterrain portant une rainure centrale. Une tige de traction fixée à la voiture traverse cette rainure et peut à volonté saisir ou lâcher le câble continuellement en mouvement, de façon à permettre la mise en marche ou l'arrêt de la voiture.

Types principaux : San Francisco, Chicago, Brooklyn, Highgate, Belleville, etc., etc.

Ces funiculaires peuvent desservir aisément un trafic voyageur très considérable, sur un tracé très accidenté.

5° *Funiculaires à câble sans fin aérien.*

Ces systèmes ne sont employés que dans les exploitations minières pour le transport des wagonnets.

Le funiculaire avec câble aérien, désigné sous le nom de transport par câble flottant, est très peu usité ; une de ses rares applications est celle de Bridge Pit, près de Vigan (Angleterre)[1].

Généralement, quand on emploie ce système, on substitue une chaîne au câble et l'on appelle alors ce mode de traction « transport par chaîne flottante ».

Une chaîne à maillons est tendue d'un bout à l'autre de la ligne ; à chaque extrémité elle passe sur des poulies à empreintes horizontales, dont l'une reçoit le mouvement d'une machine motrice.

Sur la ligne, la chaîne repose sur les véhicules par l'intermédiaires de fourches qui saisissent les maillons. Aux extrémités, la chaîne se relève de façon à échapper aux fourches des véhicules.

Ce système n'est appliqué que pour les exploitations de mine ; sa description sort du cadre de cet ouvrage. Les principales applications sont celles d'Anzin, de Mariémont, d'Aïn Sedna, du Décido et de Sommorostro.

Comme variétés de ce système, on peut citer aussi les transports par câble traînant ou chaîne traînante, dont les applications sont beaucoup plus restreintes.

Nous examinerons avec quelque détail un système de traction funiculaire qui nous paraît appelé à un certain développement, et qui est encore peu répandu en France : c'est le transport par *câbles porteurs aériens.*

La généralité du système, les nombreuses applications qu'il a reçues dans des cas bien divers à l'étranger, nous ont engagé à comprendre l'étude de ce système de transport dans notre ouvrage.

COMPARAISONS ENTRE LES DIVERS SYSTÈMES DE CHEMINS DE FER FUNICULAIRES.

Les funiculaires à mouvements alternatifs sont infiniment plus simples que les funiculaires à câble sans fin. Ils présentent peut-être plus

1. Evrard. *Les moyens de transport*, Paris, Baudry, éditeur.

de sécurité à cause de la sûreté de l'amarrage du câble à la voiture. La fatigue du câble est moindre.

Par contre, le câble étant tendu à la descente par le seul poids du véhicule : les variations de pente du profil en long sont limitées ; on ne peut avoir que de très courts paliers, et à plus forte raison aucune contre pente. Enfin, comme on le verra plus loin, le tracé en plan ne peut pas s'écarter très notablement de la ligne droite, ou du moins doit être très peu sinueux.

Avec le câble sans fin, au contraire, on peut avoir des contre pentes, les courbes sont admissibles ; et surtout la capacité de trafic est considérable, puisque l'on peut placer en chapelet sur le câble un nombre de véhicules pour ainsi dire aussi considérable que l'on veut. C'est le système des grandes villes à rues en forte pente et à grande circulation.

Il a le défaut de coûter extrêmement cher et comme construction et comme exploitation.

Le système de traction funiculaire le plus économique de tous, quand on peut l'appliquer, est sans contredit le plan automoteur ou le funiculaire à contre poids d'eau dont nous avons déjà parlé brièvement.

La sécurité des divers systèmes de funiculaires doit être absolue, surtout quand il s'agit de voitures à voyageurs. Les ruptures de câbles en service sont devenues rares depuis l'emploi des câbles métalliques. Néanmoins il faut parer à cet imprévu ; on y arrive soit par l'emploi de freins automatiques agissant d'eux-mêmes en cas de rupture du câble ; soit par l'emploi de freins à crémaillère, analogues à ceux des chemins à crémaillère.

La traction funiculaire est appliquée dans des cas si différents, les solutions sont tellement variées, qu'il est bien difficile d'indiquer des règles générales et de dégager des principes fondamentaux. On peut dire que la traction funiculaire présente une série de cas particuliers. Tantôt il s'agit de relier deux quartiers d'une même ville situés à des hauteurs bien différentes ; tantôt c'est un site élevé inaccessible dont il importe de faciliter l'accès aux touristes ; là, il faut desservir un mouvement de marchandises très important, comme dans les mines ou carrières.

Ici la pente du profil en long est uniforme, là elle doit varier.

Parfois l'exploitation n'a lieu que durant quelques mois de l'année, lorsqu'il s'agit d'un chemin de plaisance en pays de montagne.

Suivant que l'on peut où non utiliser des forces naturelles, le système moteur changera complètement.

Il y a, comme on le voit, une foule de raisons qui font varier la solution à adopter d'un cas à l'autre, qui indiquent le système à préférer, le moteur à employer, et conduisent le constructeur à fixer son choix sur l'une des diverses catégories de la classification adoptée par nous pour les chemins de fer funiculaires.

CHAPITRE PREMIER

FUNICULAIRES A MOUVEMENTS ALTERNATIFS

MUS PAR UNE MACHINE FIXE

§ 1. *Principes. Théorie.*
§ 2. *Descriptions de divers plans inclinés à machine fixe.*
§ 3. *Voie, poulies de support.*
§ 4. *Câbles.*
§ 5. *Machines motrices.*
§ 6. *Matériel roulant, dépenses de premier établissement.*
§ 7. *Exploitation.*

SOMMAIRE :

§ 1er. — *Principes. Théorie* : 1. Conditions d'établissement en plan. — 2. Etude du profil en long. — 3. Problème de la traction. — 4. Profil d'équilibre. — 5. Raccordement des déclivités. — 6. Calcul des efforts de traction. — 7. Evaluation des résistances. — 8. Emploi d'un wagon contrepoids. — 9. Travail de la machine motrice. — 10. Influence du poids du câble.

§ 2. — *Descriptions de divers plans inclinés à machine fixe* : 11. Plan incliné de Lyon-Croix-Rousse. — 12. Plan incliné d'Ofen. — 13. Plans inclinés de Santos. — 14. Plan incliné du Léopoldsberg. — 15. Plan incliné de Galata à Péra. — 16. Plan incliné de Lyon-Fourvière. — 17. Plan incliné du Mont San Salvator. — 18. Plan incliné du Burgenstock. — 19. Plan incliné de la Côte du Hâvre. — 20. Plan incliné de Croix-Rousse-Croix-Paquet.

§ 3. — *Voie, poulies de support* : 21. Constitution et fixation de la voie. — 22. Appareils de changement et croisement. — 23. Poulies de support du câble.

§ 4. — *Câbles* : 24. Généralités. Composition des câbles. Résistance des fils métalliques. — 25. Poids des câbles. Calcul du diamètre. — 26. Tension maxima et résistance des câbles, limites admises, exemples. — 27. Usure des câbles. Durée. Prix de revient. — 28. Amarres des câbles. Réglage.

§ 5. — *Machines motrices* : 29. Généralités. — 30. Tambours et Poulies. Adhérence du câble. — 31. Description de diverses machines motrices.

§ 6. — *Matériel roulant, dépenses de premier établissement* : 32. Types de voitures. — 33. Freins, appareils de sécurité. — 34. Dépenses de premier établissement.

§ 7. — *Exploitation* : 35. Règles générales. Dépenses d'exploitation. Recettes. Tarifs.

CHAPITRE PREMIER

FUNICULAIRES A MOUVEMENTS ALTERNATIFS

MUS PAR MACHINE FIXE

---

§ 1. — PRINCIPES. THÉORIE.

1. Conditions d'Établissement en plan. — Les plans inclinés ascendants sont presque toujours tracés en ligne droite. Quand ils présentent une inflexion, cette inflexion est toujours faible et ménagée le plus souvent soit aux abords des stations d'arrivée ou de départ, soit vers le milieu en un point où il y a parfois ralentissement de vitesse.

Quand le chemin est à une seule voie, le point d'évitement se trouve nécessairement au milieu ; on ralentit la marche aux abords de ce point, et on en profite quelquefois pour y ménager une courbe ; cela a été fait souvent, notamment aux funiculaires de Rives-Thonon et du Burgenstock, où l'on a admis pour ce dernier une courbe de 140 mètres sur le garage intermédiaire.

Quand il y a plusieurs courbes, comme au Burgenstock, ces courbes doivent être dirigées dans le même sens. C'est-à-dire que le tracé ne doit pas présenter de courbe et contre-courbe.

M. Vautier, qui a étudié spécialement ces questions, est d'avis que l'on pourrait « desservir par un câble des tracés sinueux » sous certaines conditions [1]. Jusqu'ici cependant on n'est pas entré dans cette voie d'une façon générale et les plans inclinés ascendants sont le plus souvent tracés en ligne droite.

La raison de cette pratique est simple, elle résulte de la nécessité du guidage du câble.

En effet, sur un plan incliné à machine fixe, la tension des brins du câble est variable. Suivant que la résistance au mouvement change

1. Vautier, *Chemins funiculaires*, p. 50.

pour une cause ou l'autre, le tambour moteur tend à accélérer ou à ralentir sa marche.

Si l'on considère le brin du câble attaché au véhicule descendant le plan incliné, lorsque la vitesse de rotation du tambour moteur augmentera, la tension de ce brin diminuera, jusqu'au moment où le véhicule descendant aura repris, sous l'action de la gravité, une vitesse linéaire correspondant à celle du câble au sortir du tambour. Pendant cette variation de vitesse, la tension du câble diminuera considérablement. Il résulte de là que le câble est soumis à des oscillations verticales, à des fouettements, tendant à le faire sortir des poulies qui le supportent le long de la voie.

Lorsque le tracé est rectiligne, et que le câble est soulevé il retombe naturellement dans la gorge des poulies placées comme lui dans l'axe du chemin ; mais si le tracé est sinueux, le câble peut retomber en dehors des gorges des poulies ; traîner sur la voie en risquant de causer des dégâts et d'être mis hors de service.

En outre, on conçoit que l'obliquité de la traction sollicite également le câble à sauter par dessus les faces latérales formant la gorge des poulies ; car ces poulies ont généralement leur axe de rotation horizontal ; enfin cette obliquité de la traction augmente très notablement les pressions sur les axes des poulies, ainsi que la longueur de l'arc embrassé par le câble sur chaque poulie. Les frottements et l'usure du câble sont par suite de ce fait augmentés dans d'énormes proportions.

Jusqu'ici on ne s'est guère hasardé à établir des plans inclinés à traction directe avec des courbes prononcées. Les tentatives faites dans ce sens ont toujours été très prudentes et les courbes adoptées sont peu sensibles et présentent d'assez grands rayons. M. Couche, dans son *Traité des chemins de fer* (Livre III, p. 772), dit à ce sujet :

« Pour les plans inclinés à traction directe, établis sur les lignes à « voyageurs, l'alignement droit en plan a toujours été considéré comme « une nécessité à laquelle on ne pourrait guère se soustraire ».

La conclusion de M. Couche est demeurée exacte et l'on peut dire que les courbes en plan sont sinon exceptionnelles du moins assez rares sur les funiculaires à mouvement alternatif.

2. Etude du profil en long. — Le tracé du profil en long d'un chemin de fer funiculaire est généralement commandé par le terrain lui-même.

La disposition la plus simple, mais qui n'est pas la meilleure au point de vue théorique, consiste à adopter une pente uniforme d'un bout à l'autre de la ligne.

D'autres fois, les conditions d'établissement imposent des brisures au profil, et l'on est alors contraint d'avoir recours à des pentes diverses qu'il faut raccorder entre elles convenablement pour éviter des soulèvements du câble aux abords des points de brisure.

Considérons (fig. 1) les deux véhicules attachés chacun à l'extrémité du câble et supposons le véhicule ascendant A plus lourd que le véhicule descendant B. La machine motrice aura à fournir un travail correspondant à la différence de poids augmentée des résistances passives, et en rapport avec la vitesse de marche.

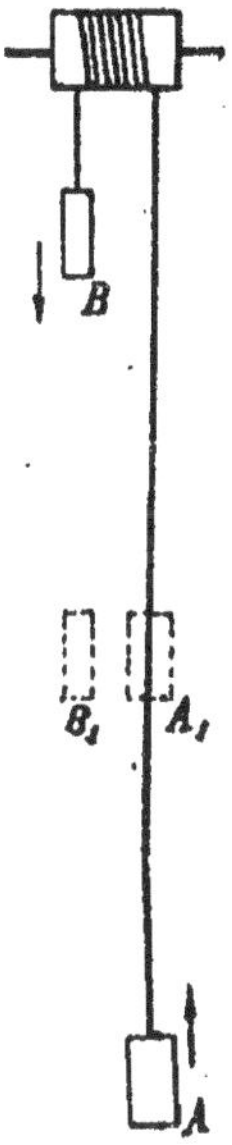

Mais la différence des poids ou de leur composante, suivant chaque brin du câble, se complique de la composante afférente au poids du câble lui-même, composante variable suivant la position des véhicules sur la voie.

Il est clair qu'au début de l'ascension le poids du câble donne un effort résistant; au moment où les deux véhicules se trouvent en A_1 et B_1 au milieu du parcours, les deux brins du câble se font équilibre, et au delà la différence de poids des deux brins du câble donne une composante motrice.

Si nous avions supposé le wagon descendant B plus lourd que le wagon montant A, la machine aurait eu à développer un travail négatif, pour modérer la vitesse de marche. Dans ce cas, pendant la première moitié du parcours, la différence de poids des deux brins du cable aurait agi pour soulager la machine, dans la deuxième moitié du trajet; cette différence aurait agi en sens inverse.

Fig. 1.

Cet effet dû au poids du câble est loin d'être négligeable, surtout quand le plan incliné présente une certaine longueur. Les câbles pèsent, 6, 8, et 10 kil. par mètre linéaire ; on conçoit que pour une longueur notable le poids du câble devienne comparable aux charges traînées.

On peut donc se demander si, au moins théoriquement, il ne serait pas possible de contrebalancer la variation d'effort due au poids du câble par un tracé convenable du profil en long. C'est ce que nous étudierons un peu plus loin.

Auparavant, indiquons brièvement la valeur des pentes en usage sur les funiculaires à mouvements alternatifs.

La pente minima est celle qui est assez forte pour permettre au véhicule descendant de tendre suffisamment le brin du câble auquel il est attaché. Ce minimum de pente n'est pas absolu : il dépend de la longueur de la pente, de sa position dans le trajet, et de la force vive des véhicules au moment où ils la franchissent.

On peut citer un très grand nombre de plans inclinés surtout pour le trafic marchandises, dans lesquels des parties de pente sont raccordées par des paliers que les wagons franchissent par la vitesse acquise.

Quant à la pente maxima, elle est très forte. Perdonnet considérait une pente de 30 à 40 mm. comme le maximum admissible sur les lignes à voyageurs.

Depuis, cette limite a été bien dépassée, car dès 1870, on adoptait à Ofen une pente de 500 mm. ; au Gütsch, à Lucerne, la pente est de 530 mm. ; au Territet-Glion, près Montreux, on a adopté une pente de 570 mm., au Burgenstock, près de Lucerne, on a admis 580 mm. et enfin, au San Salvator, on a adopté une pente de 600 mm. Toutes ces lignes sont affectées exclusivement au transport des voyageurs.

Mais il faut ajouter que ce sont de véritables ascenseurs ; que les charges remorquées sont très faibles ; que ces plans inclinés ne répondent plus du tout aux conditions de ceux construits au début de l'industrie des chemins de fer, lorsque l'on avait en vue le transport de lourds et longs convois composés de plusienrs véhicules pesamment chargés.

Avant de pousser plus loin l'étude du profil en long, il est indispensable de se rendre compte du problème de la traction sur un funiculaire à mouvements alternatifs.

3. Problème de la traction. — Soient P le poids du wagon montant A (fig. 1).

P' le poids du wagon descendant B.

α l'angle que fait avec l'horizontale la courbe du profil en long en B au-dessus du point de croisement ;

β l'angle que fait avec l'horizontale la courbe du profil en long, au *point* A *symétrique de B par rapport au point de croissement* ;

f la résistance au roulement en palier ;

p le poids du câble par mètre courant ;

R la force représentant l'ensemble des résistances dues au frottement du câble sur ses galets de support ;

M l'effort exercé par le moteur sur le câble.

L'équation d'équilibre sera

$$P' \sin \alpha + M = \sin \beta \pm \int_{\alpha}^{\beta} p \sin \omega + (P + P') f + R,$$

en supposant cos α et cos β égaux à l'unité, ce qui est admissible, f étant assez mal déterminé.

Nous adopterons pour ces calculs le principe de la marche indiquée par M. Vautier dans son étude sur les chemins de fer funiculaires.

M. Vautier indique une valeur très simple de l'intégrale $\int_{\alpha}^{\beta} p \sin \omega$ due au poids du câble.

Voici sa méthode

Considérons, fig. 2, une largeur de câble AB de un mètre, faisant avec l'horizon un angle ω.

La composante *no* parallèle à la voie est égale, d'après le triangle *mno*, à $p \times \sin \omega = no$, mais d'autre part le triangle A B C donne B C = A B sin $\omega = 1 \times \sin \omega$; donc BC, différence de niveau des points A et B est égale à $h = \sin \omega$ et $no = p \times h$.

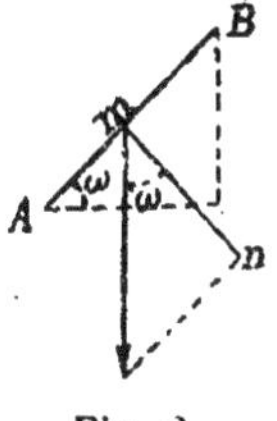

Fig. 2.

Si au lieu d'une longueur égale à l'unité il s'agit d'une longueur *l*, la composante devient $p \times lh$ et lh est la différence de niveau entre les deux points considérés.

Donc on a $\int_{\alpha}^{\beta} p \sin \omega = ph$, *h* étant la différence de niveau des deux points du profil en long occupant sur ce profil des positions symétriques par rapport au point de croisement.

L'équation d'équilibre s'écrira donc ;

$$P \sin \alpha + M = P \sin \beta + ph + (P + P') f + R \qquad (1).$$

$$\text{D'où } M = P' \sin \beta - P' \sin \alpha \pm ph + (P + P') f + R \qquad (1)'.$$

L'équation (1)' montre que le travail moteur variera à chaque instant suivant les valeurs des variables α, β et h.

4. Profil d'équilibre. — On peut se demander s'il ne serait pas possible de tracer le profil en long du plan incliné de telle façon que la forme même de la courbe affectée par le profil du chemin rende le travail M constant.

Ou autrement dit que le profil par sa variation de courbure compensat à chaque instant la variation de la composante due au poids du câble ; ce qui se traduirait algébriquement dans l'équation (1)' par la condition.

$$P \sin \beta - P' \sin \alpha + ph = K$$

K étant une quantité constante.

Considérons le wagon montant partant de A, et arrivant en B, position qu'occupait le wagon ascendant et écrivons l'équation d'équilibre correspondante. On l'obtiendra en remplaçant dans l'équation (1) α par β, β par α et $+ ph$ par $- ph$, cette équation deviendra :

$$P' \sin \beta + M = P \sin \alpha - ph + (P + P') f + R \qquad (2)$$

si l'on y joint la première équation.

$$P' \sin \alpha + M = P \sin \beta + ph + (P + P') f + R \qquad (1)$$

on aura en ajoutant membre à membre :

$$(P' - P) (\sin \beta + \sin \alpha) = 2 [(P + P') f + R - M] \qquad (3).$$

Si l'on considère maintenant un trajet complet du wagon et que l'on écrive l'équation des travaux, on aura, M étant supposé constant :

$$(M - R) L + (P' - P) H - (P + P') L f = 0 \qquad (4).$$

D'où

$$R - M = (P' - P)\frac{H}{L} - (P + P')f$$

Portant dans l'équation (3) cette valeur de R-M il viendra :

$$(P' - P)(\sin\beta + \sin\alpha) = 2\left[(P + P')f + (P' - P)\frac{H}{L} - (P + P')f\right]$$

D'où

$$(P' - P)(\sin\beta + \sin\alpha) = 2(P' - P)\frac{H}{L} \text{ et réduisant}$$

$$\text{Sin}\,\beta + \text{Sin}\,\alpha = 2\frac{H}{L} \qquad (5)$$

Si l'on s'impose la condition que la courbe du profil en long soit tangente à l'horizontale à la base du plan incliné on aura $\beta = o$ et $\sin\alpha = 2\frac{H}{L}$ valeur de l'angle α au sommet du plan incliné.

Au milieu du plan incliné $\alpha = \beta$ et $\sin\alpha = \sin\beta = \frac{H}{L}$

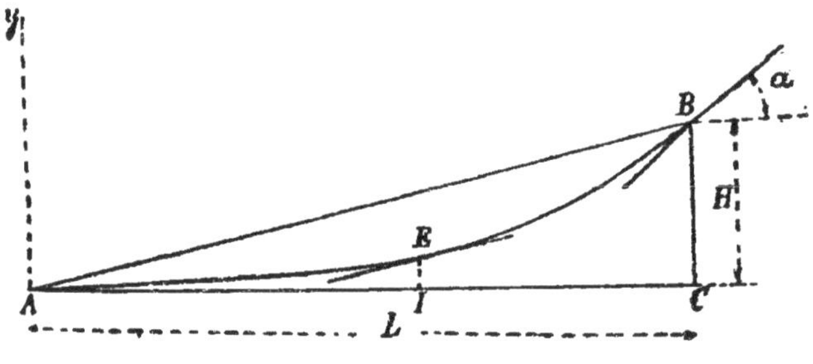

Fig. 3.

Soient, fig. 3, A et B les deux extrémités du plan incliné, AC sa longueur horizontale L, BC sa hauteur H. Menons en B une droite BD, dont le coéfficient angulaire soit égal à $\frac{2H}{L}$. La courbe cherchée sera tangente en A à AC et en B à BD.

De plus, en chaque point de la courbe en devra avoir,

$$\sin\beta + \sin\alpha = \frac{2H}{L}$$

ou approximativement, si les angles α et β sont assez petits,

$$\text{tg}\,\beta + \text{tg}\,\alpha = \frac{2H}{L}$$

Soit AC l'axe des x, une perpendiculaire l'axe des y,

la parabole ayant pour équation $y = \frac{H}{L^2} x^2$ répond à la question ; en effet, considérons les deux points d'abscisses x et $L - x$.

Le coefficient angulaire de la tangente au point d'abscisse x sera

$$\frac{dy}{dx} = \operatorname{tg} \beta = 2x \frac{H}{L^2}$$

au point $L - x$:

$$\frac{dy}{dx} = \operatorname{tg} \alpha = 2(L - x) \frac{H}{L^2}$$

d'où :

$$\operatorname{tg} \alpha + \operatorname{tg} \beta = 2L \frac{H}{L^2} = 2 \frac{H}{L}$$

Au point I, milieu de AC, l'abscisse y sera

$$y = \frac{H}{L^2} + \frac{L^2}{4} = \frac{1}{4} H$$

Ainsi au point milieu la courbe passera au $\frac{1}{4}$ de la hauteur totale et la tangente en ce point sera parallèle à la pente moyenne AB.

Mais il faut remarquer que ce profil théorique n'est pas réalisable, car il entraîne une condition impossible à satisfaire.

En effet, l'équation (5), donne pour $\beta = o$, $\sin \alpha = 2 \frac{H}{L}$; mais si l'on retranche l'équation (2) de l'équation (1) on aura :

(6) $(P' - P)(\sin \alpha - \sin \beta) = 2ph$ et pour $\beta = o$, $h = H$ et :

$$\sin \alpha = \frac{2pH}{P' + P} = \frac{2H}{L} \text{ ou } p = \frac{P + P'}{L}$$

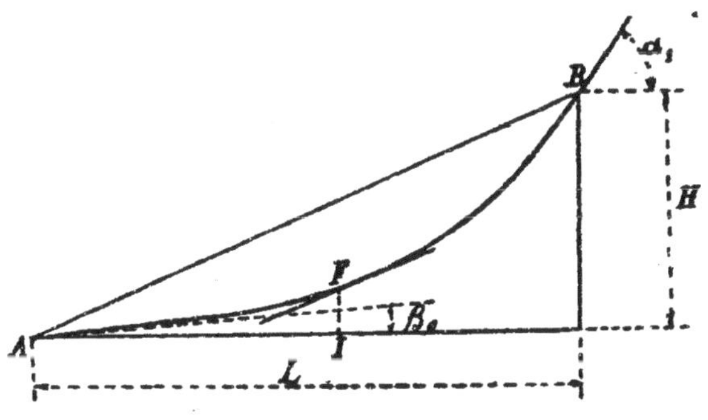

Fig. 4.

Or, il n'est pas possible que le poids du câble par mètre courant satisfasse à cette relation, car il est déterminé par d'autres conditions. La courbe du profil en long ne devra donc pas être tangente en A à l'horizontale ; mais elle devra couper l'axe des x sous un certain angle β_0 déterminé par la relation :

$$\sin \beta_0 = \frac{H(P+P') - pHL}{L(P+P')}$$

L'angle α_0 au sommet du plan sera déterminé par la relation

$$\sin \alpha_0 = \frac{H(P+P')+pHL}{L(P+P')}$$

Au croisement, au point milieu l'angle α aura toujours sa valeur déterminée par la relation

$$\sin \alpha_1 = \frac{H}{L} = \frac{1}{2}(\sin \alpha_0 + \sin \beta_0)$$

La courbe est donc déterminée par des conditions analogues à celles indiquées précédemment ; mais à l'origine, au lieu d'être tangente à l'axe des x, elle sera tangente à une droite faisant avec cet axe un angle β_0 tel que

$$\sin \beta_0 = \frac{H(P+P') - pHL}{L(P+P')}$$

Si on confond sin β_0 et sin α_0 avec les tangentes, la courbe cherchée sera une parabole dont l'équation sera de la forme $y = mx^2 + nx$. On verra d'après les conditions indiquées que

$$m = \frac{pH}{L(P+P')} \text{ et } n = \frac{H[P+P'-pH]}{L(P+P')}$$

et la courbe aura pour équation

$$y = \frac{H}{L(P+P')}\left[px^2 + (P+P'-pL)x\right] \qquad (7)$$

Pour $x = \frac{L}{2}$

$$y = \frac{H}{L(P'+P)}\left[\frac{pL^2}{4} + (P+P'-pL)x\right]$$

où

$$y = \frac{H}{4} \times \frac{2(P+P') - pL}{P+P'}$$

or

$$\frac{2(P+P') - pL}{P+P'} > 1 \text{ car } P+P'-pL > o$$

donc au milieu y est supérieur à $\frac{H}{4}$, tout en étant inférieur à $\frac{H}{2}$.

Le profil en long ainsi déterminé répond à des valeurs fixes de P et de P'.

Pratiquement P et P' varient à chaque instant ; la courbe obtenue ne répond au contraire qu'à des valeurs déterminées, particulières, de

P et P'. On déterminera le profil pour les valeurs de P et P' correspondant à l'effet maximum à exercer par le moteur.

Cet effort de traction du moteur est d'après l'équation (1)'

$$M = P \sin \beta - P' \sin \alpha + ph + (P + P')F + R$$

mais les équations (5) et (6) donnent :

$$\sin \beta + \sin \alpha = \frac{2H}{L} \quad \text{d'où} \quad \sin \alpha = \frac{H}{L} + \frac{ph}{P'+P} \qquad (8)$$

$$\sin \alpha - \sin \beta \frac{2nh}{P'+P} \qquad\qquad \sin \beta = \frac{H}{L} - \frac{ph}{P'+P} \qquad (9)$$

d'où l'on tire $P \sin \beta - P' \sin \alpha = (P - P') \frac{H}{L} - ph.$

partant dans (1)' il vient :

$$M = (P - P') \frac{H}{L} + (P + P') f + R \qquad (10)$$

Valeur indépendante du poids du câble, ce qui est évident *à priori*; puisqu'au croisement l'effet du poids du câble est nul, et que l'effort de traction est constant par hypothèse pendant toute la durée du trajet.

Appliquons ces considérations à un exemple.

Au chemin funiculaire de Galata à Péra, on a adopté un profil parabolique ; mais en donnant à la voie des inclinaisons très raides à la partie supérieure du plan incliné, de façon à permettre le départ automatiquement sans l'intervention du moteur.

Comparons le profil que le calcul indique, lorsqu'on se propose d'obtenir la constance de l'effort de traction, à celui adopté à Galata.

Ici $P = 29.000$ kil.
$P' = 19.000$ kil.
$p = 8$ kil. 5
$L = 600^m$
$H = 62^m70$.

Au milieu du plan incliné, la hauteur réelle au-dessus de l'horizontale du point de départ est de 27 m.

La hauteur du profil théorique serait égale à

$$\frac{H}{4} \times \frac{2(P+P')-pL}{P+P'} = \frac{62,70}{4} \times \frac{2(19.000+29.000) - 8,5 \times 600}{19.000+29.00} = 29^m78$$

La différence de hauteur avec le profil exécuté est de $+ 2^m78$; relativement à la pente moyenne, la différence de hauteur est de :

$$(31.35 - 29\text{-}78) = - 1^m,57.$$

Le profil de Galata-Péra est donc plus doux que le profil théorique au-dessous du point de croisement, et plus raide au-dessus.

Il est clair que dans le dernier cas, l'effort moteur est constamment variable et qu'il augmente de plus en plus au fur et à mesure de la montée du train.

La condition réalisée à Galata-Péra, c'est-à-dire que le train descendant entraîne toujours au départ le train montant, se traduit algébriquement en supposant, dans l'équation (1) ou (1)', $M = o$, on a alors :

$$P \sin \beta - P' \sin \alpha + pH + (P+P')f + R = o$$

équation qui donne la valeur de l'angle α, étant donnée celle de l'angle β au bas du plan incliné :

$$\sin \alpha = \frac{P \sin \beta + pH + (P+P')f + R}{P'}$$

à Galata $\sin \beta = 0{,}025$, $f = 0{,}01$; en remplaçant les autres lettres par leur valeur on trouve $\sin \alpha = 0{,}10$ comme valeur de la pente limite au delà de laquelle le train descendant entraînera le train montant.

Il est clair que ces considérations théoriques sur les profils en long n'ont d'intérêt que lorsqu'on peut disposer à volonté de ce profil, ce qui n'est pas le cas général.

Bien souvent, au contraire, le profil en long résulte des conditions mêmes du tracé.

Dans la plupart des cas, les profils adoptés sont uniformément inclinés ou composés de lignes droites d'inclinaisons diverses.

5. Raccordement des déclivités. — Quant le profil en long présente des brisures, il est nécessaire de raccorder les deux pentes contigües par des courbes convenables.

On comprend en effet que sans cette précaution le câble aurait des tendances à se soulever de ses galets de support, aux points rentrants

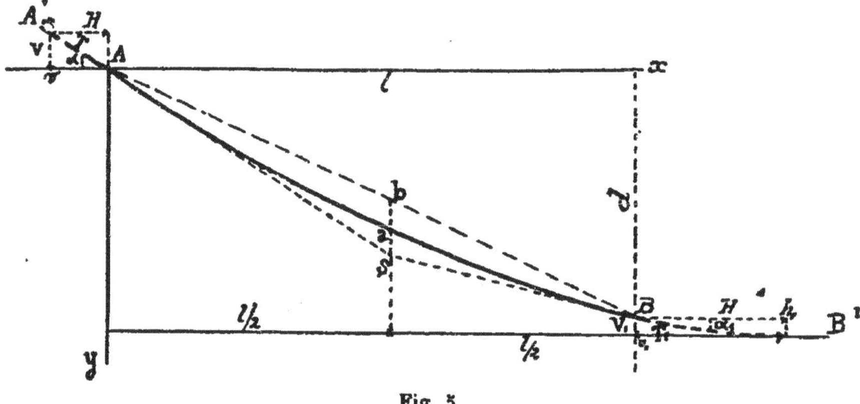

Fig. 5.

du profil, et à s'appliquer plus énergiquement sur ces mêmes galets aux points saillants.

Le deuxième inconvénient augmente seulement la tension du câble ; mais le premier est inadmissible, car il exposerait le câble à traîner sur le sol et à se détériorer.

Nous empruntons encore à M. Vautier la solution à adopter pour le tracé des courbes de raccordement. « Nous avons à déterminer, dit « M. Vautier [1], la courbe que forme un câble soumis à la plus forte « tension qui puisse se produire dans l'exploitation d'un chemin de « fer funiculaire. Les galets devront être disposés selon cette courbe, « ou au dessus d'elle, mais jamais en dessous ».

Cherchons à déterminer la courbe de raccordement affectée par le câble.

Soient (fig. 5) SA et SB les deux pentes à raccorder, l la longueur horizontale du raccordement, d la différence de niveau des points A et B ;

T et T_1 les tensions du câble en A et B ;

p le poids du câble par mètre courant ;

p_1 — — de projection horizontale.

Si l'on abandonne le câble à lui-même, entre les points A et B, il affectera la forme d'une chaînette, la flèche étant faible, on peut admettre que la chaînette se confond avec une parabole, et dans ce cas le poids p sera réparti uniformément sur la corde.

L'équation de la parabole est de la forme

$$y = \frac{p}{A} \times \frac{x^2}{2} + \frac{B}{A} x$$

en écrivant que la parabole est tangente en A et B aux droites SA et SB on verra que cette équation est, en désignant par f la flèche ab :

$$y = (d + 4f)\frac{x}{l} - 4f\frac{x^2}{l^2} \qquad (1)$$

de plus la constante A est égale à H, projection horizontale de la tension T[2] :

Or on a (1) :

$$\frac{p_1}{2A} = \frac{4f}{l^2} \text{ et } A = \frac{p_1 l^2}{8f} = H \qquad (2)$$

En dérivant l'équation (1), on en déduit les valeurs de tg α_1 et tg α et l'on trouve :

$$\operatorname{tg} \alpha = \frac{d + 4f}{l} \text{ d'où l'on déduit : } d = \frac{l}{2}(\operatorname{tg} \alpha + \operatorname{tg} \alpha_1) \qquad (3)$$

$$\operatorname{tg} \alpha_1 = \frac{d - 4f}{l} \qquad f = \frac{l}{8}(\operatorname{tg} \alpha - \operatorname{tg} \alpha_1) \qquad (4)$$

(2) nous donne :

$$f = \frac{p_1}{8}\frac{l^2}{H} = \frac{p_1 l^2}{8 T_1 \cos \alpha_1}$$

portant cette valeur de f dans (4) il vient :

1. *Etude des chemins de fer funiculaires*, page 27.
2. Flamant. *Mécanique générale*, p. 427 et 428.

$$l = \frac{T_1 \cos \alpha_1}{p_1} (\operatorname{tg} \alpha - \operatorname{tg} \alpha_1) = \frac{T \cos \alpha}{p_1} (\operatorname{tg} \alpha - \operatorname{tg} \alpha_1)$$

or

$$p_1 = p \cos \alpha$$

donc

$$l = \frac{T}{p} (\operatorname{tg} \alpha - \operatorname{tg} \alpha_1)$$

équation indiquant que la longueur l du raccordement dépend du rapport de la tension T au poids par mètre courant du câble.

La courbe indiquée par l'équation (1) est celle qu'affecterait le câble s'il était laissé libre. On disposera donc les galets de support suivant cette courbe ou au-dessus, mais jamais en dessous. Nous n'insistons pas sur le tracé de cette courbe, c'est celui d'une parabole, à laquelle on peut généralement substituer un arc de cercle en s'assurant que les points de cet arc de cercle sont tous au dessus de la parabole.

On trouve en effectuant les calculs

$$SA = \frac{l}{2 \cos \alpha} \qquad SB = \frac{l}{2 \cos \alpha'}$$

longueurs des tangentes.

On trouve également que

$$Sa = ab = f = \frac{pl^2}{8H}$$

La longueur totale du câble de A à B est

$$S = l + \frac{d^2}{2l} + \frac{8}{3} \frac{f^2}{l}.$$

M. Vautier fait la remarque suivante : si la courbe du profil en long est tracée suivant le profil théorique indiqué, la flèche est toujours plus faible que celle nécessaire pour que le câble reste sur ses galets.

On a donc seulement à s'inquiéter de ces raccordements de déclivité pour les profils à point de brisure s'écartant du profil théorique. Mais dans ce dernier cas, il faut étudier ces raccordements avec soin, car si la courbe de raccordement était mal tracée, on exposerait le câble à des fouettements, à des soulèvements, qui produiraient des secousses ; et quand le câble retomberait sur la voie, il pourrait se détériorer, et même briser quelques pièces de la voie. Lorsque les circonstances locales ne permettent pas de tracer ces raccordements conformément aux indications de la théorie, il faut maintenir le câble sur ses galets à l'aide de galets de tension.

On en verra deux exemples à propos des funiculaires du Havre et de Territet-Glion, aux nos 19 et 40.

6. Calcul des efforts de traction. — Nous allons revenir maintenant au problème de la traction, que nous avons déjà examiné au n° 3 ; nous avons trouvé qu'à un moment quelconque on devait avoir entre les divers éléments du problème la relation

$$(1) \qquad P' \sin \alpha + M = P \sin \beta + p\,h\,(P + P')f + R$$

d'où

$$(1') \qquad M = P \sin \beta - P' \sin \alpha + ph + (P + P')f + R$$

Lorsque le plan incliné a pour profil une ligne droite

$$M = (P - P') \sin \alpha \pm ph + (P + P')f + R$$

et le maximum de M a lieu pour $h = H$ quand le wagon montant est en bas du plan incliné ; à ce moment si $P > P'$, on a :

$$M = (P - P') \sin \alpha + pH + (P + P')f + R$$

Au croisement

$$M = (P - P') \sin \alpha + (P + P')f + R$$

Au sommet du plan

$$M = (P - P') \sin \alpha + (P + P')f - pH + R$$

L'effort maximum a lieu évidemment quand P est maximum et P' minimum.

Si P est plus petit que P' le mouvement tend à se produire de lui-même et M peut devenir négatif ; il faut dans ce cas modérer la descente et le maximum de M a lieu quand le wagon montant arrive au sommet du plan incliné.

Dans la formule (1'), f est la résistance au roulement en palier des véhicules. Ce coefficient varie suivant l'état de la voie et l'état d'entretien et de graissage du matériel roulant. En moyenne, il varie de 2 à 4 kilogrammes par tonne sur les voies ordinaires.

Sur les voies mauvaises, ou placées dans des conditions défavorables, comme dans les mines, il faut compter au moins 10 kilogr. par tonne et souvent plus. Au plan incliné de Lyon-Fourvière (St-Just), on a trouvé pour la résistance au roulement d'un train chargé pesant 31.400 kil, le chiffre de 74 kilog. Soit environ 2 k. 5 par tonne [1].

Quant à la force représentant la résistance des poulies de support du câble au mouvement, elle est assez mal connue ; on la prend généralement égale au $\frac{1}{100}$ ou au $\frac{1}{200}$ du poids du câble.

Les auteurs des divers projets ne donnent à ce sujet aucune justification de la valeur adoptée par eux pour ce coefficient.

1. *Revue générale des chemins de fer*, septembre 1882. p. 173.

7. Evaluation des résistances. — Formule de M. Vautier. — La résistance du mouvement du câble R se compose de plusieurs termes ; elle comprend :

1° La résistance x au roulement du câble frottant sur les galets.

2° La résistance produite par la raideur du câble s'enroulant autour de la poulie ou du tambour moteur.

3° La force d'inertie nécessaire pour arriver à donner aux galets la vitesse du câble.

4° La résistance du tambour moteur ou des poulies motrices.

Dans le cas d'un profil en ligne droite, M. Vautier indique dans son étude sur les funiculaires, page 33, une méthode qui paraît logique pour évaluer la première de ces résistances.

Soient D le diamètre des poulies de support ;

d — de leurs tourillons ;

f — le coefficient de frottement des tourillons sur leur palier ;

d le diamètre du câble ; *p* son poids par m. l. et L sa longueur.

Si le câble est bien tendu on peut l'assimiler à une barre rigide et l'on a pour expression de la résistance au mouvement du câble

$$x = \frac{pLd}{D} f$$

or

$$f = 0{,}08 \text{ et } \frac{d}{D} = \frac{1}{10} \text{ environ}$$

d'où

$$x = 0{,}008\, pL, \text{ soit } x = \frac{1}{125} \text{ en négligeant le poids des galets.}$$

D'après ce raisonnement, la valeur de $\frac{1}{200}$ serait trop faible. Les autres résistances ne peuvent pas être évaluées exactement ; on ne peut avoir à cet égard que des résultats d'expériences.

En évaluant toutes ces résistances aussi exactement que cela est possible, car il y a là bien des incertitudes, M. Vautier donne comme représentation de la résistance totale du câble :

$$R = 0{,}008\, pL + 0{,}03\, T + 16$$

T étant la tension totale du câble, abstraction faite de la résistance supplémentaire due au démarrage.

Pour le plan incliné de Lyon à la Croix Rousse, MM. Molinos et Pronier évaluaient :

La résistance au roulement des trains à $\frac{1}{200}$ du poids.

La résistance des câbles au mouvement sur ses poulies à $\frac{1}{200}$ de son poids.

En supposant les wagons en même nombre, au train montant et au train descendant, un train montant chargé de 300 voyageurs, l'autre train descendant à vide; MM. Molinos et Pronier établissaient ainsi leur calcul de la force de traction maxima :

Composante parallèle au plan du poids de 300 voyageurs, $300 \times 70^k \times 0,1605$.	3360
Composante parallèle au plan du poids du câble $8^k5 \times 450^m \times 0,1605$	614
Résistance du roulement du train montant $\frac{1}{200} \times 57.200$.	285
Résistance au roulement du train descendant $\frac{1}{200} \times 36.000$.	180
Résistance à la rotation des poulies du câble: $\frac{1}{200} \times 8^k5 + 450^m \sqrt{1-0,1605^2}$	19
Total	4458^k

qui, à la vitesse de 2^m par seconde, représentent un travail de 119 chevaux.

En appliquant la formule indiquée par M. Vautier, on trouverait que le dernier terme représentant le total des résistances du câble serait égal à

$$0,008 \times 8 \text{ kil. } 5 \times 450 + 0.03 \times 9.000 + 16 = 317 \text{ kilogr.}$$

Ce qui porterait l'effort de traction total à 4756 kilogr. A la vitesse admise à 2^m par seconde, c'est un travail de 127 chevaux au lieu de 119 ; la différence n'est pas très grande.

MM. Molinos et Pronier, pour tenir compte des résistances accessoires, ont prévu l'installation d'une machine de 150 chevaux.

Nous n'insistons pas sur les calculs relatifs à l'évaluation de ces résistances. Il entre dans ces calculs des quantités dont la détermination échappe à toute analyse. La raideur du câble, la résistance des poulies de renvoi sont difficiles à évaluer ; les théories actuelles ne renseignant guère à cet égard.

8. — Emploi d'un wagon contre-poids. — Exemple de Lyon St-Just. — La formule $M = P \sin \beta - P' \sin \alpha + ph + (P + P') f + R$ donne pour M des valeurs qui peuvent être positives ou négatives, suivant les valeurs de P et P' et aussi suivant les variations de l'inclinaison de la voie.

Le plan incliné de Lyon-Fourvière St-Just offre à cet égard un exemple intéressant [1].

Le profil de ce chemin est formé de deux pentes uniformes d'égale longueur, mais d'inégale inclinaison. La partie inférieure du plan incliné est en pente de 0^m200 et la partie supérieure en pente de 0^m061 seulement. Il résulte de là, que suivant que le train montant est engagé, soit sur la pente inférieure ou sur la pente supérieure, les composantes parallèles à la pente du poids du train et du câble diffèrent dans chacun des cas de 2.883 kilogr., ce qui, à la vitesse de 4^m à la seconde, représente une différence de travail de 154 chevaux.

Pour éviter cette variation énorme de travail au cours de chaque trajet, M. Tavernier, ingénieur des Ponts et Chaussées, a eu l'idée d'employer des wagons contrepoids. Il y en a un pour chaque train. Supposons le train montant partant du bas de la voie N° 1 sur la forte pente, pendant que le train descendant se meut sur la voie N° 2.

Le wagon contrepoids ne parcourt que la grand pente, et ne dépasse jamais le point de brisure ; il est attaché par un câble au train de la voie N° 2, et ce câble a pour longueur la moitié de la longueur du plan incliné. Pendant que le wagon descendant parcourt la moitié supérieure du plan incliné, le wagon compensateur descend la moitié inférieure, et arrive au bas du plan à fin de course au moment où le train de la voie N° 2 arrive au changement de pente au milieu du plan incliné.

Le poids du wagon compensateur a été déterminé de telle façon, qu'ajouté au poids du train descendant la faible pente, il équilibre le poids du train montant sur la forte pente, de sorte que le moteur n'a qu'à équilibrer la différence des chargements utiles (voyageurs ou marchandises).

Le train de la voie N° 2 continuant à descendre s'engage sur la forte pente, tandis que son wagon compensateur reste en repos au bas de la voie N° 2. En même temps, le train montant sur la voie N° 1 s'engage sur la faible pente ; mais en entraînant son wagon compensateur par l'intermédiaire du câble spécial, de façon à équilibrer le poids mort du train descendant sur la voie N° 2 ; et le wagon compensateur arrive au milieu du plan précisément au moment où le train montant arrive au sommet du plan incliné.

Ce dispositif ingénieux a l'inconvénient de compliquer les installations ; mais étant donné le profil à desservir, il était presque indispensable de réduire par un artifice la différence des efforts de traction à développer pendant un même voyage.

1. *Revue générale des chemins de fer.* Aout 1892.

9. Travail de la machine motrice. — Si l'effort de traction est constant et égal à M, le travail à développer par seconde est $T = Mv$

M étant exprimé en kilogrammes,

v en mètres à la seconde,

T est le travail en kilogrammètres par seconde,

Si M et v sont constants, T le sera aussi.

Toutefois il y a au départ un effort supplémentaire spécial de démarrage dont la valeur sera :

$$m = \frac{P + pL + G}{l} + \frac{v^2}{2g}$$

P désignant le poids du wagon montant,

p le poids du câble par mètre sur la longueur L du plan incliné,

G le poids des galets de support sur la voie montante,

l la longueur sur laquelle la vitesse augmente jusqu'à atteindre la vitesse de régime v.

Cherchons la valeur de cet effort de démarrage pour le funiculaire de Lyon-St Just.

$$P = 31.400 \text{ kil.} ; pL = 6400 \text{ kil.} ;$$
$$G = 92 \times 45 \text{ kil. } 8 = 4214 \quad ; \quad L = 100 \text{ m.}$$
$$v = 4 \text{ m.}$$

d'où

$$m = \frac{31.400 + 6400 + 4214}{100} + \frac{(4)^2}{2 \times 9,8} = \frac{42014}{100} + \frac{(4)^2}{2 \times 9,8}$$

$$\text{et } m = 343 \text{ kil.}$$

Si l'effort de traction M est constant, et la vitesse aussi, le travail de la machine est constant pendant toute la durée du voyage.

Mais quand le profil en long ne répond pas aux conditions indiquées par la théorie pour que l'effort moteur soit constant, le travail de la machine peut varier dans des proportions considérables.

Par exemple, au Lyon St-Just, lorsque le train descendant est vide, le train montant étant à pleine charge, le travail pendant la première partie de la montée est de 235 chevaux ; il n'est plus que de 144 chevaux sur la moitié inférieure du plan incliné.

Si c'est l'inverse, c'est-à-dire si le train descendant est chargé au maximum, le train montant étant vide, le travail de la machine sera négatif et variera de 39 à 119 chevaux ; elle marchera donc constamment à contre-vapeur.

Le mécanicien n'étant pas au courant de ces variations de charge, on conçoit qu'il résulte de là une grande sujétion dans les efforts de traction pouvant aller de + 235 à — 119 chevaux.

Quant le plan incliné est uniforme, les variations de travail pendant un même voyage ne provenant que du poids du câble ne sauraient être aussi élevées.

Lorsque pour rendre le départ automatique, comme à Galata-Péra, on augmente la pente au départ en haut du plan incliné en adoucissant la pente au bas du plan, il en résulte un inconvénient pour l'arrêt du train montant au sommet du plan.

En effet, dans ce cas le moteur doit développer un effort maximum précisément au moment où le train arrive à bout de course, la machine marche alors en pleine pression. Il faut donc fermer le régulateur à un moment très précis, sans aucun retard, sous peine d'accidents.

C'est précisément le contraire qui arrive lorsque le profil du plan est une ligne droite ; l'effort maximum à développer a lieu au départ et il diminue constamment jusqu'à la fin du parcours.

10. — Influence du poids du câble. — L'effort dû à la remorque du câble sur le plan incliné est égal à $p \times H$, p étant le poids du câble par mètre courant, et H la hauteur du plan.

Il semble que ce résultat soit indépendant de l'inclinaison ; mais il faut remarquer que p est proportionnel à la section et par suite à l'effort de traction, cette dernière quantité dépend de l'inclinaison.

Par suite, le travail perdu pour mettre le câble en mouvement est d'autant plus grand que la pente est plus raide l'utilisation de la force motrice est de moins en moins satisfaisante, à mesure que les pentes deviennent plus raides.

Pour fixer les idées à ce sujet, voici quelques exemples.

Désignations des chemins	Effort de traction F.	Composante du poids du câble pH	Rapport $\frac{pH}{F}$	Inclinaison	Longr.
	kil.	kil.			mètres
Lyon Croix-Rousse	3825	614	0,16	1,605	489
Lyon-Fourvière-St.-Just	3556	640	0,18	0,200 / 0,061 } 103	822
Galata-Péra	3916	759	0,17	0,02 / 0,149 } 101	606,50
Territet-Glion	1826	620	0,34	0,500	600

On voit par ce tableau qu'au Territet-Glion la force perdue par le câble représente 34 % de l'effort de traction, la pente étant de 0,508, tandis qu'à Lyon-Croix-Rousse, où la pente est de 0,1065, ce même rapport n'est plus que de 16 %. Ces chiffres indiquent nettement combien décroît l'effet utile d'un plan incliné à mesure que les pentes deviennent plus raides. Au-delà d'une certaine limite, l'effet utile du plan incliné serait réduit outre mesure.

Nous avons démontré que si le profil du plan était tracé suivant une courbe convenable rendant l'effort de traction constant, cet effort avait pour valeur :

$$M = (P - P')\frac{H}{L} + (P + P')f + R$$

(Voir au n° 4, équation 10).

Sous cette forme, on voit que M sera d'autant plus élevé que $\frac{H}{L}$ sera plus grand, c'est à dire que la pente sera plus raide.

§ 2. DESCRIPTION DE PLANS INCLINÉS A MACHINES FIXES, OU PLANS INCLINÉS ASCENDANTS

11. Plan incliné de Lyon-Croix-Rousse — La disposition topographique de la ville de Lyon appelle la construction de chemins de fer funiculaires. Trois de ces chemins sont en exploitation aujourd'hui ; nous décrirons d'abord le plus ancien, celui de Lyon à la Croix-Rousse.

Ainsi que l'indique le plan (fig. 6), la ville de Lyon se subdivise en trois zones.

La partie centrale, comprise entre le Rhône et la Saône, s'arrêtant au nord au pied du plateau de la croix Rousse ; la partie située sur la rive droite du Rhône ; où se trouvent les quartiers de la Guillotière et des Brotteaux, enfin, la partie de la rive droite de la Saône ; dominée par les plateaux de Fourvière et Saint-Just.

Le plateau de la Croix-Rousse se relie au plateau des Dombes ; son altitude au-dessus de la plaine méridionale, où se trouve le centre de la ville, est de 70 à 80 m. La partie sud de ce plateau forme le quartier de la Croix-Rousse, quartier très peuplé, habité par un grand nombre d'ouvriers tisserands ; la population totale est d'environ 40,000 habitants.

Ces ouvriers tisserands, ou *canuts*, dans le langage du pays, travaillent chez eux au tissage de la soie. Il s'en suit que ces *canuts* vont journellement chercher de l'ouvrage chez le patron qui habite le centre de la ville, rapportent cet ouvrage chez eux, et descendent à nouveau pour le livrer et en chercher d'autre. Il résulte de là entre le haut et le bas de la ville une circulation très active, d'environ 30.000 voyageurs par jour.

Aussi cette population nombreuse, fatiguée par ces ascensions répétées, menaçait-elle de quitter le faubourg de la Croix-Rousse, au mo-

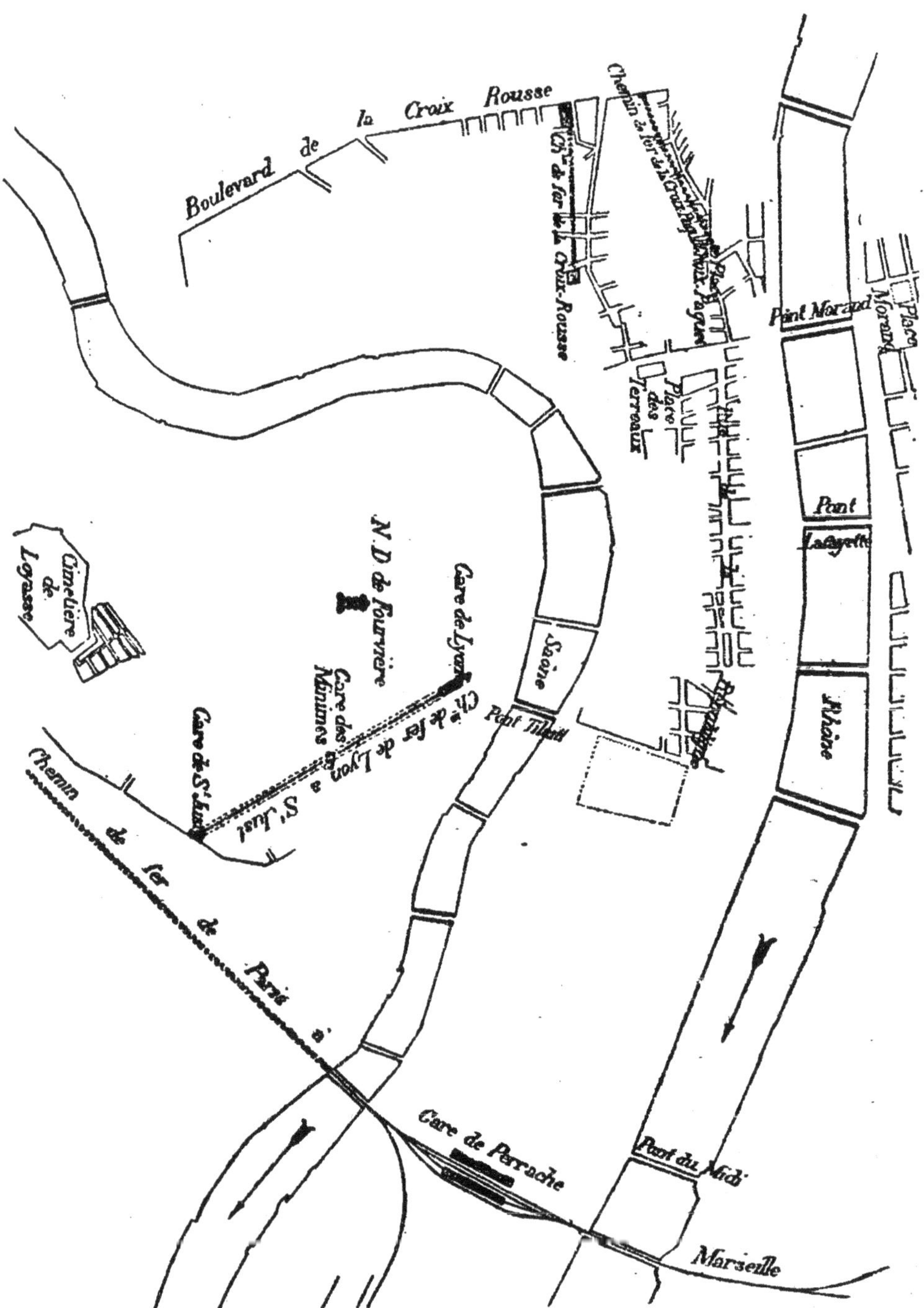

Fig. 6. — Plan de la ville de Lyon.

ment où MM. Molinos et Pronier eurent l'idée de relier le faubourg de la Croix-Rousse au centre, par un chemin funiculaire. Leur projet fut exécuté, et leur chemin livré à la circulation en 1863. Cette première année, on transporta plus de deux millions de voyageurs ; en 1880, on atteignit le chiffre de quatre millions de voyageurs. Ces chiffres ont leur éloquence ; ils montrent bien, quel service considérable ce chemin a rendu à la population lyonnaise. Aussi est-il devenu très populaire à Lyon, et on ne le désigne pas autrement que par ce nom caractéristique « La Ficelle » nom qui a du reste été donné aussi depuis aux deux autres funiculaires.

Les travaux du funiculaire de Lyon à la Croix-Rousse commencèrent en février 1860, ils furent achevés en février 1862 (1).

« Le projet, disent les auteurs, consistait à établir un plan incliné « aussi latéral que possible à la grande artère jusqu'alors parcourue « par le public, la Grande Côte, partant du plateau de la Croix-Rousse, « près de l'ancien mur d'enceinte, pour aboutir à la partie inférieure, en « face de la rue Terme prolongée, suivant ainsi le chemin le plus direct « de la Croix-Rousse à la place des Terreaux.

« La hauteur à franchir était de 70 m., la longueur totale du plan in- « cliné 489 m. 20, et la pente par mètre, en déduisant les paliers des ga- « res, de 0m.1605 ».

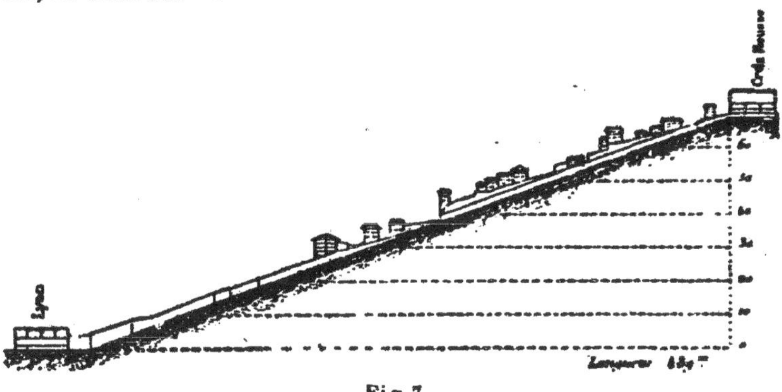

Fig 7.

« Les trains devaient être très fréquents, toutes les cinq minutes en- « viron ; ils devaient pouvoir transporter en moyenne 30.000 per- « sonnes par jour.

A ce moment, en 1862, comme l'ont fait remarquer MM. Molinos et Pronier, c'était là un problème nouveau, de transporter une telle affluence de voyageurs sur une déclivité de 0^m1605, car les plans inclinés de Liège avaient une pente de 0^m028 à 0^m030 et celui de Saint-Germain 0^m035.

1. *Chemin de fer de Lyon à la Croix-Rousse*, par Molinos et Pronier. Paris 1862, Morel éditeur.

La pente est uniforme ; le tracé est rectiligne en plan, sauf les courbes de gares ; la ligne est à deux voies (fig. 7).

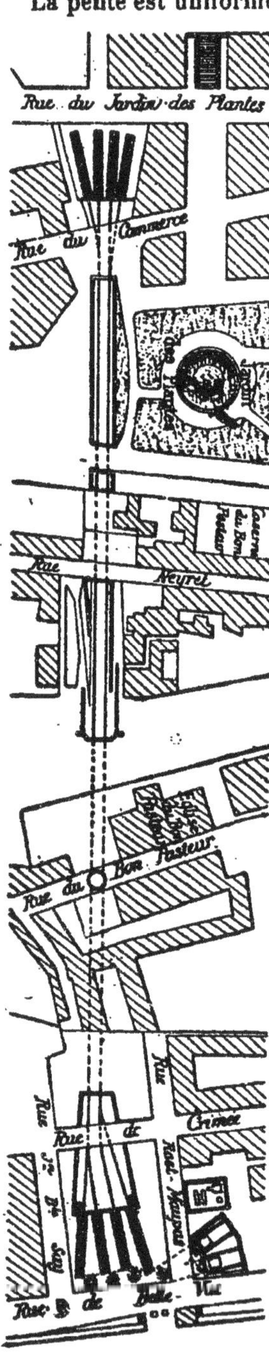

Fig. 8.

Le tracé franchit la rue du Commerce par un pont biais, puis sous la rue Tholozan est construit un pont en plein cintre.

A la traversée de la rue Neyret, un tunnel a été établi ; ce tunnel coupe les caves d'une maison au niveau du rez de chaussée, ce qui a rendu sa construction fort difficile. Au delà, un autre tunnel a été nécessaire, long de 152^{m},43 ; il a été ouvert dans un terrain ébouleux, composé de graviers sans liaison.

Le dernier ouvrage est le pont de Crimée construit dans la rue de ce nom ; son surbaissement est de $\frac{1}{12}$.

Tous ces travaux, exécutés dans l'intérieur d'une ville telle que Lyon, souvent sous des maisons, ont donné lieu à des difficultés particulières. On trouvera des détails intéressants à ce sujet dans l'ouvrage de MM. Molinos et Pronier.

Les figures (7) et (8) indiquent le profil en long et le plan de cette ligne.

L'exploitation est ouverte au trafic voyageurs, comme au trafic marchandises.

Le câble remorque un train montant, composé au maximum de trois voitures, pouvant contenir chacune 108 voyageurs ; il s'enroule à la partie supérieure sur un tambour moteur, et l'autre extrémité du câble s'attache au train descendant, composé du même nombre de voitures que le train montant. A l'origine, le départ des voyageurs avait lieu à chaque extrémité, alternativement sur deux voies centrales, séparées par un trottoir d'où les voyageurs montaient dans les voitures, soit sur la voie de droite, soit sur la voie de gauche, de telle sorte que ce trottoir central servait de quai réservé exclusivement au départ des voyageurs. Les deux voies se ramifiaient en effet en quatre tronçons dans chaque gare, et les quais extérieurs servaient exclusivement pour les départs, de façon à éviter toute confusion entre le départ et l'arrivée.

La durée du trajet étant d'environ trois minutes, on peut expédier un train (montant et descendant) toutes les dix minutes.

Pour éviter des transbordements impossibles en pratique, on a imaginé de transporter sur des trucks, les véhicules de toute nature chargés de marchandises.

Une voiture attelée d'un cheval prend place sur le truck, de solides attaches fixent la voiture et le cheval, de façon à éviter tout mouvement pendant le trajet.

Le poids ordinaire d'un train est de 30 tonnes; la tare des voitures à voyageurs varie de 8,000 à 8,500 kil. ; elles contiennent de 80 à 100 places suivant le type. Le poids du truck avec une charrette attelée est d'environ 15 tonnes.

Il y avait à l'origine deux services distincts : voyageurs et marchandises; il y avait deux câbles, et deux séries de galets de support, placés de part et d'autre de l'axe de la voie. Mais on a renoncé à ce mode d'exploitation ; on ne forme plus de trains spéciaux de trucks chargés de charrettes. Aujourd'hui, on ajoute ces trucks à la voiture à voyageurs quand une charrette se présente.

Les machines et tambours moteurs sont placés au sommet du plan incliné, latéralement, en dehors des voies. Cette disposition, nécessitée par le manque d'espace au sommet, a exigé l'emploi de poulies de renvoi pour le câble. Nous avons vu au nº 7 que le travail maximum à développer était, pour la vitesse normale de 2^m par seconde, de 119 chevaux. Pour parer aux frottements, raideurs du câble, etc., on a installé des machines de 150 chevaux.

Le matériel roulant est muni de freins automatiques extrêmement énergiques, agissant en cas de rupture du câble. La voie a dû être construite de façon à résister à l'action éventuelle de ce frein. On a employé une voie Vignole, sur longrines solidement entretoisées par des traverses. A l'origine, les traverses étaient en chêne et les longrines en sapin ; aujourd'hui, longrines et traverses sont en chêne. La largeur de voie est de 1 m. 45. Les freins à mâchoires employés saisissant le corps du rail, il a fallu renoncer à éclisser les rails.

Le joint est consolidé par des couvre-joints boulonnés, disposés sous les patins des rails.

Nous décrirons dans les autres parties de cet ouvrage, la voie, le matériel roulant, et les machines fixes.

Voici, d'après l'ouvrage de MM. Molinos et Pronier, les principales dépenses faites pour la construction de ce chemin de fer :

	fr.
Déblais et remblais.	140.616,08
Pont du Commerce.	48.115,74
Pont Tholozan.	10.897,49

	fr.
Pont de Crimée.	19.984,35
Tunnel Neyret.	45.844,99
Grand Tunnel.	274.094,17
Drainage de la voie, canal d'écoulement, etc. . .	46.539,20
Murs de soutènement.	136.054,36
Quais.	35.427,28
Couvertures et façades des gares, clôture id. . .	101.702,19
Bâtiments des machines et chaudières	54.685,10
Clôture courante, bois pour cintres et étais. . .	18.562,49
Voie (y compris la pose).	123.290,97
Deux chaudières, une petite machine à vapeur avec pompe alimentaire, transmissions et accessoires.	64.036,50
Deux machines.	206.665,89
6 voitures à voyageurs.	91.099,14
Un câble.	16.386,70
Total	1.434.207 fr. 64

Ce total de 1.434.207 fr. 64 ne comprend que les prix payés aux fournisseurs, il ne comprend ni les expropriations, ni les frais généraux de la Cie, ni aucuns frais de mise en train, ni le transport du matériel qui a été construit à Paris.

Les dépenses annuelles d'exploitation s'élèvent à environ 150,000 fr.

Le tarif perçu est de 0 fr. 10 en seconde classe, et de 0 fr. 20 en première.

En 1882, le compte de premier établissement s'élevait à 3.110.043 fr. 12.

Les recettes étaient de. . . . . 479.439 fr. 06

Les dépenses. . . . . 158.357 fr. 86

Le chemin de Lyon à la Croix-Rousse est resté comme un modèle du genre.

Depuis trente ans, il fonctionne parfaitement, sans interruption ni accidents, avec la plus grande régularité, en desservant le trafic considérable dont nous avons parlé.

12. Plan incliné d'Ofen (Hongrie). — La longueur horizontale de ce chemin est de 90 m., la hauteur à racheter est de 45 m., soit une pente moyenne de 50 %.

Ce chemin est exploité depuis 1870, il a été construit par M. Wohlfahrt, et est exclusivement réservé au transport des voyageurs ; il met en communication la partie basse de la ville d'Ofen avec la forteresse attenant au Koenigsberg qui domine la ville.

La machine motrice est installée à la base du plan ; c'est un moteur à vapeur, à deux cylindres de 0^m40 de diamètre et de 0^m63 de course ; il fait mouvoir en sens inverse deux tambours en fonte de $2^m,85$ de diamètre. Le câble se déroule de l'un de ces tambours, s'infléchit sur une poulie de renvoi à la partie supérieure, et redescend s'enrouler sur l'autre tambour à la partie inférieure (voir fig. 10). Le câble pèse 1 kil. 6 le mètre courant.

Outre un câble de sûreté, la voiture porte un frein à parachute automatique pouvant l'arrêter en cas de rupture du câble; avec la disposition adoptée pour le câble, les deux brins s'équilibrent constamment ; mais la longueur du câble est doublée, ainsi que les résistances des poulies de support.

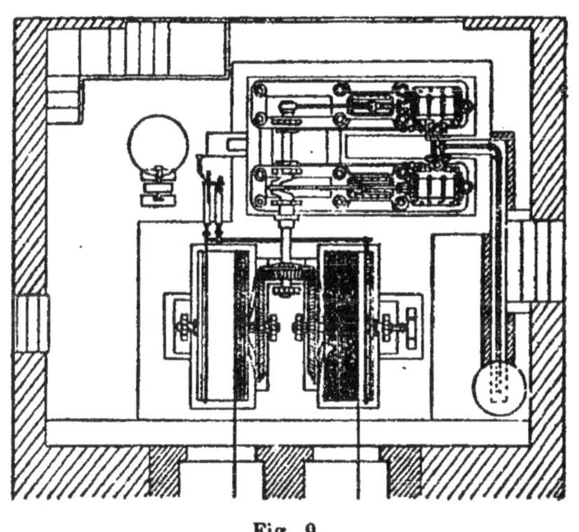

Fig. 9.

La disposition de Lyon-Croix-Rousse est plus simple ; celle d'Ofen est motivée sans doute par le manque de place au sommet du plan.

La voie est en rails Vignole de 16 kil. le m. l. fixés sur des longrines posées sur des traverses. Ces traverses sont elles-mêmes encastrées à leur extrémité.

La voiture pèse vide 2.800 kil., au complet, avec 24 voyageurs 4.300 kil. ; elle est munie d'un frein automatique destiné à arrêter la voiture en cas de rupture du câble ; ce frein diffère de celui de la Croix-Rousse ; nous le décrirons quand nous nous occuperons des appareils de sécurité ; l'effort de traction est de 2150 kil.

La construction du plan incliné d'Ofen, commencée en 1868, fût terminée en 1869.

Voici le détail des dépenses de construction :

Frais de concession.	48.100 fr.
Direction de la construction	10.920
Terrassements	73.320
Murs de soutènement et de revêtement.	127.400
Mur du milieu avec escalier.	11.700
Bâtiments.	49.920
Pavages, murailles de clôtures, etc.	1.170
Deux ponts passages en fer.	8.320
Ancrage du mur du milieu.	5.590
Puits d'alimentation.	2.470
Voie (y compris le ballast).	11.310
Semelles d'arrêt.	4.630

2 chaudières, cheminées, fondations.	16.380
Tambours-guides	1.430
Tuyauterie en cuivre.	5.720
Câble.	2.470
3 wagons, munis de leurs appareils de sûreté. . .	15.210
Total.	471.380 fr.

La fig. (9) montre la disposition en plan de l'appareil moteur.

Les renseignements que nous donnons sur ce plan incliné sont extraits des ouvrages suivants : Evrard, *Les moyens de transports*, tome II, page 462 ; Heusinger von Waldegg. Handbuch für Specielle Eisenbahn Technick, 5e volume, p. 499. Voir aussi à ce sujet la *Revue universelle des mines* (tome XXX, 15e année), et l'ouvrage de M. Couche, livre III, p. 751.

Nous empruntons à ce dernier ouvrage la description des plans inclinés de Santos.

13. — Plans inclinés de Santos. — Ces plans sont exploités sur le chemin de Santos à San Paulo (Brésil) ; ils furent établis vers 1860.

L'escarpement de la *Serra do Mar* s'élève en ce point à 800 mètres, par une pente de 1 de base pour 4 de hauteur ; il est franchi par quatre plans inclinés à $\frac{1}{9,75}$ ayant des longueurs respectives de 1948 m. 1080m, 2697m et 2140 m. Au sommet de chacun de ces plans, a été ménagée une pente de 0m,013 sur 76m. de long, pour permettre le démarrage du train descendant.

A la base du plan supérieur, on a construit un grand viaduc métallique, en pente de 0m10 et en courbe de 600m., traversant un ravin escarpé. Ces plans ne sont pas rectilignes ; ils présentent des courbes dont le rayon varie de 600 à 1600m.

La disposition des voies est semblable à celle des plans inclinés des exploitations houillères. Il n'y a qu'une seule voie dans la moitié inférieure du plan incliné, une partie à double voie au milieu pour le croisement des trains, et trois files de rails, ou deux voies avec un rail commun, dans la partie supérieure du plan.

La partie à double voie présente un aiguillage à l'extrémité inférieure. Le train montant arrivant à cet aiguillage, l'aiguilleur ouvre la voie de gauche, et le train descendant prend la voie de droite. Au voyage suivant c'est l'inverse qui a lieu : le train montant prend la voie de droite et le train descendant celle de gauche. Le troisième rail évite un aiguillage à l'extrémité supérieure du croisement.

Chacun des quasi-paliers ménagés entre les plans inclinés consécutifs, comporte trois voies ; le train montant prend toujours la voie du milieu, le train descendant, alternativement celle de droite et de gauche.

Les machines fixes desservant chacun des quatre plans, sont installées latéralement vers la partie supérieure des quasi-paliers intermédiaires. Deux machines fixes, de 150 chevaux chacune, à cylindre de 0m66 de diamètre et 1m52 de course, mettaient autrefois en mouvement une poulie motrice de 3m de diamètre, munie de trois gorges. A cette poulie était accolée une poulie folle auxiliaire à deux gorges. Depuis quelques années, on a remplacé les poulies à gorge par une poulie Fowler, et la durée des câbles qui n'était que de deux ans a été doublée [1].

Le trafic journalier varie de 6 à 800 tonnes par jour. L'ascension de chacun des plans dure environ quinze minutes.

La charge normale d'un convoi est de 30 tonnes. Chaque train comporte un wagon frein, muni d'un frein de détresse analogue à celui de Lyon-Croix-Rousse. Outre le cas de rupture de câble, le frein sert à obtenir l'arrêt sur les quasi-paliers, lorsque les rails sont très humides ; arrêts qui doivent avoir lieu exactement au point fixé.

On cite, suivant M. Couche, deux cas de rupture du câble : l'un en 1869, l'arrêt fut obtenu presqu'instantanément ; l'autre en 1871, cette fois le train fut précipité au bas du plan.

Les dépenses de construction s'élevèrent à 500,000 fr. par kilomètre, y comprenant l'intérêt du capital pendant la construction [2].

Les frais d'exploitation s'élèvent à 35,46 % de la recette brute.

Le produit net représente 4,86 % du capital engagé.

Les plans inclinés de Santos ont été construits par M. Brunless comme ingénieur en chef, et M. M. Fox, comme ingénieur ordinaire.

On trouvera des renseignements sur les plans inclinés de Santos dans un article original de M. Fox publié dans l'*Engineering* du 11 mars 1870, p. 156.

La solution des plans de Santos offre un exemple remarquable de l'application de la traction funiculaire sur une voie ferrée ordinaire, pour franchir un obstacle exceptionnel, tel que la chaîne de la *Serra do Mar*.

La capacité de trafic de ces plans pourrait atteindre 500,000 tonnes par an, tout en ne travaillant que 10 heures par jour.

La solution de M. Brunless a été souvent critiquée à tort, dit M. Couche, qui estime que la solution funiculaire était la seule raisonnable en pareil cas : d'autant plus que le capital était limité, et que le kilomètre d'un tracé par locomotives, eût coûté aussi cher que le kilomètre de plan incliné.

Si un cas semblable se présentait aujourd'hui, il y aurait lieu évidemment, avant de prendre parti, de comparer la solution par câble, à la solution par crémaillère.

1. *Cable or rope Traction*, par Bucknall Smith, Londres 1887.
2. Heusinger von Waldegg, 5e volume, p. 507.

14. — Plan incliné du Léopoldsberg, près Vienne. — Ce chemin part des rives du Danube, en amont de Vienne, près d'une station du chemin de fer François Joseph, et conduit au site renommé du Léopoldsberg ; il est exclusivement destiné au transport des voyageurs. Le tracé, rectiligne d'un bout à l'autre, a une longueur de 725m. ; la pente moyenne est de 34 °/₀, les déclivités varient de 39 à 40 °/₀; la hauteur totale rachetée est de 242 m. Le profil en long est indiqué par la fig. 10. La ligne est à deux voies, la largeur de voie est de 1 m. 895. Les voitures à deux étages pèsent vides 15 tonnes, et peuvent contenir cent personnes.

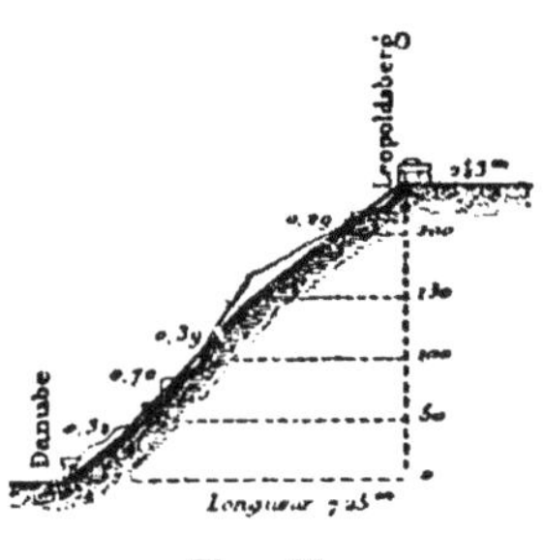

Fig. 10.

La machine est placée au sommet ; elle a deux cylindres accouplés, de 0m,63 de diamètre et 1 m. 90 de course ; elle peut développer 260 chevaux.

Sur l'arbre moteur sont calées deux roues d'engrenage, de 3 m,50 de diamètre, entraînant deux couronnes dentées de 6m,90 de diamètre, fixées à deux tambours métalliques de mêmes dimensions ; l'un deux enroule le câble pendant que l'autre le déroule.

La vitesse maxima des véhicules est de 3 m. par seconde.

Comme mesure de sécurité, on a amarré sur les deux véhicules un câble spécial passant à la station supérieure sur une poulie de 6 m. de diamètre, de façon à tenir en équilibre les deux véhicules en cas de rupture du câble de traction [1].

Les dépenses de construction se sont élevées à 860.000 fr.

L'ouverture à l'exploitation a eu lieu en juillet 1873. Pendant une période de cent jours, le mouvement des voyageurs a été de 300.000 personnes. Les machines ont été construites dans la fabrique de M. H. Sigl sur les indications de M. Fellinger, ingénieur.

15. Plan incliné de Galata à Péra, à Constantinople. — Ce plan incliné est entièrement en souterrain. Son but est le même que celui de la Croix-Rousse.

Galata et Péra, sont les faubourgs les plus populeux et les plus commerçants de Constantinople. A Galata se trouvent la douane, la bourse, les magasins, etc., etc.., A Péra, les ambassades, les hôtels, les maisons d'habitation, à environ 60 m. au-dessus de Galata. Entre ces deux quartiers, les relations sont fréquentes, et malgré la circulation très intense, il n'existe de l'un à l'autre aucune voie facile à suivre. Les rues, impraticables aux voitures, présentent des pentes allant jusqu'à 0 m. 24.

[1] *Annales des ponts et chaussées. Chemins de fer de montagnes*, par M. A. Picard, mars 1875, p. 223.

La rue la plus fréquentée, où il passe en moyenne 40.000 personnes par jour, est tortueuse ; sa largeur est de 6 à 7 m., sa pente moyenne est de 0 m. 097, et atteint en certains points 0 m. 170. Frappé de cette situation M. E. Gavand, un ingénieur civil français, eut l'idée de relier ces deux quartiers par un funiculaire souterrain ; idée qu'il parvint à réaliser au prix de mille difficultés, causées par les autorités locales.

M. Gavand a exposé toutes ses tribulations en tête de la monographie qu'il a publiée du funiculaire de Galata-Péra [1].

Nous tirons de cette monographie tous les renseignements relatifs à ce chemin.

La longueur horizontale du tracé est de 606 m., 50 la hauteur gravie 61 m., 55, la pente moyenne 0 m., 1015.

Ainsi que nous l'avons dit, le profil adopté est parabolique ; dans

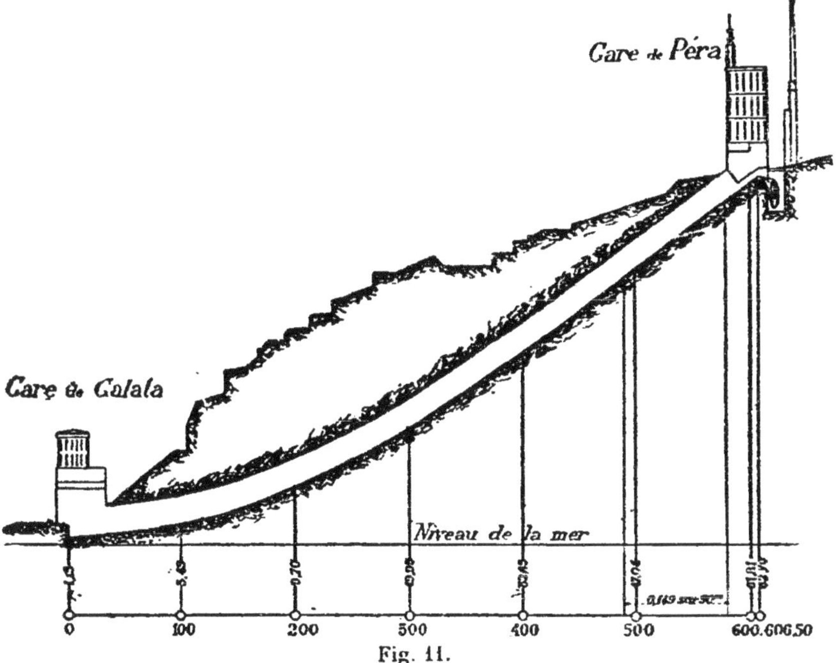

Fig. 11.

la gare de Galata la rampe est de 0 m. 01 à 0 m. 02, elle augmente pour atteindre progressivement au sommet son maximum, 0 m. 149. La fig. 11 montre le profil en long de la voie.

Le profil parabolique a répondu à deux objectifs : d'abord entrer de suite en souterrain, en réservant au-dessus de l'extrados du tunnel, la plus grande hauteur de terre possible sous les fondations des

[1] *Chemin de fer métropolitain de Constantinople,* par Eugène-Henri Gavand. Paris, Lahure 1876.

maisons ; ensuite, permettre au train descendant partant de Galata, de démarrer automatiquement en lâchant les freins, et sans le secours de la machine à vapeur. Une fois le train en marche, on ouvre progressivement l'introduction de vapeur pour maintenir le mouvement, qui sans cela ne tarderait pas à s'arrêter ; car le train partant de Péra chargé, ne peut entraîner le train de Galata vide, que sur une longueur de 390 m.

La ligne est à double voie, et en ligne droite. Au sommet, et dans l'axe de chaque voie, on a placé une grande poulie à gorge de 4 m. 50 de diamètre.

Sur chacune de ces grandes bobines s'enroule un câble plat, dont une extrémité est fixée à la circonférence de la poulie, et l'autre attachée au véhicule de l'une des voies.

Ces poulies sont calées sur un même arbre, le câble se déroule de l'une pendant qu'il s'enroule sur l'autre.

Cet emploi de bobines placées dans l'axe de chaque voie, supprime les poulies de renvoi et de guidage, nécesssaires quand le câble s'enroule plusieurs fois en hélice autour d'un tambour. Au lieu d'un câble rond, on a employé un câble plat, qui se loge plus aisément dans la gorge profonde de la poulie, et la fatigue du câble causée par son enroulement est notablement diminuée. Par contre, ces tours de câble superposés les uns aux autres, offrent un inconvénient : c'est une variation de vitesse très notable, dûe à la différence de diamètre de la circonférence qui se déroule. En supposant une épaisseur de câble de 18 mm. une longueur de 600 m. ; le diamètre maximum est de 6 m. le diamètre minimum est de 4 m. 70. Pour une vitesse moyenne de 4 m. à la seconde, la vitesse minima sera de 3 m. 56, et la vitesse maxima de 4 m. 52 ; c'est un écart sensible.

Les câbles employés pèsent 8 kil. 5 par mètre courant ; l'effort maximum auquel ils aient à résister est de 5.000 kil. ; c'est le dixième de leur charge de rupture.

Entre les deux poulies à gorge sur lesquelles s'enroulent les câbles, on a calé sur le même arbre une poulie, sur la jante de laquelle peut agir un frein de friction énergique mû par la vapeur. Les voitures sont en outre munies d'un frein de sûreté analogue à celui de Lyon-Croix Rousse, mais qui n'est pas automatique.

La machine motrice est horizontale et de 150 chevaux de force ; la vapeur est produite par quatre chaudières, dont deux seulement sont en service.

L'effort de traction maximum est de 3916 kil. ; la vitesse normale est de 3 m. par seconde.

Chaque train se compose de deux véhicules ; en avant, une plateforme pour le transport des voitures, des chevaux, des marchandises, et même des voyageurs de 2e classe; en arrière, une voiture fermée à voyageurs, pouvant contenir 90 personnes.

La plate-forme, quand il ne s'y trouve pas de véhicules ou marchandises, peut porter 60 personnes.

Un train peut donc monter 150 personnes.

La voiture pèse vide 11 tonnes, la plate-forme 8.

Le train vide pèse donc 19 tonnes, à charge complète 29 tonnes.

Les voies sont en rails Vignole de 25 kil. au mètre. Ces rails sont posés sur des longrines portées par des traverses : la largeur de voie est de 1 m 51 d'axe en axe des rails ; la largeur de l'entrevoie est seulement de 1 m. 05 ; quand deux voitures se croisent, l'intervalle libre entre elles, n'est que de 0 m. 20. Cette réduction est sans inconvénient, les voyageurs entrant et sortant des voitures par le côte extérieur à la voie, et les voitures n'offrant de portière que sur cette face là, sont

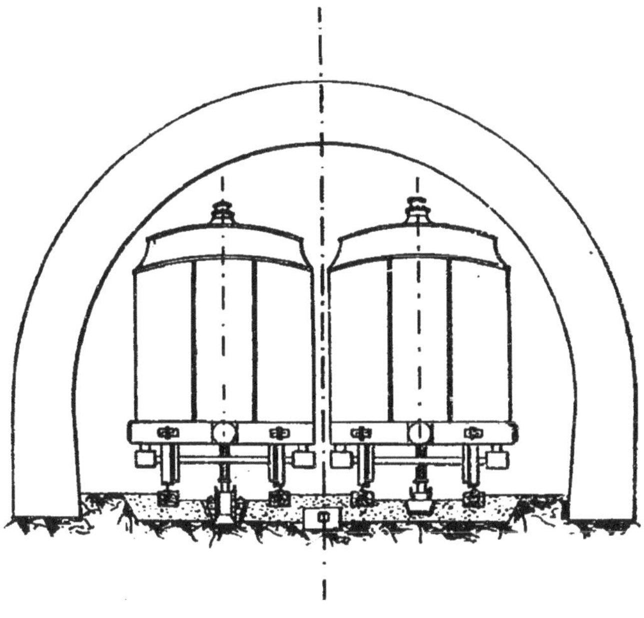

Fig. 12.

fermées complètement sur l'autre face. La fig. 12 indique la coupe transversale du tunnel et le croisement des voitures dans ce tunnel.

Le chemin de Galata à Péra, projeté en 1867, n'a reçu un commencement d'exécution qu'en 1871 ; les travaux furent terminés en décembre 1874, la réception par le gouvernement eut lieu le 5 décembre 1874, et l'ouverture à l'exploitation le 18 janvier 1875.

Le prix de revient total a été de 4.125.554 fr. 50 dont voici la répartition.

Expropriations.	1.984.372 fr. 50
Tunnel.	1.017.500
Personnel, frais généraux.	177.270
Voie.	92.500
Câbles.	20.500
Machines et chaudières.	203.500
Bâtiments des machines et chaudières.	70.000
Gare de Péra (sans l'hôtel).	106 000
Gare de Galata	69.700
Matériel roulant	102.500
Allongement du tunnel à Galata.	11.363 fr. 75
Modification à l'emplacement des machines. . .	90.304
Bureaux, réservoirs, télégraphe, outillage, divers.	179.414 fr. 25
Total	4.425.554 fr. 50

Le prix du mètre linéaire ressort à 6.590 fr. celui de Lyon-Croix-Rousse à 6.360 fr.

16. — Plan incliné de Lyon à Fourvière et St-Just. — Nous avons indiqué au N° 9 comment la situation de la ville de Lyon nécessitait la construction de chemins de fer funiculaires, et combien l'établissement du plan incliné de la Croix-Rousse était justifié.

Le plateau de Fourvière et de St-Just parut aussi devoir nécessiter pour sa desserte, un chemin funiculaire.

M. Grivet expose ainsi les raisons qui l'ont déterminé à exécuter le projet [1].

Le quartier de Fourvière et St-Just est relativement peu habité (15,994 habitants) ; encore ce chiffre comprend-il le personnel des établissements religieux, qui par leur caractère sont réfractaires au mouvement industriel ; par contre, la chapelle de Fourvière est un lieu de pèlerinage très fréquenté, et le cimetière de Loyasse, l'un des plus importants de Lyon. (Voir la fig. 6).

La comparaison de cette situation avec celle du plateau de la Croix-Rousse qui comptait 22.000 habitants, ouvriers pour la plupart et en relations incessantes avec les centres de fabrique de la ville, avait longtemps fait reculer les capitalistes.

M. Grivet est arrivé par ses observations à conclure qu'on pouvait cependant espérer la rémunération du capital engagé. Il déduisit de comptages, que l'on pouvait espérer de 95 à 100 voyageurs par habitant et par an, soit pour 15.944 habitants 15,944 × 95 = 1.519,430 voyageurs auxquels il convenait d'ajouter un certain appoint dû aux visiteurs de Notre-Dame de Fourvière, et au cimetière de Loyasse.

[1] *Revue générale des chemins de fer*, août et septembre 1882, p. 78.

Ces prévisions ont été justifiées par l'évènement. La concession fut donnée sans subvention, pour une durée de 99 ans, à MM. Riche frères, par décret du 15 décembre 1872.

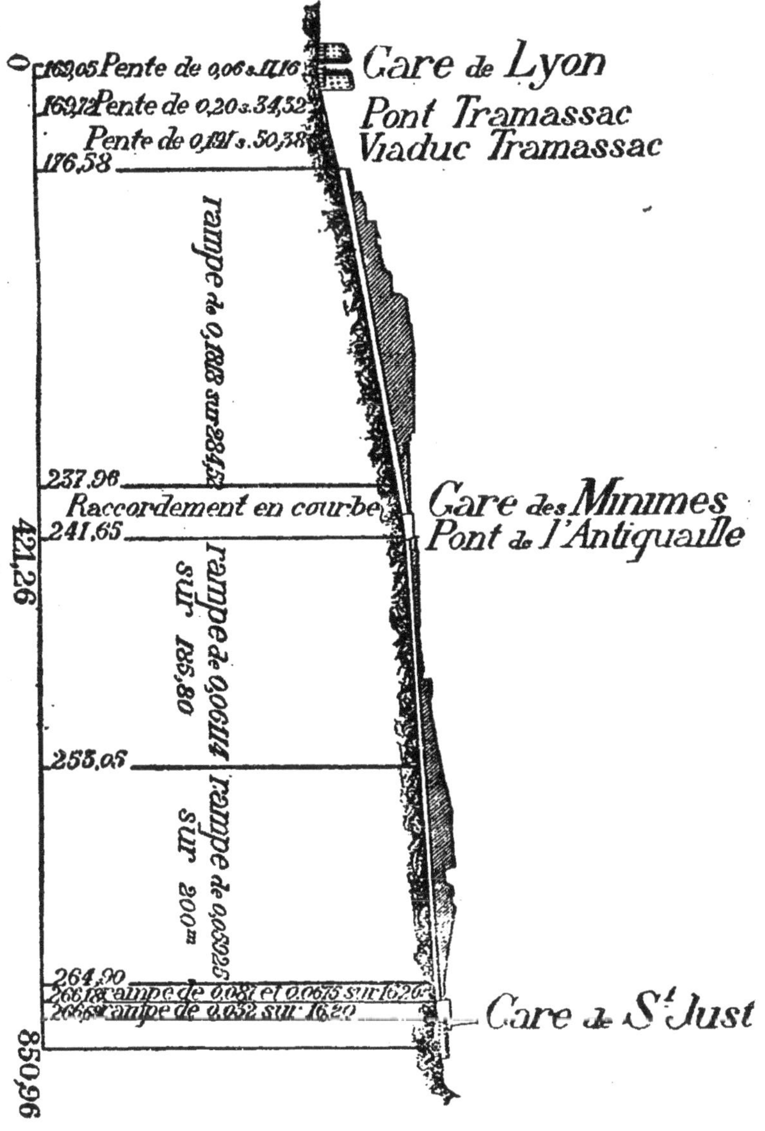

Fig. 13.

La ligne, à deux voies, a une longueur de 821 m. 96 ; la hauteur rachetée est de 97m62. Une gare intermédiaire, imposée par le cahier des charges, a dû être ménagée au milieu du parcours, à 71 m. 53 au-dessus du point de départ. Il ne reste par suite à gravir dans la deuxième moitié du trajet que 25 m.09. De là résultent deux pentes très inégales : l'une de 0m. 200 sur la moitié inférieure, l'autre de 0m. 061 seulement sur la moitié supérieure, ce qui a singulièrement compliqué le problème de la traction.

La largeur de voie est de 1m50, l'entrevoie de 2 m 00, avec accotements de 1m50.

D'abord en tranchée sur environ 90m, le chemin entre dans le tunnel de l'Antiquaille sur 300 m., passe en tranchée sur 26 m, la gare intermédiaire des Minimes et se maintient en tunnel sur 388 m, jusqu'à la gare de St-Just. En fait, un peu plus des 3/4 de la ligne sont en tunnel. Le tracé est entièrement rectiligne, sauf une courbe de 100 m. dans la gare inférieure, sur une faible longueur.

La fig. 13 montre le profil en long de la ligne. Le tunnel a 8 m. de largeur, la voûte est en plein cintre et a 4 m. 16 de hauteur au-dessus des rails extérieurs. En certains points on a ménagé un radier.

La rue Tramassac est traversée par un ouvrage métallique, et la rue de l'Antiquaille par un pont de 12 m.

A la sortie de la rue Tramassac, il a été établi au-dessus de la voie un viaduc à 4 arches, de 6 m. d'ouverture.

Le rail employé pèse 35 kil. au m. l., il est fixé sur des longrines en sapin de $\frac{0,24}{0,18}$ d'équarrissage, boulonnées sur des traverses en chêne de $\frac{0,22}{0,13}$ noyées dans le ballast, et écartées de 1m.75 d'axe en axe.

Nous avons expliqué au N° 8, comment la différence considérable dans les inclinaisons des deux moitiés du plan incliné avait, conduit à l'emploi d'un wagon contrepoids pour limiter les variations de l'effort de traction ; nous ne reviendrons pas sur le principe de cette solution.

Nous rappelons seulement que le wagon compensateur ne parcourt jamais que la moitié inférieure du plan, entre Lyon et la gare des Minimes. Quand le train descendant quitte cette gare pour continuer sa course, son wagon compensateur reste au repos en bas à Lyon. Il faut donc que le câble reliant le wagon compensateur soit détaché automatiquement du train, et qu'il reste tendu. A cet effet, le câble est terminé à son extrémité supérieure par une sorte d'ancre double qui saisit une barre portée par un chariot à glissière, lequel est sollicité par un poids convenable, de façon à donner au câble la tension voulue.

Les fig. 14 et 15 indiquent les dispositions de ce mécanisme.

Lorsque le train remonte et arrive à la gare des Minimes, l'ancre accroche une barre fixée au dessous de la voiture à voyageurs, le câble est tiré par le train montant, et remorque le wagon compensateur.

La voiture à voyageurs est disposée pour recevoir 100 personnes, 8 assises et 92 debout. La charge utile maxima est de 7.000 kil. ; la tare à vide de 8.897 kil.

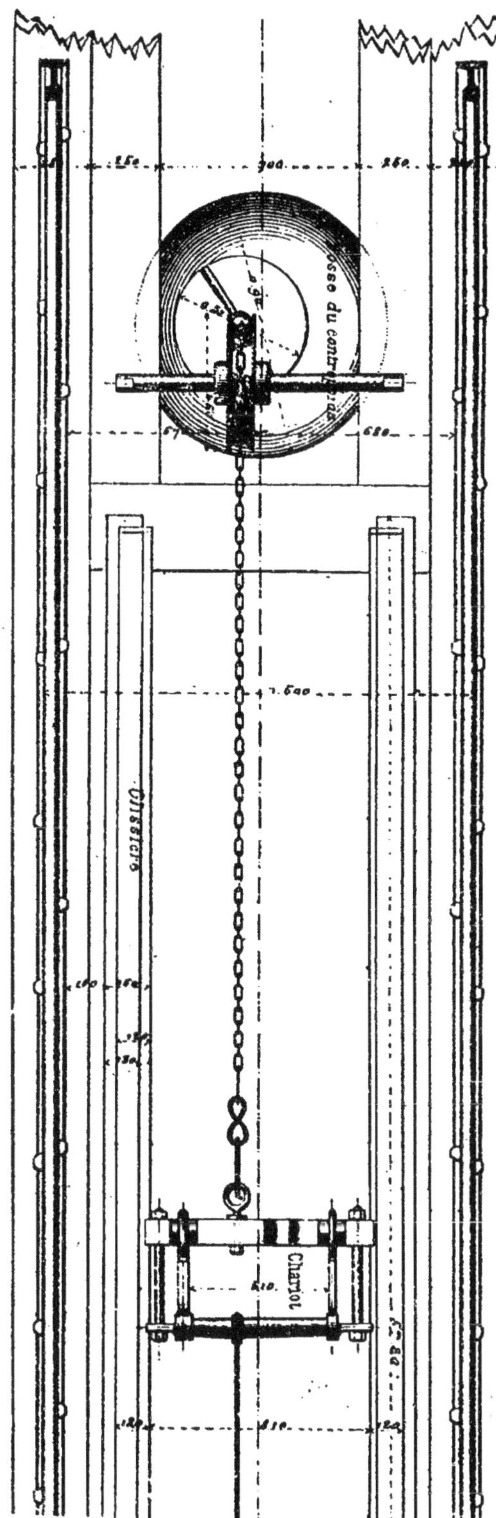

Fig. 14. — Funiculaire de Lyon-Fourvière
Ancre d'attache du truck.

Le truck à marchandises pèse à vide 8.237 kil. ; et peut recevoir une charrette chargée, attelée de deux chevaux, soit un poids total de 1509 kil.

L'effort maximun de traction est de 3.480 kil.

La vitesse est de 4 m. par seconde.

Nous avons vu que le travail de la machine variait de +235 chevaux à — 119 chevaux.

Les câbles sont au nombre de trois; un pour chacun des trains principaux, et un pour le wagon compensateur de chaque voie.

On a essayé successivement des câbles de fer et d'acier. Les hésitations sont naturelles quand il s'agit d'une question aussi importante.

Le câble des trains principaux s'enroule à la montée, et se déroule à la descente sur un tambour de 6 m. de diamètre; cinq tours et deux quarts de tours suffisent pour obtenir l'adhérence voulue.

Les câbles sont soutenus sur la voie par des poulies en fonte de 0 m.27 de diamètre mesuré à la gorge, et espacées de 4 m. 70 d'axe en axe.

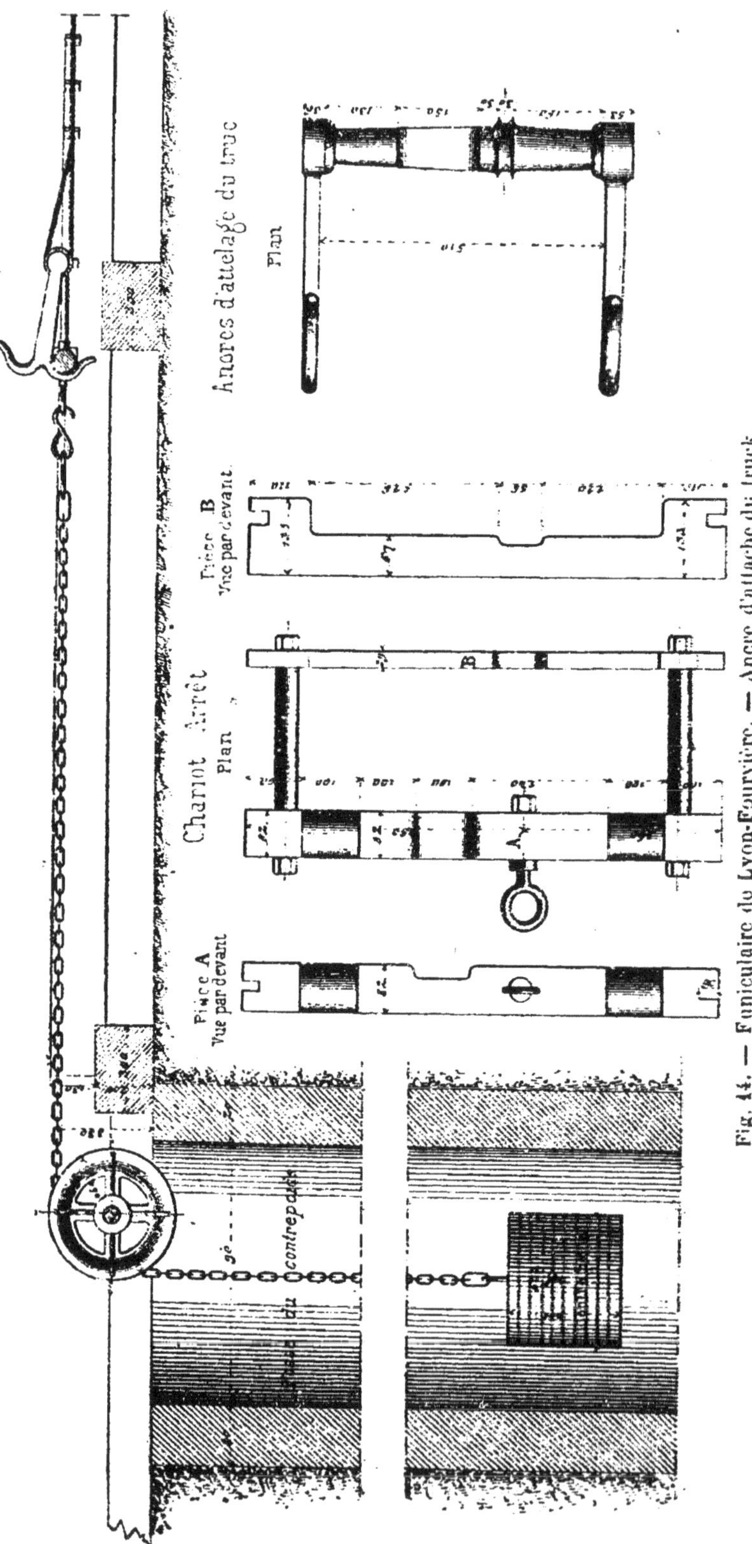

Fig. 14. — Funiculaire de Lyon-Fourvière. — Ancre d'attache du truck.

Le câble adopté autrefois après divers essais, dont nous parlerons quand nous nous occuperons spécialement des câbles de traction, pesait 6 kil. 4 au mètre courant ; son diamètre était de 45 mm.

La tension maxima du câble est de 7.600 kil. ; la section est de 695 mm. 9. Soit au maximum un travail de 10 kil. 9 par mm. q. Malgré les précautions prises, une rupture de câble eut lieu en 1889. Le câble de l'un des wagons compensateurs s'étant rompu, les freins furent impuissants, la voiture fut brisée, et 5 personnes furent blessées.

Le câble actuel est en fer et acier il pèse 8 kil. au m. l.

La machine motrice est installée en haut du plan incliné comme l'indique la fig. 13. Cette machine est à deux corps, produisant chacun 55 chevaux, à 10 0/0 d'introduction.

Chaque cylindre a un diamètre de 0 m. 55, la course du piston est de 1 m., la machine marche à 45 tours par minute.

Les deux pistons sont attelés sur un arbre portant un pignon de 1 m.68 de diamètre, engrenant avec une roue dentée de 6 m. 72 de diamètre fixée au grand tambour moteur. Ce tambour porte deux jantes latérales ; à l'une, sont fixés le grand engrenage et la table du frein à main, sur l'autre, est fixée la table du frein à vapeur.

Les générateurs à foyer intérieur et deux bouilleurs sont timbrés à 6 atmosphères. Leur surface de chauffe est de 240 mq. Deux d'entre eux sont constamment en service.

Le coût de ces machines, du grand tambour et des chaudières est de 123.000 fr.

Le matériel roulant comprend 2 voitures à voyageurs, 2 wagons trucks à marchandises, et les 2 wagons compensateurs. Chacun de ces derniers peut porter 40 voyageurs.

Les voitures sont munies de freins de sécurité automatiques, semblables à ceux du chemin de Lyon-Croix-Rousse. L'exploitation est ouverte au trafic voyageurs et au trafic marchandises comme à Lyon-Croix-Rousse. Les départs ont lieu chaque sept minutes, et le truck compensateur fait un service pour la gare intermédiaire des Minimes.

La moyenne est de 200 trains par jour.

Les dépenses de premier établissement se sont élevées à 3.700.000 fr.

En 1881, les recettes étaient de 250.309 fr. 45, et en 1887 de 251.005 fr. 15.

17. Plan incliné du Mont-San-Salvator. — Cette ligne a été inaugurée en mars 1890 ; elle mène de Paradiso, faubourg de la ville de Lugano, au sommet du San-Salvator, d'où l'on jouit d'une vue extrêmement pittoresque sur le lac de Lugano et les Alpes.

La voie, de 1 m. de largeur, a une longueur de 1.644 m. suivant la pente, et de 1.535 m., en projection horizontale, la hauteur rachetée atteint 603 m., soit une pente moyenne de 39,3 °/°, avec déclivité maxima de 60 °/₀.

Le point de départ est à la cote 282 m. 50, celui d'arrivée à 884,97 ; la station intermédiaire de Pazzalo à 489 m. 60. L'inclinaison au bas du tracé est de 17 °/₀, elle arrive à 20, puis à 31 et 38 à la station de Pazzalo ; au delà, la rampe d'abord de 44, passe à 56 et 60 °/₀ à la partie supérieure.

Plusieurs ouvrages d'art importants ont été nécessaires.

Le rail pèse 18 kil. au mètre, il est fixé sur des traverses métalliques de 1 m. 50 de long, distantes de 1 m. 02 et solidement encastrées par leurs extrémités dans deux murs en maçonnerie parallèles à l'axe de la voie courante sur toute la longueur de la ligne.

Par mesure de sécurité on a placé entre les rails une crémaillère à dents du type Abt, pour modérer la vitesse de la descente, comme il sera expliqué un peu plus loin.

L'installation provisoire comprenait une machine motrice de 50 chevaux installée, ainsi que le tambour, au milieu du parcours à la station intermédiaire de Pazallo. La machine actionnait le tambour par l'intermédiaire d'une transmission permettant de le faire tourner à volonté dans un sens ou dans l'autre. Depuis 1891, la machine à vapeur a été remplacée par une transmission de force électrique.

L'usine génératrice est située à 7.180 m. de l'usine du funiculaire ; deux turbines peuvent y développer un travail de 375 chevaux.

La turbine destinée au funiculaire produit 125 chevaux, et actionne une dynamo génératrice de 23 ampères et 1 800 volts ; la perte de tension est de 150 volts, le rendement de l'ensemble de la transmission est de 71,5 °/₀.

Le câble attaché à la voiture inférieure, monte s'enrouler autour du tambour moteur placé à la station intermédiaire, et de là s'élevant jusqu'à la station supérieure, il passe sur une poulie de renvoi, et redescend s'attacher par son autre extrémité à la voiture inférieure.

Quand l'une des voitures est au bas du plan incliné l'autre est au sommet, et le câble est tout entier d'un côté. Quand les deux voitures arrivent se croiser à la station intermédiaire, les voyageurs passent de l'une dans l'autre, comme aux ascenseurs de la Tour Eiffel.

Ce dispositif permet de n'avoir qu'une voie, tout en évitant les croisements ; mais la fatigue du câble est évidemment augmentée par la poulie de renvoi installée à la partie supérieure du plan incliné.

Le câble, en fils d'acier, a 32 m/m de diamètre, et pèse 3 kil. 41 le mètre courant ; il a une longueur de 1.700 m.

Chaque voiture est ouverte, et contient 32 places ; elle pèse à vide 4.500 kil. ; les voitures sont munies d'une roue dentée engrenant avec la crémaillère, et un frein de friction agissant sur cette roue dentée permet de modérer la vitesse du véhicule. Un frein automatique de sûreté agit pour arrêter de suite le mouvement, en cas de rupture du câble.

Le projet a été étudié et exécuté par la maison Bucher et Durrer de Kœgiswil;

La construction complète a coûté 600.000 fr. (1)

18. Plan incliné du Bürgenstock. — Le funiculaire du Bürgenstock a été construit dans le même but que le précédent, pour faciliter aux touristes l'ascension d'une montagne escarpée d'où l'on découvre un point de vue des plus pittoresques. La montagne du Burgenstock est située sur la rive Sud Est du lac des Quatre-Cantons ; du sommet de la montagne on a une vue d'ensemble du lac des Quatre-

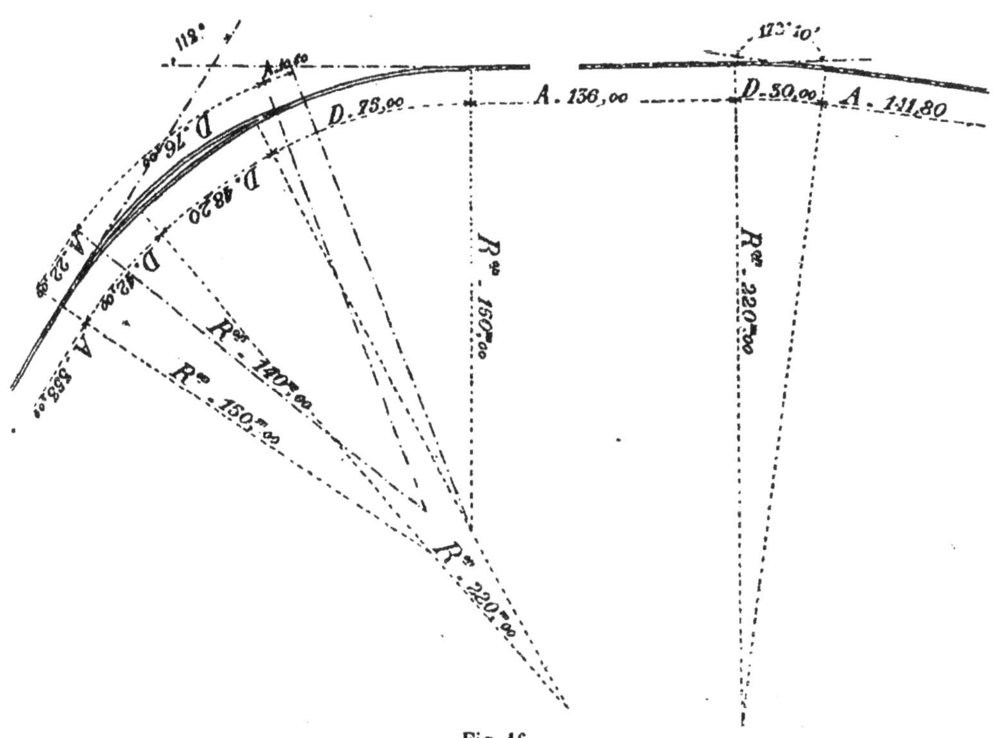

Fig. 16.

Cantons et de la chaîne des Alpes ; un hôtel a été construit au sommet.

Le point de départ de la ligne est au bord du lac, à Kehrsiten, point desservi par les bateaux à vapeur partant de Lucerne. A l'origine, l'al-

1. *Compte rendu de la Société des ingénieurs civils.* Chronique. — Août 1890 — p. 335.

titude est de 438 m. ; au Bürgenstock elle est de 878 m. ; la longueur horizontale du tracé est de 826 m., soit une pente moyenne de 533 m/m, avec pente maxima de 570 m/m (1).

Le tracé n'est pas rectiligne en plan.

Au départ de Kehrsiten, on suit un alignement sur 353 m. ; puis vient une courbe de 150 m. de rayon, avec un développement de 42 m., à laquelle succède une courbe de 220 m. sur 48 m. 20 ; puis une courbe de 150 m. sur 75 m. ; au delà vient un deuxième alignement sur 136 m., puis une courbe de 220 m. de rayon et de 30 m. seulement de développement, enfin un dernier alignement de 141 m. 80 de longueur.

Les deux premiers alignements font entre eux un angle de 112°, les deux derniers un angle de 172° 10' ; par suite les alignements extrêmes du tracé font entre eux un angle de 104° 10'.

La ligne est à une seule voie ; au milieu est ménagé un évitement sur 108m,60. La voie d'évitement est comprise entre deux alignements, l'un de 10m,60, l'autre de 22m, raccordés par une courbe de 140m de rayon, ayant un développement de 76m. (Voir le plan fig. 16).

La plate-forme, en tranchée, a 3m de largeur totale, y compris deux fossés de 0m,75 de largeur ; en remblai, la voie est établie sur un mur en maçonnerie de ciment de 1m.50 de largeur.

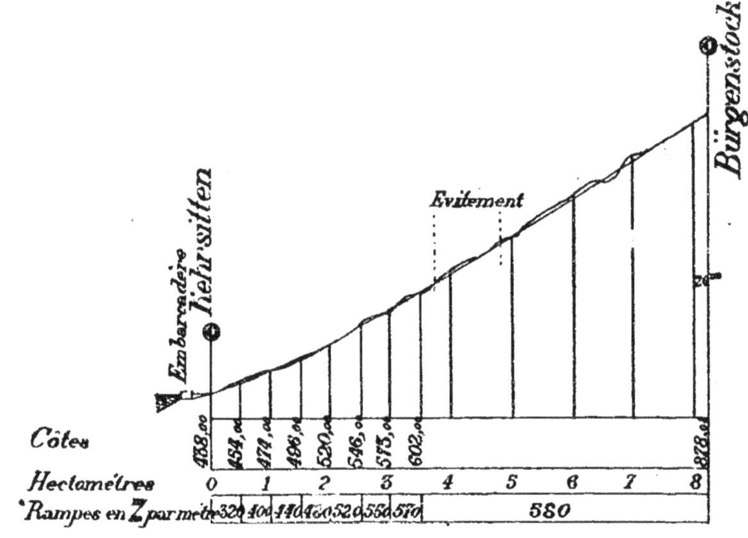

Fig. 17.

A l'évitement, la largeur maxima de la plate-forme est de 4m,50.

La pente du profil en long augmente progressivement depuis l'origine ; d'abord de 320 mm. elle passe à 400, puis à 440, 480, 520, 550,

1. *Revue technique de l'Exposition* par C. Vigreux. — Les chemins à crémaillière par Vigreux et Lopé.

chacun de ces raccordements ayant 50m de longueur, pour se maintenir à 580 mm. sur les 476 derniers mètres. La fig. 17 indique le profil en long de la voie.

Les rails, pesant 22 kil. le mètre linéaire, sont portés par des traverses métalliques, encastrées dans une maçonnerie, pour éviter tout glissement longitudinal. Une crémaillère Abt à deux lames est installée au milieu de la voie.

A l'entrée et à la sortie du garage sont établis des croisements. Les deux rails extérieurs sont fixes et ne sont pas interrompus. Les rails intérieurs, sont coupés au droit de la crémaillère. Les roues des véhicules situées d'un même côté sont munies d'un bandage à gorge épousant la forme du rail ; de l'autre côté de la voiture, les deux roues sont à jante plate, de façon à passer par dessus le croisement décrit ci-dessus.

Le câble pèse 3 kil. 2 au mètre ; il est formé de 114 fils d'acier de 3 mm. q. de section, avec âme en chanvre. Les deux brins du câble reposent à 0m,50 à droite et à gauche de la crémaillère sur des poulies de 0m,15 de diamètre distantes de 14m,40. Dans les parties en courbe, la direction du câble est assurée par des poulies de 0m,60 de diamètre dont l'axe est incliné sur la verticale de façon à résister à la tendance au renversement.

Outre le frein à crémaillère, analogue à celui décrit à propos du chemin du Mont-San-Salvator, chaque voiture est munie d'un frein automatique, agissant en cas de rupture du câble. Les voitures ouvertes pèsent à vide 4.300 kil. et peuvent contenir 28 voyageurs.

La force motrice est fournie par une chute d'eau, distante de 4 kilomètres du tracé ; elle actionne une turbine de 150 chevaux, qui commande deux dynamos du système Thury de 800 volts et de 20 à 25 ampères, à la vitesse normale de 800 tours à la minute. Ces deux dynamos sont montées en tension, et le courant de 1600 volts est amené aux réceptrices par une distribution à 3 fils de 4 mm. 5 de diamètre. Le rendement du système est évalué à environ 75 0/0.

Des précautions spéciales ont été prises contre la foudre.

Les dépenses de premier établissement se sont élevées à 368.644 fr.

19. Plan incliné de la côte du Hâvre. — Ce chemin funiculaire répond à peu près aux mêmes nécessités que les « ficelles » de Lyon. Il met en communication un quartier haut de la ville du Hâvre, « La Côte », avec le centre de la ville.

Toute la côte, dans les limites de la ville du Hâvre, est très habitée ; et au sommet, à 90 m. au-dessus de la ville, se trouve une localité de 6000 habitants, Sanvic. — Des comptages ont montré qu'il y avait entre le Hâvre et la côte un mouvement journalier de 6.000 voyageurs ; à certains jours, on compte jusqu'à 30.000 personnes faisant ce trajet

M. Lévèque, Ingénieur civil, a demandé et obtenu la concession pour

50 ans d'un chemin funiculaire reliant le Hâvre à la côte, au prix minimum de 0 f. 10 par personne pour le trajet simple.

Le tracé est rectiligne, à une seule voie, avec croisement au milieu ; sa longueur totale est de 360 m.

Une des grandes difficultés a été causée par le peu de largeur d'une rue (Rue du champ de foire), que le tracé suivait en viaduc. On a dû couvrir la rue d'un viaduc métallique de 3 m. 67 de lar-

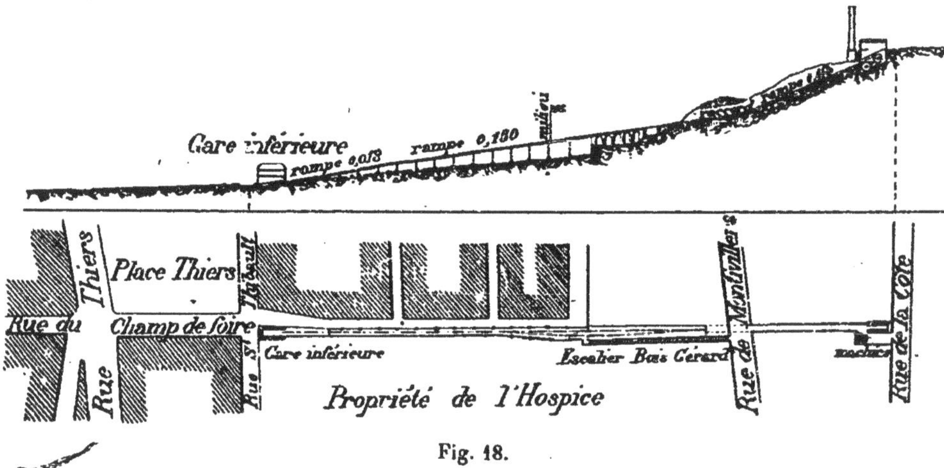

Fig. 18.

geur, tout en laissant les piles évidées dans le sens transversal, de façon à permettre aux voitures de suivre la rue sous le tablier métallique de 145 m. de longueur, et en pente de 150 mm. Ce tablier est fixé sur la culée inférieure et se dilate librement vers le haut, la dilatation atteint 70 mm. ; il est porté par les piles métalliques, de façon à ce que la dilatation puisse se faire sans obstacle. Dans ce but, on n'a pas relié transversalement les piles au-dessous du tablier, et l'on a ménagé un jeu de 1 mm. de chaque côté, dans les assemblages de la pile avec le tablier et avec sa base d'appui sur le sol. Pour éviter le bruit produit par le roulement des voitures sur le tablier métallique, on a interposé entre le patin du rail, et les longrines, des plaques de fibres élastiques de 5 mm. d'épaisseur, le résultat a été satisfaisant (1).

Le profil en long indiqué par la fig. 18 montre que les déclivités sont très inégales. La pente supérieure de 415 mm., est raccordée à la pente de 150 mm., par une courbe de 120 m. de rayon. Cette courbe de raccordement est insuffisante pour réaliser les conditions indiquées par la théorie, et que nous avons développées au N° 3 ; il suit de là, que

1. *Génie civil*, 8 août 1891.

vers le point de brisure du profil, le câble a une tendance au soulèvement. On a imaginé, pour éviter ce soulèvement du cable, de dévier légèrement la voie par rapport à son axe, vers ce raccordement, comme l'indique la fig. 19. La voiture suit la courbe, par suite, l'at-

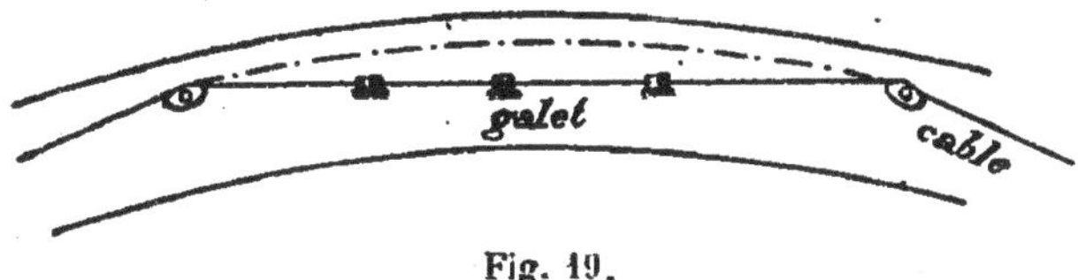

Fig. 19.

tache du câble aussi ; le câble au contraire suit la corde de la courbe, et il est maintenu par des galets surélevés placés sur la corde et s'opposant au soulèvement.

Le câble pèse 3 kil. 2 au mètre courant, il est formé de 6 torons de 19 fils de 2 mm. de diamètre, en acier doux. Aux essais, la rupture, a eu lieu sous une charge de 37 tonnes ; en service, la charge maxima est de 3600 kil. ; soit environ le $\frac{1}{10}$ de la charge de rupture.

La voie est munie d'une crémaillère type Abt, servant à assurer la sécurité et la régularité de la descente, comme aux funiculaires du Mont San-Salvator et du Bürgenstock, etc.

Les véhicules uniquement destinés aux voyageurs, sont du même type que ceux du Giessbach, ils peuvent porter 48 personnes et sont munis d'un frein à crémaillère, et d'un frein automatique de sûreté, pouvant arrêter le véhicule sur une distance de $0^m,20$ en cas de rupture du câble. Si cet accident se produisait, une sonnerie électrique mise en mouvement automatiquement avertirait le mécanicien.

La vitesse des voitures est de 2^m par seconde, l'ascension dure 3 minutes.

On a transporté en une journée jusqu'à 9.700 personnes ; la moyenne journalière est d'environ 2.640 voyageurs.

20. Plan incliné de Croix-Rousse. — Croix-Paquet. — Nous avons déjà décrit deux funiculaires de la Ville de Lyon ; ceux de la Croix-Rousse et de Fourvière. Le succès de ces deux plans inclinés, a engagé une société à demander la concession d'un troisième funiculaire.

Concédé en 1887, ce funiculaire a été ouvert à l'exploitation en 1891.

Une statistique avait démontré que le funiculaire de la Croix-Rousse n'était employé que par le tiers des personnes se rendant à la Croix-Rousse, et que le surplus des passants suivaient la montée de la Grande Côte, et la montée de Saint-Sébastien. (Voir le plan de Lyon fig. 6). La ligne à construire devait donc été placée vers la montée Saint-Sébastien, et avoir sa tête de ligne à la place Croix-Paquet, centre de mouvement important. La moyenne journalière du nombre de voyageurs partant chaque jour de la gare Croix-Paquet est de 6.000 ; soit, dans les deux sens, un total de 12.000 voyageurs. Le maximum atteint dans une journée a été de 36.000 voyageurs, dont 30.000 de 2 heures à minuit.

Le tracé est rectiligne dans son ensemble, sauf une courbe à chacune des extrémités ; le rayon de l'une d'elles s'abaisse à 80 m., ce qui amène une usure très notable des câbles.

La ligne est presque entièrement en souterrain ; car sur 463 m. de longueur totale, 343 m. sont en tunnel.

Dans les stations, le profil présente des déclivités dé 220 mm. sur 22 m. ; sur 439 m. la voie est en rampe de 172 mm.

La voie à largeur normale est posée sur traverses en chêne, étançonnées par des pièces de bois allant d'une traverse à l'autre ; ces pièces de bois, coupées au droit de chaque traverse, forment comme les barreaux d'une échelle. Le rail est tirefonné sur les traverses et sur ces pièces de bois, qui jouent le rôle de longrines.

Un câble spécial est affecté à chaque voie ; chaque câble s'enroule sur des tambours distincts, placés dans l'axe des voies, et clavetés sur un même arbre comme les poulies de Galata-Péra. Au milieu, entre les tambours, se trouve calée sur l'arbre, une énorme roue d'engrenage, dont la circonférence primitive a un diamètre de 700 mm., et porte 180 dents ; elle est mue par un pignon portant 36 dents en bois, directement actionné par les machines. Les moteurs comprennent deux groupes de machines horizontales du type des machines d'extraction de mines. Chaque groupe, dont un seul est en service, développe 125 chevaux.

Les 3 générateurs semi-tubulaires du type Bonnet-Spazin, offrent chacun 75 m. q. de surface de chauffe.

La vitesse du câble est de 4 m. par seconde ; le poids maximum d'un train est d'environ 36.000 kil. se décomposant ainsi.

Voiture à voyageurs, tare à vide.	10.500 kil.
Poids de 85 voyageurs.	5.950
Truck à marchandises, tare à vide. . . .	11.000
Chargement.	8.500
Total	35.950 kil.

Les départs ont lieu régulièrement toutes les cinq minutes.

La construction du tunnel a donné lieu à de grandes difficultés, à cause du manque de consistance du terrain traversé.

Les travaux de terrassement ont été exécutés par M. Richard, entrepreneur, les installations mécaniques ont été projetées et exécutées par les ateliers de Lhorm (St-Chamond) ; les voitures ont été construites par la Société de la Buire.

Le câble employé est en fer et acier, sa résistance à la rupture est de 82 tonnes, son diamètre est de 45 mm., il pèse 7 kil. 450 au m. l. La disposition des tambours exige un câble spécial pour chaque voie.

La Cie exploitant actuellement le chemin funiculaire a payé la ligne 2.300.000 fr.

La nombre total des voyageurs transportés du 1er janvier au 26 septembre 1891 a été de 3.300.000.

Le côté caractéristique de l'installation des machines motrices a été le manque de place. Les machines motrices sont installées sous le boulevard même de la Croix-Rousse; les générateurs sont distants des machines d'environ 50 m. : circonstance défavorable, ayant pour conséquence des condensations dans les tuyaux d'amenée.

Les courbes au départ, la disposition des tambours au sommet et la grande vitesse, paraissent devoir amener une usure des câbles assez rapide. Les installations mécaniques n'ont pas le caractère de simplicité de celles de Lyon Croix-Rousse.

§ 3. — VOIE, POULIES DE SUPPORT, CRÉMAILLÈRE.

2. Constitution et fixation de la voie. — La solidité et la rigidité de la voie, sont nécessaires sur les voies ferrées ordinaires, absolument indispensables sur les voies à crémaillère, et sur les chemins funiculaires.

Si les rails n'ont pas, sur ces derniers, à supporter le poids de pesantes locomotives, ils ont par contre à résister à l'action des freins de sécurité en cas de rupture du câble. A ce moment, le frein d'arrêt prenant son point d'appui sur le rail, celui-ci doit résister à l'effort de traction, augmenté du choc dû à la force vive que possède le train au moment de l'arrêt.

Les rails pourraient être très légers s'ils n'avaient pas à résister à cet effort considérable en cas de rupture du câble ; mais pour ce dernier motif on est conduit à employer des rails relativement lourds, eu égard aux charges qu'ils supportent. Cette question de poids a du reste très peu d'importance, vu la faible longueur des lignes funiculaires.

Il est clair que l'on prend d'autant plus de précautions, pour résister au glissement longitudinal de la voie, qu'elle est plus inclinée.

Lorsque les pentes ne dépassent pas 150 à 200 mm. la tendance au glissement longitudinal est relativement faible ; en général, on pose alors les rails sur des longrines longitudinales reposant de distance en distance sur des traverses. Les longrines sont entaillées au droit des traverses, et fixées sur elles par des boulons. C'est le parti adopté pour Lyon-Croix-Rousse, Fourvière, St-Just, Galata-Péra, etc. La fig. 20 indique le plan et la disposition de la voie au chemin de Lyon-Fourvière.

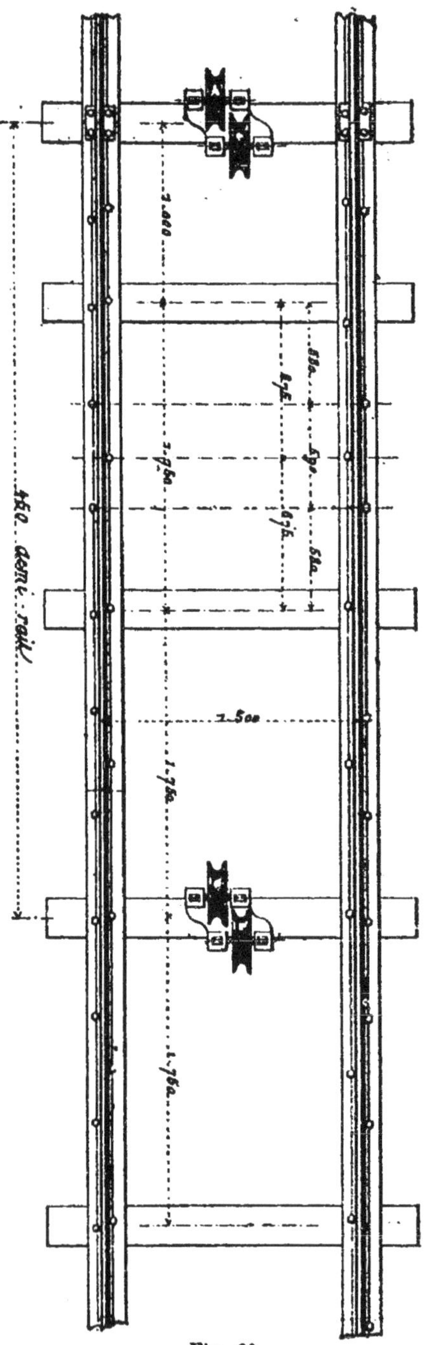

Fig. 20.

La pose de cette voie doit être très soignée, les longrines doivent être parfaitement dressées sur la face d'appui des rails. la voie sur longrines étant toujours moins douce que la voie sur traverses. Les rails employés sur les funiculaires sont toujours du type Vignole.

Au Lausanne-Ouchy, où la pente ne dépasse pas 120 mm., on n'a observé aucune tendance au glissement longitudinal. A Lyon-Croix-Paquet, au contraire, où la pente atteint 172 mm. la tendance au glissement longitudinal de la voie est très sensible, et se manifeste nettement.

A Galata-Péra, les rails sont en acier, du poids de 25 kil. le m. l. ils reposent sur des longrines en chêne de $\frac{0.25}{0,20}$, assemblées bout à bout sur des traverses en chêne de $\frac{0.18}{0.30}$, entaillées à mi bois, au droit du joint des longrines. Un boulon consolide l'assemblage.

Les rails sont fixés aux longrines par des boulons à crochet espacées de 0 m.25. Audessous de chaque joint de rail, on a placé une traverse, boulonnée avec la longrine.

Au chemin de Croix-Paquet, au lieu d'employer des longrines continues on les a coupées au droit de chaque traverse en les coinçant fortement entre deux traverses consécutives. Le dessus de ces tronçons de longrines est au niveau du dessus des traverses ; et le rail est tirefonné sur les pièces longitudinales et sur les traverses. A Galata-Péra, comme à la Croix-Rousse, et sur tous les funiculaires où l'on emploie un frein à mâchoire agissant sur l'aîne verticale du rail, on a dû renoncer à éclisser les rails.

Dans ce cas, on remplace l'éclissage par des plaques métalliques en forme d'auge placées sous le patin des rails à réunir. Cette disposition donne une voie moins douce que la voie éclissée ; une secousse se produit toujours au passage des joints. Les fig. 21 et 22 indiquent la disposition adoptée à Lyon-Fourvière.

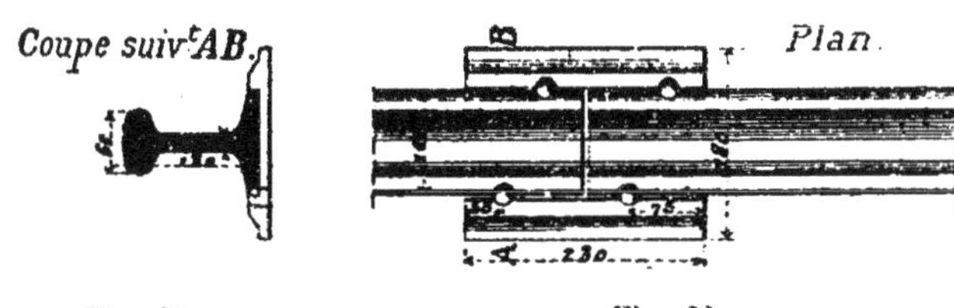

Fig. 21. Fig. 22.

Il est d'autant plus important d'éviter toute saillie aux abouts des rails, qu'il résulterait de ce fait des chocs violents, au moment où le frein fonctionnerait.

A Lyon-Croix-Rousse, on a rivé au dessous des extrémités des rails, un petit patin qui pénètre dans la plaque à auge et arrête le glissement longitudinal. Des boulons traversent le rail, le patin, et l'auge ; les trous de boulons sont ovalisés dans l'auge, pour permettre la dilatation.

Lorsque l'on est arrivé à des pentes plus raides, il a fallu combattre plus énergiquement la tendance au glissement.

Au funiculaire du Giessbach, où la pente varie de 24 à 32 °/o on a relié les extrémités des traverses par des cours de fers ⊔ parallèles à l'axe de la voie, comme au chemin à crémaillère du Rigi ; de plus, des pieux en fer fichés dans des massifs de maçonnerie contrebutent les traverses.

Au Bürgenstock, où les pentes atteignent 580 mm., les rails pesant 22 kil. le m. l., reposent sur des traverses en fer espacées de 0 m. 96, et y sont fixés par des agrafes munies de boulons.

Pour combattre la tendance au glissement ; au milieu de chaque tronçon, le rail est fixé à la traverse par deux boulons traversant le patin.

Les traverses sont métalliques, et formées de fer cornière à ailes inégales de $\frac{80 \times 120}{10}$. L'aile la plus étroite est encastrée dans une maçonnerie, de façon que l'autre aile est parallèle à la voie.

Au funiculaire à contrepoids d'eau de Territet-Glion, où les pentes atteignent 570 mm., on a employé également des traverses métalliques, formées simplement de vieux rails, portant sur des socles en fonte, scellés dans une maçonnerie de libage, s'étendant d'un bout à l'autre du plan incliné.

Nous reviendrons du reste plus longuement sur ce dispositif, quand nous nous occuperons des funiculaires à contrepoids d'eau.

Nous avons indiqué, à propos du funiculaire du Hâvre, la disposition adoptée pour parer à la poussée du tablier d'un viaduc métallique en forte pente. M. Vautier, dans ce même ordre d'idées, a muni les extrémités des poutres métalliques, au Territet-Glion, de sabots triangulaires en fonte. Ces sabots, solidement boulonnés aux poutres, portent par leur arête sur le couronnement de la culée. De cette façon, les poids des trains et du tablier ne produisent que des réactions verticales ; mais on a toujours à résister à la dilatation du tablier et à la poussée de la crémaillère, si la voie en est munie.

Au Mont San-Salvator, le rail employé pèse 18 kil. le m. l.; il repose sur des traverses métalliques, dont les extrémités sont fortement encastrées dans deux murs en maçonnerie de ciment, courant parallèlement à l'axe du chemin.

La largeur de voie adoptée est généralement de 1 m., à part quelques exceptions, comme à Lyon-Croix-Rousse, Fourvière, Galata-Péra, etc.., où l'importance du trafic justifiait l'emploi de la voie normale.

Il en est de même pour l'entrevoie; sur les deux premières lignes citées, elle est la même que sur les voies ferrées ordinaires. Mais sur les autres chemins funiculaires on a réduit l'entrevoie, comme à Galata-Péra, en fermant les voitures de ce côté, et ménageant entre les véhicules juste le jeu nécessaire à leur croisement.

Fig. 23.

22. Appareils de changement et croisement. — Presque partout, on ne pose qu'une voie, et l'on ménage une voie d'évitement avec croisement au milieu ; ou bien, l'on pose deux voies sur toute la longueur, mais on ne laisse que quelques centimètres d'intervalle entre les deux files de rail intérieures. Le croisement des véhicules n'ayant lieu qu'au milieu de la longueur, les deux voies s'écartent à ce moment l'une de l'autre, de façon à ce qu'au moment du croisement, il reste un intervalle libre suffisant entre les deux voitures.

Cette disposition entraîne naturellement une courbe et une contre courbe à l'entrée et à la sortie du croisement.

La première disposition est adoptée au Bürgenstock, au Hâvre. Les croisements sont fixes ; les deux rails extérieurs ne sont pas interrompus, mais s'écartent de l'axe en formant courbe et contre-courbe. Les rails inférieurs sont interrompus à leur point d'intersection entre eux, et avec la crémaillère s'il y en a. En outre, la partie supérieure de la crémaillère est placée aux abords des croisements, à deux millimètres en contre-bas des rails.

Dans ce cas, l'une des roues de chaque essieu est munie d'un bandage à gorge épousant la tête du rail, et l'autre jante est plate.

La fig. 24 indique le plan d'un croisement du Bürgenstock : c'est la première des deux dispositions de la fig. 23 représentant l'ensemble du changement ; elle a l'inconvénient d'exiger que le câble traverse les rails

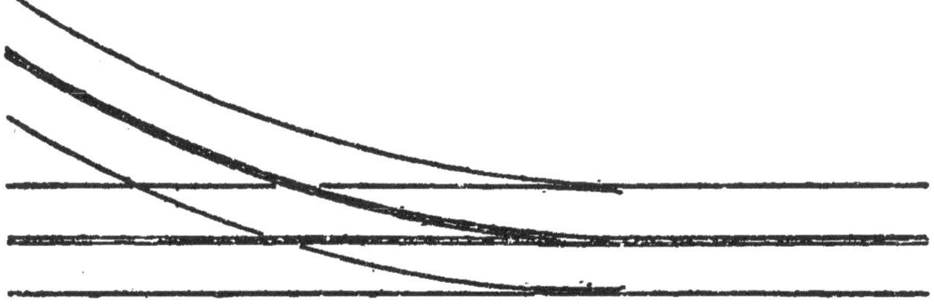

Fig. 24.

par une rainure, et de nécessiter quatre croisements du rail et de la crémaillère, avec deux pièces de bifurcation.

La fig. 25 représente avec détails le plan d'un changement et croisement du Giessbach. La voie est munie d'une crémaillère à échelons, type Riggenbach.

Pour éviter un aiguillage, les roues d'un des deux trains sont quelquefois munies de bandages, dont le boudin est placé à l'extérieur de la voie.

A Lausanne-Ouchy, on a adopté la seconde disposition, représentée par la fig. 23. De cette façon, le câble ne traverse les rails et la voie d'évitement qu'à une des extrémités de la déviation, et une seule pointe de cœur suffit.

Enfin, quand on emploie 4 rails d'un bout à l'autre, comme au Territet-Glion, on simplifie encore les appareils de changement.

Les rayons adoptés pour ces courbes de croisement sont assez faibles. Au Giessbach, les rayons des courbes sont de 75 mètres. Au Burgenstock, la voie déviée est en courbe de 140 m.

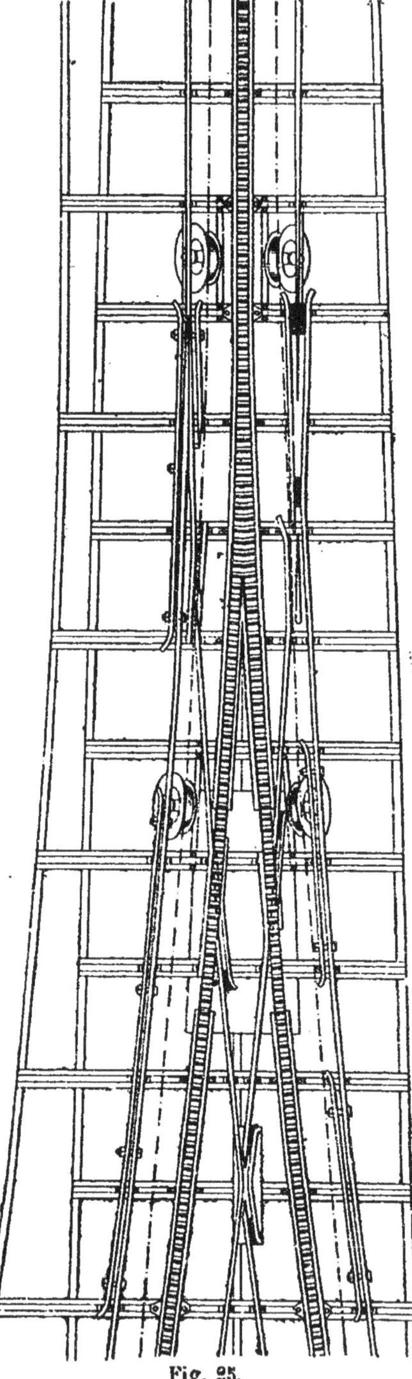

Fig. 25.

Les changements et croisements sont évidemment des points délicats du tracé ; au croisement des véhicules montant et descendant, quand il n'y a qu'une voie d'évitement au milieu, un défaut d'aiguillage peut entraîner un grave accident.

Récemment, dans les premiers jours de mai 1893, une collision a eu lieu entre deux véhicules au funiculaire de Lisbonne-Lavra, et malheureusement il y a eu deux victimes.

Nous devrions parler ici de la crémaillère servant à modérer la vitesse des véhicules à la descente ; mais ce moyen de régulariser la vitesse de descente est surtout employé pour les funiculaires à contrepoids d'eau ; aussi en parlerons-nous à ce propos. Pour les funiculaires mis en mouvement par une machine fixe, le besoin d'une crémaillère se fait moins sentir. Néanmoins, sur les lignes à pentes très raides, on a muni de crémaillères les funiculaires à machines fixes, par raison de sécurité.

Les funiculaires de Lisbonne-Lavra, Lisbonne-Gloria, Bürgenstock, Le Hâvre, San-Salvator, Naples-Chiara, tous à moteur fixe, sont munis de crémaillères types Riggenbach où Abt. Cette crémaillère permet de remplacer le frein automatique à mâchoires par un frein de friction agissant sur la roue dentée engrenant avec la crémaillère. On obtient ainsi un frein de détresse dont l'action est très sûre et l'on évite d'alourdir considérablement les véhicules.

Nous avons parlé avec détails des divers types de crémaillère dans un précédent ouvrage, sur les chemins de fer à crémaillère (1), aussi en parlerons-nous plus succintement, lorsque nous nous occuperons des chemins funiculaires à contre-poids d'eau.

En ce qui concerne les plans inclinés à machine fixe, la crémaillère ne peut guère être utilisée, que pour y appliquer un frein de détresse servant en cas de rupture du câble ; puisque le mouvement de descente dépend de la machine motrice. Il est clair que si le mouvement de la voiture descendante était ralenti par le frein à crémaillère, le câble se déroulant plus vite que la voiture n'avance, le câble traînerait sur la voie faute de tension, et risquerait d'être endommagé.

Le frein à crémaillère peut être très précieux pour arrêter dans certains cas, à un endroit bien fixe, avec une grande sûreté. On a vu qu'au Mont San Salvator on utilise précisément le frein à crémaillère pour arrêter les deux véhicules exactement l'un en face de l'autre, à la station intermédiaire, de façon à permettre aux voyageurs de transborder de l'une dans l'autre.

23. Poulies de support du câble. — Pour empêcher le câble de frotter sur la voie, on le soutient de distance en distance par des galets ou poulies à gorge, sur lesquels il repose.

Déterminons d'abord quelle doit être la distance de ces galets.

Il est clair que le câble traînera d'autant plus aisément sur le sol qu'il sera moins tendu.

Soient : T, la tension minima du câble,

α, l'angle de la voie avec l'horizontale entre deux galets consécutifs,

f, la hauteur verticale des galets au-dessus de la voie,

p, le poids du câble par mètre courant,

p_1, le poids du câble par mètre courant de projection horizontale.

Nous avons vu au n° 3, en suivant la marche indiquée par M. Vautier, que la composante horizontale de la tension du câble a pour valeur

$$T \cos \alpha = \frac{p_1 l^2}{8 f}$$

d'où

$$l = \sqrt{\frac{8 f T \cos \alpha}{p_1}}$$

l étant la distance en projection horizontale des galets, mais :

$$p_1 = \frac{p}{\operatorname{Cos} \alpha}$$

1. Les *chemins de fer à crémaillère* par M. A. Lévy-Lambert, Paris 1892. — Encyclopédie des Travaux Publics.

et

$$l = \cos\alpha \sqrt{\frac{8\,f\,T}{p}}$$

où

$$\frac{l}{\cos\alpha} = \sqrt{\frac{8\,f\,T}{p}}$$

Or si l' désigne la distance réelle des deux galets

$$l' = \frac{l}{\cos\alpha}$$

donc

$$l' = \sqrt{\frac{8\,f\,T}{p}}$$

représente la valeur de la distance des deux galets consécutifs en fonction de la tension minima du câble ; distance maxima qui ne doit pas être dépassée, ni même atteinte.

Cette formule donne des valeurs qui sont très exagérées.

Appliquons-la au funiculaire de Lyon-Fourvière.

$$T = 2680 \text{ kil.} \qquad p = 6 \text{ kil. } 4$$

f est au minimum égal à 0 m. 10.

$$\text{d'où } l = \sqrt{\frac{8 \times 0.1 \times 2680}{6,4}} = \sqrt{\frac{2144}{6,4}} = \sqrt{335} = 18 \text{ m.}$$

La formule donne comme écartement maximum 18 m. Les constructeurs ont donné aux galets un espacement de 4 m. 50.

Au plan incliné de la Croix Roussé, les galets sont distants de 5 m. A celui de Croix-Paquet, leur distance est de 10 m. Au Bürgenstock leur écartement est de 14 m,40 en alignement droit.

A Galata-Péra où l'on a employé un câble plat, l'espacement des galets était tout d'abord de 7 m. ; mais cette distance, qui aurait pu être suffisante pour un câble rond, ne l'était plus pour un câble plat fléchissant plus aisément dans le sens vertical ; l'espacement a été réduit à 3 m. On voit par cet exemple que la flexibilité ou la raideur du câble joue un grand rôle dans l'écartement des galets. La formule de M. Vautier, établie dans l'hypothèse servant de base à l'équilibre d'un fil, c'est-à-dire en supposant une flexibilité parfaite, ne peut plus être admise.

Nous indiquons ci-dessous les données relatives à l'espacement et au diamètre des parties porteuses dans divers plans inclinés.

Désignation des lignes	Poids du câble par m. l.	Tension du cable		Poulies porteuses			Observations
		maxima	minima	Diamètre de la gorge	Espacement	Poids	
	kil.	kil.	kil.	m/m	mèt.	kil.	
Lyon-Croix-Rousse...	7,3	9.000	5.609	300	5		
Lyon-Fourvière...... (St Just)	6,4	7.600	2.680	300	4,5	450.8	
Lausanne-Ouchy.....	3,43	6.300	»	300	15,60		
Bürgenstock.........	3,2	4.500	»	160	14,4		en aligt.
Galata-Péra..........	8,5	5.000	2.565	360	3		câble plat
Territet Glion........	3,6	6.000	»	240	15		
Lyon-Croix-Paquet...	7,3	»	»	»	10		

Dans les courbes, l'espacement des poulies ou galets est réduit.

Ainsi, au Bürgenstock, les poulies qui, en alignement droit, sont espacées de 14 m 40, ne sont plus distantes que de 8 m. 64 dans la courbe de 150 m. de rayon.

Les poulies courantes en alignement droit sont enfilées sur un axe de rotation reposant dans deux petits paliers fixés sur une traverse de la voie. Ces paliers sont disposés de façon à pouvoir être graissés pour faciliter la rotation de l'axe.

Les poulies sont en fonte, avec gorge creuse ; les figures, 26, 27, 28 et 29 indiquent les dispositions des poulies en voie courante des funiculaires de Lyon-Croix-Rousse, Lyon-Fourvière et Territet-Glion. Quand il s'agit de câble plat comme à Galata Péra, les joues latérales des poulies ne sont plus utiles, et l'on peut les remplacer avec avantage par de simples rouleaux enfilés sur des axes de rotation horizontaux. On supprime ainsi le frottement du câble sur les joues de la poulie.

Au funiculaire de Lausanne-Ouchy, on a constaté que les câbles en frottant sur des poulies sans garniture s'usaient rapidement : M. Cornaz proposa de garnir les fonds de la gorge des poulies d'une bague de caoutchouc ; ce qui fut fait et donna de bons résultats. Au Territet-Glion on remplit le fonds de la gorge des galets, d'un alliage composé de :

Cuivre 10 %
Antimoine 10 %
Etain 80 %.

M. Agudio avait déjà songé à garnir de cuir les gorges des poulies de support du câble, pour son chemin du Mont-Cenis. Cette disposition avait rendu très lente l'usure du câble.

Il est clair que le frottement du câble sur la gorge de la poulie doit avoir une influence énorme sur l'usure plus ou moins rapide de ce câble et la question est d'autant plus importante que la longueur du tracé

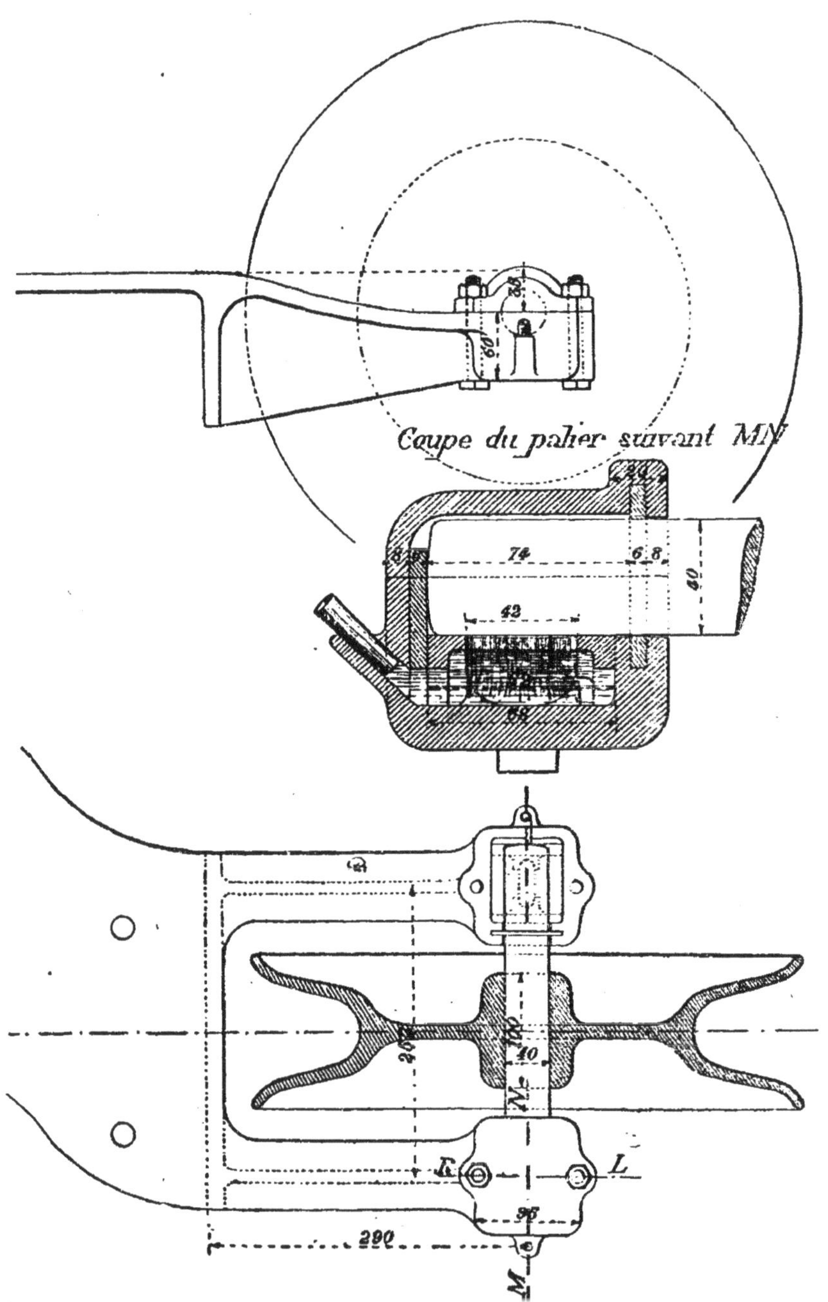

Poulies courantes du funiculaire de Lyon-Croix-Rousse.
Fig. 26.

étant plus grande, le nombre des poulies de support est plus considérable.

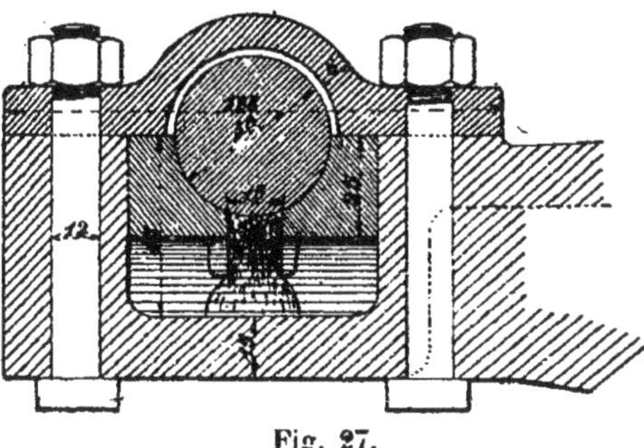

Fig. 27.

Au funiculaire de Lyon-Fourvière, au commencement de l'exploitation, la forme de la gorge des poulies n'ayant pas été tournée et n'étant pas assez évasée, elle fut attaquée avec la plus grande rapidité. Certaines poulies portèrent l'empreinte des nervures des torons en moins de deux mois d'exploitation.

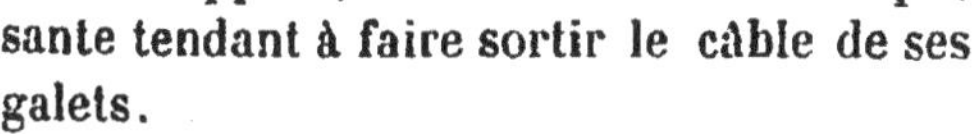

Dans les parties en courbe on ne peut plus placer horizontalement, dans l'axe des voies, les galets de support; il faut résister à la composante tendant à faire sortir le câble de ses galets.

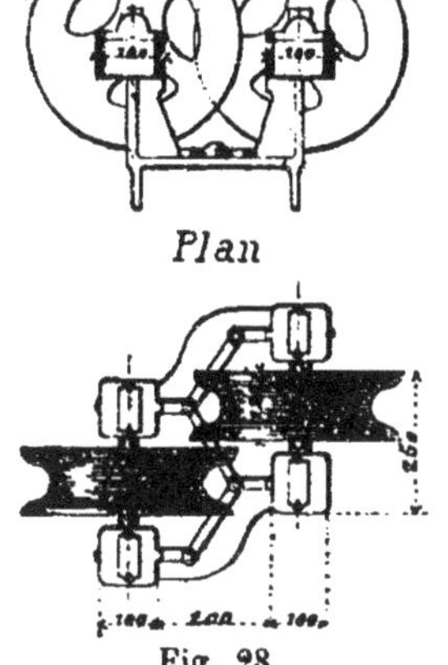
Plan

Fig. 28.

La fig. 29 indique la disposition des poulies de courbe du Territet-Glion. On remarquera que la gorge est dissymétrique ; la joue placée du côté extérieur à la courbe a un diamètre de 580 mm., tandis que le diamètre de l'autre joue n'est que de 420 mm. L'inclinaison de l'axe est telle que la joue interne de la poulie, celle contre laquelle appuie le câble, soit verticale ; de façon à bien résister à la tendance latérale du câble, qui exerce un effort de soulèvement sur le coussinet extérieur à la courbe de l'axe du galet.

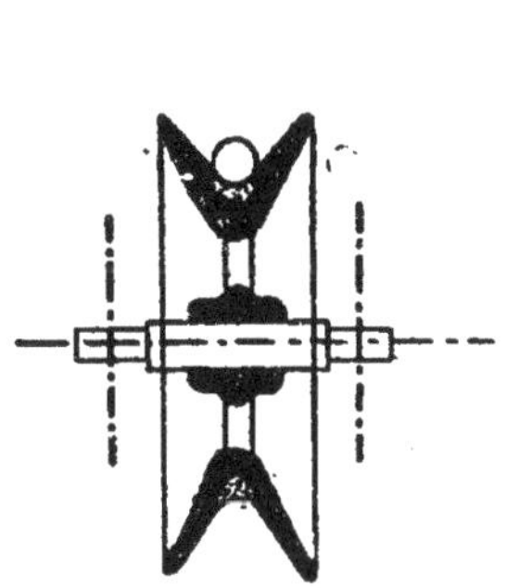

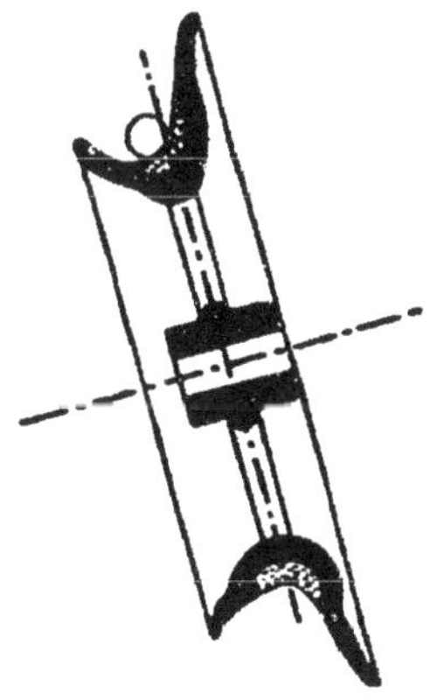

Fig. 29.

Nous avons déjà dit combien était difficile d'indiquer une valeur exacte de la résistance des galets au mouvement.

A Galata-Péra on a évalué cette résistance à $\frac{1}{100}$ du poids du câble ; à Lyon-Croix-Rousse à $\frac{1}{200}$; enfin M. Vautier l'évalue a 0,008 en alignement droit, moyenne entre les deux valeurs extrêmes indiquées ci-dessus.

Quand il y a des courbes, la question se complique encore par le fait de la force absorbée par la raideur du câble et il ne nous paraît pas possible d'évaluer d'une façon générale la résistance afférente à cette cause.

§ 4. CABLES.

24. — Généralités. Composition des câbles. Résistance des fils métalliques.

Généralités. — Les câbles se font avec des fils qui peuvent être végétaux, ou métalliques. Les câbles en fils de chanvre ou d'aloés ne sont pas employés pour les plans inclinés ; leur prompte usure, leur diminution considérable de résistance sous l'action de l'humidité, les a fait rejeter, aussi nous ne nous en occuperons point.

Nous avons déjà dit à propos du chemin de Blackwall, que dès 1838 on avait substitué sur ce chemin les câbles métalliques aux câbles végétaux.

Les premiers câbles métalliques ont été employés pour les ponts suspendus dès 1824 à Genève et Fribourg. Le fer a été préféré tout d'abord à l'acier, pour la confection des fils destinés aux câbles, pendant de longues années ; malgré les avantages de l'acier dûs à sa plus grande résistance. L'inégalité dans la composition chimique du métal, la variation de résistance et le manque de souplesse des fils d'acier les fit longtemps rejeter. Depuis une quinzaine d'années on est arrivé a fabriquer des fils d'acier ayant toutes les qualités voulues, et l'on a à peu près renoncé maintenant aux câbles en fils de fer.

Les premiers câbles métalliques employés en France par Marc Séguin, vers 1823, furent appliqués au pont suspendu de Tournon ; ces câbles étaient des câbles dits parallèles. Ces câbles sont constitués par un fil continu ourdi en écheveau, dont on réunit les deux branches en un seul faisceau par des ligatures, comme l'indiquent les fig. 30 et 31. Ces câbles, à fils parallèles, offrent le grand inconvénient que, le câble affectant une fois en place la forme parabolique, ou si on l'enroule, les fils ne travaillent plus également, car les fils du côté extérieur à la courbe doivent s'allonger plus que ceux du côté intérieur ; ces irrégularités de tension

Fig. 30.

font perdre au câble 20 % de sa résistance. Ce n'est pas tout, l'oxydation des fils y est assez rapide à cause des vides existant entre les fils juxtaposés les uns à côté des autres.

On a renoncé complètement aux câbles parallèles, et l'on n'emploie plus que des câbles tordus ou à torons, constitués comme les câbles de chanvre ordinaire.

Fig. 31.

Ces câbles sont composés d'une âme centrale, formée soit d'une corde de chanvre, soit de plusieurs fils métalliques parallèles réunis ensemble.

Autour de cette âme centrale viennent s'enrouler des torons métalliques le plus ordinairement au nombre de six, formés chacun de plusieurs fils métalliques tordus ensemble, de cette façon les fils travaillent plus également.

Ces derniers câbles sont évidemment les seuls possibles à employer pour les funiculaires, car les câbles parallèles ne pourraient passer sur des poulies à cause des ligatures.

Dès la fin du siècle dernier, *Cartwright*, avait imaginé de construire des câbles métalliques en se servant pour cet usage des machines employées pour la fabrication des câbles de chanvre. Plus tard *Archibald Smith* imagina des machines spéciales dans le même but (1).

Les câbles métalliques employés en 1838 pour le chemin funiculaire de Blackwall, attirèrent peu l'attention pendant assez longtemps.

Mais depuis 25 ans les Américains et les Anglais se sont beaucoup occupés de la fabrication des câbles métalliques et ont réalisé de nombreuses améliorations.

Ces câbles sont aujourd'hui très employés, principalement dans les

1. Bucknal Smith. *Câble or Rope Traction*, p. 139.

mines ; des usines très importantes se sont montées, surtout en Angleterre, pour la fabrication. On trouvera de nombreux détails à ce sujet dans l'ouvrage « *Cable or Rope Traction*, par Bucknal Smith ». La fabrication mécanique de ces câbles à torons, permet de donner une tension régulière à toutes les parties, et de serrer fortement les torons, ce qui diminue les vides intérieurs et assure la conservation du câble.

D'après ce qui a été dit sur la constitution des câbles tordus, on voit que les fils de l'âme sont rectilignes, tandis que ceux des torons sont tordus ; leur développement n'est par suite pas le même, et ces fils travaillent inégalement sous l'action des charges. On a essayé, pour pallier à ce défaut, de constituer l'âme en fil *cuit* ayant une plus grande élasticité que les fils *clairs* employés pour les torons. On entend par fil clair, le fil tel qu'il sort de la filière ; à cet état le métal est plus rigide et susceptible d'une plus grande résistance. Mais ce genre de fabrication n'a pas été adopté ; en France, au moins le plus souvent, on emploie simplement une âme en chanvre.

Dans le même ordre d'idée, on a employé récemment pour les ponts suspendus, des câbles *tordus alternatifs*. Ce genre de câble est composé d'un fil d'âme rectiligne, autour duquel est enroulée en spirale une première couronne de six fils de même diamètre. Autour de ce premier toron, on enroule 12 fils en donnant aux spires un enroulement de sens inverse aux précédentes. On enroule autour des torons obtenus

Fig. 32.

une nouvelle couronne de 18 fils, en renversant toujours le sens des spires comme l'indique la fig. 32 et ainsi de suite.

On peut régler la machine servant au câblage de telle sorte que les pas des différentes spires soient proportionnels à leur diamètre ; d'où il résulte que les fils d'un câble ont tous la même longueur totale, et travaillent également.

Plus récemment, on a imaginé de construire des câbles avec des fils trapézoïdaux s'emboîtant les uns dans les autres, sans laisser aucun vide entre eux et la surface extérieure du câble est aussi lisse et aussi nette, que celle d'une barre métallique.

Un câble de ce genre, a été employé dernièrement pour le funiculaire de Rives à Thonon ; la fig. 33 montre en coupe la constitution d'un câble à surface lisse, généralement désigné sous le nom de câble *Excelsior*.

On a employé aussi, rarement pour les chemins funiculaires, mais assez fréquemment dans les mines, des câbles plats. Ces câbles ont été longtemps dédaignés à cause des imperfections de la fabrication ; mais on est arrivé à les fabriquer convenablement. Ils ont l'avantage d'être moins fatigués que les câbles ronds par l'enroulement sur les poulies. Les câbles plats sont formés de plusieurs torons de fils tordus autour d'une âme centrale, et ces torons sont tressés de façon à constituer un câble par leur ensemble. Nous les décrirons avec quelque détail à propos du funiculaire de Galata Péra.

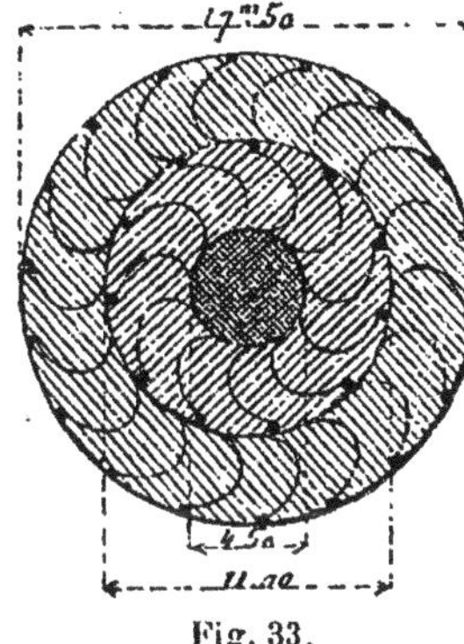

Fig. 33.

Composition des câbles, résistance des fils métalliques. — Les câbles sont composés de fils métalliques tordus ensemble. Mais les diverses opérations de la fabrication altèrent la résistance des éléments constituant, et suivant des expériences faites au Creusot, les câbles ne représenteraient que les $\frac{4}{5}$ de la résistance des fils métalliques qui les composent.

Les fils d'acier employés ont généralement un diamètre de 1 mm. 5 à 3 mm. et présentent une résistance à la rupture allant jusqu'à 170 kil. par mm. q. de section droite. A l'usine Teste, Moret et Pichat de Lyon, on admet comme chiffre courant pour l'acier à grande résistance 150 kil. par mm. q.

Ces résultats s'acquièrent au fur et à mesure des perfectionnements apportés dans la fabrication de l'acier et des câbles.

En 1881 le chiffre de 130 kil. pour l'acier était un maximum. Les essais faits pour les fils des câbles de Lyon Fourvière, et de Galata Péra, essais qui remontent à quelques années, ont donné pour la résistance à la rupture des chiffres moins élevés.

A Lyon pour les c[illegible] [illegible]mitifs en acier, la rupture a eu lieu sous une charge variant de 69 kil. à 129 kil. par mm. q., l'allongement à la rupture variant de 0,011 à 0,031.

La plus faible résistance a été obtenue avec du fer au bois, la plus forte avec de l'acier anglais fabriqué au creuset.

A Galata Péra, la rupture a eu lieu sous une charge de 71 kil. par mm. q. Mais les expériences de Lyon Fourvière datent de 1878, celles faites pour le funiculaire de Galata Pèra, sont encore plus anciennes, et la fabrication des fils d'acier a constamment fait des progrès dans ces dernières années.

M. de Longraire indique pour la résistance des fils d'acier des limites encore plus étendues de 70 à 215 kilog. par mm. q. (1). On a trouvé

1. *Compte rendu de la Société des Ingénieurs civils.* Octobre 1889.

pour les fils du câble du funiculaire du Hâvre, une résistance de 113 kil. par mm. q. M. Bucknal Smith indique, que dans la fabrication courante, on considère la résistance à la traction d'environ 125 kil. par mm. q., comme celle qui convient aux fils d'acier employés pour les câbles métalliques. En dessous le métal est mou, au dessus il a trop de raideur.

Les fils métalliques employés pour les câbles sont des fils *clairs* ; c'est-à-dire tels qu'ils sortent de la filière, car ils présentent à cet état plus de résistance que lorsqu'ils sont recuits.

Le recuit donne aux fils plus d'élasticité et de souplesse, mais diminue leur résistance à la traction. Les fils métalliques, peuvent être galvanisés, mais la galvanisation des fils d'acier est une opération très délicate, au cours de laquelle le métal peut prendre une texture cristalline, ce qui diminuerait sa résistance.

Les fils de fer offrent une résistance à la rupture d'environ 70 kil. par mm. q. Pour tenir compte de la fatigue imposée aux fils par la fabrication des câbles, on considère comme charge de rupture pour les fils manufacturés seulement 50 à 55 kilog. par mm. q.

Les câbles métalliques sont d'autant plus flexibles à poids égal, qu'ils sont composés d'un plus grand nombre de fils, le nombre de ces fils peut varier de 12 à 400.

Mais les difficultés de fabrication augmentent rapidement avec le nombre des fils, et il est d'autant plus difficile de donner une tension égale aux fils qu'ils sont plus nombreux.

En résumé, on peut compter en moyenne, que les fils métalliques offrent une résistance à la rupture de 70 kilog par mm. q. s'ils sont en fer, de 120 à 150 kilog. s'ils sont en acier.

Si l'on admet qu'une fois employés dans les câbles la résistance est réduite d'environ $\frac{1}{5}$, on admettra comme charge de rupture pour les fils métalliques 50 à 55 kilog. par mm. q. s'ils sont en fer, 100 à 120 kil. s'ils sont en acier.

Suivant M. Gros, les fils d'acier présentant une résistance à la rupture de 125 kil. par mm. q. doivent s'allonger de 3 % au minimum au moment de la rupture ; quant à la flexibilité, ils doivent supporter 12 pliages de 90°, dans un étau à lèvres arrondies de 3 mm. de rayon. Les chiffres ci-dessus seraient 65 pour %, et 15 pour des fils de fer du même numéro.

Il s'agit, bien entendu, des fils communément employés pour les câbles, dont les diamètres varient de 1 mm,5 à 3 mm,5 (1).

Pour les fils d'acier, on prend de l'acier au creuset, ou de l'acier Martin. Mais les opérations de la fabrication peuvent altérer profondément la nature du métal. Pendant la galvanisation, par exemple,

1. Gros. *Annales des Ponts-et-Chaussées*, novembre 1887.

l'acier des fils métalliques peut prendre une texture cristalline qui diminue sa résistance. Le même effet se produit au contact des acides.

L'âme d'un câble doit être faite d'une substance élastique, aussi adopte-t-on soit le chanvre, soit le fer. Quand on emploie le chanvre, on fait bouillir la corde, avant de la mettre en œuvre, dans de l'huile de lin, en s'assurant que cette huile ne contient ni acide, ni eau, ces deux substances pouvant attaquer par la suite le chanvre constituant l'âme.

25. — Poids des câbles. Calcul du diamètre. — Le poids d'un câble métallique peut s'obtenir en remarquant que le poids par mètre d'un fil câblé est égal au poids d'un mètre de fil non câblé multiplié par $\frac{9}{8} = 1.125$.

Si n est le nombre de fils, p le poids d'un mètre courant de fil tendu ; le poids par mètre du câble est $P = n \times p \times 1.125$ (1).

Si l'on connaît la section métallique ω d'un câble exprimée en millimètres carrés, le poids du mètre linéaire p exprimé en kilogrammes est donné par la formule $p = 0,0085\ \omega$ (2).

Suivant Reuleaux, pour les câbles formés de six torons enroulés autour d'une âme centrale en chanvre, on peut calculer les éléments d'un câble à l'aide des formules suivantes.

Si l'on admet une tension de 9 kil. par mm. q. de section, F étant l'effort maximum auquel sera soumis le câble en kilogrammes,

δ le diamètre des fils métalliques composant le câble en mm.

$$\delta = \frac{3}{8}\sqrt{\frac{F}{n}}$$

et

$$F = 7{,}11 \times n\delta^2.$$

Le diamètre du câble D est donné par le tableau ci-dessous :

pour $n =$ 36	48	60	66	72
$\frac{D}{\delta} =$ 8	10,25	12,18	13,25	14,2

Pour un câble à six torons de six fils chacun

$$\delta = \frac{1}{16}\sqrt{F} \text{ et } F = 256\delta^2$$

D'après une publication de l'intendance des mines de Dortmund le poids d'un câble par mètre courant est $P = 0{,}0075\ n\ \delta^2$ (3).

Cette dernière formule est également indiquée par M. Vautier qui l'a vérifiée et reconnue exacte, pour un certain nombre de câbles existant.

Pour les câbles plats, composés de 6 torons de 24 fils chacun :

1. Evrard. *Moyens de transport*. Tome 2, p. 487.
2. Gros. *Annales des Ponts et chaussées*, novembre 1887.
3. Huguenin. — *Aide-mémoire*, p. 453.

$$\delta = \frac{1}{32}\sqrt{P} \text{ et } P = 1024\,\delta^2$$

Pour le calcul rapide du diamètre, M. Vautier indique la formule $D = \sqrt{350\ p}$.

M. Evrard indique dans son ouvrage sur les moyens de transport une méthode rigoureuse pour calculer le diamètre d'un câble rond, que nous allons reproduire ici :

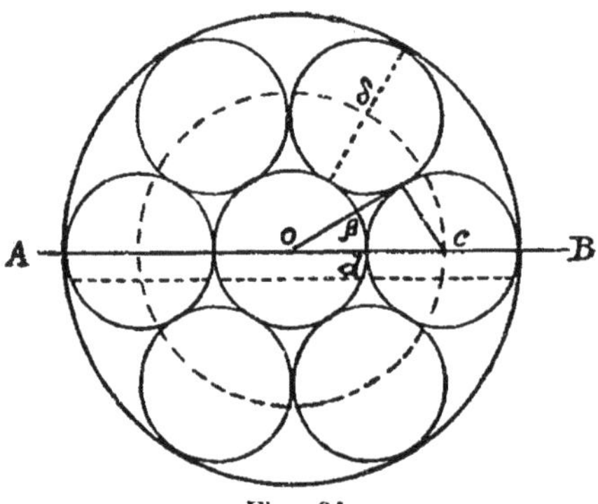

Fig. 34.

Soient : δ le diamètre d'un fil,
d d° toron,
D d° du câble,
n le nombre de fils d'un toron, âme non comprise,
n' le nombre de torons du câble.

Considérons fig. 34 un toron composé de n fils tordus autour d'une âme centrale. Si β est l'angle formé par le diamètre A B passant par le centre C d'un toron, et un autre diamètre passant par le point de tangence de ce toron avec le toron contigu.

On aura :

$$d = \delta + 2\,\mathrm{OC}$$

mais

$$\mathrm{O\,C} = \frac{\mathrm{C}m}{\sin\beta} = \frac{\frac{\delta}{2}}{\sin\frac{180^\circ}{n}}$$

d'où

$$d = \delta + \frac{\delta n}{\sin\frac{180^\circ}{n}} = \delta\left(1 + \frac{1}{\sin\frac{180^\circ}{n}}\right)$$

Or, le câble se compose de n' torons et l'on aura de même

$$D = d\left(1 + \frac{1}{\sin\frac{180^\circ}{n'}}\right)$$

d'où

$$D = \delta\left(1 + \frac{1}{\sin\frac{180^\circ}{n}}\right)\left(1 + \frac{1}{\sin\frac{180^\circ}{n'}}\right)$$

On trouvera aux annexes (annexe n° 1), deux tableaux extraits du travail de M. Gros, fournissant le premier les poids des fils des divers numéros, et le second les coéfficients permettant de calculer le diamètre d'un câble en fonction du nombre des fils des torons et du nombre des torons.

26. Résistance des câbles. — Limites admises. — Exemples.

Tension maxima d'un câble. — La tension du câble en un point quelconque est donnée par la formule.

$$T = P \sin \alpha + ph + Pf + \gamma$$

dans laquelle

P est le poids du train,

α l'angle de la voie avec l'horizontale,

p le poids du câble par mètre courant,

h la projection verticale du brin du câble,

f la résistance du train au roulement,

γ la résistance du câble au mouvement.

On cherche quelle est la position du train rendant la valeur de T maxima.

Il faut ajouter à cette valeur la force supplémentaire afférente au démarrage qui a pour expression comme nous l'avons vu au n° 9.

$$\frac{P + pL + G}{l} + \frac{v^2}{2g}$$

G étant le poids des galets sur la voie considérée, l la longueur sur laquelle la vitesse augmente jusqu'à atteindre la vitesse de régime v.

Quant à γ, résistance du câble au roulement sur ses poulies, on peut l'évaluer au maximum au $\frac{1}{100}$ du poids du câble considéré, et au moins au $\frac{1}{200}$.

Le résultat ainsi trouvé doit être augmenté du travail correspondant à l'enroulement du câble sur le tambour ou les poulies.

Cette question n'est autre que celle de la raideur des cordes sur laquelle on sait fort peu de chose.

Après Coulomb ; Redtenbacher, Weisbach, récemment M. Murgue ont étudié cette question, sans la résoudre complètement. Les études précises de M. Murgue sont citées dans un mémoire relatif à la raideur des cordes, paru dans les compte rendu de la Société des ingénieurs civils, et dû à M. de Longraire (octobre 1889).

M. de Longraire indique très nettement tous les éléments variables d'un câble à l'autre, et même susceptibles de varier pour un même câble, texture du métal, goudronnage, temps de service, etc. etc., il indique une formule résultant d'expériences faites avec grand soin par M. Murgue et dans laquelle la raideur d'un câble pesant un poids p par

m. l. ayant une tension T, et s'enroulant autour d'une poulie de diamètre D est représentée par l'expression.

$$(2 + 0,0003 \times 2T) \frac{p}{D}$$

Rouleaux indique une formule, basée sur la théorie de la résistance des matériaux, dans laquelle la tension relative à l'incurvation aurait pour valeur $10.000 \frac{\delta}{R}$ δ étant le diamètre des fils élémentaires, R le rayon de la poulie en mètres. Cette formule s'établit ainsi. Soit M le moment fléchissant dans une section du fil, I le moment d'inertie, E le coefficient d'élasticité du métal, v la distance de l'axe neutre, à la fibre la plus éloignée ; on a, d'après les formules connues :

$$M = \frac{RI}{v}$$

et

$$M = \frac{EI}{\rho}$$

d'où

$$\frac{RI}{v} = \frac{EI}{\rho}$$

et

$$R = E \frac{v}{\rho}$$

mais ici R est la tension T du fil par mmq.

$E = 20\ 000$ par mmq.

$\delta = \frac{\delta}{2}$ δ étant le diamètre du fil.

$\rho = \frac{D}{2}$ D étant le diamètre du tambour moteur.

donc $T = 20.000 \frac{\delta}{D} = 10.000 \frac{\delta}{R}$, R étant le rayon du tambour.

M. Vautier fait remarquer que si cette formule était exacte, un fil de fer de 2 mm. enroulé sur une poulie de 0 m. 40 de diamètre subirait du fait de son enroulement, une tension de $10.000 + \frac{2}{200} = 100$ kil. par mm. q. et qu'il devrait se rompre ce qui n'a pas lieu.

Constatons simplement qu'il n'est pas possible d'évaluer exactement la fatigue dûe à l'enroulement sur le tambour moteur, pas plus que celle dûe aux poulies de renvoi, ni que la tension développée par le passage sur les galets de support de la voie.

En pratique, on admet que pour ne pas imposer au câble une fatigue trop grande par son enroulement sur les poulies ou tambours, on doit donner à ces derniers un diamètre au moins égal à 100 fois celui du câble et à 2.000 ou 1.500 fois celui du fil élémentaire, suivant qu'il s'agit d'acier ou de fer.

C'est le rôle du coefficient de sécurité de tenir compte de ces divers aléa, que le calcul est impuisant à déterminer.

En général, on fait travailler les câbles entre le $\frac{1}{8}$ et le $\frac{1}{10}$ de leur charge de rupture, ou autrement dit, le coefficient de sécurité varie ordinairement de 8 à 10.

Voici quelques exemples à cet égard :

DÉSIGNATION DES CHEMINS	Diamètres du câble	du fil	Poids par mètre	Effort de traction en service	Charge de rupture	Coefficient de sécurité	OBSERVATIONS
	mill.	mill.	kil.	kil.	kil.		
Lyon-Cr.-Rousse	»	2	8.5	9.000	102.800	12	Câble prim. acier f.
Lyon-Fourvière	42	2.5	5.8	7.600	50.763	7	acier dur. 3 m. 29 j.
id.	46	2.75	6.964	id.	79.694	10	acier.
id.	45	2.414	6.4	id.	71.868	9	id.
id.	26	3.03	2.684	3.660	21.451	6	id.
id.	39.5	2.5	5	id.	36.452	10	id.
id.	36.5	2.4	4.324	id.	30.005	9	id.
id.	37	2.4	4.378	id.	27.850	8	id.
Bürgenstock	»	3	3.2	3.684	42.000	11.4	id.
Lausanne-Ouchy	30	2	3.2	»	31.320	»	id.
Le Hâvre		2	3.2	3.800	37.000	10	id.
San-Salvator	»	»	»	»	»	9.4	id.
Territet-Glion	35	1 9	3.6	6.000	54.000	9	câble plat en acier
Galata-Péra	$\frac{135}{18}$	2.2	10	5.000	50.000	10	

Quant à la résistance des fils métalliques eux-mêmes, nous l'avons dit, elle peut être prise en moyenne pour les fils d'acier de 100 à 150 kil. par mmq. de section, et l'on peut compter qu'une fois employés dans les câbles, cette résistance sera diminuée de $\frac{1}{5}$ ce qui indiquerait pour la charge de rupture environ 100 kilogr. par mmq. de section.

On peut regarder ce chiffre comme plutôt faible, car voici des données relatives à divers funiculaires.

Charge de rupture par mmq. de section métallique :

134 kil. pour Lausanne-Ouchy
108........................ Gare
107........................ Giessbach.

145 kil. pour Territet-Glion.
150. . . . Bienne-Macolin.
113 . . . . Le Hâvre.

Comme limite exceptionnelle de résistance, on a trouvé pour le meilleur des câbles du Lausanne Ouchy, que la résistance des fils par mm. q. atteignait 179 kil., et que le câble entier supportait une traction de 140 kil. par mm. q. de section métallique. Au Hâvre, les essais directs ont été faits à l'aide d'une machine à essayer les chaînes, qui peut exercer un effort de traction maximum de 65.000 kil.

Le câble essayé à l'aide de cette machine s'est rompu sous une charge de 37.000 kil. mais trois torons sont restés intacts.

La section métallique du câble est de 358 mm. q., la résistance à la rupture est donc de 104 kil.

Les fils des câbles du funiculaire de Belleville ont présenté des résistances variant de 184 à 140 kil. par mm. q. suivant leur grosseur, avec allargement de 2 à 2,75 p. 100.

Les dimensions d'un câble, sa section, son poids, sa composition dépendent essentiellement de la nature du métal avec lequel sont fabriqués les fils qui entrent dans sa composition. Il faut donc être bien fixé sur ce métal, et pour cela faire des essais, ou avoir des données précises sur le métal à employer. A ce point de vue il est bon que le fabricant de câble ait une tréfilerie, où il puisse se rendre compte lui-même de la nature des fils métalliques dont il se sert.

Nous avons indiqué quelques formules qui peuvent fixer les idées sur les dimensions des câbles en vue de la préparation d'un avant projet. En admettant pour la charge de rupture par mm. q. de section métallique 130 kil.

La charge de rupture d'un câble peut être évaluée par la formule $102\, n\, \delta^2$

Le chiffre de 130 kil. paraît assez élevé.

Exemple divers. Câbles de Lyon-Fourvière.

Il a été fait au funiculaire de Lyon Fourvière divers essais sur les câbles, essais qui ont été décrits avec détails par M. Grivet, dans le N° de septembre 1882 de la *Revue des chemins de fer*; nous extrayons de cette étude les renseignements ci-dessous. L'emploi de fils d'acier était là tout indiqué à cause des efforts considérables à supporter.

Les premiers câbles furent faits avec fils en acier Martin, ils pesaient 5 kil. 8 au m. l. leur section métallique était de 670 mm. q. ; l'effort de traction maximum étant de 7.600 kil.; le métal travaillait à 11 kil. 2 par mm. q. et l'essai des fils avait indiqué que la rupture avait lieu sur une charge de 9 kil. 46 par mm. q. Ces câbles travaillaient donc au $\frac{1}{8}$ de la charge de rupture.

L'expérience prouva que ces câbles étaient trop faibles. Nous avons expliqué en parlant des poulies de support de Lyon Fourvière, que la gorge de ces poulies n'ayant pas une forme convenable, les fils d'enveloppe du câble furent attaqués et se brisaient en fragments de 0.02 de longueur.

La maison Stein de Danjoutin Belfort qui avait construit les premiers câbles, employa pour les nouveaux de l'acier Anglais fabriqué à Birmingham, avec les meilleurs fers de Suède au creuset.

Le poids fut de 6 kil. 964 au m. l. le diamètre de 46 mm. La résistance fut de 127 kil. par mm. q. ; soit pour une section totale de 785 mm. q. et une force de traction en service de 6.700 kil., un travail de 10 kil. par mm. q. Le métal travaillait au $\frac{1}{13}$ de la charge de rupture.

Changé au bout d'un an, ce câble put, dépouillé de ses fils d'enveloppe, supporter sans se rompre une traction de 28 tonnes. Il ne fut pas possible d'aller au delà, la force de la machine d'essai ne le permettant pas.

Les fils d'âme étaient restés intacts après une année de service.

Un câble d'un troisième modèle fut commandé, en rapprochant les torons, pour éviter des chocs sur les poulies de support. Ce câble était formé de 8 torons de 7 fils chacun, sauf le toron d'âme qui en comptait 8. Néanmoins, les fils d'enveloppe furent enlevés comme aux précédents ; mais le câble réduit à une section de 255 mm. q. présentait encore une résistance à la rupture de 32.895 kil. ; il travaillait en service au $\frac{1}{4}$ de la force de rupture.

Cette durée prolongée est due à la réduction du diamètre et à la souplesse qui en est résultée.

M. Grivet conclut de là cette indication, que si le diamètre des fils ne doit pas excéder $\frac{1}{2000}$ du diamètre du tambour d'enroulement, règle admise comme nous l'avons dit un peu plus haut, c'est que cette règle répond à la nécessité de ne pas imposer au câble une fatigue excessive.

Une machine spéciale permettait d'essayer les fils élémentaires des câbles ; leur allongement était mesuré, ce qui a permis, en cours d'exploitation, de se rendre compte par déduction, de la résistance du câble d'après les allongements subis par lui.

Les câbles actuels pèsent 8 kil. au m. l. ils sont faits en acier à grande résistance ; leur composition est ainsi réglée :

7 torons de 19 fils n° 16 $\frac{1}{4}$, dont 7 fils d'acier résistant à 140 kil. par mm. q. et 12 fils de fer résistant à 70 kil. par mm. q.

L'âme centrale est composée de 21 fils d'acier n° 14 résistant à 160 kil. par mm. q. Ces câbles sont fabriqués par la maison Teste fils, Pichat et Moret de Lyon-Vaise.

Câbles de Galata Péra.

Ces câbles sont plats. Les premiers employés avaient 135 mm. de largeur, 18 d'épaisseur.

Ils étaient composés de 12 aussières de 4 torons, de 6 fils N° 14, en tout 288 fils.

Le diamètre d'un fil N° 14 est de 2 mm. 2.

Aux essais, les fils se sont rompus sous une charge de 260 à 270 kil. ; soit 120 kil. par mm. q.

En admettant une réduction de $\frac{1}{5}$ pour la mise en câble, les câbles de 288 fils pouvaient supporter 50.000 kil., et l'effort maximum de traction étant de 5.000 kil. ces câbles travaillaient au $\frac{1}{10}$ de la charge de rupture. Néanmoins, un de ces câbles se brisa en service, et cependant les câbles qui remplacèrent les premiers furent moins résistants. Il faut ajouter que cette rupture était dûe à une cause fortuite sur laquelle nous reviendrons plus loin. Les nouveaux câbles furent fabriqués avec des fils identiques ; réduits au nombre de 240, ils ne pesèrent plus que 8 kil. 5 au mètre, au lieu de 10 et travaillaient au $\frac{1}{9}$ de leur charge de rupture.

Malgré les avantages que sembleraient avoir les câbles plats, au point de vue de la facilité d'enroulement, et de la suppression des poulies de renvoi au sommet du plan, leur usage ne s'est pas répandu pour les chemins funiculaires.

27. — Usure des câbles. Durée. Prix de revient. — Les câbles s'usent surtout par des causes secondaires.

Les inflexions sur les poulies, les tambours, les frottements sur les galets de support ont une action considérable sur la fatigue du câble.

Nous citerons à ce sujet un exemple bien probant. On avait employé pour un funiculaire destiné au transport de wagonnets, des câbles plats. Le câble se terminait par une boucle dans laquelle était passé un crochet de traction.

Pour faire l'attelage, le wagon vide étant détaché, l'extrémité du câble reposait sur le sol, on ramassait cette extrémité, et on engageait le crochet dans l'anneau du wagonnet. Pour faciliter son travail, l'homme chargé de la manœuvre avait l'habitude de poser le pied sur le câble un peu au dessous de l'attache avec le crochet, ce qui diminuait le rayon de la courbe affectée par l'extrémité du câble, au moment de l'accrochage.

Tout se passait donc comme si à chaque accrochage l'extrémité du câble avait été courbée sur une poulie de faible rayon. Il est résulté de ce fait des détériorations très rapides de ce câble sous cet endroit, et à diverses reprises, il a fallu le raccourcir pour supprimer la partie détériorée par suite de l'incurvation.

Pour les câbles de funiculaires, l'usure la plus notable a lieu à l'extérieur ; elle est due aux frottements sur les poulies.

Les fils intérieurs s'usent peu, ils se polissent en frottant les uns contre les autres, surtout entre torons. Aussi l'observation de l'usure extérieure suffit-elle pour indiquer le moment où il est prudent de songer au remplacement du câble.

Mais à cause de l'usure rapide des fils extérieurs, on est conduit pour les câbles des funiculaires, à les conserver en service avec quelques fils d'enveloppe brisés.

En Suisse, un règlement de 1885 stipule que « la tension maxima « du câble, y compris la fatigue sur les poulies, ne doit pas excéder « le quart de la charge de rupture, en tenant compte de la diminu- « tion de section par l'usure. »

On peut, en observant l'usure extérieure du câble, se rendre compte de la section réellement existante à un moment donné, et en déduire la fatigue du câble. Quant à mesurer l'allongement du câble pour en déduire l'extension des fils, c'est une opération impossible à effectuer pratiquement sur un câble en service.

Pour diminuer les causes d'usure, les câbles sont revêtus d'une couche de goudron qui prévient la rouille. On a employé au Territet-Glion, et au Lausanne-Ouchy, un mélange de goudron de Norvège, d'huile et de colophane. Ce mélange a donné de bons résultats.

Des causes accidentelles, telles que la rouille, peuvent amener rapidement la perte d'un câble.

A Lyon-Fourvière, un des petits câbles du truck compensateur a été détruit par la rouille ; parce qu'une gouttière du tunnel projetait sans cesse de l'eau à l'état de gouttelettes sur le même point du câble, et détruisait le graissage.

M. Vautier, qui attribue à la rouille une grande part de l'usure des câbles, propose, pour diminuer cette cause de ruine, de substituer une âme en plomb à l'âme en chanvre.

A Galata-Péra, une cause accidentelle d'une autre nature a amené la rupture d'un câble. Les voitures sont munies sur cette ligne de freins à mâchoires, saisissant fortement le rail en cas de rupture du câble. Après les essais de ces freins, pour les desserrer en s'évitant de les démonter, le machiniste donnait du mou au câble, puis démarrait brusquement de façon à faire lâcher prise aux mâchoires.

Ces secousses violentes, répétées à chaque essai, ont fini par détériorer les câbles, et une rupture s'en est suivie (1).

(1). Gavaud. — *Chemin funiculaire de Galata à Péra*, p. 24

Voici quelques données sur la durée des câbles, et la dépense par our afférente à leur emploi (2).

	Valeur du câble	Durée	Dépenses par jour	Observations
Lyon-Fourvière				
1er câble........	7,158 fr.	119 jours	60 francs	acier Martin
2e id...........	8,390	360 »	23.30	acier. angl. au creuset. allongé de 6 m. 20.
3e id...........	8,683	570 »	15.25	acier angl. au creuset s'est allongé do 9 m 20.
Lausanne-Ouchy				
1er câble........	15,572	847 jours	18.38	acier angl. trempé
2e id...........	8,366	821 »	10.28	creus. non trempé.
3e id...........	8,466	603 »	14.04	anglais » » »
4e id...........	17,982	759 »	20.51	» » » » » »
5e id...........	10,682	1227 »	8.70	» » » trempé
6e id...........	10,250	1212 »	8.45	» fondu trempé
7e id.	9,093	posé le 14 mai 90	enc. en serv. au 31 déc. 90	
Lauter-Brunnen Grütsch				
1er câble........	1,344	550 jours	2.44	ac. creus. non trem.
2e id...........	1,699	825 »	2.05	» anglais » »
3e id...........	1,519	943 »	1.61	» » » » » »
4e id...........	1,357	724 »	1.87	» » » » » »
5e id...........	1,239	364 »	3.40	» » » » » »
6e id	1,303	posé le 2 avril 89	enc. en serv au 31 déc. 90.	» fondu clair.

Les câbles en fer de Lyon-Croix-Rousse pesant 7 kil. le mètre et dont la résistance à la rupture est de 45 tonnes, fournissent un parcours de 70.000 trains.

Ceux de Lyon-Fourvière en acier pesant 8 kil. au m. l., 56,000 trains.

Les inflexions sur les poulies usent les câbles avec une grande rapidité. Cette cause d'usure est très sensible sur les funiculaires à câble sans fin, où le tracé est sinueux.

M. Vautier indique que le câble du Territet-Glion. en acier fondu sortant de la fabrique de Feltem et Guillaum, (Mulheim am Rheim), était encore en très bon état après un parcours de 66.000 kilomètres, parcours effectué par le 6e câble du Lausanne-Ouchy durant ses 724 jours de service.

Au Marzili-Bahn le câble n° 3 a eu une durée de 2 ans et 9 mois

(2). *Annales de la Construction* janvier 1892 Vautier, Chemins funiculaires.

et a parcouru pendant ce temps 14.575 kilom., Enfin au Giessbach le câble est encore en bon état, après 12 ans de service et un parcours de 15,000 kilomètres.

Au contraire, au funiculaire du Béatenberg, dont le tracé est sinueux, la durée du câble n'a été que de 1 an et 4 mois et avec un parcours de 5636 kilom. seulement; encore ce câble présentait-il un très grand nombre de fils rompus, au moment où il a été changé.

La longue durée du 5e câble de Lausanne-Ouchy, doit être attribuée en partie à l'emploi de galets à gorge de caoutchouc.

Le câble de Galata-Péra a été payé 1 f. 20 le kilogramme pris à l'usine ; c'est à peu près le prix des gros câbles de Lyon-Fourvière.

Le câble du Territet-Glion a coûté 1 fr. 44 le kilogramme mis en place. Le prix actuel des câbles en acier, est d'environ 1 fr. 20 le kilogramme.

28. — Amarres des câbles. Règlage. — L'attache du câble aux véhicules se fait de différentes façons.

Au funiculaire de Lyon-Croix-Rousse, les wagons sont amarrés au câble par l'intermédiaire d'une pièce en fonte ayant la forme d'une poire. Le câble s'enroule plusieurs fois autour du gros bout et vient se replier sur lui-même vers l'extrêmité pointue de la poire, où il se termine par une épissure.

Plan

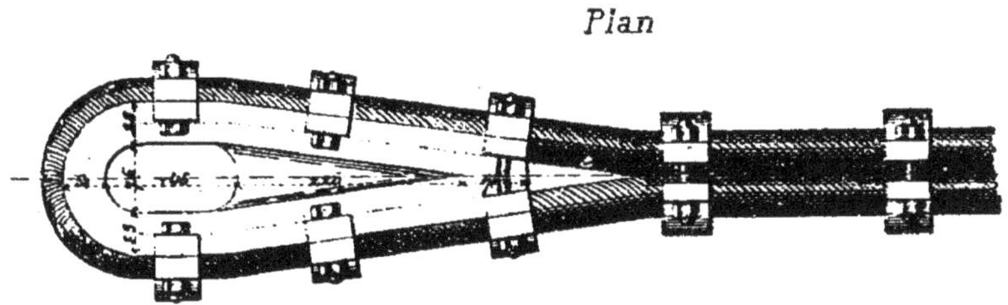

Elevation

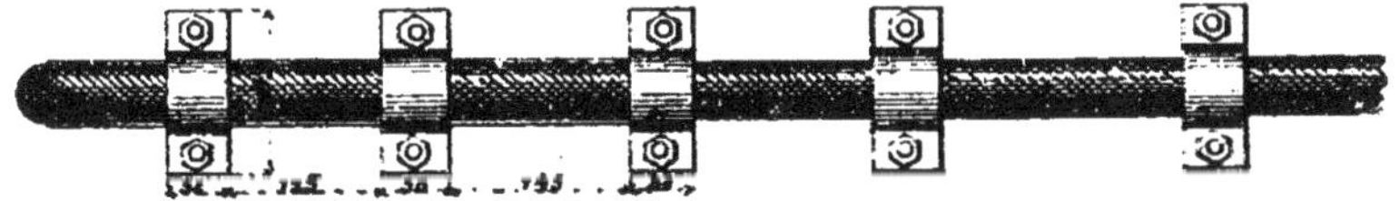

Fig. 35.

A Lyon-Fourvière le câble est replié sur lui-même en s'appuyant sur une pièce évidée, de façon à former comme un collier. La figure 35 représente ce système d'amarre (1)

(1) *Revue générale des chemins de fer* septembre 1882

Un autre mode d'attache très employé, et qui donne de très bons résultats aux funiculaires du Territet-Glion, Lausanne-Ouchy etc. est représenté par la fig. 36.

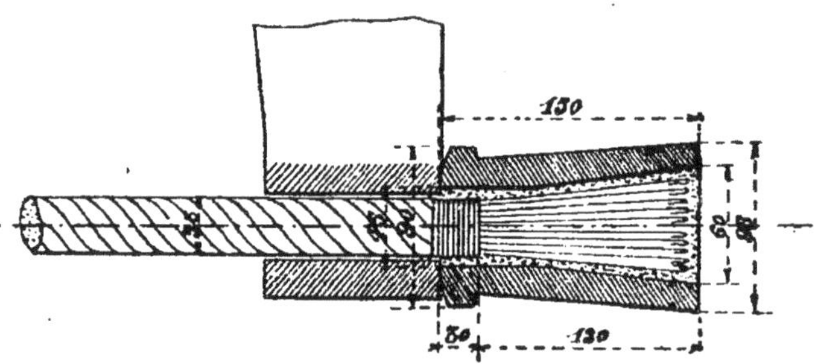

Fig. 36.

Ce système d'amarre, facile à exécuter, est très en usage aux États-Unis pour amarrer les câbles des ponts suspendus.

L'amarrage du câble se fait ainsi : après avoir coupé nettement l'extrémité du câble on l'introduit dans la boîte conique, on opère une ligature vers le bout, avec du fil de fer doux, bien *décapé*. Cette ligature a pour but d'empêcher la distorsion et le relâchement des fils et torons.

Ensuite on détord l'extrémité du câble, en écartant les fils les uns des autres, on coupe l'âme en chanvre, on nettoye et on décape les fils, et on les *recourbe* sur eux-mêmes; on étame la boîte jusqu'à la ligature. on pousse le tout au bout du câble, et on scèle au métal.

La tension est ainsi répartie sur tous les fils du câble, et le travail se fait également en tous les points.

Nous l'avons déjà fait remarquer, en service un câble s'étend ; il faut donc le raccourcir de temps à autre, et refaire le scellement.

On a imaginé une disposition commode, que l'on peut voir au funiculaire du Gütsch à Lucerne, pour régler la longueur du câble, sans le couper ni refaire l'amarre, à l'aide d'une vis de réglage.

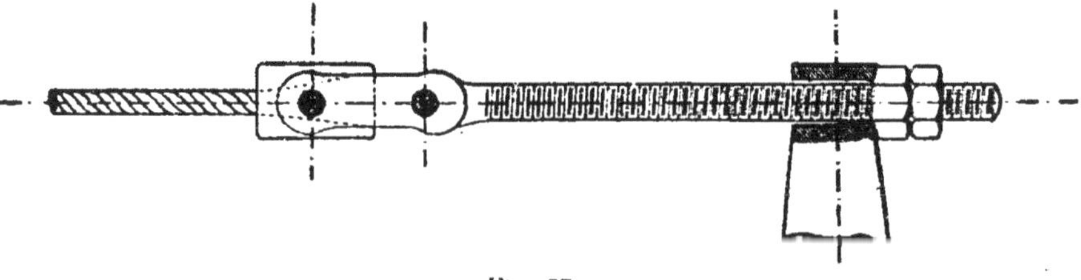

Fig 37

La fig. 37 représente cette disposition qui se comprend d'elle-même.

La boîte d'amarre repose sur deux tourillons dans deux joues latérales, assemblées avec une vis. Cette vis a toute la longueur dont le câble est supposé devoir s'allonger. L'écrou permet de régler la longueur du câble à volonté.

De plus, ce dispositif permet, lors de l'essai des freins qui se fait sans le câble au Gütsch, d'attacher et de détacher aisément les véhicules du câble.

§ 5. MACHINES MOTRICES

29. Généralités — Les machines fixes destinées aux chemins funiculaires sont caractérisées par les points suivants.

Elles doivent être à changement de marche comme les machines d'extraction des mines, car les changements de marche sont continus.

Les variations de travail sont considérables, la détente doit donc, quand cela est possible, pouvoir être poussée très loin, pour marcher économiquement quand le travail est minimum.

Les appareils de manœuvre doivent tous être bien à la main du mécanicien, de façon à ce que les mouvements puissent se faire vite et sans aucune hésitation.

Les chaudières doivent fournir la vapeur très rapidement, comme les chaudières de locomotives, afin de pouvoir alimenter la machine dans le cas où le maximum de travail dure un certain temps. Cela peut se présenter, par exemple, si à certaines heures de la journée le wagon descendant est toujours vide, et le vagon montant toujours plein; lorsque le courant de la circulation se maintient quelque temps dans un sens déterminé.

La détente ne peut pas toujours être appliquée aux machines des chemins funiculaires.

Lorsque le temps du parcours est très faible, le machiniste n'aurait pas le temps de régler la détente, et son usage serait à peu près illusoire.

Ce cas se présente sur tous les funiculaires à longueur très courte, comme à Lyon-Croix-Rousse, par exemple ; au Hâvre, etc.

Cette impossibilité de régler la détente et surtout la discontinuité de la marche rendent à peu près impossible l'emploi de la condensation.

La machine horizontale à deux cylindres est employée à peu près partout.

Les moteurs doivent être d'un type très robuste pour résister aux variations d'effort considérables. Lorsque la machine est appelée à développer un travail négatif un peu suivi, il est utile de munir les cylindres de soupapes de sûreté comme cela a été fait au chemin de Lyon-Croix-Paquet.

L'absence de ces soupapes oblige souvent, à Lyon-Fourvière, à employer le frein à main pendant un trajet complet.

Les générateurs devant avoir une grande élasticité de vaporisation, sont très souvent tubulaires, lorsque l'eau d'alimentation n'est pas trop impure. Pour essayer de regagner une partie de ce que l'on perd en n'employant pas la condensation, les machines des funiculaires sont généralement pourvues de réchauffeurs d'eau d'alimentation.

Le câble, à l'arrivée à la station supérieure, s'enroule sur un tambour ou une poulie de grand diamètre, généralement 3 à 4 mètres.

D'autre part, la vitesse des véhicules égale à celle du câble ne dépassant pas 4 mètres par seconde, le tambour doit tourner lentement, environ 1/2 tour au plus par seconde. Si l'arbre du tambour ou des poulies est commandé directement par les pistons de la machine motrice, celle-ci doit se mouvoir lentement ; et l'on est amené à employer des machines à cylindres très allongés.

Quand on n'emploie pas cette disposition, on adopte un système de commande analogue à celui des machines d'extraction des mines. Le tambour est muni d'une grande couronne dentée d'un diamètre presque égal à celui du tambour, avec laquelle engrène intérieurement une roue dentée de petit diamètre, commandée par le mécanisme moteur.

La première disposition a été adoptée à Lyon-Croix-Rousse, la seconde à Lyon-Fourvière.

La disposition adoptée soit à Galata-Péra, soit à Croix-Paquet, et consistant à desservir chaque voie par un câble spécial s'enroulant sur un tambour distinct, a un gros inconvénient, c'est d'augmenter considérablement la masse des tambours et l'inertie du système tournant.

A Croix-Paquet, cette grande roue dentée de 7 m. de diamètre a une masse considérable ; et la force vive emmagasinée est énorme.

La disposition consistant à adopter un seul câble s'enroulant sur un tambour unique paraît bien préférable.

Au plan incliné d'Ofen, où la machine est installée à la base du plan on était gêné par le manque de place, et on a adopté pour l'installation de la machine, la disposition représentée par la fig. 9.

Le câble s'enroule sur un tambour pendant qu'il se déroule de l'autre après avoir passé sur une grande poulie de renvoi placée à la partie supérieure du plan. On a accolé à chacun des tambours une roue dentée engrenant avec une roue d'angle calée sur un arbre dont la direction est normale à celle des axes des tambours. Cet arbre est commandé directement par les pistons.

Dans les installations des moteurs, on ne dispose pas généralement de machines motrices de réserve, les avaries aux moteurs étant rares et faciles à réparer rapidement; mais on a toujours une réserve pour les chaudières; cette mesure est indispensable pour assurer la continuité du service.

30. Tambours et Poulies. Adhérence du câble. — La machine motrice met en mouvement soit un grand tambour, soit des poulies. Il y a intérêt, ainsi que nous l'avons vu, à donner au tambour ou aux poulies un diamètre aussi grand que possible, pour diminuer la fatigue du câble.

En général, les tambours ou poulies ont un diamètre compris entre 100 et 150 fois celui du câble et 1500 ou 2000 fois celui du fil. A Lyon-Fourvière le diamètre du tambour est égal à 150 fois celui du câble.

Au Bürgenstock, le diamètre de la poulie motrice est de 120 fois celui du câble.

Au Lausanne-Ouchy, les poulies de renvoi ont un diamètre égal à 94 fois celui du câble; le tambour moteur a 188 fois le diamètre du câble et 3.000 fois celui des fils. Or nous avons vu que l'usure du câble était remarquablement faible sur cette ligne.

Lorsque le câble vient s'enrouler sur un tambour, après y avoir fait plusieurs tours, il se déroule, et la différence entre les tensions de ses deux brins doit être au plus égale à la force produite par l'adhérence du câble sur le pourtour du tambour.

Voici comment on peut calculer la valeur de cette adhérence, ou autrement dit, déterminer dans chaque cas, le nombre de tours que le câble doit faire sur le tambour pour présenter une force d'adhérence suffisante (1).

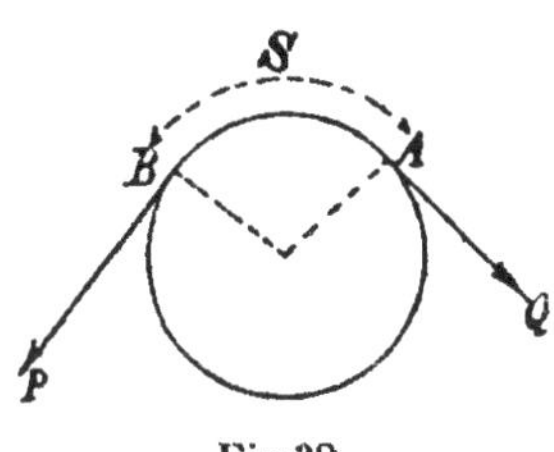

Fig.38.

Soit fig. 38 une corde absolument flexible embrassant un arc S sur un cylindre de rayon R, sollicitée en A par la force Q; cherchons la valeur de la force Q à appliquer en B, pour déterminer le glissement de la corde sur le cylindre fixe.

La tension t à l'extrémité d'un arc S compté à partir de A. sera égale à Q augmentée de la somme des frottements sur l'arc de longueur s.

Donc

$$t = Q \times \frac{fS}{e^r}$$

f étant le coefficient de frottement, l la base des logarithmes népériens.

1. Couche. Tome 2e, page 758.

Pour $s = S$ on aura

$$P = Q \times e^{\frac{Sf}{r}}$$

La force représentant la valeur du frottement sera

$$P - Q \text{ et } P - Q = Q\left(e^{\frac{fS}{r}} - 1\right) \qquad (1)$$

On déduira de là la condition nécessaire pour qu'un cylindre mobile autour d'un axe et auquel est appliqué tangentiellement une résistance K, tourne en sens contraire sous l'action d'une force P appliquée à une corde embrassant un arc S, et ayant à l'origine A de cet arc une tension Q.

La valeur du frottement P — Q doit être au moins égale à K, donc on a

$$Q\left(e^{\frac{fS}{r}} - 1\right) = K$$

d'où

$$Q = \frac{K}{e^{\frac{fS}{r}} - 1}$$

mais

$$P = Q \times e^{\frac{fS}{r}} = \frac{K}{e^{\frac{fS}{r}} - 1}$$

Les valeurs de P Q, K, étant connues, on peut tirer de l'une quelconque de ces équations la valeur de $e^{\frac{fS}{r}}$ d'où l'on tirera la valeur de S, arc embrassé par le câble dans ses enroulements successifs sur le tambour moteur.

L'équation (2) donne

$$e^{\frac{fS}{r}} = \frac{K}{Q} + 1$$

prenant les Logarithmes népériens il vient :

$$\frac{fS}{r} = L.\left(\frac{K}{Q} + 1\right)$$

d'où

$$S = L.\left(\frac{K}{Q} + 1\right) \times \frac{r}{f}$$

Pour les câbles goudronnés la valeur de f est d'environ 0,06, on signale cependant au plan automoteur du Saillon une valeur de 0,10 pour f. M. Vautier n'a jamais observé au Lausanne-Ouchy une valeur de f supérieure à 0.07. Au Funiculaire de Belleville M. Widmer a trouvé pour f une valeur moyenne de 0,3.

Cette valeur varie donc dans de fortes proportions suivant la nature des surfaces du câble des poulies ou tambours, des garnitures employées, les enduits usités, et la forme de la gorge des poulies.

Il semble que la longueur de l arc d'enroulement S, soit proportionnel à r, rayon du tambour. Mais il faut remarquer que la quantité K

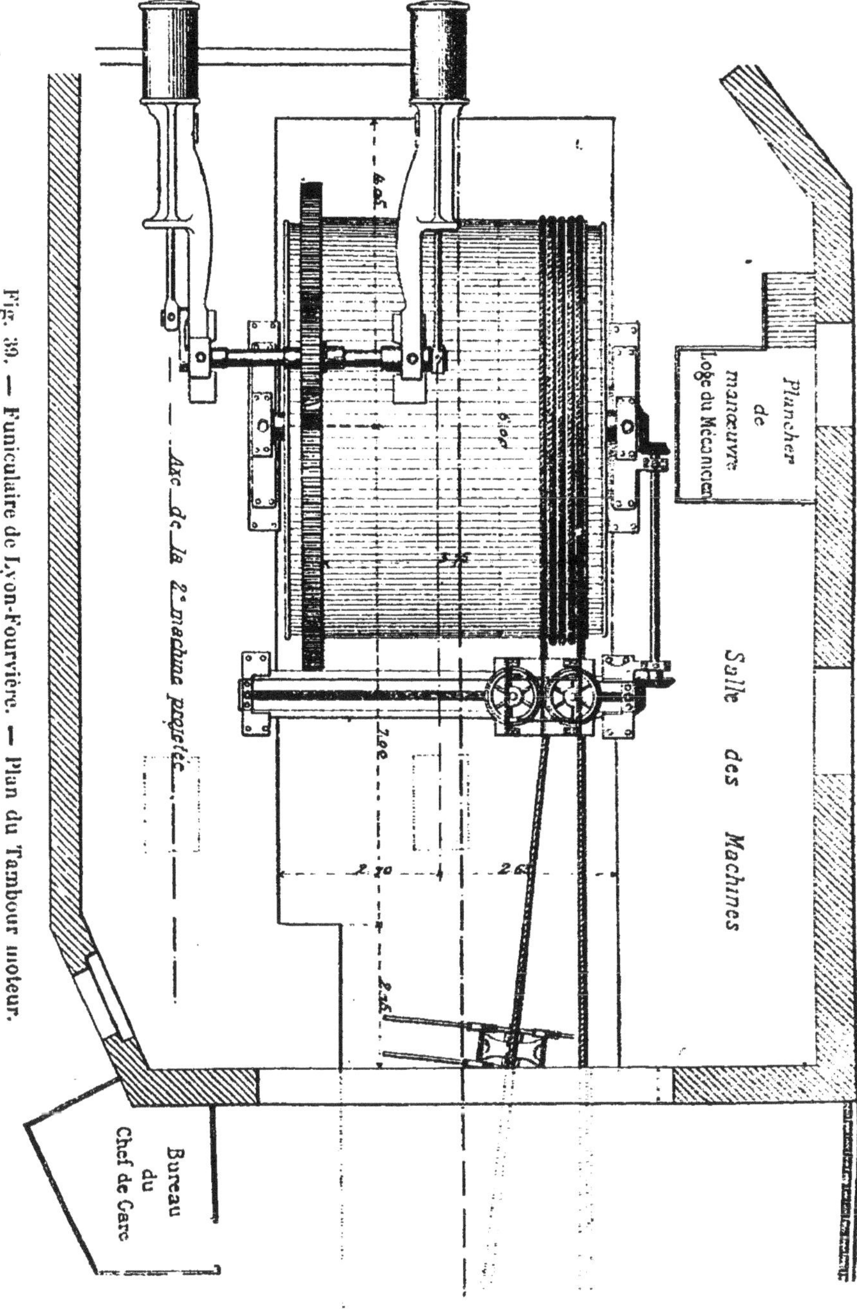

Fig. 39. — Funiculaire de Lyon-Fourvière. — Plan du Tambour moteur.

comprend les résistances provenant du câble, lesquelles augmentent quand le rayon du tambour diminue. Aussi est-il avantageux de don-

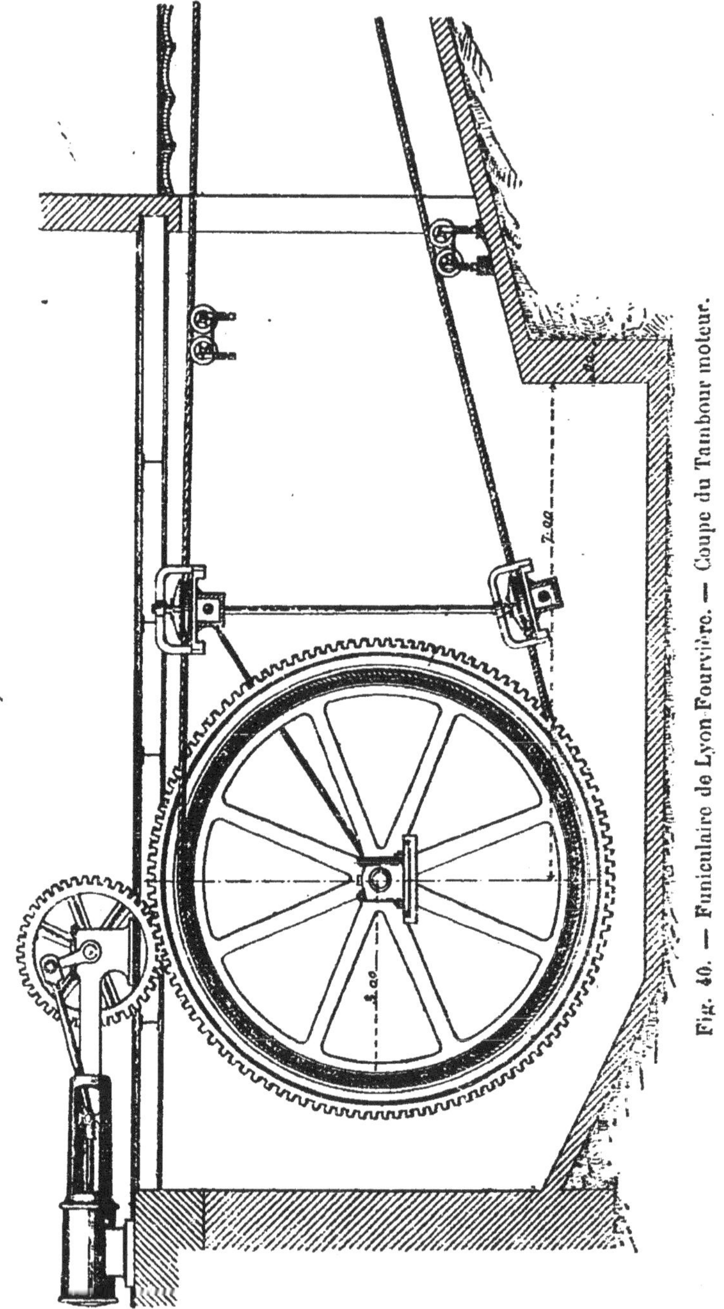

Fig. 40. — Funiculaire de Lyon-Fourvière. — Coupe du Tambour moteur.

ner au tambour un grand diamètre ; malgré l'apparence de cette dernière équation.

Le câble s'enroulant sur le tambour suivant une hélice, il est né-

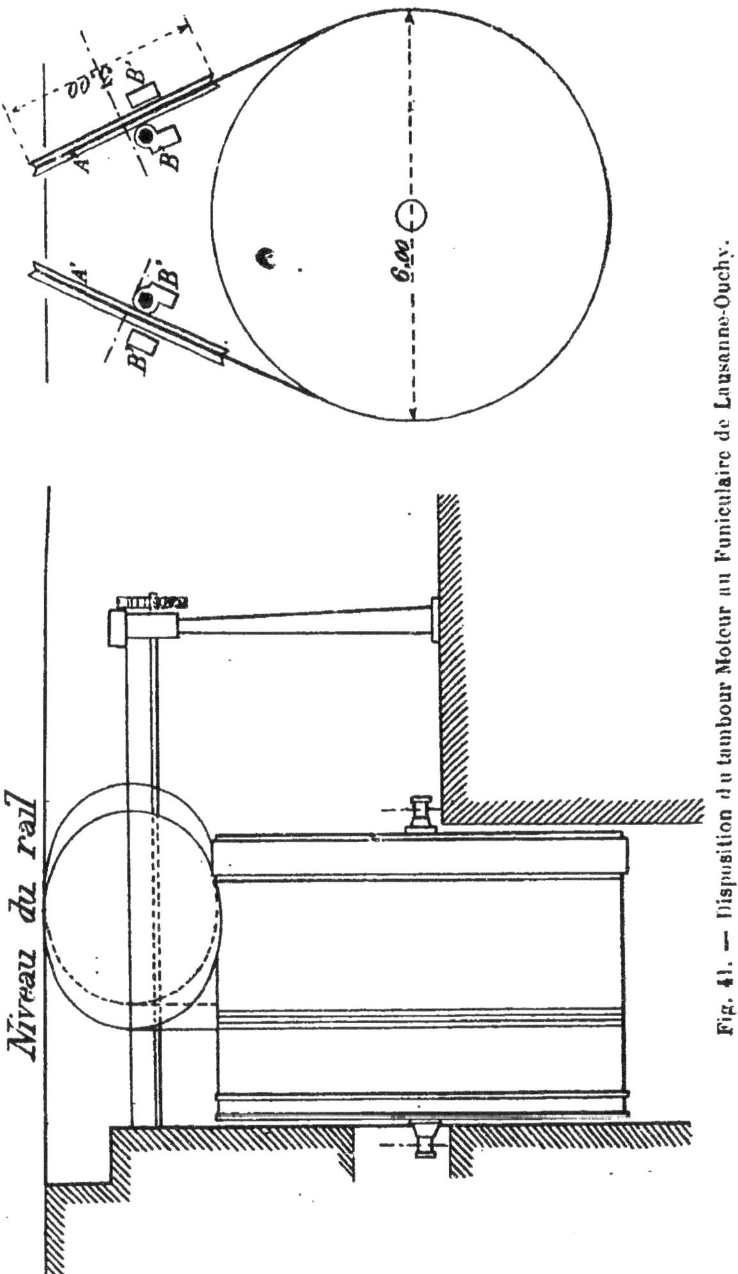

Fig. 41. — Disposition du tambour Moteur au Funiculaire de Lausanne-Ouchy.

cessaire d'employer un mécanisme directeur ayant pour but de répartir uniformément le câble sur le tambour, de manière à ce que les brins ne puissent pas chevaucher les uns sur les autres.

Ce mécanisme se compose d'un chariot portant des poulies guides, et mû par une vis passant par une glissière analogue à un banc de tour à fileter.

Le mouvement de rotation de la vis dépend de celui du tambour, de manière que pour un tour de ce dernier, le chariot avance de l'épaisseur du câble augmentée d'un certain jeu.

De cette façon, le câble s'enroule suivant une hélice régulière. La largeur du tambour est déterminée de telle sorte qu'entre les deux positions extrêmes du câble, quand les véhicules sont à fin de course, il reste encore la place de quelques tours de câble. Au Lausanne-Ouchy, M. Vautier a imaginé une disposition différente, indiquée par la fig. 41. Deux poulies de 3 m. de diamètre A A' reçoivent, l'une le brin montant l'autre le brin descendant.

Leurs paliers sont supportés par des glissières B B, actionnées par des vis sans fin qui se meuvent d'un mouvement de translation proportionnel à la vitesse de rotation du tambour.

La structure des tambours est généralement métallique ; mais la jante est formée par des douves de chêne.

Ces dispositions sont adoptées notamment à Lyon-Croix-Rousse, à Lyon-Fourvière, Ofen, etc., etc.

Les figures 39 et 40 représentent le plan et l'élévation du tambour du funiculaire de Lyon-Fourvière. Le plan médian du tambour est placé dans l'axe du chemin ; le câble de l'une des voies va s'enrouler directement à la partie supérieure du tambour, tandis que le brin du câble desservant l'autre voie est infléchi, et dirigé sur le tambour par une série de poulies de renvoi l'amenant à la partie inférieure de ce tambour.

Au lieu de tambour on se sert quelquefois d'une grande poulie à plusieurs gorges dans lesquelles le câble passe successivement, de façon à obtenir une adhérence suffisante. Cette disposition a été appliquée aux plans inclinés de Santos ; mais on y a renoncé parce qu'il en résultait une usure notable des câbles. On a remplacé cette poulie à gorge par une poulie Fowler ; mais l'usure du câble a été encore assez forte.

On produit aussi l'adhérence par le passage successif sur plusieurs grandes poulies ; c'est le dispositif adopté au Bürgenstock et au Hâvre. La fig. 42 indique l'ensemble de l'installation du Bürgenstock. Deux poulies à gorge C et D, de 4 m. 00 de diamètre, sont calées sur un même arbre ; la poulie C est dans l'axe de la ligne suivie par un brin du câble. Deux autres poulies à gorge E et F sont montées à peu près en regard des précédentes sur un même axe, ces poulies ont 3 m. 80 de diamètre ; la poulie F est montée folle sur l'axe commun. Le câble va passer sur la poulie C, puis sur la poulie E, revient ensuite sur la poulie D par la partie inférieure, pour revenir s'enrouler sur la poulie folle E d'où il va s'attacher à la voiture (1).

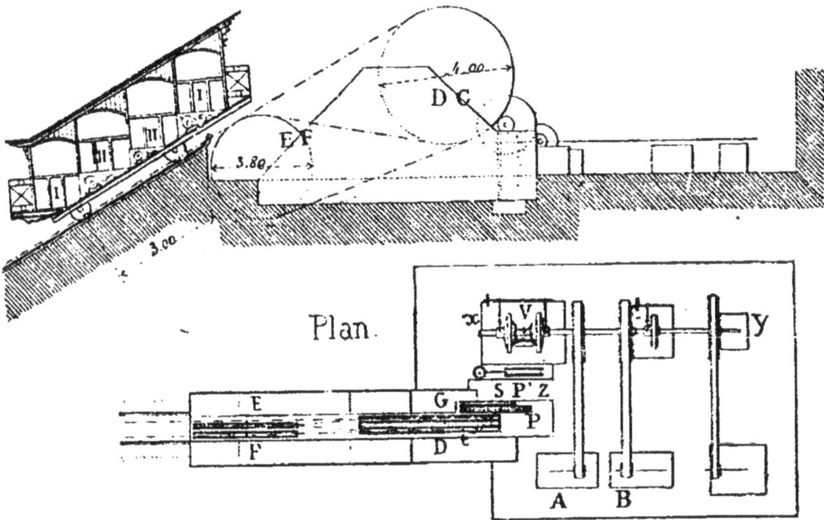

Fig. 42. — Funiculaire du Bürgenstock. — Disposition des poulies motrices.

Au Hâvre, les poulies ont été installées au-dessous du niveau des voies.

Sur l'arbre moteur sont calées 3 poulies à gorge de 4 m. de diamètre. Deux sont placées d'un côté de la couronne dentée, une de l'autre côté. En face ces poulies et à un niveau plus élevé se trouve un arbre sur lequel sont calées trois poulies à gorge de même diamètre que les poulies motrices. Une autre poulie à gorge, de 4 m. 00 de diamètre également, est montée folle sur ce' arbre.

Le câble fait à peu près un demi tour sur chacune de ces poulies, comme l'indique la fig. 43 de façon à ce que l'adhérence nécessaire soit obtenue. Au point de vue de l'adhérence tout se passe comme si le câble faisait un tour et demi sur un tambour moteur de 4 m. de diamètre.

Pour diminuer l'usure du câble, on garnit souvent de cuir, de caoutchouc, de bois de chêne, de hêtre, d'alliages métalliques, les gorges des poulies motrices. Mais les résultats obtenus ne sont pas très nets.

Quand on emploie des câbles plats, comme à Galata Péra, chacun des câbles est placé directement dans l'axe des voies, sur une grande poulie ou molette, à gorge très profonde.

1. *Revue technique de l'Exposition*. Vigreux et Lopé 5e partie. Pl. 46-47, fig. 9.

Les poulies de Galata-Péra ont 4 m. 20 de diamètre intérieur et 6 m. 00 de diamètre extérieur, elles sont calées sur un même arbre moteur et pèsent ensemble 18.844 kil. Entre ces deux molettes, et sur

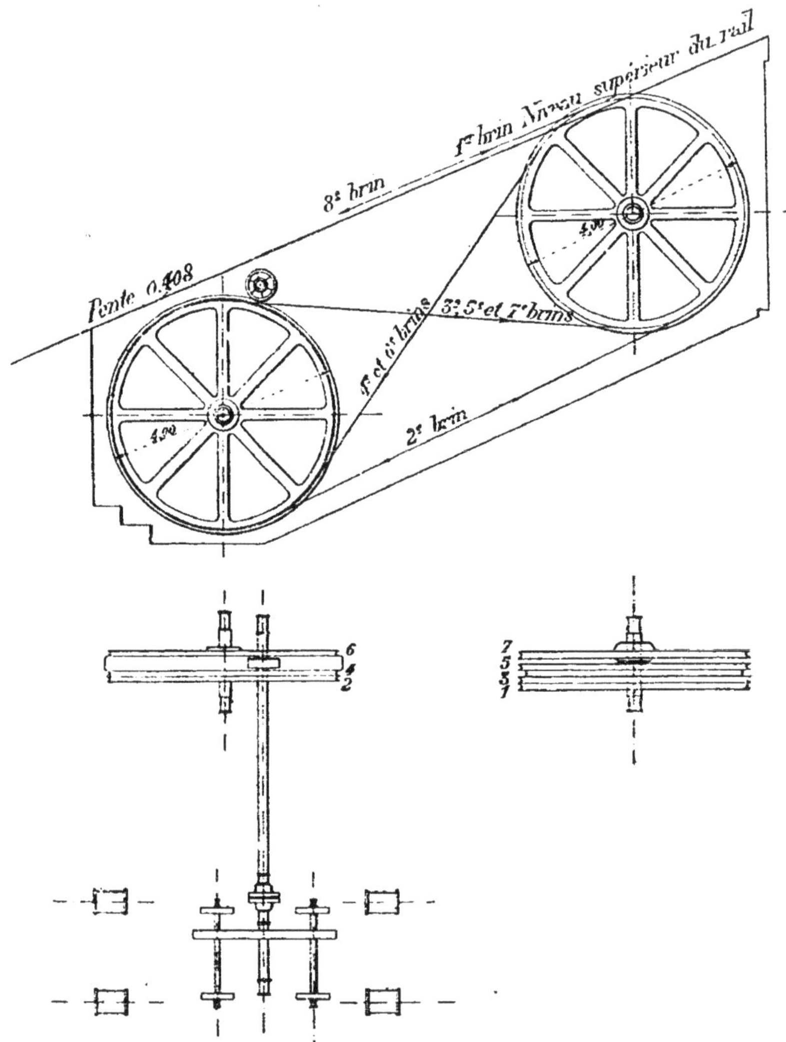

Fig. 43. — Funiculaire du Hâvre. — Disposition des poulies motrices.

le même arbre moteur, est placée une grande poulie de frein pesant 2852 kil. La longueur totale d'un câble étant toujours enroulée sur les poulies, l'arbre moteur porte outre son poids, celui d'un des câbles.

La fig. 44 indique en coupe transversale l'ensemble des poulies motrices, de la poulie frein, et du bâti.

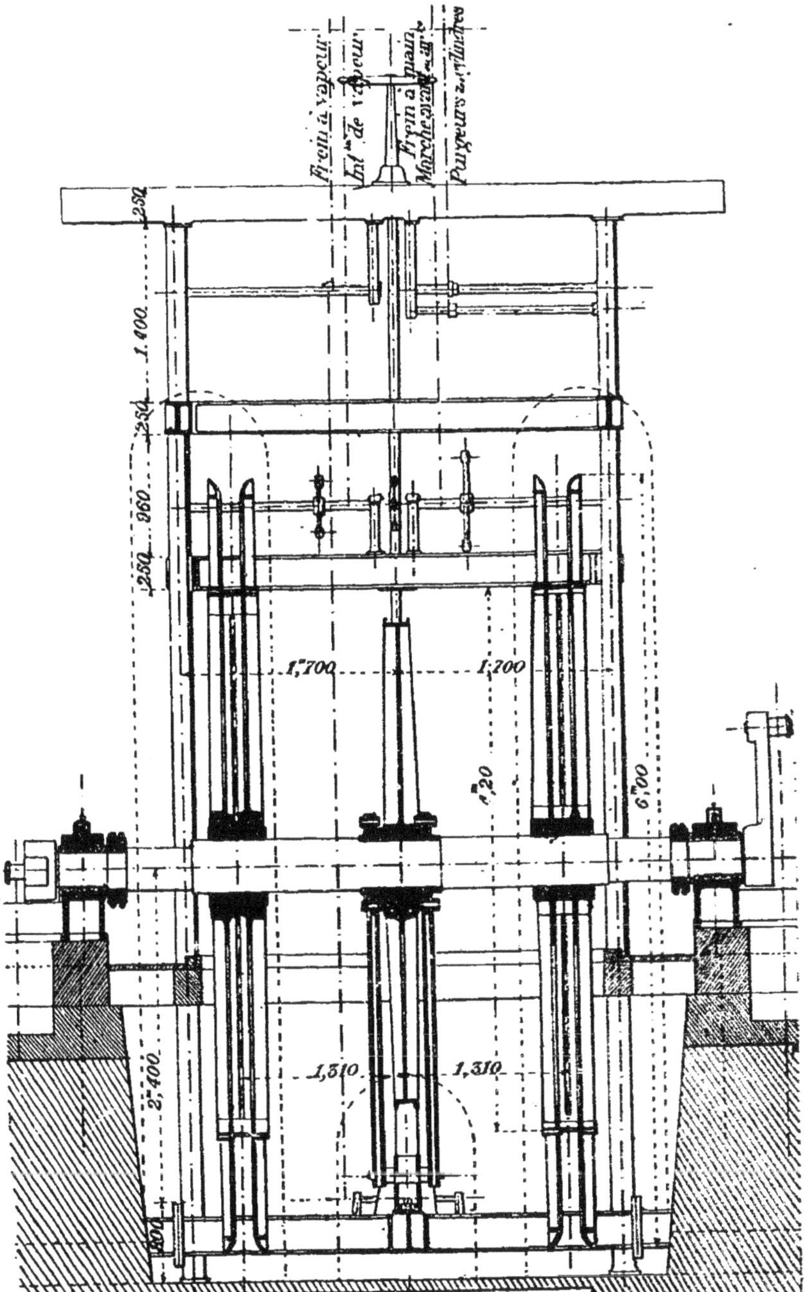

Fig. 44. — Funiculaire de Galata-Péra. — Coupe des poulies motrices.

7

Lorsque l'on emploie des câbles plats et une poulie à gorge profonde on a soin de donner au câble une longueur plus grande que la longueur réellement utile, de façon à ce qu'il reste toujours sur la poulie un ou deux tours de câble, même quand celui-ci est complètement déroulé.

31. — Descriptions de diverses machines motrices.

Machine de Lyon-Croix-Rousse.

Nous empruntons ces détails à la monographie complète du chemin funiculaire de Lyon-Croix-Rousse faite par MM. Molinos et Pronier (Morel, éditeur. Paris. 1862). Nous avons indiqué au n° 7 que le travail maximum à développer avait été évalué à 119 chevaux. Pour tenir compte des aléa, la puissance de la machine fut fixée à 150 chevaux.

Le timbre de la chaudière est de 5 atmosphères.

Il y a deux chaudières tubulaires, à courant d'air forcé produit par un ventilateur. L'un des avantages de ce ventilateur est de proportionner très exactement, et presqu'instantanément, la production de vapeur aux exigences de la machine. La surface de chauffe de chaque chaudière est de 80 m. q. ; la surface de grille de 1 m. 95.

L'eau d'alimentation est échauffée jusqu'à environ 90 degrés dans un réchauffeur tubulaire. L'eau d'alimentation passe dans un faisceau de tubes autour desquels circule la vapeur d'échappement.

Les deux chaudières sont installées dans un bâtiment spécial.

Le ventilateur et la pompe alimentaire sont mis en mouvement par un moteur spécial de la force de dix chevaux.

Les machines mettent directement en mouvement le tambour moteur par deux manivelles à angle droit. Le tambour est muni de deux puissants freins de friction à bande, l'un est manœuvré à la main, l'autre par un cylindre à vapeur spécial. Ce cylindre, calculé d'après les conditions ordinaires, n'aurait dû avoir que 0 m. 17 de diamètre ; MM. Molinos et Pronier lui en ont donné le double : 0 m. 35, pour que le frein pût arrêter la machine dans l'hypothèse de la lubrification de la couronne sur laquelle frotte la bande de fer.

Un mécanisme directeur que nous avons décrit au n° 30 répartit uniformément le câble sur le tambour, pour que les brins ne puissent jamais chevaucher les uns par dessus les autres. Le tambour ayant un diamètre de 4 m. 50 développe 14 m. 137 à chaque tour. La vitesse réglementaire étant de 2 m. par seconde, la machine fait environ 1 tour chaque 7 secondes, 8 à 9 tours par minute ; soit pour le piston une vitesse de 0 m. 60 par seconde.

Voici les principales dimensions des machines motrices.

Diamètre des cylindres.	0 m. 680
Course du piston.	2 m. 000
Diamètre du tambour moteur.	4 m. 500

Longueur id.	3 m. 375
Epaisseur des douves de chêne.	0 m. 090
Diamètre des gorges des freins.	4 m. 320
Largeur id.	0 m. 225
id des bandes.	0 m. 200
Longueur des leviers.	3 m. 190
Rapport des efforts exercés à l'extrémité du levier et sur la bande du frein.	8,5

Les chaudières et les machines, non compris les bâtiments, ont coûté ensemble 270.700 fr.

Machines de Galata-Péra. — L'arbre des poulies est mis en mouvement directement, à l'aide de deux manivelles calées à 90°, par deux cylindres horizontaux.

La machine construite par le Creusot peut développer 150 chevaux.

Le diamètre des cylindres est de. . . 0 m. 700

La course des pistons est de . . . . . 2 m. 200

Le changement de marche et la détente sont obtenus à l'aide d'une coulisse.

Les fig. 45 et 46 indiquent en plan et élévation, l'installation générale des machines, qui ont dû être placées sous la voie publique.

Il y a quatre chaudières tubulaires à foyer intérieur, timbrées à cinq atmosphères, elles portent chacune 70 tubes de 68 mm. de diamètre intérieur, et de 3 mm. d'épaisseur.

Voici les principales données des générateurs.

Surface de grille.		61 mq. 60	
Surface de chauffe	tubes.	62, 40	87
	foyer.	6, 40	
	retour.	8, 60	

Rapport de la surface de grille à la surface de chauffe . . . $\frac{1}{54}$

Deux des chaudières sont toujours en réserve.

Les machines et chaudières ont coûté, prises au Creusot.	133,370 fr.
Les accessoires et l'outilage.	9,935,16
La pose, le transport et les massifs de maçonneries. . .	60,194,84
Total	203,500 fr.

Le mécanicien conduisant la machine est placé dans une sorte de cage vitrée, qui domine la gare de départ. Il a dans la main quatre leviers, servant à l'introduction de la vapeur dans les cylindres de la machine et du servo-moteur du frein, les deux autres leviers servent à changer la marche et à purger les cylindres.

Le mécanicien a devant lui une règle divisée verticale, sur laquelle deux aiguilles indiquent à chaque instant la position des trains. Un contact électrique actionnant une sonnerie, avertit le mécanicien d'ou-

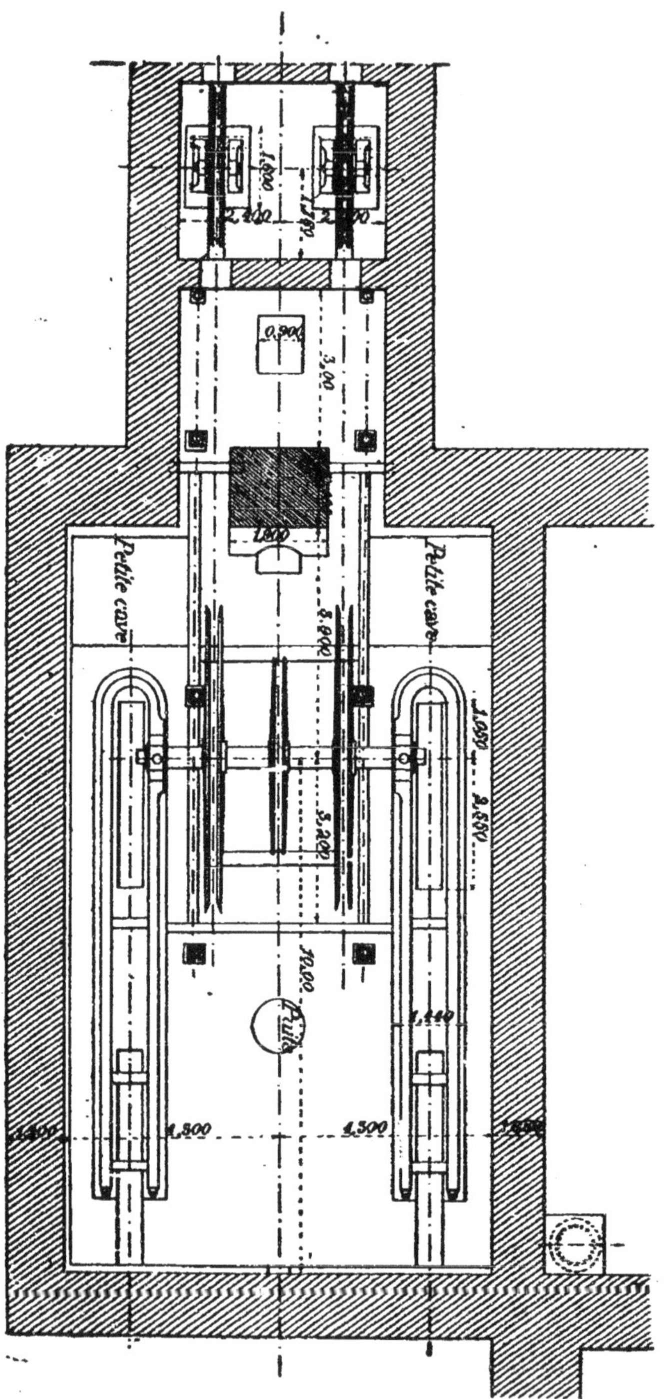

Fig. 45. — Funiculaire de Galata-Pera. — Plan des Machines motrices.

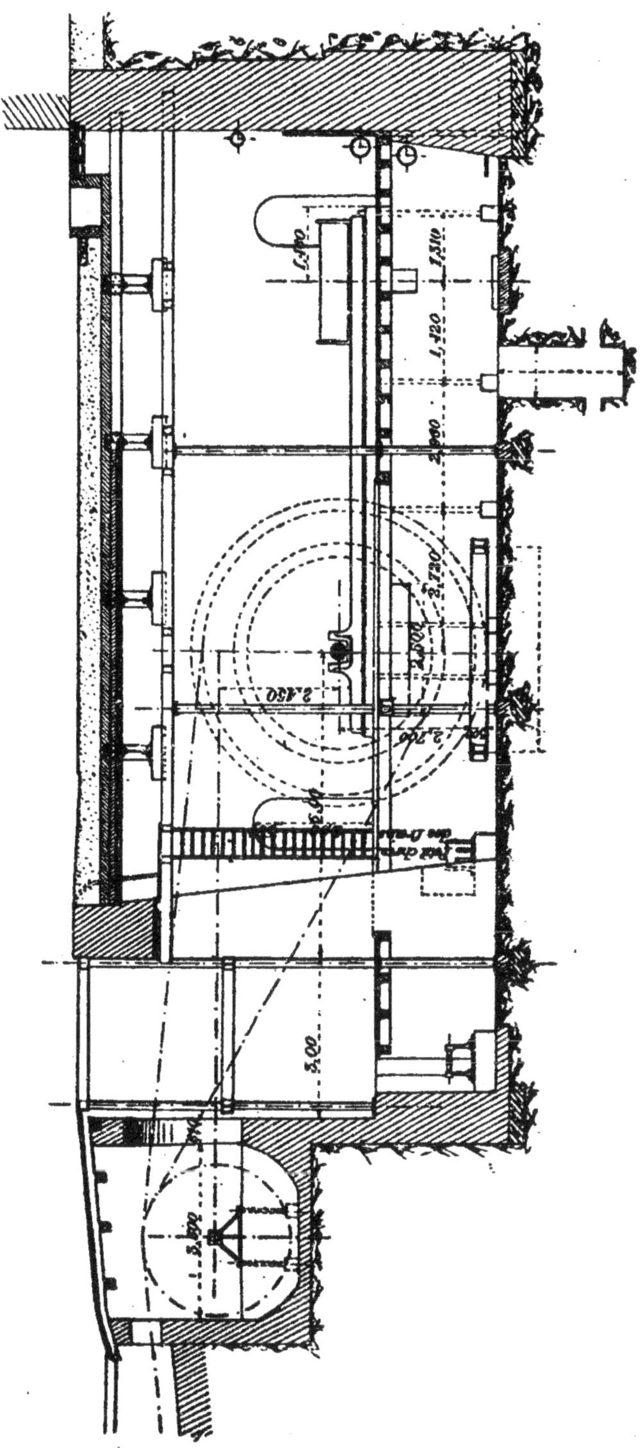

Fig. 46. — Funiculaire de Galata-Péra. — Coupe du bâtiment des machines.

vrir ou fermer le régulateur, en cas d'oubli. On se rappelle en effet, qu'à Galata-Péra le démarrage se fait sans vapeur, en desserrant le frein.

De plus, si le mécanicien oublie de fermer le régulateur en temps voulu, le train montant arrivant à Péra pousse un appareil qui actionne automatiquement le frein à vapeur et ferme l'introduction des machines motrices.

Machines du Bürgenstock. — La machine du Bürgenstock est mise en mouvement par des dynamos réceptrices, recevant le courant de dynamos motrices actionnées par une chute d'eau distante de 4 kilomètres de la station supérieure.

C'est une application intéressante de la transmission de la force par l'électricité.

Les deux dynamos réceptrices ont chacune une force de 25 chevaux ; elles tournent à raison de 700 tours par minute.

La turbine actionnée par la chute d'eau peut développer 150 chevaux ; elle met en mouvement les deux dynamos génératrices. Ces dynamos sont du Système Thury ; à la vitesse de 800 tours elles engendrent un courant de 800 volts et 20 à 25 ampères ; elles sont montées en tension. Le courant de 1600 volts est lancé dans une distribution à 3 fils de 4,5 mm. de diamètre.

Les machines génératrices absorbent pour leur mise en marche 34,420 watts.

Les machines réceptrices peuvent développer 26,160 watts.

Le rendement est donc égale à $\frac{26,160}{24,420} = 0,76$

Le soir, l'une des dynamos sert à éclairer l'hôtel installé au sommet du Bürgenstock. Pendant les arrêts, une dynamo actionne une pompe servant à alimenter l'hôtel en eau potable.

Machines de Lyon-Fourvière et St-Just. — La machine se compose de deux corps cylindriques, mettant en mouvement un arbre intermédiaire portant un pignon denté de 1 m. 88 de diamètre, engrenant avec une roue dentée de 6 m. 72 de diamètre, accolée latéralement au tambour d'enroulement du câble, qui a 6 m. 00 de diamètre. Cet arbre intermédiaire est nécessité par le grand diamètre du tambour. Il permet de donner aux pistons des machines motrices une vitesse en rapport avec une bonne utilisation de la vapeur.

Chaque cylindre a un diamètre de. . . . . 0 m. 550
La course du piston est de. . . . . 1 m. 000
Le nombre de tours par minute et de. 45
La vitesse du piston par seconde est de. . . . . . . 1 m. 50

Le tambour d'enroulement est muni à chaque extrémité de deux jantes latérales, contre lesquelles viennent presser les tables de friction d'un frein à vapeur et d'un frein à main.

Les machines sont alimentées par trois générateurs à foyer intérieur ayant chacun deux bouilleurs réchauffeurs. Les générateurs sont timbrés à 6 atmosphères et présentent ensemble une surface de chauffe de 240 m. q.

On se souvient que le travail susceptible d'être développé par la machine est très variable : il peut aller jusqu'à + 235 chevaux et descendre à contre vapeur jusqu'à — 119 chevaux.

Le mécanicien guide sa marche sur un appareil lui donnant les espaces parcourus, et lui permettant de produire les arrêts aux gares sans autre indication. Pratiquement, lorsque les véhicules montants sont vides et les véhicules descendants chargés, le mécanicien règle la marche à l'aide du frein à main. Le frein à vapeur ne doit servir qu'en cas d'accident.

Machine de Lyon-Croix-Paquet. — Les machines comprennent deux groupes, de chacun deux machines attelées sur le même arbre et développant ensemble 125 chevaux.

Ces machines horizontales, semblables aux machines d'extraction de mines, sont très robustes ; elles sont munies d'un changement de marche à coulisse ordinaire. Quand les charges à la descente sont très considérables, la marche est renversée et le régulateur fermé ; les machines fonctionnent alors en comprimant l'air dans les cylindres. Une soupape de sûreté munie d'un ressort à boudins est placée à chacune des extrémités du cylindre, de façon à donner une issue à l'air quand sa presion excède 7 kil.

On règle ainsi parfaitement la marche à la descente, en toute sécurité et sans avoir recours au frein des tambours.

Le diamètre des cylindres est de. . . . . 0 m. 480

La course des pistons. . . . . 0 m. 800

Les machines font 63 à 64 tours par minute ; la vitesse du piston est d'environ 1 m. 70 par seconde.

Elles consomment à peu près 3 tonnes de charbon par jour, ou 13 kil. 5 par voyage.

Le travail développé est souvent supérieur au chiffre normal.

§ 6. — MATÉRIEL ROULANT.

32. — Types de voitures. — Les voitures destinées aux chemins funiculaires doivent être construites aussi légèrement que cela est possible, sans compromettre la sécurité. Sur des déclivités aussi fortes il y a évidemment un intérêt majeur à réduire le poids mort aux dernières limites.

Pour les pentes très raides, le plancher sur lequel se tiennent les voyageurs ne peut pas être au même niveau dans chacun des compartiments de la voiture. Il faut disposer les planchers des compartiments en gradins, les uns au-dessus des autres.

Toutefois, lorsque la pente n'excède pas 150 à 200 mm. on peut laisser le plancher de la voiture continu d'un bout à l'autre de la voiture.

C'est ce que l'on a fait aux funiculaires de Lyon.

Aux plans inclinés d'Ofen, du Bürgenstock, où les pentes atteignent 500 mm., il a fallu employer la disposition par gradins.

Fig. 47.

La fig. 47, empruntée au traité des chemins de fer d'Heusinger von Waldeg, représente l'élévation de la voiture du plan *d'Ofen*

Cette voiture pèse à vide 2800 kil. ; elle peut porter 24 voyageurs, et pèse au complet 4.300 kil. Les compartiments sont disposés de façon à avoir leurs banquettes horizontales sur la pente de 30°.

Ces véhicules sont suspendus sur quatre blocs de caoutchouc posés sur les boîtes à graisse.

Au *Léopoldsberg*, près Vienne, on a employé une grande voiture à deux étages de 9 m. 40 de long, 3 m. 29 de large, et 5,50 de haut, qui peut porter 100 personnes ; elle pèse à vide 15 tonnes.

A *Lyon-Croix-Rousse*, on a adopté également tout d'abord une voiture de grande dimension, à deux étages ; offrant en tout 108 places. L'étage inférieur était divisé en cinq compartiments. Le compartiment du milieu, de 10 places, remplissait l'office de premières classes. Les autres compartiments, les secondes classes, étaient chacun de 12 places.

L'impériale était fermée et présentait 50 places ; on y accédait par des escaliers placés en bout. Un couloir régnait au milieu des places d'impériale ; la hauteur était suffisante pour permettre d'y circuler debout.

Les bancs des voitures étaient inclinés de manière à racheter la moitié de la pente du chemin. De cette façon, les voyageurs pouvaient être assis de la même façon, que la voiture fût placée sur les paliers des stations, ou qu'elle gravît le plan incliné.

Le poids d'une voiture chargée se décomposait ainsi :

Chassis	6.200 kilog.	
Caisse	5.800 kilog.	
Tare à vide.		12.000 kilog.
100 voyageurs		7.000
Poids total		19.000 kilog.

Voici les principales dimensions des caisses des voitures :

Longueur de la caisse.		7 m.19
Largeur maxima		2 m.84
Hauteur de la caisse		3 m.798
Longueur intérieure des compartiments	extrêmes de l'étage inférieur. . .	1 m.400
	du milieu id.	1 m.480
	de l'étage supérieur.	1 m.400
Largeur.	intérieure des compartiments de l'étage inférieur	2m.64
	intérieure des compartiments de l'étage supérieur.	2m.71
	des banquettes des compartiments, étage inférieur.	0 m.450
	des banquettes des compartiments étage supérieur.	0 m.420

Nombre de places.

Etage inférieur	Compartiment du milieu	10	108
	4 compartiments extrêmes	48	
Etage supérieur	4 compartiments	40	
	2 demi-compartiments	10	

Largeur d'une place

Etage inférieur	Compartiment de 1e classe. . .	0 m. 500
	de 2e classe. . .	0 m. 440
Etage supérieur		0 m. 400

Dimensions principales des chassis.

Longueur en dehors	des traverses	7 m. 08
	des tampons	8 m. 46
Ecartement des essieux.		3 m. 69

En 1872 on avait adopté trois types de voitures à voyageurs. Tous ces types à impériale ont disparu et ont fait place à Lyon-Croix-Rousse, comme à Lyon-Fourvière, à un modèle fermé et couvert sans impériale, que nous allons décrire.

A Lyon-Fourvière, la voiture également de 100 places n'a pas d'étage. Cette voiture est ouverte à l'exception d'un compartiment ; elle présente quatre compartiments ouverts de seconde, contenant chacun 23 voyageurs placés debout, et un compartiment fermé de première à 8 places assises. La tare à vide est de 8.900 kil.

Les wagons à marchandises, pesant à vide 8.240 kil. peuvent contenir une voiture attelée de deux chevaux, et chargée de 800 hectolitres de houille.

La fig. 48 représente l'élévation de la voiture à voyageurs et la fig. 49 celle du wagon à marchandise de Lyon-Fourvière.

A Lyon Croix-Paquet les voitures à voyageurs d'un type analogue aux précédentes offrent 75 places de seconde et 10 de première, leur tare à vide est de 10.500 kil.

Le truck à marchandise pèse à vide 11.000 kil.

Tous ces véhicules des funiculaires lyonnais sont très alourdis par les freins à mâchoires.

A *Galata-Péra*, les voitures à voyageurs sont également de très grandes dimensions. Elles ont 8 m. 50 de longueur, 2 m. 40 de largeur et 2 m. 40 de hauteur intérieure. La tare à vide est de 11.000 kil., chargées de 90 personnes, elles pèsent environ 17 tonnes.

Les voitures sont divisées en deux grands compartiments complètement fermés, l'un pour les premières, l'autre pour les secondes classes. A cause du croisement dans le milieu du tunnel et de la réduction de l'entrevoie, les voitures n'ont d'entrée et d'ouverture que sur une seule face, et les voyageurs entrent et sortent de ce côté. Sur trois côtés de ces compartiments règnent dans les secondes des banquettes de bois, dans les premières des banquettes capitonnées ; et au milieu divers appuis, pour les voyageurs qui, vu la brièveté du trajet, préfèrent rester debout. Enfin un rideau mobile permet d'isoler les dames turques des hommes. Quarante personnes peuvent prendre place dans les premières et cinquante en seconde.

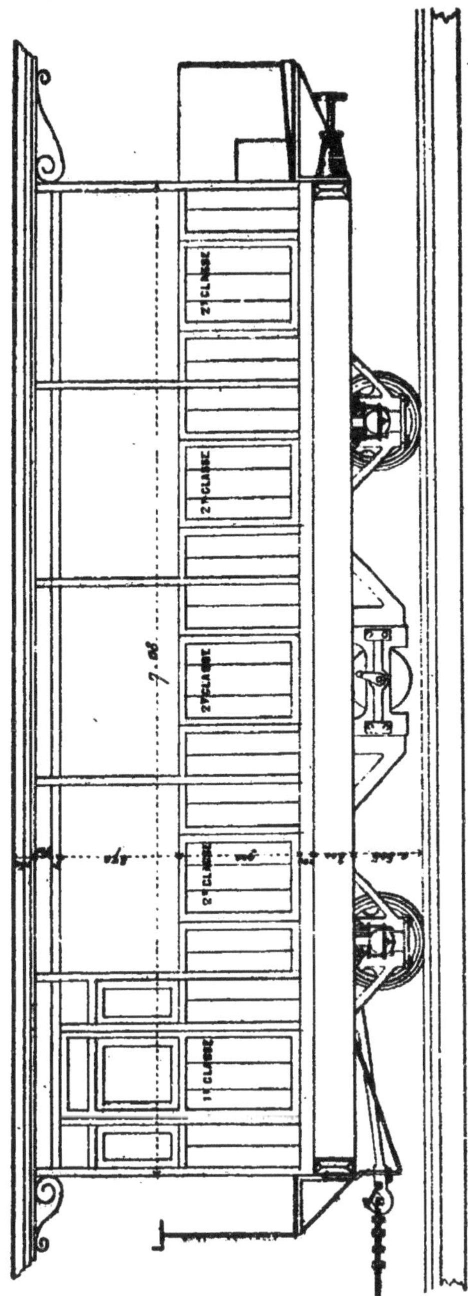

Fig. 48. — Funiculaire de Lyon-Fourvière. — Voiture à voyageurs.

Outre la voiture à voyageurs, le train comprend aussi un wagon plate-forme à marchandises sur lequel soixante personnes peuvent prendre place, s'il y a lieu.

Cette plate-forme pèse à vide 8 tonnes.

Le matériel est très alourdi par les freins à bande et à mâchoires dont nous parlerons plus loin.

Au Burgenstock, ligne destinée aux touristes, les voitures sont plus petites et contiennent seulement 32 places.

Ces voitures ont 6 m. 00 de longueur, et 1 m. 60 de largeur ; elles sont divisées en quatre compartiments, avec plate-formes aux extrémités ; elles pèsent à vide 4.300 kil.

Le châssis repose sur deux essieux espacés de 3 m., chaque voiture a d'un même côté deux roues avec bandage à double boudin ; ces deux roues assurent la direction de la voiture aux croisements.

Les deux roues de l'autre côté sont à large jante plate, sans boudin, de façon à pouvoir passer aux croisements d'un rail à l'autre, et sur la crémaillère.

Les grandes voitures à 100 places des *ficelles* de Lyon pèsent de 90 à 110 kil. par place offerte.

Les voitures de 32 où 40 places des funiculaires suisses à machine fixe, de 140 à 150 kil.

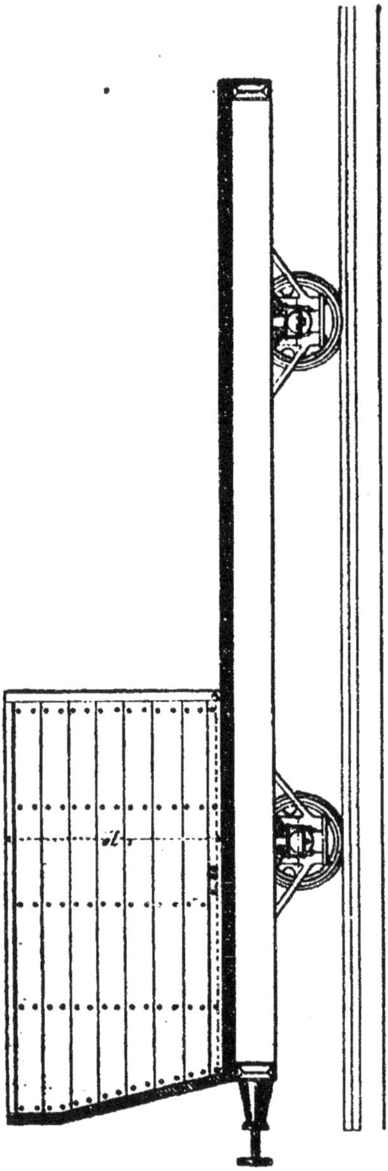

Fig. 49. — Funiculaire de Lyon-Fourvière. — Wagon à Marchandises.

33. Freins, appareils de sécurité. — Les freins appliqués au matériel roulant se divisent en trois catégories :

Les freins à mâchoires et enrayant les roues.

Les freins à parachute.

Les freins à crémaillère.

Freins à mâchoires et freins enrayant les roues. — Ces deux systèmes de freins ont été imaginés pour les véhicules du plan incliné de Lyon-Croix-Rousse. Comme ils ont été appliqués depuis un très grand nombre de fois nous les décrirons avec quelque détail (1).

Freins enrayant les roues. — Le calage des roues est produit par des freins de grue, dont les bandes enveloppent des disques fixés aux roues. Un disque est accolé à chacune des quatre roues.

Des contre-poids, emmanchés sur des leviers, calés sur les arbres des freins, sont soulevés par des supports sur lesquels viennent porter les prolongements des leviers quand le câble est tendu (fig. 50, 51, 52). Mais si la barre de traction n'est plus tirée par le câble, le ressort de traction se débande et fait tourner les arbres des freins ; par suite, les supports se dérobent, et le contre-poids tombant presse la bande du frein sur le disque et cale la roue.

Mais ce frein serait insuffisant pour faire équilibre à la gravité seule,

(1) *Chemins de fer.*— Couche, tome II p. 748.

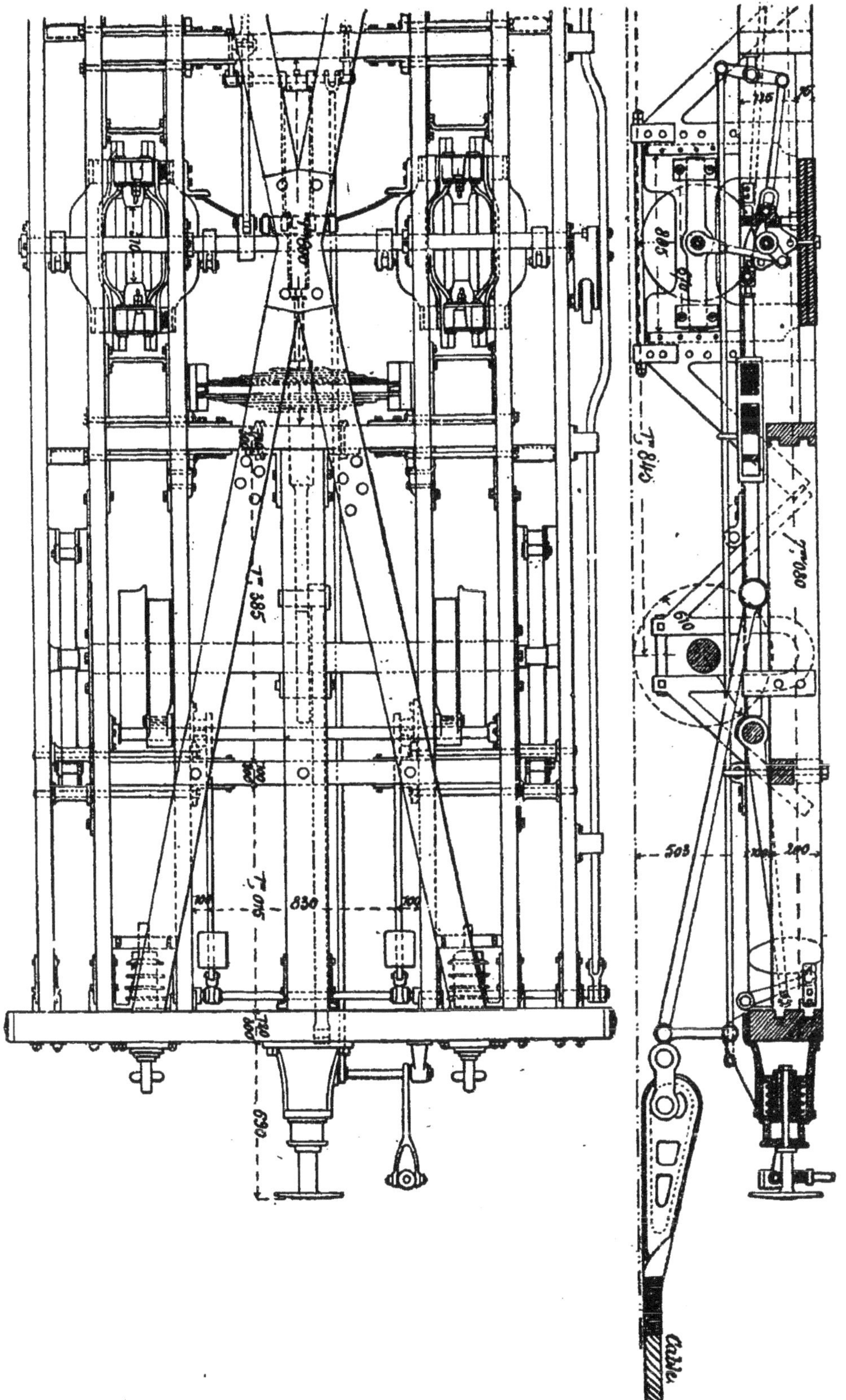

Fig. 50-51. — Frein à mâchoires du Funiculaire de Lyon-Croix-Rousse.

et empêcher l'accélération sur une rampe aussi raide que celle de Lyon-Croix-Rousse (160 mm. par mètre). Aussi a t-on combiné son emploi avec un autre appareil beaucoup plus énergique.

Nous allons le décrire.

Freins à mâchoires. — Ce frein est installé dans le plan médian transversal du châssis. A un arbre horizontal est suspendu par des manivelles et des bielles, un arbre sur lequel sont calées deux poulies à gorge conique, qui peuvent venir se poser sur le rail.

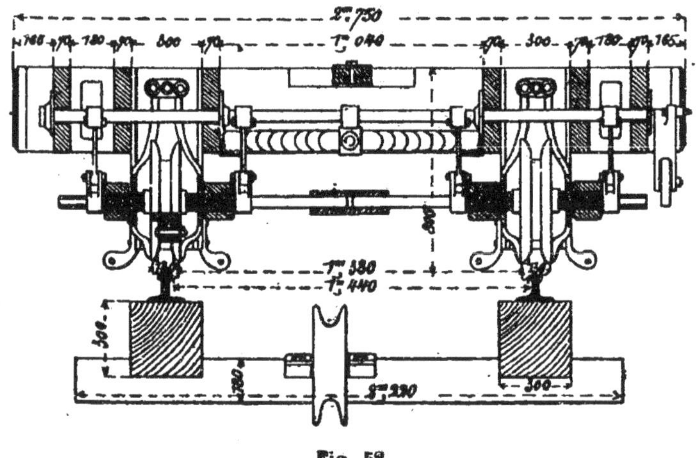

Fig. 52.

Chaque poulie est comprise entre deux mâchoires articulées formant comme des tenailles ; sur la face externe de chacune d'elles est appliqué un bloc, formant écrou dans l'étendue de portées taraudées de l'arbre. Les filets de vis sont dirigés en sens inverse, pour les deux mâchoires. Il suit de là, que si les poulies tournent dans un sens convenable, les mâchoires se rapprochent.

En temps normal, tout le système des poulies reste suspendu au dessus du rail, maintenu par une came engagée dans une encoche de la coulisse pressée par un ressort. Mais, dès que la barre d'attelage n'est plus tirée par le câble, elle est rappelée par le ressort de traction, et par l'intermédiaire de leviers elle tire en arrière la coulisse qui laisse échapper la came ; par suite, l'appareil tombe, en faisant tourner l'arbre horizontal ; les poulies coniques saisissent les rails, tournent en entraînant l'arbre commandant les blocs de serrage qui appliquent les mâchoires. Celles-ci saisissent le rail entre elles et le serrent fortement ; les poulies sont calées, et l'arrêt se produit très rapidement.

Il faut remarquer le mode d'adhérence de la poulie conique. Sa gorge n'a que 0 m. 05 de largeur au fonds tandis que le champignon du rail a 0 m. 06. Or la poulie coiffe en quelque sorte le rail au moment de sa chute, les joues forment donc coin et serrent fortement le champignon du rail.

A la vitesse réglementaire de 2 m. par seconde, le calage a lieu à Lyon-Croix-Rousse en un seul tour de poulie, et l'arrêt au bout d'un parcours de 6 m. 50 compté à partir du calage, pour un train descendant.

Pour un train montant, les poulies tournant en sens inverse l'arbre fileté éloigne d'abord les blocs des mâchoires, tant que le train continue à monter après la rupture du câble. Il monte encore de 1 m. 30 puis redescend de 1 m. 30 ; mais comme ses roues n'ont pas cessé d'être calées, sa vitesse est inférieure à 2 m. 00 au moment où les blocs commencent à serrer les mâchoires. Par suite, les conditions sont plus favorables que pour le train descendant.

La came provoquant la chûte des mâchoires peut aussi être manœuvrée à la main par un agent du train.

La mise en action du frein à mâchoires, entraîne immédiatement la chute des contre-poids, et le calage des roues par les freins à bande.

Ces freins de détresse ont été appliqués aux funiculaires de Galata-Péra, Lyon-Fourvière, Lyon-Croix Paquet, au Léopoldsberg, etc. etc...

Depuis l'adoption des crémaillères ces freins sont moins usités.

Ces systèmes sont extrêmement sûrs ; mais il offrent l'inconvénient d'alourdir très notablement le matériel.

D'après ce que nous avons dit, on voit que les freins automatiques fonctionnent dès que le câble n'étant plus tendu, le ressort de traction est débandé. Ces freins entreraient donc en jeu sur les paliers des stations, si on ne s'y opposait par une disposition spéciale. A cet effet, on a calé sur le prolongement de l'arbre horizontal, à l'extérieur du châssis, un levier portant un galet. Une lisse placée sur le quai de la station à la hauteur de ce galet le soutient et maintient l'arbre dans sa position.

Lorsque le profil de la voie n'est pas uniforme, et que les pentes sont très variables d'une extrémité à l'autre, il n'est plus possible d'appliquer ce système de freins, précisément parce que les diminutions de flexion du ressort de traction amèneraient des chutes intempestives du frein. C'est ce qui est arrivé au funiculaire de Galata-Péra, où les pentes, très faibles au bas du plan incliné se raidissent progressivement et deviennent très fortes au sommet. Après avoir adopté ce frein, on a dû l'empêcher d'être automatique, à cause des arrêts intempestifs qui se produisaient et on a introduit une légère modification, permettant le fonctionnement du frein, seulement lorsque l'agent du train le provoque (1). Cette disposition est évidemment peu recommandable ; le grand mérite du frein appliqué à la Croix-Rousse étant

1. Gavaut — *Chemin de fer de Galata-Péra.* p. 29.

précisément d'agir de lui-même et instantanément en cas de rupture du câble.

Nous allons indiquer la méthode suivie pour calculer les freins à bande et les freins à mâchoires.

Voici les calculs justifiant les conditions d'établissement des freins à bande au funiculaire de Lyon-Fourvière, d'après les indications de M. Grivet.

Le poids d'une voiture en charge étant de 15.900 kil., La pente de 0,200, et la vitesse de 4 m.; Le travail à amortir est 15.900 k. $\times$ 0,196 $\times$ 4m. = 12.464 klgmt. et réparti entre les quatre roues; soit 3.116 pour chacune. Le diamètre de la poulie de frein étant de 0 m. 52 son développement est de 1 m. 64, et le travail par mètre parcouru est de $\frac{12.464}{1\text{ m. }54} = 1900$ klgmt.

Le contre-poids pèse 88 k. 7, les bras de levier sont 0 m. 825 et 0 m. 075. La force produite par lui sera par suite $\frac{88.7 \times 0.825}{0.075} = 975$ kil.

Donc l'embrayage des roues aura lieu après un parcours de $\frac{1900}{975} =$ 1 m. 95.

Voici comment MM. Molinos et Pronier établissent les calculs du frein à mâchoires.

Ces calculs présentent une certaine incertitude à cause de la valeur des coefficients de frottement; néanmoins les calculs ci-dessous indiqués ont été à peu près vérifiés par l'expérience. Voici les principales données;

Poids du véhicule en charge . . .	19.000 kil.
Pente de la voie.	165 mm. par mètre.
Vitesse réglementaire.	2 m.

Nous avons fait remarquer que le premier effet de la rupture du câble était de caler les roues en actionnant les freins à bande. Or, il résulte d'expériences, qu'un wagon dont les quatre roues sont enrayées, ne peut glisser sous la seule action de la gravité sur un plan ayant une pente inférieure à 120 mm. On peut donc admettre que l'action des freins à bande revient à diminuer l'inclinaison de la voie, et qu'après le calage, tout se passe comme si le véhicule était placé sur une pente de 0,165 — 0.120 = 0.045.

Au repos, l'écartement des mâchoires du frein est de 0 m. 122 l'épaisseur du champignon du rail étant de 0 m. 062; ces mâchoires ont chacune à parcourir 0 m. 03 avant de serrer le rail.

Ces mâchoires sont suspendues et poussées par un écrou, qui devra parcourir un espace inversement proportionnel au bras de levier, soit $\frac{0,03 \times 0,410}{0,600} = 0$ m. 0205.

La vis ayant un pas de 0 m. 020, il faudra que la poulie fasse un tour entier sur le rail avant que les mâchoires coniques soient serrées ; pendant ce temps, le wagon aura parcouru un espace égal à la circonférence de la poulie, soit 0 m. 320 × 3, 14 = 1 mètre.

Pendant ce parcours, sa vitesse se sera accrue.

Soit v_0 la vitesse au moment du serrage.

v — au bout d'un mètre de parcours

F la force à laquelle le wagon est soumis

m sa masse

On aura

$$\frac{1}{2}\, mv^2 \quad \frac{1}{2}\, mv_0^2 = F \times 1 \text{ m.}$$

d'où

$$v = \sqrt{\frac{2\,F \times 1 \text{ m.}}{m} + v_0^2}$$

or ici,

$$m = \frac{19.000}{9{,}81}$$

$$v_0 = 2 \text{ m.}$$

F c'est la composante du poids du wagon parallèle au plan incliné de 0 m. 0405, déduction faite de la résistance au roulement F = 684 kil.

et

$$v = \sqrt{\frac{2 \times 684 \times 1 \times 9{,}81}{19.000} + 2^2} = 2 \text{ m. } 167.$$

La force vive du wagon à ce moment sera de :

$$\frac{1}{2} \times \frac{19.000}{9{,}81} \times (2{,}167)^2 = 4548 \text{ klgmt.}$$

Cette force vive doit être détruite par le travail du frottement des mâchoires sur les rails.

La charge portant sur les poulies coniques est de 450 kil., et les joues de ces poulies ont une inclinaison de $\frac{1}{3}$ au point de contact avec le rail. Si l'on admet un coefficient de frottement de 0,120, l'effort tangentiel à la poulie, produit par le frottement sera de 450 × 3 × 0,12 = 162 kil.

Le diamètre de contact de la poulie étant de 0,320, le pas de vis de 0,02, en négligeant les frottements de la vis dans l'écrou, l'effort suivant l'axe de la vis sera de

$$\frac{162 \times 3{,}14 \times 0{,}320}{0{,}020} = 8.100 \text{ kil.}$$

Cette force, reportée à l'extrémité des mâchoires, devient :

$$\frac{8.100 \times 0.410}{0,600} = 5.535 \text{ kil.}$$

En admettant, à cause de la nature des surfaces, que le coefficient de frottement des mâchoires sur le rail soit de 0,25, cette pression de 5.535 kil. produira une résistance longitudinale parallèle aux rails de 5.535 × 0.25 = 1.384 kil., soit pour les deux appareils 2768 kil.

Le chemin que le wagon aura à parcourir, depuis le serrage des mâchoires, jusqu'à l'arrêt sera égal à

$$\frac{4548}{2768 - 684} = 2 \text{ m. } 274.$$

La moyenne des expériences, a donné pour ce chiffre une valeur moyenne de 2 m. 50.

A Lyon-Fourvière, où la pente est de 200 mm. et la vitesse réglementaire de 4 m., le calcul indique qu'en cas de rupture du câble, l'arrêt doit avoir lieu à partir du moment où les mâchoires commencent à se serrer, sur une longueur de 3 m. 73.

Les expériences ont indiqué que cette longueur variait de 1 m. 21 à 3 m. 81.

Freins à parachute. — Ce système de freins, dont le principe est analogue à celui des parachutes de mines, a été appliqué au plan incliné

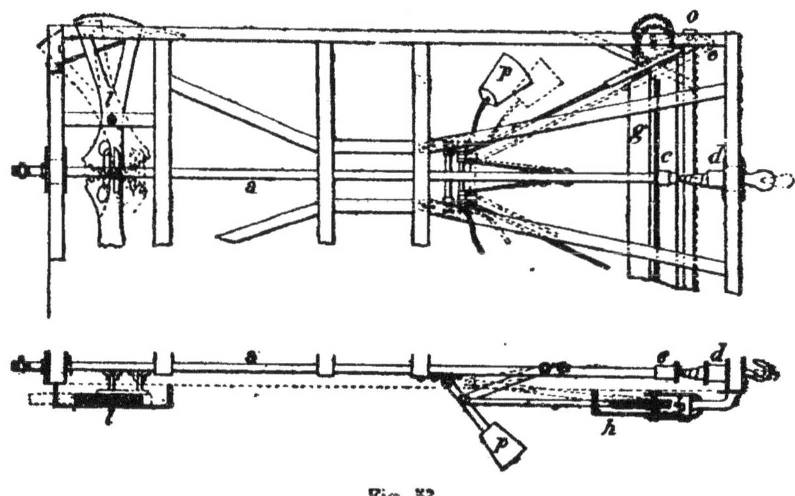

Fig. 53.

d'Ofen, vers 1870. A ce moment, on n'avait pas encore songé à la crémaillère, et sur une pente aussi raide (500 mm.) il fallait un moyen d'arrêt des plus énergiques (fig. 53).

Chacune des deux voies du plan incliné est encaissée entre deux murs de quai, couronnés par des longrines en bois de $\frac{0,30}{0,12}$ solidement fixées à la maçonnerie, et dont la face supérieure vient arraser le niveau du dessous des longerons de la voiture. C'est dans ces longrines que viennent mordre des griffes, en cas de rupture du câble.

La barre d'attelage *a*, est reliée par des tringles à une sorte de panneau en tôle, dont les côtés convergents sont munis de dents, en prise avec des disques dentés mobiles, portés par des petits leviers articulés en *o*, et munis à leur extrémité d'un ergot *e*.

Lorsque la barre est sollicitée par le câble, elle comprime le ressort de traction, et s'avance dans le sens de la marche. Elle entraîne dans ce mouvement les tringles, et le panneau vient buter contre l'ergot *e*, en repliant les disques dentés sous le chassis : par suite, ils ne font plus saillie sur la voiture. En même temps, les contre-poids sont soulevés, et prennent la position indiquée en traits pointillés, qu'ils tendent toujours à quitter pour revenir à la première.

En cas de rupture du câble, la barre de traction *a* est rappelée en arrière par le ressort de traction, les contre-poids tombent, les disques dentés sont repoussés vers l'extérieur, et font saillie sur le châssis, les dents pénètrent dans les longrines, et le véhicule s'arrête presqu'immédiatement.

Un autre appareil, placé à l'arrière du wagon, concourt à cet effet. Il se compose de deux portions de disques dentés, mobiles autour de *l*, et engrenant ensemble. Quand la barre est sollicitée vers l'avant, ces disques dentés s'effacent sous le châssis ; quand elle recule, ils prennent la position indiquée en traits pleins, et leurs dents s'enfoncent dans les longrines. Ce frein est très sûr, mais très coûteux, à cause de sa complication. La voiture pèse à vide 2.800 kil., et 4.400 kilog. avec 24 voyageurs. Aux essais, on a simulé une rupture de câble, et l'arrêt a eu lieu après un recul variant de 0 m. 26 à 0 m. 52, suivant que la voiture était vide ou chargée.

Freins à crémaillère. — Quand on applique ce système, les véhicules sont munis d'une ou plusieurs roues dentées, engrenant avec une crémaillère du type Abt ou Riggenbach.

La roue dentée engrenant avec la crémaillère est comprise entre deux poulies de friction, qui sont accolées à la roue dentée. Des sabots, ou des voussoirs, peuvent venir frotter contre les poulies, et produire, suivant le degré de serrage, le ralentissement ou l'arrêt de la voiture.

Malgré l'obligation de poser une crémaillère d'un bout à l'autre de la ligne, ce système est si simple, et tellement sûr, qu'il s'est rapidement développé dans ces dernières années. Ce système présente aussi l'avantage de ne pas alourdir les véhicules.

Il est appliqué au Hâvre, au Burgenstock, à Lisbonne, etc... et dans tous les funiculaires à contre poids d'eau.

On dispose les sabots de friction de façon à ce que le frein puisse être mu

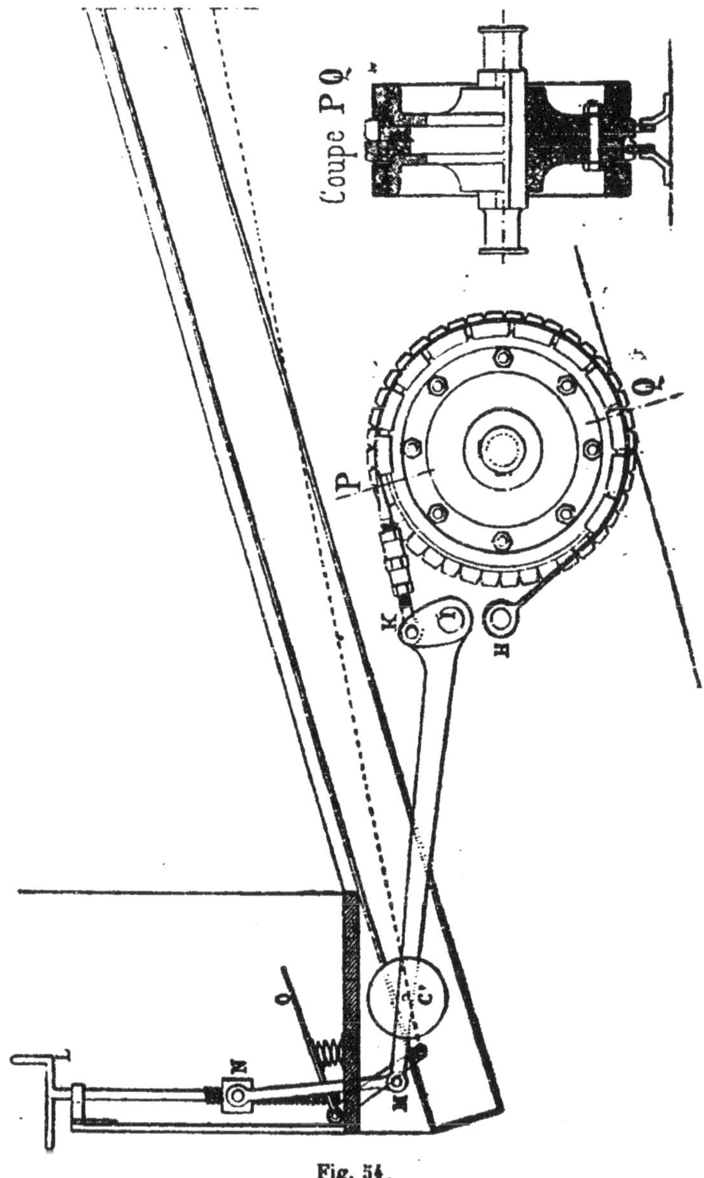

Fig. 54.

à la main. Le frein à crémaillère peut aussi être automatique, et agir lui-même en cas de rupture du câble ; la chute d'un contre-poids détermine dans ce cas le serrage des poulies de friction contre les sabots.

Les fig. 54 et 55 représentent le frein à main et le frein automatique du Bürgenstock, ainsi que la coupe des poulies de friction. Ces figures se comprennent du reste sans autre explication (1).

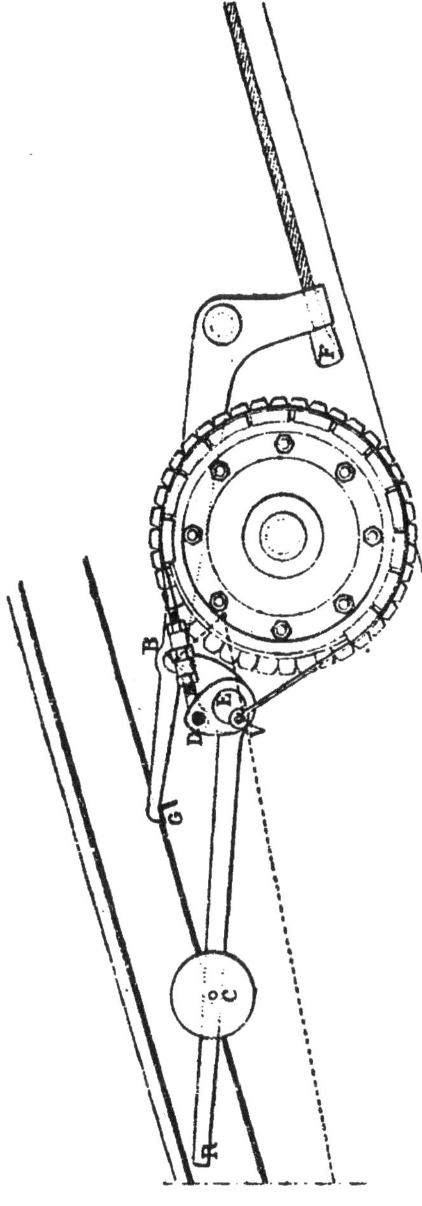

Fig. 55.

Les véhicules sont munis de deux roues dentées, l'une sur l'essieu d'avant, l'autre sur l'essieu d'arrière.

Le frein automatique agit sur la roue d'avant, et peut être actionné par le conducteur en appuyant le pied sur une pédale (fig. 54). A l'aide d'une tige indiquée en pointillée, on annule ainsi l'action d'un levier coudé s'opposant à la chute du contre-poids, et le frein automatique se serre.

Nous reviendrons sur les freins à crémaillère à propos des funiculaires à contre poids d'eau, et l'on trouvera au n° 47 des indications plus détaillées à ce sujet.

Avertisseur électrique. — M. Ducret, directeur du funiculaire de la côte du Hâvre, a imaginé et appliqué un appareil destiné à avertir le mécanicien lorsque les agents des voitures désirent arrêter. L'appareil fonctionne dès qu'un brin du câble prend du mou ; c'est donc seulement le brin descendant qui peut agir.

Le câble passe au-dessus d'un coussinet fixé sur un ressort. Si le câble se détend, il porte sur le coussinet qui fait fléchir le ressort ; ce dernier établit un contact électrique, et une sonnerie retentit, avertissant le mécanicien d'avoir à arrêter.

1. *Revue technique de l'Exposition.* Ch. Vigreux.

Il est clair que si le conducteur de la voiture montante désire arrêter, il ne pourra pas agir par lui-même comme son collègue de la voiture descendante qui donne du mou au câble en serrant le frein à crémaillère ; mais il lui suffira de donner un coup de trompe qui sera entendu soit des stations, soit de l'autre voiture (1).

34. Dépenses de premier établissement. — Nous résumons ci-dessous quelques résultats relatifs aux frais de premier établissement de diverses lignes funiculaires à machine fixe.

DÉSIGNATION DES LIGNES	LONGUEUR en mètres.	DÉPENSES TOTALES.	OBSERVATIONS.
Lyon-Croix-Rousse	489	3.110.013 f	dont 1.675.841 pour les expropriations et frais généraux.
Ofen	90	471.380	
San Paulo	7.865	39.000.000	
Léopoldsberg	725	860.000	
Galata-Péra	606	4.425.554	dont 1.981.472 fr. 50 pour les expropriations.
Lyon-Fourvière	822	3.700.000	
Lausanne-Ouchy et Lausanne-Gare	1.795	3.411.109	
Bürgenstock	940	368.644	
San-Salvator	1.644	600.000	voie de 1 m.
Le Hâvre	360	560.000	id. dépenses arrêtées au 31 décembre 1890.
Lyon-Croix-Paquet	483	2.300.000	Prix payé par la Cie exploitant à la Société ayant construit

Nous avons indiqué la décomposition de quelques-unes de ces diverses dépenses, dans la description de plusieurs de ces lignes, au § 2.

§ 7 — EXPLOITATION

35. — Règles générales, dépenses d'exploitation, recettes, tarifs. — Les chemins funiculaires sont, comme nous l'avons dit au début de cette étude, tous différents les uns des autres. Aucune règle générale n'est possible ; les assimilations sont extrêmement difficiles, et l'on ne peut faire de comparaisons comme pour les lignes ordinai-

1. *Revue industrielle* 8 septembre 1892.

res, et essayer d'évaluer les dépenses et les recettes par kilomètre de ligne, ou par kilomètre de train.

Les funiculaires alternatifs ont de faibles longueurs, et ont généralement un tracé rectiligne. Leur capacité de trafic peut être considérable comme l'indique l'exemple du chemin de Lyon-Croix-Rousse, malgré la faible vitesse de marche.

Il y a évidemment un grand intérêt, au point de vue de la sécurité, à marcher lentement sur des pentes aussi raides, car en cas de rupture du câble, si le véhicule descendant était animé d'une grande vitesse, sa force vive rendrait l'arrêt difficile ; bien que, en cas d'accident, beaucoup d'autres éléments interviennent.

Voici les vitesses de marche adoptées sur divers funiculaires.

DÉSIGNATION DES LIGNES	pente maxima en mm.	vitesse par seconde en m.
Lyon-Croix-Rousse	160,5	2
Léopoldsberg	400	2
Galata-Péra	170	4
Lausanne-Ouchy	120	3 à 4
Lyon-Fourvière	200	4
Le Hâvre	415	2
Bürgenstock	570	1
Lyon-Croix-Paquet	172	4

Sur les lignes à machine fixe, dont nous nous occupons dans ce chapitre, la vitesse de marche est évidemment réglée par le mécanicien, qui a sous les yeux deux index, représentant par leur position sur une règle graduée l'emplacement des voitures sur le plan incliné.

Les frais d'exploitation varient naturellement dans des proportions considérables d'une ligne à l'autre, suivant les circonstances spéciales dans lesquelles se trouve la ligne considérée.

Voici les frais d'exploitation du funiculaire de Lyon-Fourvière pour l'année 1887.

		%
Administration	7.528, 10	8,1
Mouvement	30.647, 93	32,8
Matériel et Traction	52.542, 60	56,2
Voie et Bâtiments	2.758, 30	2,9
Total	93.476 f. 93	

Les dépenses du matériel et traction se décomposent ainsi :

	f.	%
Personnel	12.499, 95	23,8
Combustible	13.949, 50	22,6
Entretien des machines.	4.111, 65	7,8
— des voitures et wagons.	13.040, 35	24,8
Dépenses diverses.	8.941, 15	17
Total	52.542 f. 60	

Dans les dépenses diverses est comprise une somme de 2.854 fr. 30 pour entretien des câbles.

Les recettes pour la même année se sont élevées à 251.005 fr. 15 dont 241.673 fr. pour les voyageurs, et 9.332 fr. 15 pour les marchandises.

Le nombre total des voyageurs transportés pendant cette année a été de 1.803.692 : savoir, 21.590 en 1re classef et 1.782.102 en 2e classe.

Le nombre de voitures ordinaires transportées a été de 4.333. Il y a eu en moyenne par jour 200 trains de deux voitures parcourant la ligne entière, et 100 trains s'arrêtant à la gare intermédiaire des Minimes.

Le service de l'exploitation est confié à 46 employés et agents. A Lyon-Croix-Rousse, en 1882, les recettes se sont élevées à 479.439 fr. 06.
les dépenses à. 158.357, 86

En 1869, les recettes s'étaient élevées à . . . . . 317.013 fr.
les dépenses à 141 064

Déduction faite de l'intérêt du capital, de la réserve et de l'amortissement, il est resté 60.000 fr. à distribuer comme dividende.

Au Hâvre, du 17 août au 31 décembre 1890 les recettes ont été de 35.511 f.
les dépenses de. . . 19.617 non compris l'amortissement.

Au Lausanne-Ouchy, pendant l'année 1887, les recettes ont été de 126.844 fr., les dépenses de 89.565 fr. Le nombre total des voyageurs a atteint 492.223. Voici la décomposition des dépenses du chemin de Lausanne-Ouchy durant l'année 1887 :

Administration générale	9.613
Entretien et surveillance de la voie	6.779
Mouvement	21.328
Matériel et traction	43.541
Dépenses diverses	8.304
Total	89.565

Voici quelques indications relatives à la valeur du coefficient d'exploitation sur diverses lignes funiculaires.

Lyon Croix-Rousse	33 %
Lyon-Fourvière	37 %
Ouchy Lausanne	66,76 %
Bürgenstock	35,8 %
Salvator	58,2

Les mesures diverses concernant la sécurité, l'organisation du personnel, le contrôle, varient d'une ligne à l'autre.

Là, on distribue des tickets aux voyageurs au départ, et on les recueille à l'arrivée ; ici, on contrôle le nombre des voyageurs à l'aide de tourniquets.

Ce dernier mode de contrôle est très employé lorsqu'il n'y a qu'une seule catégorie de places. On l'emploie à Lyon malgré les deux classes ; mais on remet alors un ticket seulement aux voyageurs de 1re classe, sur chaque voiture.

Il doit toujours y avoir un agent prêt à serrer le frein à main, dans le cas où le frein automatique ne fonctionnerait pas au moment du danger ; c'est-à-dire lors d'une rupture de câble.

En fait, les ruptures de câble sont rares ; et généralement, un bon entretien et une surveillance active arrivent à éviter cet accident, toujours à redouter, quelles que soient les précautions prises. Plusieurs ruptures de câbles ont eu lieu sur les funiculaires Lyonnais, mais les freins automatiques ont fonctionné et évité des acidents. Ces freins sont du reste essayés chaque semaine sous la surveillance des agents du contrôle.

Les tarifs sont aussi très variables d'une ligne à l'autre ; ils dépendent d'une foule d'éléments : hauteur gravie, intensité du trafic, durée de l'exploitation.

Voici les tarifs par voyage de quelques funiculaires

Lyon-Croix Rousse	0 fr. 20	en 1re classe	0 fr. 10	en 2e classe
Lyon-Fourvière	0. 20	—	0.10	
Lyon-Croix Paquet	0. 10	—	0.05	
Lausanne-Ouchy	0. 25	classe unique		
Le Hâvre	0 fr. 10	id		

Au Bürgenstock, les tarifs sont ainsi réglés :

	1re classe	2e classe
montée	1,50	1,00
descente	1,00	0,50
aller et retour	2,50	1,50

Au San-Salvator, il n'y a qu'une seule classe ; les prix sont de 3 fr. pour la montée, 2 fr. pour la descente, et 4 fr. pour l'aller et retour.

CHAPITRE II

FUNICULAIRES A CONTREPOIDS D'EAU

§ 1. *Principe. Théorie.*
§ 2. *Description de funiculaires à contrepoids d'eau.*
§ 3. *Construction de la voie. Crémaillère. Installations mécaniques. Matériel roulant. Dépenses de premier établissement.*
§ 4. *Exploitation.*

SOMMAIRE :

§ 1er. — *Principe, Théorie* : 36. Principe, généralités, étude du profil en long. — 37. Raccordement des déclivités. — 38. Problème de la traction.

§ 2. — *Description de funiculaires à contrepoids d'eau* : 39. Funiculaire du Giessbach. — 40. Funiculaire de Territet-Glion. — 41. Funiculaire du Gütsch. — 42. Funiculaire de Rives à Thonon. — 43. Divers. Tableau des conditions d'établissement.

§ 3. — *Constitution de la voie, Installations mécaniques, Matériel roulant, Dépenses de premier établissement* : 44. Constitution de la voie. — 45. Installations mécaniques. Câbles. — 46. Matériel roulant. — 47. Freins, appareils de sûreté. — 48. Dépenses de premier établissement.

§ 4. — *Exploitation* : 49. Généralités. — 50. Dépenses d'exploitation. — 51. Recettes, tarifs. — 52. Considérations financières. — 53. Comparaison entre les funiculaires à contrepoids d'eau et ceux à machines fixes.

CHAPITRE II

FUNICULAIRES A CONTREPOIDS D'EAU

---

§ 1.

36. Principe, généralités, étude du profil en long. — *Principe, généralités.* Rien n'est plus simple que le principe d'un funiculaire à contrepoids d'eau. Chaque extrémité du câble est attachée à une voiture, l'une montant l'autre descendant, le câble s'infléchit sur une poulie au sommet du plan. Les voitures portent une caisse à eau sous leur plancher. A la station supérieure on remplit d'eau la caisse de la voiture qui va descendre, elle entraîne la voiture montante, et la vitesse est modérée à l'aide d'un frein à crémaillère.

Lorsque l'on dispose d'une quantité d'eau suffisante, et que les charges à remorquer ne sont pas très considérables, ce système est évidemment le plus simple et le plus économique.

Le frein à crémaillère permet de régler convenablement la vitesse de marche. On conçoit que la voiture descendante est sollicitée par une force constante, si l'on néglige le poids du câble, et que par suite la vitesse de descente tende à s'accélérer de plus en plus, au fur et à mesure de la descente. Si l'on tient compte du poids du câble, on verra qu'il agit encore pour s'opposer de moins en moins au mouvement jusqu'au croisement des trains, et pour l'aider de plus en plus après le croisement. Le premier funiculaire à contrepoids d'eau et à crémaillère destiné au service des voyageurs, a été établi en Suisse, sur les bords du lac de Brienz, au Giessbach, par M. Riggenbach en 1879. Depuis cette époque, un grand nombre de funiculaires semblables se sont établis dans ce pays, pour faciliter aux étrangers l'accès de sites pittoresques. La facilité des installations, la sécurité et la simplicité de l'exploitation, ont contribué au développement de ce système. Les tracés admettant des courbes assez raides ; les difficultés apportées par la sinuosité du tracé sont moindres que pour les funiculaires à machines fixes ; la tension des deux brins du câble étant la même, puisque le câble ne fait que s'infléchir sur la poulie supérieure.

On conçoit que l'étude du profil en long d'un semblable système présente un intérêt très réel, aussi lui donnerons-nous quelque développement.

Etude du profil en long. — Si le profil en long était tracé suivant une ligne droite, la force agissant sur la voiture descendante motrice aurait pour valeur $F \pm px \sin \alpha$ en désignant par :

F la valeur de la force motrice dûe à la différence de poids des voitures montant et descendant déduction faite des résistances ;

p le poids du câble par mètre ;

α l'angle de la voie avec l'horizon ;

x la distance de la voiture, au point de croisement, milieu du plan incliné.

Dans ce cas, la force motrice totale $F \pm px \sin \alpha$ ira constamment en augmentant de $F - px \sin \alpha$ à $F + px \sin \alpha$, et les variations dépendront surtout de x, c'est-à-dire de la longueur du plan.

Si l'angle α n'est pas constant, c'est-à-dire si le profil en long est courbe, nous avons démontré au n° 24 que l'effort moteur avait pour valeur, en désignant par :

P le poids du véhicule montant ;

P' le poids du véhicule descendant ;

α et β les angles de la tangente à la courbe du profil en long avec l'horizontale, aux points où se trouvent les véhicules descendant et montant ;

p le poids du câble par mètre courant ;

h la différence du niveau des deux véhicules au moment considéré ;

f la résistance des véhicules au roulement en palier ;

R l'ensemble des résistances.

$$M = P \sin \beta - P' \sin \alpha + ph + (P + P') f + R$$

Pour que la vitesse soit constante et que le travail des freins soit nul, il faut que la valeur de M soit nulle dans toutes les positions des véhicules ; c'est-à-dire que l'on ait

$$M = P \sin \beta - P' \sin \alpha + ph + (P + P') f + R = o$$

Nous avons vu que les angles α et β sont assujetis aux relations.

$$\sin \alpha = \frac{H}{L} + \frac{ph}{P + P'} \qquad (8)$$

$$\sin \beta = \frac{H}{L} - \frac{ph}{P + P'} \qquad (9)$$

d'où l'on a tiré

$$M = (P - P') \frac{H}{L} + (P + P') f + R = 0 \qquad (10)$$

Mais ici, P', poids de la voiture descendante, comprend, outre le poids de la voiture et des voyageurs, celui du lest d'eau ; posons $P' = P_1 + Q$, Q étant le poids de la charge d'eau.

On aura

$$(P - P_1 - Q)\frac{H}{L} + (P + P_1 + Q)f + R = o,$$

d'où l'on tire

$$Q\left(\frac{H}{L} - f\right) = (P - P_1)\frac{H}{L} + (P + P_1)f + R$$

et

$$Q = \frac{(P - P_1)H + Lf(P + P_1) + RL}{H - Lf} \qquad (11)$$

La courbe est la même que dans le cas d'un moteur fixe ; il est à remarquer que l'inclinaison au point de croisement est toujours

$$\text{Sin}\,\alpha = \sin\beta = \frac{H}{L}$$

L'équation de la parabole donnant le profil en long, serait la même que l'équation (7) trouvée au n° 4 en remplaçant P' par $P_1 + Q$, et l'on obtient ainsi

$$(7')\; y = \frac{H}{L(P + P_1 + Q)}\left[px^2 (P + P_1 + Q - pL)x\right]$$

Tracé suivant cette courbe, le profil en long est tel que les voitures y sont en équilibre dans une position quelconque ; par suite, le démarrage n'aurait pas lieu. Il faut, pour le produire, ou donner à Q une valeur plus considérable, ou raidir la pente à la partie supérieure du plan.

Il est inutile de donner au contrepoids d'eau une valeur plus grande que celle qui est nécessaire ; c'est une dépense d'eau en pure perte, et une augmentation inutile du poids mort du système. Il est préférable de raidir le profil en long sur une certaine hauteur h, telle qu'en descendant de cette hauteur, le système ait acquis la vitesse uniforme qu'il doit conserver pendant tout le trajet.

A partir de là, le profil sera semblable à celui qui a été déterminé par l'équation (7')

Voici comment M. Vautier calcule la hauteur h.

Lorsque le train est descendu de la hauteur h, il possède une vitesse v et la force vive du sytème en mouvement est $\frac{P + P_1 + Q + pL + G}{2g}$ v^2, G étant le poids des galets en mouvement. Cette force vive est égale à la somme des travaux des forces extérieures qui se réduit à $\left(P_1 + Q + \frac{h}{2}p\right)h$, puisque la hauteur h est plus grande que celle nécessaire à équilibrer le train montant, et à faire face aux frottements. Donc :

$$\left(P_1 + Q + \frac{h}{2} p\right) h = \frac{P + P_1 + Q + pL + G}{2g} v^2,$$

et en négligeant $\frac{h}{2} p$ devant $P_1 + Q$, il vient

$$h = \frac{(P + P_1 + Q + pL + G)}{2g\,(P_1 + Q)} v$$

mais d'après (11) :

$$Q = \frac{(P - P_1) H + Lf (P + P_1) + RL}{H - Lf}$$

Et la différence de niveau entre les deux stations δ est connue à l'avance et $\delta = H + h$.

Ces équations se résoudront par tâtonnement, en supposant d'abord $h = o$; ce qui donne une première valeur trop faible pour Q, qui servira à en calculer une seconde plus approchée.

Toutefois, il faut remarquer qu'il convient de donner à Q une valeur un peu supérieure à celle trouvée, sans quoi on risquerait de voir la vitesse diminuer au fur et à mesure de la descente, à cause des frottements. Il convient en effet de pouvoir disposer d'un excès de travail moteur, afin de ne pas s'exposer à en manquer. La longueur de parcours l, correspondant à la hauteur h, est parcourue avec une vitesse croissante ; ensuite la vitesse est constante, jusqu'au moment où le train montant gravira la partie du profil surélevée sur la longueur l ; à partir de ce moment, la vitesse ira en décroissant.

En désignant par ΣF, le travail des freins pendant toute la course, on a :

$$(P_1 + Q - P) H + (P_1 + Q - P) h - (P + P_1 + Q) Lf - RL = \Sigma F$$

mais on a :

$$(P_1 + Q - P) H - (P + P_1 + Q) Lf - RL = o$$

donc

$$\Sigma F = (P_1 + Q - Q) h$$

Ce travail s'exerce sur la longueur l. Par suite, la pression exercée par les freins sur les dents de la crémaillère aura pour valeur

$$\frac{\Sigma F}{l} = \frac{(P_1 + Q - P) h}{l}$$

Voici un exemple numérique donné par M. Vautier :

Longueur du tracé L — 1500 m. 45.

Longueur en plan L' = 1487.

Différence de niveau H = 200 m.

$P = 11000$ k., $P_1 = 7000$ k., $p = 1$ k. 5.

$R = 90$ k.

La valeur du contrepoids d'eau est, d'après l'équation (11) :

$$Q = \frac{(P - P_1)\,H + Lf(P + P_1) + RL}{H - Lf}$$

prenons $f = 3$k. par tonne, en effectuant les calculs on trouve Q=5.200 kil.

La pente moyenne est

$$\frac{H}{L} = 0\text{ m. }134,$$

c'est, comme nous l'avons vu, la pente au croisement.

A la base du plan :

$$\sin\beta = \frac{H}{L} - \frac{pH}{P + P_1 + Q} = 0{,}134 - 0{,}013 = 1{,}021$$

Au sommet :

$$\sin\alpha_2\ \frac{H}{L} + \frac{pH}{P + P + Q} = 0{,}134 + 0{,}013 = 0{,}147$$

et l'équation de la courbe (7) est :

$$y = 0{,}01206\,x + 0{,}000\,00\,874\,x^2.$$

Si la pente était uniforme et égale à 0 m. 134, le contrepoids serait donné par l'équation :

$$\sin\alpha = \sin\beta\,(P_1 + Q - P)\sin\alpha - pH - (P + P_1 + Q)f - R = 0$$

et l'on trouverait Q = 7.500 kil.

On voit qu'en s'écartant du profil théorique, on augmente très notablement la dépense d'eau, et la masse du système en mouvement.

Nous avons vu que pour permettre le démarrage, il fallait raidir la partie supérieure du plan incliné, et donner une surélévation.

Supposons donc que nous voulions obtenir une vitesse uniforme de 4 m., et que nous fassions $l = 100$ m., $h = 1$ m. 90, $\delta = 201$ m. 90.

On a

$$\sin\alpha' = \frac{l\sin\alpha + h}{l} = 0{,}147 + 0{,}019 = 0{,}166.$$

Le travail des freins sera :

$$\Sigma F = (P_1 + Q - P)\,h = (7.000 + 5.200 + 11.000) \times 1.9 = 2.280,\ \text{klgmt.}$$

et la pression sur les dents de la crémaillère sera :

$$\frac{2.280}{100} = 22\text{ kil. }80.$$

On le voit, pour les funiculaires à contrepoids d'eau, il y a grand intérêt à se rapprocher autant que possible du profil théorique indiqué par M. Vautier : le profil d'équilibre.

Intérêt, non seulement au point de vue de la dépense d'eau à faire, mais aussi au point de vue de la réduction de la masse en mouvement.

Or, il est évident que les dimensions du câble, celles des voies, de la crémaillère, dépendent directement du poids total des véhicules, et qu'il est utile de réduire ce poids au minimum.

Les pentes des funiculaires à contrepoids d'eau vont jusqu'à 600 mm. par mètre. Le conseil fédéral n'a pas autorisé l'établissement d'un chemin à pente de 740 mm. ,à cause des risques de basculement des voitures descendantes au moment de l'application des freins à crémaillère.

37. Raccordement des déclivités. Galet de tension. — Nous n'avons pas à revenir sur ce que nous avons dit au sujet du raccordement des pentes entre elles. nous avons indiqué au n° 5, les conditions que devaient remplir les courbes de raccordement.

Nous rappelons que le profil théorique présente toujours une flèche moindre que celle nécessaire pour que le câble reste appliqué sur ses galets.

Par exemple, dans l'exemple numérique traité ci-dessus, l'équation du profil en long était :

$$y = 0,12106\,x + 0,0000874\,x^2.$$

Au milieu, la flèche de la courbe est de 5 m.

Si le câble était suspendu librement, la tension T correspondant à cette flèche serait donnée par la formule :

$$T = \frac{pL^2}{8f}$$

ici

$$T = \frac{1,5 + 1,500^2}{8 \times 5} = 84.300 \text{ kil.}$$

Or, la tension supportée réellement par le câble ne dépasserait pas 4.000 kil., par suite, le câble tendra toujours à porter sur les galets.

Lorsque les conditions d'établissement permettent de tracer le profil en suivant les courbes de raccordement indiquées par la théorie, il n'y a pas de difficulté.

Mais il arrive que certains obstacles empêchent de suivre le tracé indiqué par le calcul ; par exemple, l'existence d'un passage à niveau constitue un point forcé, dont le profil ne doit pas s'écarter.

Il faut avoir recours alors à un artifice, et appliquer le câble sur ses galets, par une poulie spéciale placée au dessus de lui.

C'est ce que l'on a fait par exemple au chemin de Territet-Glion.

Nous décrirons avec quelque détail la disposition adoptée.

Le galet auxiliaire est placé à l'extrémité d'un levier horizontal, pouvant pivoter autour d'un axe incliné, placé hors de la voie. Le wagon montant rejette le brin en le plaçant parallèlement à la voie; et le wagon descendant le replace au-dessus du câble dès qu'il a passé.

La fig. 56 montre le plan et la coupe de l'appareil (1). Le levier I porte à une extrémité la poulie en bronze P, à l'autre une roue C en fonte, un peu plus lourde que la poulie qui peut rouler sur un chemin

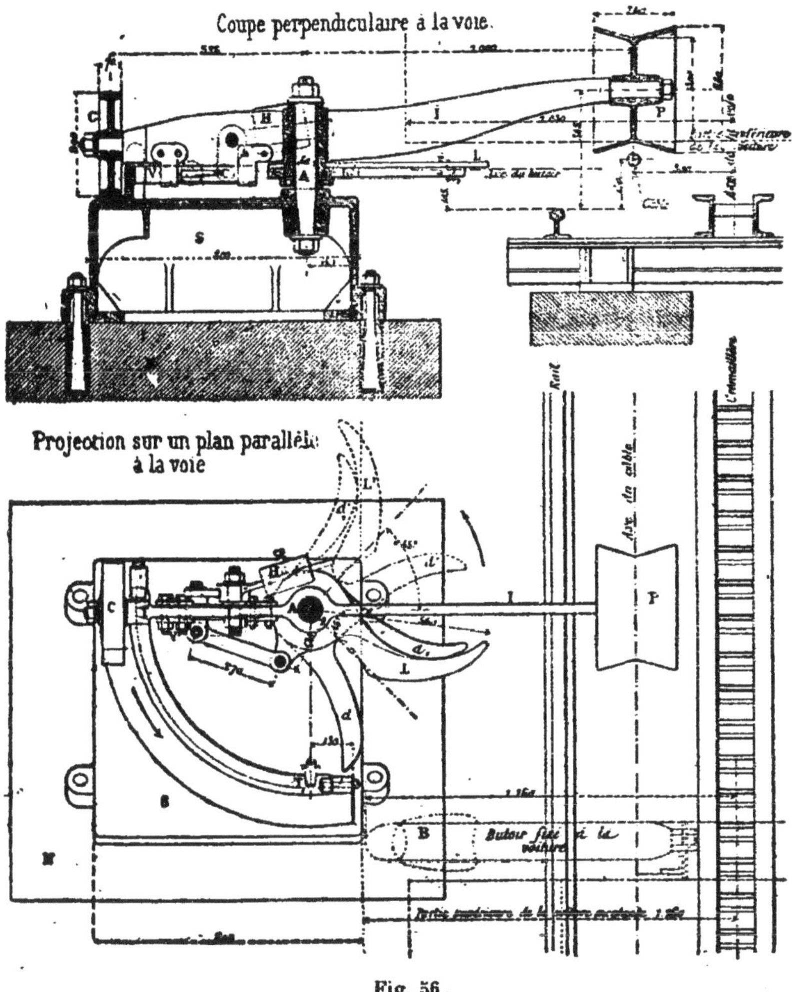

Fig. 56.

placé sur le socle S. L'axe de rotation A est perpendiculaire au plan de la voie. Le socle en fonte S a sa face supérieure parallèle au plan de la voie.

Le plan moyen de la poulie P est celui du plan médian des galets de la voie, quand le levier I est perpendiculaire au plan de la voie. Dans

1 Revue technique de l'Exposition p. Ch. Vigreux, 5e partie p. 177.

cette position, un verrou V sollicité par le contre-poids H, pénètre dans une encoche T, pratiquée sur le bord du chemin de roulement.

Quand le levier est parallèle à la voie, le verrou H pénètre dans l'encoche T'.

Sur l'axe de rotation A, sont montés en outre :

1° Un pouce L commandant le verrou.

2° Un double pouce dd_1 solidaire du levier I. Le pouce L est monté fou sur l'axe A ; quand il tourne en sens inverse des aiguilles d'une montre, l'action du contrepoids H est annulée et le verrou est déclenché; par suite le levier I est libre de tourner autour de son axe.

Sous la voiture, et à son extrémité supérieure, est fixé un butoir B placé au-dessus des rails, au même niveau que les pouces L et dd_1.

Lorsque la voiture monte, l'appareil est placé dans la position indiquée en traits pleins jusqu'au moment où la voiture arrive au niveau de l'appareil.

A ce moment, le butoir B choque d'abord contre le levier L en le faisant tourner en sens inverse des aiguilles d'une montre, ce qui déclenche le verrou, et rend libre le levier I. Le butoir B rencontrant ensuite le pouce d_1, le pousse et le fait tourner; mais comme le levier dd_1 est solidaire du levier I, ce dernier tourne également, et vient se placer parallèlement à la voie, en tournant de 90°; le levier L, après le passage du butoir, devient libre, et le verrou est enclenché sous l'action du contre poids H, les pièces occupant alors les positions L', $d'd'_1$, figurées en pointillé.

A la descente, le butoir B rencontre d'abord la courbe convexe du levier I qu'il repousse légèrement en sens inverse des aiguilles d'une montre, ce qui déclènche le verrou, il vient ensuite choquer contre le pouce d' qu'il ramène en d par une rotation de 90° entraînant celle du levier I, et la poulie P vient se placer sur le câble; le levier de commande du verrou est revenu en L, et dès que le butoir ne presse plus sur lui, l'enclenchement du verrou se produit.

Cet appareil fonctionne parfaitement.

Pour éviter de le fatiguer, on ralentit la vitesse de la voiture en l'abordant.

Cette nécessité de ralentir la marche des voitures à l'approche de l'appareil, rend son usage impossible pour les funiculaires à machines fixes où automoteurs; nous avons vu comment le problème avait été résolu dans ce dernier cas à propos du funiculaire du Hâvre (n° 19).

38. Problème de la traction. — Ce que nous avons dit au n° 6 à propos des plans inclinés à machines fixes s'applique ici.

Suivant nos notations, et si le profil en long est tracé suivant la courbe théorique d'équilibre que nous avons étudiée, on doit avoir pour la valeur du contrepoids d'eau :

$$Q = \frac{(P - P_1) H + Lf (P + P_1) + R L}{H - Lf}$$

f résistance au roulement des véhicules peut être pris égal à 3 kil. par tonne.

R, résistance au mouvement du câble et des poulies, est à déterminer dans chaque cas particulier comme nous l'avons indiqué au n° 7.

On peut aussi calculer R par la formule de M. Vautier

$$R = 0{,}008\, p\, L + 0{,}03\, T + 16$$

Au Territet-Glion les pentes ne sont pas réparties suivant la courbe d'équilibre dont nous avons indiqué l'équation ; le terrain exigeait au contraire que le profil en long fût tracé suivant des pentes très différentes.

Le tracé comporte en effet en plan : 91 m. en rampe de 30 0/0, 134 en raccordement de 30 0/0 à 57 0/0, et 345 m. en rampe de 57 0/0.

Voici comme M. Strub calcule le poids d'eau nécessaire au mouvement du système.

Le cas le plus favorable se présente quand la voiture descendante n'a aucun voyageur et arrive sur la faible pente, tandis que la voiture montante chargée de 24 voyageurs, se trouve sur la rampe de 57 °/₀.

Poids de la voiture montante vide.	7,000 kil.
— 24 voyageurs à 70 kil.	1,680
Bagages.	320
Total	9,000 kil.

Composante suivant la pente de 57 °/₀, 9,000 × 0,495 = 4455 kil.
Poids du wagon descendant vide 7,000 kil.
Composante motrice suivant la pente de 30 °/₀.
7,000 × 0,287 = 2,009 kil.

Le wagon descendant étant au-dessous du point de croisement, le câble donne une effort moteur représenté par le poids de 420 m. de câble à 3 kil. 6 le m. l. soit 1512 kil.
donnant suivant la pente une composante d'environ 620 kil.
L'effort moteur se compose donc au total de 2,629 kil.
Différence en moins 1,826 kil.

Représentant un poids d'eau de $\frac{1{,}826}{0{,}287} =$ 6,362 kil.

Poids d'eau supplémentaire pour faire face aux frottements, et déterminé expérimentalement 520 kil.

Total 6882 kil.

soit 7 tonnes.

Nous allons décrire maintenant le tracé et les installations de quelques chemins funiculaires à contrepoids d'eau.

§ 2. — DESCRIPTION DE FUNICULAIRES A CONTREPOIDS D'EAU.

39. Funiculaire du Giessbach. — Ce funiculaire, concédé en décembre 1879 à M. Hauser, propriétaire de l'hôtel du Giessbach, a été exécuté par M. R. Abt, comme ingénieur de la « Machisnen Fabrik » d'Aarau sous la direction de M. Riggenbach.

L'hôtel du Giessbach est situé près de la cascade de ce nom à 93 m. au-dessus des bords du lac de Brienz. Cet hôtel est très fréquenté par les touristes, qui viennent admirer la cascade durant la belle saison, aussi le funiculaire dessert-il un mouvement assez important.

La longueur du chemin suivant la pente est de 346 m. 15, et de 333 m. 33 en plan. Les pentes sont de 320 mm. sur 12 m., 280 mm. sur 302,15 et 240 mm. sur 12 m. (1).

Le chemin est à voie unique, sauf au milieu, où il y a une double voie pour le croisement, sur 50 m. de longueur, avec courbe et contre-courbe de 75 m. de rayon.

La voie est à l'écartement de 1 m. 00.

Le chemin est en partie en remblai et en partie sur un viaduc en fer, de 3 arches en arc de cercle, de 38 m. de portée chacune. Cet ouvrage est remarquable par sa légèreté; il ne pèse en tout que 67,700 kil. Les piles et culées sont en maçonnerie.

La voie en rails Vignole de 16 kil. 75 au m. l., est posée sur traverses en chêne. Une crémaillère Riggenbach pesant 32 kil. le m. l. est fixée au milieu de la voie.

Les extrémités des traverses sont reliées par des cours de fers posés à plat pesant 3 kil. 5 le m. l.

Les voitures, montées sur trois essieux, sont d'un grand modèle, et peuvent recevoir 40 personnes ; elles pèsent à vide 5,300 kg. ; elles peuvent porter un poids d'eau de 5,500 kil.

La vitesse de marche est de 1 m. par seconde, la durée du trajet est de 6 minutes; tandis que l'ascension à pied demandait une demi-heure.

L'exploitation commence le 15 juin et finit le 15 septembre.

Le service journalier est assuré par 16 trains réguliers, mais à l'arrivée des bateaux faisant le service du lac de Brienz, il se présente souvent une grande affluence de voyageurs ; on fait alors des départs supplémentaires.

(1) *Compte rendu Société des Ingénieurs Civils*, avril 1880. Chronique, p. 504. *Revue des chemins de fer*, juin 1880, chronique.

Voici le détail des frais de premier établissement.

Etudes	5,000 fr.
Terrains	14,000
Travaux	75,750
Voie	16,620
Bâtiments	12,050
Câble, poulies, etc.	6,760
Matériel Roulant	16.700
Total	146,880

Pendant la première année de l'exploitation, en 1879, les recettes ont été de 18,280 fr. les dépenses de 14,640 fr.

40. Funiculaire de Territet-Glion. — Cet exemple est le plus intéressant que l'on puisse citer parmi tous les funiculaires à contre-

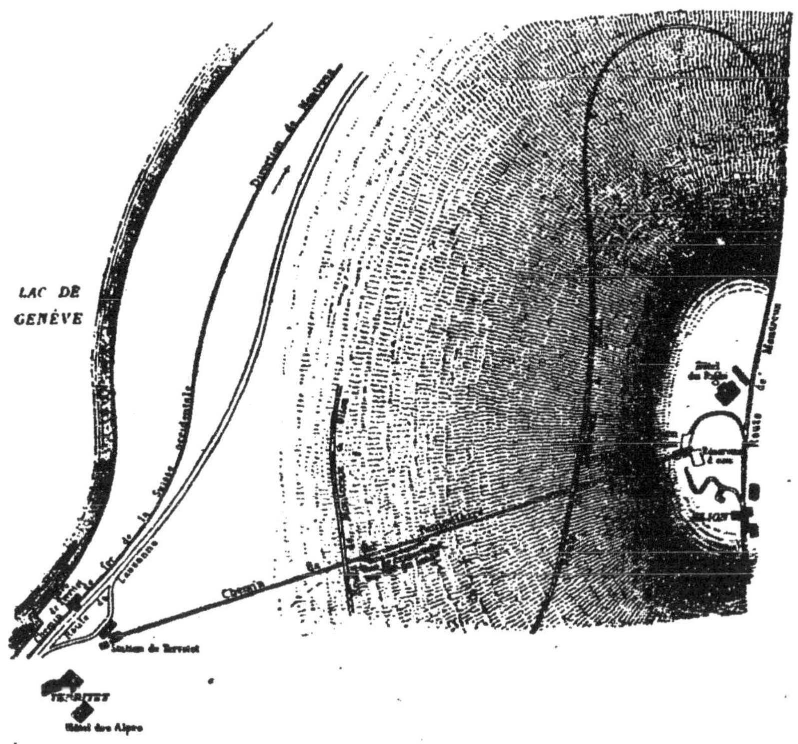

Fig. 57.

poids d'eau, à cause de sa hardiesse, de la raideur de ses pentes, de sa longueur et de l'importance du trafic qu'il dessert.

Ce chemin a été décrit très complètement dans une brochure extrêmement intéressante, écrite par M. Strub, ingénieur, et traduite par M. Vautier (1) où nous avons puisé de nombreux renseignements ; ainsi que dans une étude de M. Meyer ingénieur des Ponts et Chaussées (2).

Le lac de Genève, encadré par des montagnes fort élevées, possède outre ses sites pittoresques un climat extrêmement doux même en hiver. La ville de Montreux est fort recommandée comme station hivernale, et elle est très fréquentée par les touristes et les malades. Seulement cette ville, située tout à fait au bord du lac, dans le fond d'une sorte d'entonnoir qui se termine près de Villeneuve, est exposée pendant l'été à des chaleurs suffocantes. Aussi les nombreux touristes qui viennent visiter cette partie de la Suisse cherchent-ils à gagner les hauteurs pour y trouver une température plus agréable.

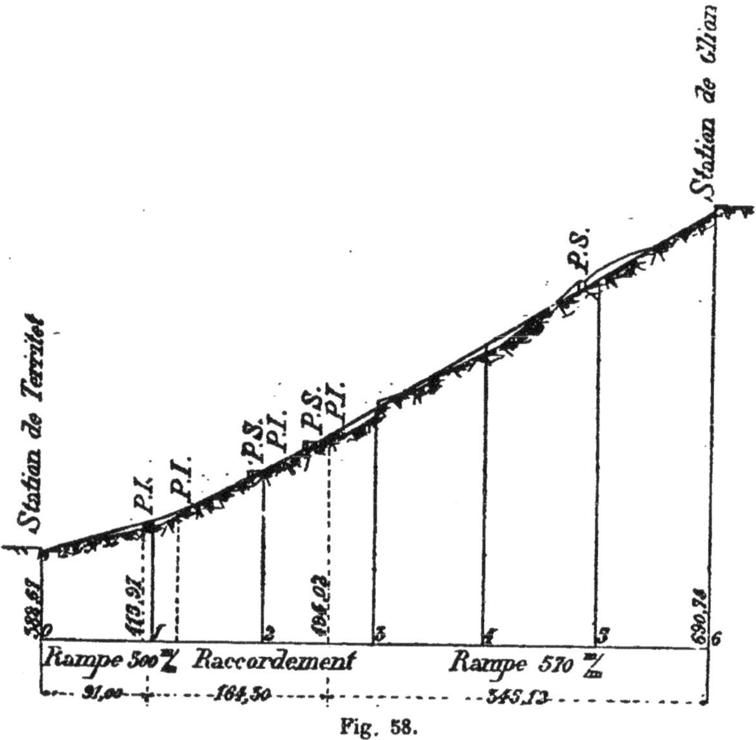

Fig. 58.

Près de Montreux, se trouve la petite station de Territet, et au-dessus de Territet, se trouve le village de Glion, d'où l'on jouit d'une vue admirable sur les grandes Alpes de la Suisse.

(1) *Le chemin de fer funiculaire de Territet-Montreux-Glion* par Emile Strub, traduit par Alph. Vautier. Aarau. H. Sauerlaender — 1888.

(2) *Chemin de fer funiculaire, du Rigi-Vaudois*, par Meyer F. ingénieur des Ponts et Chaussées — *Annales des Ponts et Chaussées*, mai 1884.

M. Riggenbach eut l'idée de relier le sommet de la colline de Glion à la station de Territet (Ligne de la Suisse occidentale), par un funiculaire à contrepoids d'eau, et à crémaillère de son système. La concession fut accordée en 1881 et l'ouverture à l'exploitation eut lieu en août 1883.

La longueur du tracé en plan est de 600 m. pour une différence de niveau de 302 m. ; la longueur réelle suivant la pente est de 674 m. 33, dont 95 m. en rampe de 300 mm., et 397,26 en rampe de 570 mm. ; le raccordement en profil est effectué à l'aide de deux arcs de cercle, l'un de 30m de rayon, l'autre de 1366 m ; dont les développements respectifs sont de 30 m. et 140 m. 30. Les fig. 57 et 58 indiquent le plan et le profil en long de la ligne. La station inférieure de Territet est à l'altitude de 388 m. 67, la station de Glion est à l'altitude de 690 m. 74.

Le chemin est rectiligne en plan, sauf les courbes et contre-courbes de la voie d'évitement, qui ont respectivement 500 et 1000 m. de rayon. La ligne est établie à peu près sur le terrain naturel ; à cause des déclivités exceptionnellement fortes, il a fallu fixer la voie très solidement et s'opposer à tout glissement longitudinal.

A cet effet, la voie repose sur deux escaliers parallèles, larges de 0 m. 50 espacés de 1 m. 90 d'axe en axe ; les marches sont alternativement formées de blocs granitiques et calcaires maçonnés sur le rocher calcaire constituant la masse de la colline de Glion. L'intervalle entre ces deux murs latéraux est rempli de pierraille sur laquelle on a maçonné des dalles de 0 m. 80 de largeur formant escalier pour faciliter le passage des agents de l'entretien.

Fig. 59.

Les coussinets de la voie sont scellés sur les blocs des escaliers latéraux, comme l'indique la fig. 59 ; ils reçoivent la traverse, formée d'un rail Vignole placé le champignon en bas.

C'est sur le patin de ce rail que sont fixés les rails de la voie, patin contre patin, au moyen de boulons consolidés par des encoches pratiquées dans le patin du rail traverse.

La largeur de voie est de 1 m ; la ligne est à double voie, mais l'entrevoie est réduite à quelques centimètres. Pour permettre le croisement des deux véhicules, les deux voies s'écartent au milieu du trajet, en laissant entre elles un espace suffisant sur 85 m. de longueur. La plate-forme a 2 m. 40. de largeur en couronne, sauf au point de croisement, où elle a 4 m. Entre les rails, est placée une crémaillère Riggenbach, pesant 50 kil. au m. l.

Le câble, de 35 mm. de diamètre, est formé de 6 torons de 19 fils d'acier de 2 mm. de diamètre, son poids est de 4 kil. au m. l.

Au sommet de la voie, le câble s'infléchit sur une poulie de 3 m. 75 de diamètre, dont le plan est parallèle à celui de la voie. Les voitures pèsent 7 tonnes à vide, elles peuvent recevoir 30 voyageurs ; la caisse à eau peut contenir 7 à 8 m. c. Ces voitures sont munies d'un frein automatique, et d'un frein à main, agissant sur la roue dentée de la crémaillère ; le premier arrête le véhicule en cas de rupture du câble.

Aux stations, sont construits des bâtiments d'attente, avec bureaux et appartements pour les chefs de station.

Voici la répartition des dépenses de premier établissement.

Etudes, et direction de la construction.	42.206 fr.
Expropriations	56.099
Terrassements	26.000
Maçonnerie de la voie	135.948
Ponts métalliques	7.500
Superstructure et installations mécaniques. . . .	97.596
Stations et réservoirs	70.880
Télégraphe	1.310
Câble	3.697
Wagons	21.256
Mobilier et outillage	6.492
Total	468.984 fr.
En 1887 les recettes ont atteint.	66.620 fr.
Les dépenses de l'exploitation étant de.	30.604 fr.

41. Funiculaire du Gütsch. — Ce funiculaire est semblable à ceux du Giessbach et du Territet Glion. Il a été établi par M. Riggenbach, et livré à la circulation en 1884.

Ce chemin, qui n'a que 165 m. de longueur, est en pente uniforme de 530 mm. Il a été établi par le propriétaire de l'hôtel du Gütsch, M. Businger, et pour le service de cet hôtel.

De la terrasse du Gütsch, on jouit d'un fort belle vue sur le lac des Quatre Cantons, on aperçoit de là le Rigi et les massifs voisins. Aussi beaucoup de touristes montent-ils au Gütsch pour voir ce panorama.

La ligne, entièrement en alignement, est établie à deux voies d'un bout à l'autre, et l'entrevoie a partout sa largeur normale.

Les rails sont fixés sur de grandes et fortes traverses en chêne, ayant 3 m. 70 de long. Ces traverses sont boulonnées sur des massifs de maçonnerie. Un escalier est ménagé d'un côté pour l'entretien de la voie ; à côte, on a établi un caniveau maçonné qui sert à écouler les eaux pouvant provenir du réservoir supérieur. La largeur de voie est de 1 m. 00. Au milieu de chaque voie est disposée une crémaillère Riggenbach. Les voitures sont à 24 places ; elles sont disposées en gradins, et ouvertes sur les côtés ; leur tare à vide est de 4.300 kil.

Nous signalons la disposition prévue pour passer aux variations de longueur du câble (voir au nº 28).

Les dépenses de premier établissement se sont élevées à 71.598 fr.

En 1887, les recettes étaient de. . . . . 25.432 fr.

les dépenses de. . . . . 10.463 fr.

Le nombre de voyageurs transportés a été de. . . . 104.022

Le prix du trajet simple est de 0 fr. 30 celui de l'aller et retour 0 fr. 50.

De tous les chemins funiculaires établis en Suisse, c'est celui qui a le mieux réussi jusqu'à ce jour ; il rapporte environ 10 0/0 du capital engagé pour sa construction.

42. Funiculaire de Rives à Thonon (*Haute-Savoie*). — Le port de Thonon, situé au faubourg de Rives sur le lac de Genève, se trouve placé à environ 50 m. au dessous de la ville, la distance à vol d'oiseau étant d'environ 250 m. Par suite, les communications très-fréquentes eentre la ville et le port ne pouvaient se faire que par une route longue de 2 kilomètres, présentant des déclivités de 50 mm., ou par un chemin direct avec déclivités de 200 mm., accessible seulement aux piétons.

Frappé de cette situation, M. A. Alesmonière, ingénieur civil, eut l'idée de relier le port à la ville par un chemin funiculaire à voie de 1 m. 00, mû par un contrepoids d'eau. Ce chemin, concédé le 11 juin 1887, a été ouvert à l'exploitation le 2 avril 1888.

Le tracé n'est pas rectiligne en plan (fig. 60) ; il comprend deux alignements de 83 m. et 63 m. de longueur chacun, faisant entre eux un angle de 130° et raccordés par une courbe de 100 m. de rayon et de 87 m. 30 de développement. C'est un exemple très intéressant d'un tracé courbe ; en réalité, à cause de la pente, la voie est tracée suivant une hélice dans la partie curviligne du tracé. La ligne est à voie unique ; le croisement se fait dans la partie courbe, suivant une courbe extérieure de 50 m. de rayon, raccordée tangentiellement par deux alignements droits ; la largeur maxima de l'entrevoie est de 1 m. 60.

La pente moyenne est de 200 mm. ; la pente maxima est de 220 mm. sur environ 77 m.

La plate-forme a 3 m. 00 de largeur.

Les rails en acier, du type Vignole, pèsent 17 kil. au m. ; l. ils reposent sur des traverses en fer Zores, de 11 kil. au m. l. ; elles sont simplement noyées dans une couche de ballast en pierre cassée, de 0 m. 40 d'épaisseur.

La voie est munie d'une crémaillère à lames en acier, du type Abt, de 120 mm. de pas.

La ligne est à simple voie, avec croisement automatique, comme au Giessbach. Les deux roues d'un côté de la voiture sont à jante plate, et les deux autres à gorge avec double boudin.

Les voitures pèsent chacune 5 tonnes à vide; elles comportent quatre places assises de 1re classe, 22 debout, et 4 assises de 2e classe.

La caisse à eau peut contenir 6.500 litres.

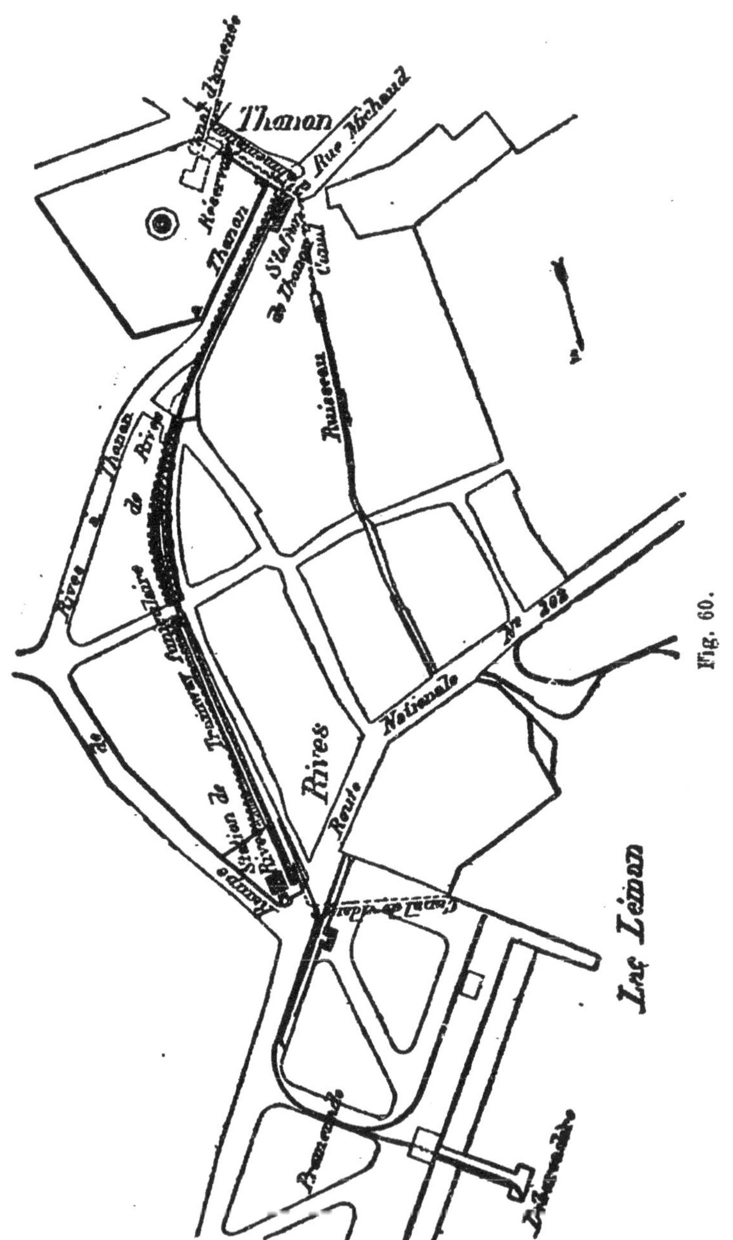

Fig. 60.

Les voitures sont munies de freins à crémaillère, à main et automatiques.

Le câble est du type dit *Excelsior* ; l'âme est formée de 19 brins cylindriques, d'une section totale de 50 mm. q., mais l'enveloppe est formée de 16 fils prismatiques pour la première couche, et 24 pour la seconde ; les fils de chacune de ces deux couches s'emboitent les uns dans les autres, de façon à former deux couronnes concentriques.

La surface extérieure d'un tel cable est lisse et polie comme celle d'une barre métallique.

L'effort de traction est de 2.000 kil., et le câble travaille au $\frac{1}{20}$ de la rupture. Aux changements de pente, le câble est guidé par des poulies verticales de 1 m. de diamètre. Il est soutenu en voie courante par des galets en fonte de 250 mm. de diamètre.

Dans les courbes, le guidage est assuré par des galets à axe vertical. Les dépenses de construction, non compris les terrains fournis gratuitement par la ville, se décomposent ainsi :

Superstructure	85.000 fr.
Maçonnerie et bâtiments.	50.000 fr.
Matériel roulant.	16.000 fr.
Total. . .	160.000 fr.

43. Divers. Tableau des conditions d'établissement. — Il existe aujourd'hui un grand nombre de funiculaires à contrepoids d'eau ; nous citerons en Suisse, celui du Bëatenberg sur les bords du lac de Thun, qui a 1600 m. de long. et comporte vers le milieu deux courbes de 400 m., le Marzili Bahn, le funiculaire du lac de Lugano, de Biel Magglingen, du Zurichberg, de l'Ecluse Plan, de Lauterbrünnen Grütsch. Ce dernier a 1372 m. de long, il a été ouvert à l'Exploitation le 14 août 1891 ; citons encore celui de Ragaz qui vient d'être achevé.

En France on vient de terminer un funiculaire à contrepoids d'eau à Rouen, pour gravir la côte de Notre-Dame de Bon Secours ; et un autre au Bas Meudon, reliant les hauteurs de Bellevue à la Seine.

Nous indiquons dans le tableau ci-dessous les principales données de quelques funiculaires à contrepoids d'eau, d'après un tableau très complet dressé par M. Strub (1).

1. *Schweizerische Bauzeitung*, *Unsere Drathseibahnen*, 19-26 mars, 16 avril 1891.

Désignation des Lignes.	Dépenses de premier établissement.	Date de l'ouverture à l'Exploitation.	Longueur, mètres.	Différence de niveau entre les points extrêmes. mètres.	Pentes maxima et minima. m/m	Rayon minimum des courbes en pleine voie. mètres.	Largeur de la plate forme au niveau supérieur des traverses. mètres.	Nombre des voies	Observations.
Giessbach	150.000 fr.	21 juillet 1879	1333	90	24—32	»	3,50	simple voie	
Territet-Glion	470.491	19 août 1883	630	298,3	40—57	»	2,50	Double voie	voie maçonnée
Gütsch	86.000	22 août 1884	160	75	51—53	»	3,30	id.	voie bétonnée
Marzili-Bahn	70.842	18 juillet 1885	106	31,2	30,2	»	2,18	Simple voie	
Lugano	185.311	8 novem. 1886	244	56,84	20—24	»	2,40	id.	
Biel-Magglingen	450.000	1 juillet 1887	1684	443	20—32	»	3,50	id.	
Zurichberg	259.348	8 janvier 1889	167	33,38	20—26	»	3,50	id.	
Béatenberg	670.846	21 juin 1889	1605	556,1	28—40	400	4,00	id.	
Ecluse-Plan	220.000	25 octobre 1890	384	108,68	22—37	»	1,70	Double voie	voie bétonnée
Lauterbrunnen Grütsch	834.000	14 août 1891	1372	671	41—60	»	2,40	Simple voie	voie maçonnée
Ragaz-Wartenstein	225.000	juillet 1892	790	206	23,5—30,37	250	1,50	id.	id. chiff. approximatifs.

§ 3. — CONSTITUTION DE LA VOIE. CRÉMAILLÈRE. INSTALLATIONS MÉCANIQUES. MATÉRIEL ROULANT. DÉPENSES DE PREMIER ÉTABLISSEMENT.

44. Constitution de la voie. — Les funiculaires à contrepoids d'eau sont pour la plupart des lignes de plaisance, destinées aux touristes. Leur exploitation est souvent discontinue ; ouverts à la circulation seulement pendant la belle saison, ils chôment pendant l'hiver. Aussi y a-t-il grand intérêt à réduire au minimum les dépenses de premier établissement.

La première diminution dans les dépenses, consiste à établir la plateforme aussi économiquement que possible ; on doit par suite réduire la largeur des terrassements, autant que le permettent les nécessités de l'exploitation. Pour une seule voie, une largeur de 3 m. est suffisante, c'est celle qui a été adoptée au chemin de Rives à Thonon. Cette largeur permet encore de ménager dans les tranchées deux fossés de 0 m. 75 de largeur comme cela a été fait au Bürgenstock.

Quand la voie est maçonnée d'un bout à l'autre, comme au Territet-Glion, on peut réduire davantage la largeur de la plate forme ; ainsi celle du Territet-Glion, comportant deux voies sans entre voie, n'a que 2 m. 40.

Il s'agit ici, bien entendu, de voies de 1 m. 00 de largeur. Dans les pentes très raides, il faut évidemment perreyer les fossés de tranchée pour éviter des érosions. Les galets porteurs du câble ont en général des diamètres variant de 160 à 360 mm. en alignement, et de 120 à 600 mm. en courbe.

Les freins des chemins à contrepoids d'eau agissant sur la crémaillère, et non sur les rails, ceux-ci ne sont pas soumis à des efforts violents et à des chocs, aussi peut-on leur donner seulement le poids nécessaire pour porter les véhicules, sans s'inquiéter de la poussée longitudinale comme pour les funiculaires où l'on emploie le frein à mâchoires du type de Lyon-Croix-Rousse. La voie doit être solidement entretoisée car elle a à résister dans son ensemble à la poussée longitudinale de la crémaillère.

Cette tendance se manifeste énergiquement en cas de rupture de câble, ou même simplement lorsque l'on modère la vitesse du wagon descendant sous l'action du contrepoids d'eau, à l'aide du frein à crémaillère.

Nous avons décrit dans un autre ouvrage (1) les chemins de fer à

1. *Les chemins de fer à crémaillère* par M. A. Lévy-Lambert. Encyclopédie des Travaux Publics ; Paris, Lamiraut, 1892.

crémaillère; mais comme on a appliqué les crémaillères sur tous les funiculaires à contrepoids d'eau ; il est utile de s'y arrêter un moment.

45. Crémaillères. — Les crémaillères employées sont de deux types.

Le type Riggenbach et le type Abt.

La crémaillère Riggenbach est une sorte d'échelle en fer couchée à plat dans l'axe de la voie. Une roue dentée calée sur un des essieux de la voiture engrène avec les barreaux en fer de cette crémaillère; en ralentissant le mouvement de rotation de cette roue dentée, on ralentit le mouvement de translation de la voiture.

La crémaillère Abt est à lames. Elle consiste généralement en deux lames dentées parallèles placées côte à côte, dont les dents sont croisées. A chaque lame correspond une roue dentée; de telle sorte que la distance des plans moyens des roues dentées, est égale à la distance d'axe en axe des lames de crémaillère.

La crémaillère Riggenbach, appliquée à un grand nombre de funiculaires, est semblable à celle des chemins de fer à crémaillère du Rigi, du Rorschach-Heiden, etc., seulement les efforts étant moins grands, les dimensions sont réduites. La fig. 61 représente la coupe de la crémaillère employée à Territet-Glion. Les échelons ont une forme trapézoïdale. A Territet-Glion ils ont 32 mm. de hauteur, la base supérieure du trapèze a 29 mm., la base inférieure 47 mm; leur espacement est de 100 mm. Ces dimensions correspondent à un diamètre primitif de 764 mm. pour la roue dentée.

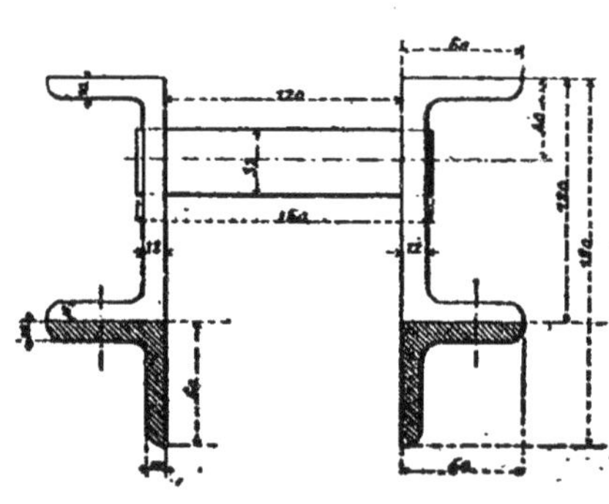

Fig. 61.

Les fers ⊔ formant les montants verticaux ont une hauteur de 120 mm.; 12 mm., d'épaisseur, et 60 mm. de largeur d'ailes. Chacun d'eux pèse 18 kil. 25, par mètre.

L'espace libre entre les deux faces verticales des fers ⊔ est de 120 mm., la roue dentée ayant une largeur de 100 mm. il reste de chaque côté un jeu de 10 mm.

La longueur totale des échelons avant la rivure est de 150 mm. Leurs extrémités sont tournées sur 15 mm. de longueur, et la partie saillante de 3 mm. est rivée à froid.

A Territet-Glion, le poids par mètre de la crémaillère, sans ses pièces d'attache est de 48 kil. dont 9,5 kil. pour les échelons. La longueur d'un tronçon de crémaillère est de 2 m. 998 avec 2 mm. de jeu au joint. Les dents de la roue dentée appuient toujours sur la face amont de chaque barreau de la crémaillère, et le dernier échelon d'aval tend à fendre les montants verticaux. Pour cette raison, l'axe de l'échelon inférieur est à 55 mm. de l'extrémité inférieure du tronçon de crémaillère ; tandis que l'échelon supérieur est seulement distant de 43 mm. de l'extrémité supérieure. Comme il y a au joint 2 mm. de jeu, cela fait entre les deux échelons 100 mm. longueur du pas.

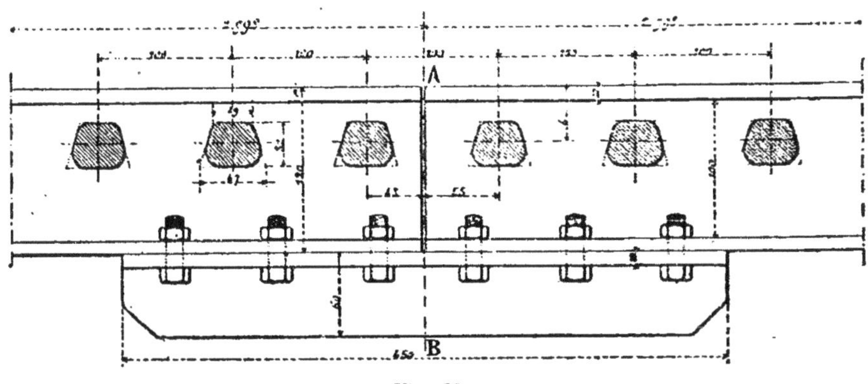

Fig. 62.

Les joints sont faits en porte-à faux ; l'éclissage étant effectué par deux cornières boulonnées sous les ailes du fer ⊔ comme l'indique la fig. 62.

Les six boulons de l'extrémité inférieure du tronçon ont un jeu de 3 mm., afin de permettre le jeu de la dilatation.

La crémaillère est fixée sur chacune des traverses de la voie, à l'aide de quatre boulons de 15 mm. de diamètre.

Pour s'opposer au mouvement de translation, on a rivé sous l'aile inférieure des montants une petite plaque de fer qui peut venir buter contre la traverse.

Cette traverse est au Territet-Glion, un morceau de vieux rail D-C, ainsi que nous l'avons expliqué ci dessus.

Pour préserver la crémaillère de la rouille, on chauffe les tronçons au rouge cerise, et on les plonge dans un bain de goudron de houille.

Les crémaillères Riggenbach ont reçu de nombreuses applications pour les funiculaires ; on trouvera un peu plus loin l'indication des principales.

Ces crémaillères ont donné d'excellents résultats, elles sont très résistantes et ont reçu la consécration d'une longue expérience. M. Riggenbach évalue à 25 fr. le mètre courant le prix d'une crémaillère pesant 36 kil. au mètre, attaches et accessoires compris.

M. Abt a également appliqué à nombre de chemins funiculaires, son système de crémaillère à lames. Ces crémaillères de funiculaires ont généralement deux lames, et, comme nous l'avons dit, leur denture est croisée, ce qui permet un mouvement d'engrènement beaucoup plus doux.

Les fig. 63 et 64 montrent en coupe et élévation la crémaillère Abt, adoptée au Bürgenstock (1).

La crémaillère comprend deux lames de 20 mm. d'épaisseur, laissant entre elles un vide de 28 mm., elles ont 85 mm. de hauteur totale. Le pas de la denture est de 120 mm.; chaque lame a 2 m. 876 de longueur; au joint, on a réservé un jeu de 4 mm. pour la dilatation.

Les lames en acier laminé, offrent une résistance d'environ 50 kil. par mm. q., et un allongement de 20 % ; elles sont fixées dans des coussinets reposant sur les traverses de la voie; les joints se font dans un coussinet.

M. Abt a utilisé les lames de sa crémaillère pour y prendre, en cas de besoin, un point d'appui, dans le but de s'opposer au soulèvement de la voiture.

Une sorte d'ancre suspendue au-dessous de la voiture peut venir saisir les lames par en dessous en cas de soulèvement. La tige de cette ancre passe entre les deux lames de crémaillère, et pour laisser passer l'ancre, il faut que l'espace de 68 mm. régnant audessous des lames (fig. 63) soit libre, ce qui exige une disposition spéciale des coussinets.

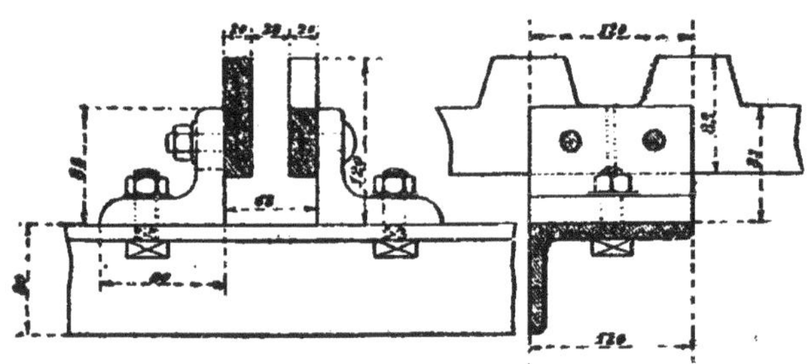

Fig. 63-64.

Ces coussinets sont formés de deux cornières, fixées chacune sur la traverse par un boulon.

Les lames de crémaillère sont fixées à l'aile verticale de la cornière par deux boulons à tête noyée du côté intérieur.

La tête des dents de la crémaillère est placée à 120 mm. au-dessus des traverses ; c'est-à-dire au niveau des rails.

Comme pour la crémaillère Riggenbach, les dimensions des lames sont plus faibles pour les funiculaires que pour les chemins de fer.

1. *Revue technique de l'exposition* par Ch. Vigreux, 5e partie. P. 46-47 fig. 3.

La crémaillère Abt se répand beaucoup, et tout en étant plus récente que la crémaillère Riggenbach, la première appliquée en Europe, elle compte de nombreuses applications. Le prix de revient de la crémaillère Abt est à peu près le même que celui de la crémaillère Riggenbach, il faut compter en moyenne 25 fr. par mètre courant, compris les supports et accessoires.

Le tableau ci-dessous indique les principales applications des deux systèmes.

Chemins funiculaires munis de crémaillère Riggenbach.

Désignation des Lignes.	Longueur en mètres.	Pente maxima en mm.	Mode de traction
Giessbach	340	280	Contrepoids d'eau
Dom Jesus do Braga	270	520	id.
Territet-Glion	680	570	id.
Lisbonne-Lavra	180	250	Vapeur
Lucerne-Gütsch	165	530	Contrepoids d'eau
Lisbonne-Gloria	265	180	Vapeur
Piovenne	190	370	Transmission
Ems-Malberg	520	545	Contrepoids d'eau
Durlach-Thurmberg, Bade	315	340	id.
Wiesbaden-Néroberg	490	260	id.
Heidelberg-Château	490	430	id.
Biel Magglingen	1684	320	id.
Béatenberg	1695	400	id.
Ecluse Plan	384	370	id.
Lauterbrunnen Grütsch	1372	600	id.
Ragaz-Wartenstein	790	300	id.

Chemins funiculaires munis de crémaillère Abt.

Désignation des Lignes.	Longueur en mètres.	Pente maxima en mm.	Mode de traction
Lugano	250	248	Contrepoids d'eau
Bürgenstock	926	580	Moteur électrique
Zurich	200	270	Contrepoids d'eau
San-Salvator	1650	600	Moteur électrique
Naples, Chiaia	700	280	id.
Naples, Monte Santo	800	230	id.
Mondovi	500	340	Contrepoids d'eau
Rives-Thonon	233	220	id.
Le Hâvre	350	415	Vapeur

Effort maximum supporté par la crémaillère. — La crémaillère modère la vitesse de descente en marche normale ; en cas d'arrêt, elle aurait à supporter l'effort de traction. Mais en cas de rupture du câble, elle aurait en outre à annuler la force vive du système en mouvement, ce qui augmenterait très notablement les efforts qu'elle aurait à supporter.

M. Strub calcule ainsi ces efforts pour le Territet-Glion.

Le poids du wagon vide est de.	7.000 kil.
Le poids de la plus grande charge d'eau. . .	7.000 kil.
Total	14.000 kil.

Supposons qu'au moment de la rupture du câble, la vitesse soit le double de la vitesse normale, soit 2 m. à la seconde, et que la voiture doive être arrêtée après un parcours l de 5 m.

Soient, P la pression tangentielle supportée par une dent pendant l'application des freins, sur 5 m. de longueur.

π poids de la voiture.	$=$ 14.000 kil.
v la vitesse de la voiture à, la seconde. . . .	$=$ 2 m.
Sin α, le sinus de la pente maxima.	$=$ 0.495

on a :

$$P = \pi\left(\frac{V^2}{2gl} + \sin\alpha\right) = 14.000\left(\frac{4}{2 \times 9{,}8 \times 5} + 0{,}495\right)$$

d'où P = 7490 kil. soit 8.000 kil.

Si l'on considère cet effort de 8.000 kil. comme réparti uniformément sur toute la longueur de la dent, et sur une portée égale au vide existant entre ces montants ; en supposant que le barreau soit encastré dans les montants verticaux, on trouve que le travail du métal par mm. q. est (1) :

$$R = \frac{M}{\frac{I}{v}}$$

$$M = \frac{pa}{24l}\left(3l^2 - a^2\right)$$

ici

$$pa = 8.000 \quad a = 100 \quad l = 120.$$

d'où l'on tire en affectuant les calculs M = 92.222, or :

$$\frac{v}{I} = \frac{1}{6} b^2 h = \frac{1}{6} \times 32 \times 38^2 = 7.701$$

d'où

$$R = \frac{92.222}{7.701} = 11 \text{ kil. } 98 \text{ par mmq.}$$

La formule admise, à tort généralement, pour ces calculs, suppose la charge répartie sur toute la longueur de l'échelon ; ce qui donne pour M la valeur $M = \frac{pa^2}{12}$ valeur inférieure à la précédente. Calculé d'après

1. *Les chemins de fer à crémaillère*, par M. A. Lévy-Lambert, page 82.

cette formule, le travail du métal par mmq. ne serait que de 9 kil. 8, soit 25 0/0 au-dessous de sa valeur réelle.

Le travail au cisaillement, qui se produit dans les montants des fers ⊔ des montants verticaux, se répartit dans l'exemple indiqué, sur une surface de $2 \times 36 \times 12$, soit par mmq.

$$R = \frac{800}{2 \times 36 \times 12} = 9 \text{ kil}.2$$

46. Câbles. Installations mécaniques. — Les funiculaires à contrepoids d'eau ne comportent qu'un mécanisme très simple.

Il se réduit à la poulie de renvoi placée au sommet du plan incliné, et aux poulies courantes supportant le câble, le long de la voie.

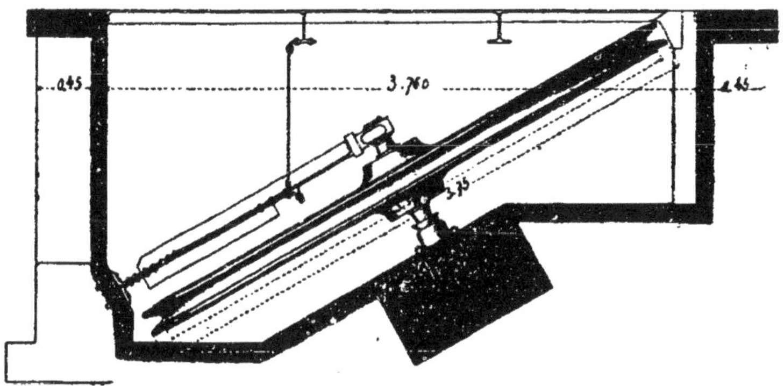

Fig. 65.

La fig. 65 représente la poulie de renvoi du Territet-Glion. Elle est installée dans l'axe du chemin ; son plan est parallèle à celui de la voie ; son diamètre est de 3 m. 60. Comme en voie courante, les deux brins du câble sont distants de 1 m. 738, on a dû installer vers le sommet du plan incliné deux poulies guides de 0 m. 95 de diamètre, dirigeant le câble vers la gorge de la grande poulie de renvoi.

Cette grande poulie pèse environ 2.100 kil. sans son arbre. La gorge est garnie de morceaux de bois de noyer placés debout, d'environ 400 mm. de longueur. Ces segments sont maintenus par des anneaux en fer et des boulons.

Cette garniture en bois doit être renouvelée à peu près tous les deux ans, lorsque le diamètre de contact du câble est réduit par l'usure de 100 mm.

L'axe de la poulie n'est pas vertical, il est perpendiculaire au plan de la voie. L'ensemble de la poulie et de son axe est contenu dans une grande chambre de maçonnerie mesurant 4 m. 10 de large, 2 m. 10 de haut et 3,75 transversalement. Cette chambre est fermée par un plancher à sa partie supérieure comme l'indique la figure 65.

Cette disposition est également adoptée au funiculaire du Gütsch, et au Giessbach.

Les fig. 66 et 67 représentent l'ensemble de la disposition adoptée au

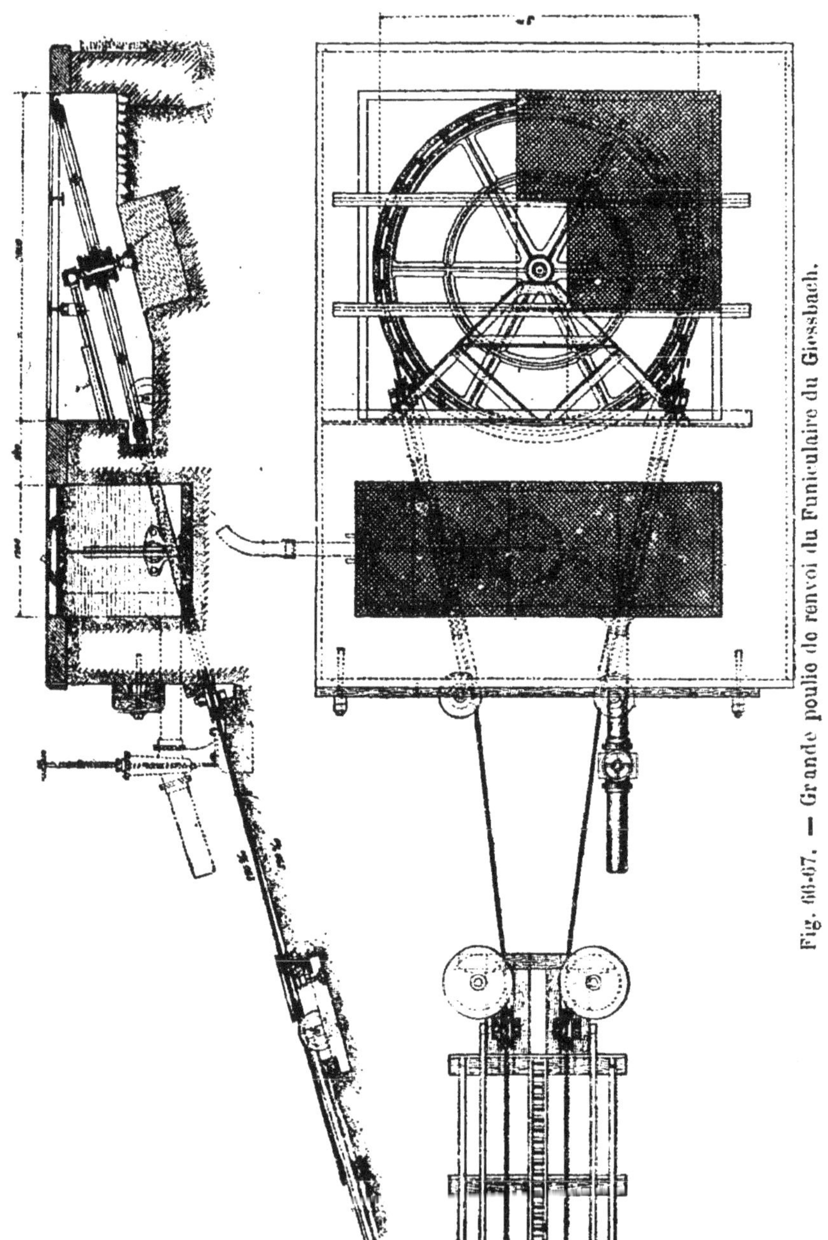

Fig. 66-67. — Grande poulie de renvoi du Funiculaire du Giessbach.

Giessbach. On voit que les poulies-guides, amenant le câble à la grande poulie, subissent un effort de renversement très notable. Aussi leur garniture s'use-t-elle rapidement; au Territet-Glion, elle doit être renouvelée tous les 7 mois environ (1).

Au chemin de Rives-Thonon, où la pente est beaucoup moins raide (200 mm. au lieu de 570 mm.), la grande poulie de renvoi a sa face horizontale et son axe vertical. Elle a 3 m. 20 de diamètre, et est installée dans une chambre en maçonnerie. L'axe de rotation, de 2 m. de longueur, est fixé par des supports scellés dans des socles en granit.

On a pu installer cette poulie à 11 m. de l'extrémité de la ligne, aussi a-t-on évité cette brusque inflexion du câble sur les poulies-guides, si nuisible pour le câble et les garnitures des poulies.

L'un des brins du câble arrive directement, tangentiellement à la gorge de la poulie; l'autre s'infléchit sur une poulie-guide de 1 m. 30 de diamètre.

La poulie de renvoi est généralement installée dans une grande chambre en maçonnerie, fermée par un platelage à sa partie supérieure comme l'indiquent les fig. 66 et 67, le platelage présente une ouverture fermée par une trappe de visite.

Au dessous de cette chambre maçonnée, se trouve le réservoir servant au remplissage de la caisse à eau des véhicules. Il est muni à sa partie inférieure d'un tuyau portant une vanne, pour amener l'eau aux voitures. Ce réservoir doit avoir au moins la capacité de la caisse à eau placée sous la voiture (voir fig. 66 et 67).

Les poulies de support du câble n'offrent rien de particulier, elles sont les mêmes que pour les funiculaires à moteur fixe; nous nous sommes étendus précédemment sur ce point au n° 23.

Nous renverrons également le lecteur au chapitre 1er § 4, pour tout ce qui concerne les câbles, leur prix, leur durée, etc... Nous dirons seulement que M. Strub, dans une étude parue dans le *Schweizerische Bauzeitung*, donne la préférence aux câbles métalliques sans ame en chanvre. Il donne comme raison pour justifier cette préférence, une plus faible surface d'usure, une tension des fils plus uniforme et moins de tendance à la corrosion interne.

L'ame en chanvre retient toujours en effet une certaine humidité venue de l'extérieur; cette cause d'oxydation est particulièrement grave pour des lignes ouvertes à l'exploitation l'été seulement, et sur lesquelles les câbles ne servent pas durant toute la mauvaise saison.

47. Matériel roulant. — Les funiculaires à contrepoids d'eau sont très courts, le séjour dans les voitures est de très peu de durée; aussi les aménagements sont-ils très simples. On s'inquiète surtout de

1. M. Strub. *Funiculaire de Territet-Montreux-Glion*, p. 45.

donner aux voitures la plus grande légèreté possible, compatible avec une résistance suffisante.

Les compartiments sont généralement disposés par gradins, la caisse à eau, en tôle, est placée sous les planchers.

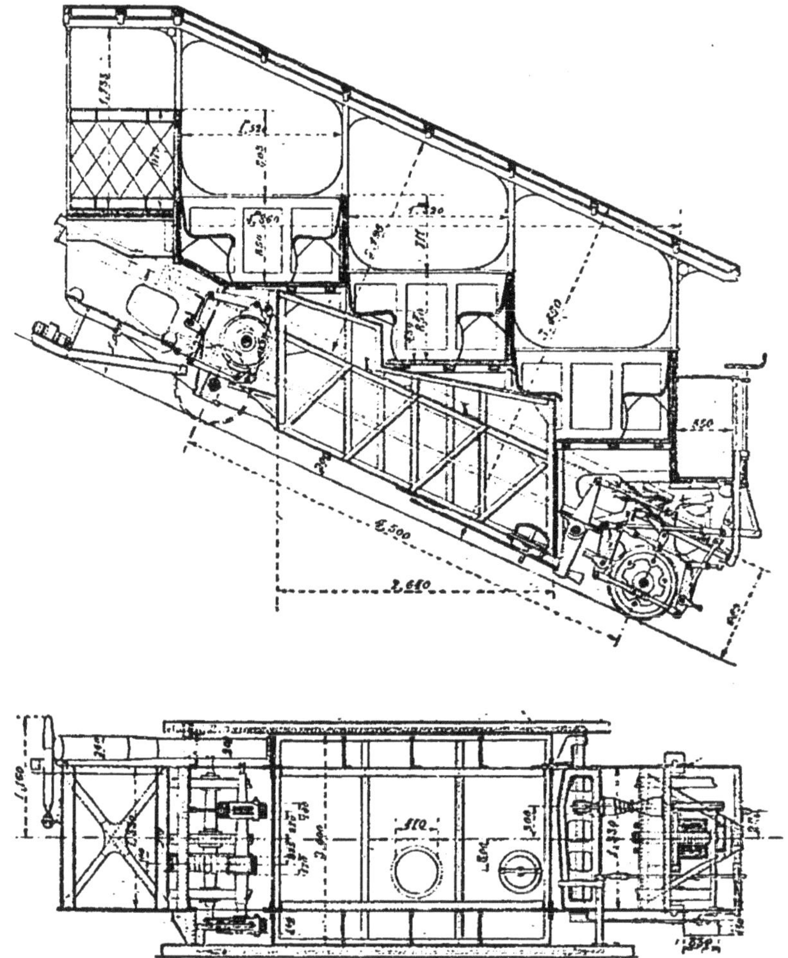

Fig. 68-69. — Voiture du Funiculaire de Territet-Glion.

En général, il n'y a qu'une seule classe, les entrées sont latérales et les sièges sont disposés par bancs perpendiculaires à la voie; ils sont en simple lattis.

La voiture de Territet-Glion comporte trois compartiments de huit places avec deux plate formes; la plate forme inférieure est réservée au serre frein, la plate forme supérieure est utilisée pour recevoir les bagages. Cette voiture est représentée par les fig. 68, 69.

La caisse des voitures est entièrement en bois, elle repose sur un châssis en fer qui supporte la caisse à eau. La voiture est ouverte jusqu'à mi-hauteur pour dégager la vue.

Des rideaux de toile protègent latéralement contre la pluie ou le soleil.

La longueur intérieure d'un compartiment est de 1 m. 520, la largeur 2 m. 026.

On a choisi pour la construction les bois les plus légers, toujours dans le but de diminuer le poids mort.

Le toit, le plancher et les montants sont en sapin. Le châssis, avec les essieux montés et les freins, pèse 6.000 kil., la caisse 1000 kil., la tare à vide du véhicule est donc de 7 tonnes.

Le châssis est porté par deux essieux distants de 4 m. 500, le diamètre des roues porteuses est de 0 m. 765. Les roues et essieux sont en acier fondu ; pour les essieux le métal a une résistance à la rupture de 55 à 60 kil. par mm.q. avec un allongement de 20 à 25 0/0.

La tension maxima du métal des essieux est de 10 kil. par mm. q.

La vidange de la caisse à eau se fait automatiquement, au moment où le wagon descendant arrive au bas de sa course. La soupape de 250 mm. de diamètre est soulevée par un taquet, et la caisse se vide en une minute et demie.

Un tube de verre indique à chaque instant le niveau de l'eau dans la caisse, une graduation en demi-mètres cubes permet au conducteur de se rendre compte de la charge d'eau prise, ou à prendre.

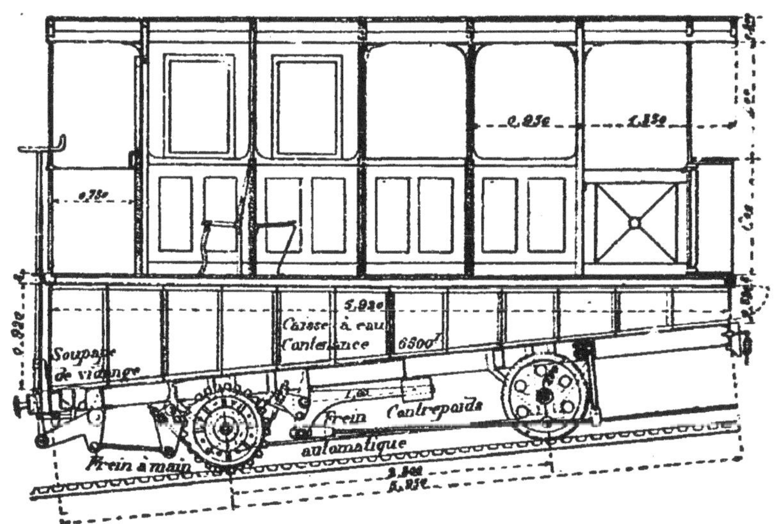

Fig. 0.

Le maximum de contenance de la caisse est de 7.000 litres.

Au Giessbach la voiture est montée sur trois essieux ; les deux essieux inférieurs forment bogie ; il y a six compartiments à deux bancs de chacun 4 places, sauf les deux compartiments extrêmes qui ne comportent qu'un banc chacun, soit en tout 40 places. Le véhicule offre l'aspect général des voitures du Rigi.

La tare à vide est de 5.300 kil.

Deux réservoirs sont placés sous la voiture ils peuvent contenir en tout 5.500 litres.

La fig. 70 montre la coupe de la voiture du chemin de Rives à Thonon ; elle est munie de deux plate formes et comporte deux classes. Le compartiment des premières classes est placé à la partie inférieure, et communique seulement avec la plate forme réservée au conducteur, il offre quatre places assises. Les trois compartiments des secondes sont séparés par de simples traverses, les voyageurs s'y tiennent debout. Vingt-six personnes peuvent y prendre place. Quatre sièges seulement sont placés contre la paroi séparant les secondes des premières.

Le plancher de la voiture est horizontal sur la pente de 100 mm. La caisse à eau, d'une contenance de 6.500 litres, s'étend sur toute la surface du plancher de la voiture ; elle porte à l'avant une bouche d'introduction, la vidange se fait à l'arrière, au moyen d'un clapet manœuvré par le conducteur.

Le châssis de la caisse à eau, formé de deux longerons en fer, est porté par des ressorts d'acier en spirale, reposant sur des boîtes à

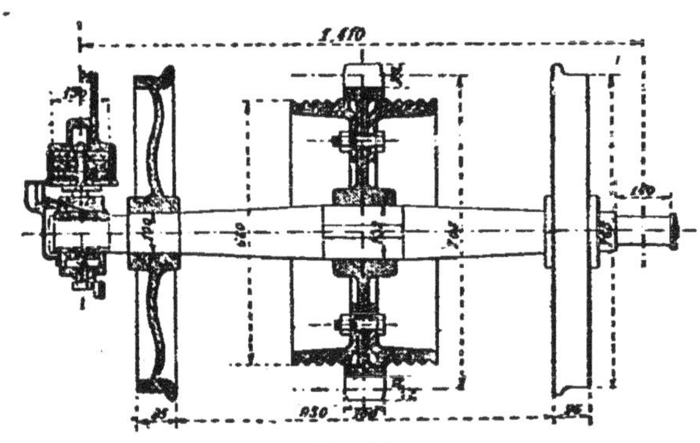

Fig. 71.

graisse maintenues par des plaques de garde. Cette disposition est analogue à celle employée au Territet-Glion ; cette dernière est représentée fig. 71.

La voiture est portée par deux essieux, distants de 2 m. 80. D'un côté on a calé sur l'essieu une roue à double gorge ; l'autre roue à jante plate est folle sur l'essieu, afin d'éviter les glissements dans les courbes ; ces roues en acier fondu ont un diamètre de 0 m.700.

La tare à vide de la voiture est de 5.000 kil.

48. Freins. Appareils de sécurité. Freins à crémaillère, Freins automatiques. — Le frein employé sur tous les funiculaires à contrepoids d'eau est le frein à crémaillère.

Le véhicule chargé d'eau est l'organe moteur ; il faut donc à chaque instant pouvoir régler sa vitesse de marche, empêcher l'accélération dûe à l'action de la pesanteur, ou au contraire la laisser se produire sur un certain parcours.

Lorsque l'on établit le premier funiculaire à contrepoids d'eau, M. Riggenbach songea à y appliquer le frein à air comprimé usité au Rigi et sur toutes les lignes à crémaillère. On connaît le principe de ce frein :

L'air aspiré par un piston est refoulé dans un réservoir dont on règle l'orifice de sortie. Le piston est mis en mouvement, à l'aide de bielles et manivelles, par un arbre auxiliaire muni d'engrenages actionnés par l'un des essieux du véhicule.

Ce frein à air, qui donne d'excellents résultats pour les chemins à crémaillère n'a pas fourni d'aussi bons services lorsque l'on en a fait l'essai au Territet-Glion. Le wagon montant éprouvait une résistance importante, et le wagon descendant était géné dans son mouvement lorsqu'il parcourait la partie de la ligne en faible pente. Pour franchir le point de changement de pente, il fallait souvent augmenter la vitesse, ce qui amenait un ébranlement nuisible pour les véhicules.

Au moment du démarrage, la résistance était exagérée, surtout lorsque le cylindre était plus ou moins rempli d'eau et des occillations du câble en résultaient. Enfin, la marche des véhicules était saccadée, bruyante, ce qui était désagréable pour les voyageurs, et mauvais pour la conservation de la voie (1).

Nous avons déjà indiqué le principe des freins à crémaillère : Une roue dentée engrenant avec la crémaillère de la voie, est calée sur un des essieux ; de chaque côté de cette roue sont placées deux couronnes cannelées, boulonnées entre elles, et enserrant la roue dentée dans leur intervalle ; comme l'indique les fig. 71 et 72.

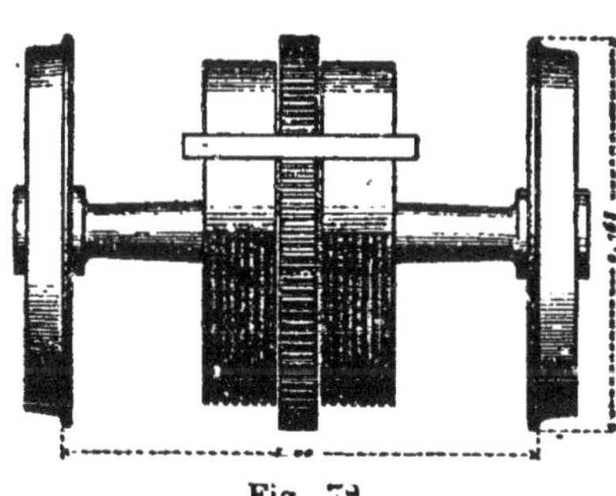

Fig. 72.

Des sabots de friction peuvent être pressés contre les couronnes cannelées ; ce frottement énergique développé au pourtour de ces couronnes ralentit le mouvement de rotation de la roue dentée, et par suite, la vitesse du véhicule.

1. Strub. *Funiculaire de Territet-Montreux-Glion*, p. 30.

Au lieu de sabots de friction frottant contre des poulies cannelées, on emploie quelquefois un frein à ruban, du genre « frein de grue » (voir fig. 54 et 55).

Ces freins sont tantôt manœuvrés à la main. tantôt automatiques; dans ce dernier cas, ils sont disposés de façon à produire l'arrêt du véhicule en cas de rupture du câble, sans que l'intervention du conducteur soit nécessaire.

Ces freins sont très sûrs et énergiques; on cite souvent à ce propos, ce trait hardi de M. Riggenbach, qui n'a pas craint de descendre la pente vertigineuse du Territet-Glion en détachant le véhicule du câble, et modérant sa vitesse de descente avec le seul frein à crémaillère.

Au Territet-Glion, chaque véhicule est muni de trois freins distincts :

Deux freins à main agissant, l'un sur l'essieu inférieur, l'autre sur l'essieu supérieur; et un frein automatique, agissant sur un arbre auxiliaire en relation avec l'essieu supérieur. Le rôle des deux freins à main est de se partager la charge. Le conducteur modère sa vitesse en les actionnant simultanément.

Quand les pentes du chemin sont moins fortes, ou la charge moins considérable, un seul frein à main est suffisant.

Il importe de remarquer qu'en cas de rupture du câble, le frein automatique de la voiture montante supporter le plus grand effort.puisque les freins de la voiture descendante sont toujours plus ou moins serrés. M. Strub a donné dans sa monographie si complète du Territet-Glion une description détaillée des freins en usage au Territet-Glion et notamment le calcul des freins.

La roue dentée engrenant avec la crémaillère a un diamètre primitif de 0 m. 764, sa largeur est de 100 mm., elle pèse 185 kil., et comporte 24 dents de 50 mm. d'épaisseur au cercle primitif, le pas est de 100 mm., le diamètre de la poulie de frein est de 0 m. 640.

La pression maxima, qui peut s'exercer sur les dents en cas de rupture du câble, est de 8000 kil. (voir au n° 44).

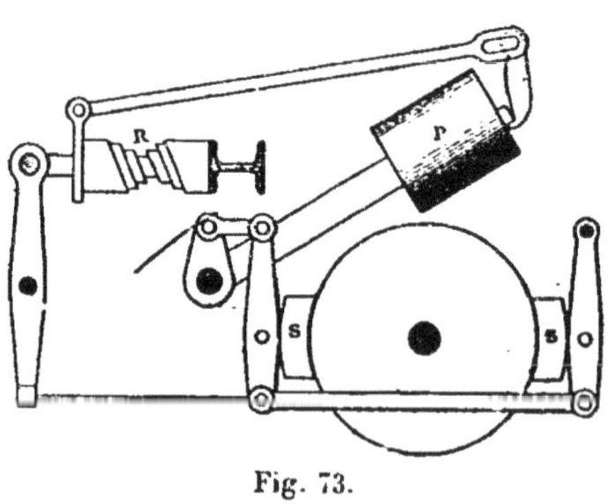

Fig. 73.

La fig. 73 indique le Schéma de la disposition du frein automatique. L'extrémité du câble est fixée à un ressort d'acier R qui tient suspendu par une tige. un lourd contrepoids P pesant 107 kil. environ Si le câble vient à se rompre, le ressort R se détend en entraînant la tige, qui laisse échapper le contrepoids P. La chute de ce dernier produit le serrage des sabots de friction S sur une poulie cannelée, et l'arrêt du véhicule se produit presqu'insantanément.

Les parties essentielles des freins sont en fer forgé de première qualité (fer de Suède), les pièces qui frottent ensemble ont été durcies.

Les sabots des freins à main sont en alliage formé de

cuivre.	85 %
étain	7 %
zinc.	7 %
cuivre phosphoreux.	1 %

Les sabots du frein automatique sont en fonte. La pression totale maxima sur les sabots est de 5.684 kil. pour le frein à main agissant sur l'essieu inférieur, et de 4.850 kil. pour celui agissant sur l'essieu supérieur. Au cas le plus défavorable, et à la limite d'usure, le travail du métal des dents de la roue à crémaillère ne dépasserait pas 10 kil. par mmq.

Voici à titre d'exemple les calculs de M. Strub pour l'un des freins à main du Territet-Glion :

La pression maxima sur les dents de la roue à crémaillère étant de 8.000 kil.; le diamètre primitif étant de 764 mm., celui de la poulie de frein de 640 mm : la force tangentielle x à exercer au pourtour de la poulie de frein est telle, que

$$x \times 640 = 8.000 \times 764$$

et

$$x = 8.000 \times \frac{764}{640} = 9.550 \text{ kil.}$$

Si on admet un coefficient de frottement de 0,3, il faudra, pour équilibrer cette force, une pression de $\frac{9.550}{0.3} = 31.833$ kil. Or, les entailles ou cannelures pratiquées à la circonférence de la poulie produisent entre les surfaces frottantes de la poulie et des sabots un coincement, qui réduit cette pression dans le rapport de 5 à 7, et la pression des sabots sera seulement de $31.833 \times \frac{7}{5} = 22.738$ kil., soit, pour un seul sabot

$$\frac{22.738}{4} = 5684 \text{ kil.}$$

Par suite des transformations effectuées par les leviers et renvois, cette force de 5684 kil. est réduite à 888 kil. sur l'écrou de l'arbre de la manivelle de manœuvre. Soit r, le rayon moyen de la vis, égal à 16 mm.;

f le coefficient de frottement de la vis sur l'écrou, soit 0,1 ;
tg i inclinaison des filets de la vis égal à 0,08;
R le bras de la manivelle, égal à 180 mm. ;
La force F, à exercer sur la manivelle, sera déterminée par la relation

$$\frac{F \times R}{888 \times r} = \frac{f + \text{tg}\, i}{1 - f\,\text{tg}\, i} = \frac{0{,}1 + 0{,}08}{1 - 0{,}1 \times 0{,}08} = \frac{0{,}18}{0{,}82}$$

d'où

$$F = 888 \times \frac{16}{180} \times \frac{0{,}18}{0{,}82} = 15 \text{ kil.}$$

Les freins à crémaillère donnent toute sécurité. On avait craint que le frottement des poulies contre les sabots de friction ne fût accompagné d'un dégagement de chaleur considérable ; mais cet effet ne s'est pas fait sentir d'une façon gênante dans la pratique. On évite du reste cet inconvénient en faisant couler un filet d'eau continu sur les sabots.

En cas de rupture du câble, les sabots s'échaufferaient évidemment, mais l'arrêt se produisant en quelques mètres, l'inconvénient n'est pas grand.

Il faut remarquer cependant que l'on ne doit pas serrer trop rapidement les freins à crémaillère, car la réaction résultante pourrait amener un soulèvement du véhicule, et par suite un déraillement. Cet effet s'est produit au cours de certaines expériences faites sur l'initiative du Gouvernement Fédéral.

Au funiculaire de Rives-Thonon, ou les pentes sont moins fortes, il n'y a qu'un seul frein à main et un frein automatique. Au lieu de poulies cannelées, on a employé des poulies à jante plate, avec des freins à ruban.

M. Vautier cite des expériences intéressantes faites au sujet des freins sur les chemins de fer à crémaillère.

Il indique en particulier un cas où un wagon pesant 4 tonnes et retenant un train de 12 t. 5, à la vitesse de 1 m. 40, a produit l'arrêt par son frein à crémaillère en 3 secondes ; mais le wagon s'est soulevé, et a développé un travail de 3470 kilogrammètres; en général, le travail moyen des freins a varié de 1400 à 2.600 kilogrammètres.

Le frein automatique est éprouvé à intervalles réguliers, de façon à ce que l'on soit certain de son fonctionnement en cas de besoin. Au Territet-Glion, cet essai a lieu chaque semaine, en laissant tomber son contrepoids qui fait serrer le frein ; de plus, l'ingénieur du contrôle procède à des essais périodiques.

Au chemin de Rives à Thonon, on procède à l'essai du frein tous les trois mois, en décrochant le câble après avoir laissé prendre à la voiture une vitesse de 3 m. à la seconde sur la pente de 190 mm. ; l'arrêt a lieu sur une longueur ne dépassant pas 2 m.

Un autre système de freins automatiques, dont nous avons parlé à propos du funiculaire du Bürgenstock, est également usité dans certains cas.

C'est le frein mû par un régulateur à force centrifuge.

Lorsque la vitesse du véhicule dépasse une limite fixée, le régulateur à force centrifuge actionne un frein automatique arrêtant le train sans secousse. Des freins semblables sont en usage aux funiculaires du Béatenberg, du Lauterbrünnen-Grütsch, et du Biel-Magglingen.

Au funiculaire de l'Ecluse-Plan on a mis en relation la grande poulie motrice avec un régulateur à force centrifuge actionnant un frein, de manière à ne pas permettre au câble de prendre une vitesse supérieure à la vitesse normale ; de cette façon, l'action du frein du véhicule descendant est très simplifiée, et n'est plus en quelque sorte qu'un appareil de secours. Quelle que soit la différence de poids des deux véhicules, ce frein fonctionne avec une parfaite régularité, et la vitesse se maintient avec une constance que l'on ne pourrait jamais atteindre avec un frein à main, malheureusement il produit un bruit gênant, et un ébranlement des maçonneries de la fondation ; mais cet inconvénient pourra être évité par une modification (1).

Comme le fait justement remarquer M. Strub, un frein automatique est un appareil brutal ; quelque simple qu'il paraisse, il ne peut jamais remplacer une surveillance attentive du personnel.

49. — Dépenses de premier établissement. — Nous avons indiqué la décomposition des dépenses de premier établissement de divers funiculaires à contrepoids d'eau, en décrivant les tracés ; mais on trouvera ci-dessous résumé dans un tableau le total de ces dépenses pour un certain nombre de ces voies.

Tableau des dépenses de premier établissement en 1889

	Giessbach	Territet-Glion	Gütsch	Marzili Berne	Lugano	Biel Magglingen	Zwurichberg	Béatenberg	Ecluse Plan	Lauterbrunnen Grütsch
	fr.	fr.								
Infra et superstructure	125.400	434.591	71.198	48.725	161.631	383.327	235.650	477.416	»	»
Moteurs, câbles, matériel roulant..	21.480	27.912	14.590	20.000	22.927	60.000	18.922	188.000	»	»
Mobilier, outillage	3.120	6.488	212	373	726	6.673	4.209	3.369	»	»
Total	150.000	468.991	86.000	69.098	185.284	450.000	258.981	668.785	220.000	834.000
Par kilomètre	453.172	1513389	589.041	658.076	747.113	275.569	1513389	415.394	557.000	604.350

1. Strub. *Schweizische Bauzeitung*, 26 mars 1892.

Ces chiffres varient, d'une ligne à l'autre dans des proportions considérables.

Par exemple, tandis que la voie du funiculaire du Giessbach a coûté 16.000 fr., les seules maçonneries de fondation de la voie du Territet-Glion ont coûté 135.950 fr., et cependant, ce dernier chemin n'a que le double de longueur du premier ; mais sa pente atteint 57 °/₀ tandis qu'au Giessbach la pente ne dépasse pas 32 °/₀.

Les dépenses d'établissement de la voie varient donc dans des proportions énormes, suivant l'inclinaison de la ligne, et rendent déjà impossible toute espèce d'assimilation. Les difficultés du tracé, la valeur des terrains, le nombre et la largeur des voies, les exigences de l'exploitation, achèvent d'empêcher toute comparaison sérieuse. Toutefois, en écartant les limites extrêmes, on voit que la dépense moyenne kilométrique a varié de 450.000 à 750.000 fr. ; soit en moyenne 600.000 fr. par kilomètre.

Mais, nous le répétons, tous ces chiffres n'ont qu'une valeur relative ; nous les donnons simplement à titre d'indications pour guider l'esprit dans un aperçu général.

En réalité, il faut évaluer la dépense dans chaque cas particulier sans espérer trouver de cas semblables dans les applications antérieures.

§ 4. — EXPLOITATION

50. — Généralités. — Les règles à suivre pour l'exploitation des funiculaires à contrepoids d'eau sont des plus simples ; mais à cause de la raideur des pentes de la voie, il faut cependant apporter la plus grande attention et la plus grande prudence à la surveillance des voies, des installations mécaniques et du matériel.

Le câble doit être examiné fréquemment, comme nous l'avons dit à propos des funiculaires à machine fixe.

Les conducteurs doivent toujours être sur leur plate-forme, prêts à serrer le frein à la première alerte. Faute d'observer cette règle, il est arrivé que la caisse à eau du véhicule placé au sommet du plan incliné ayant été remplie, ce véhicule s'est mis en mouvement d'une façon inopinée.

Le nombre de voyageurs prenant place dans le véhicule du bas est indiqué généralement à la station du haut, par une sonnerie, afin que l'on puisse remplir d'eau la caisse du véhicule prêt à descendre en plus ou moins grande quantité suivant la différence des charges des deux voitures.

DÉPENSES D'EXPLOITATION

ET

Recettes de diverses lignes funiculaires à contrepoids d'eau en 1889

Indication des dépenses et recettes	Giessbach	Territet-Glion	Gütsch	Marzili Berne	Lugano	Biel Magglingen	Zürichberg	Béatenberg	Ecluse Plan (1)	Lauterbrunnen Grütsch (2)	Observations
Frais généraux et d'administration	»	13.375	1.424	1.131	1.218	758	4.077	4.955	»	»	(1) Résultats moyens des années 1890 et 91. (2) Résultats de l'année 1891.
Entretien et surveillance de la voie	»	5.063	1.115	1.031	1.539	5.671	4.605	4.545	»	»	
Expédition et mouvement	»	13.786	1.351	5.558	6.983	5.595	6.117	6.870	»	»	
Matériel et traction	»	7.558	5.391	889	2.335	8.087	10.059	1.627	»	»	
Dépenses diverses	»	6.881	1.144	566	876	2.056	2.583	2.509	»	»	
Dépenses totales	5.453	36.663	10.425	8.175	12.951	22.167	27.441	20.506	18.000	42.000	
Dépenses { par kilomètre de ligne	17.040	61.207	73.416	77.857	52.222	13.641	168.350	12.816	»	»	
Recettes totales	15.700	80.264	24.225	10.684	25.771	25.771	44.505	45.500	21.950	61.765	
Coefficient d'exploitation	35 0/0	45 0/0	43 0/0	73 0/0	40 0/0	86 0/0	61 0/0	45 0/0	82 0/0	68 0/0	

Au Territet-Glion, outre le serre-frein placé sur la plate forme inférieure, un agent prend place sur la plate-forme supérieure du wagon montant, afin de surveiller l'état de la voie.

La mise en marche s'effectue en lâchant les freins du wagon descendant.

La vitesse des voitures varie ordinairement de 1 m. à 1 m. 50 par seconde.

La consommation d'eau varie suivant le profil de la ligne, sa longueur, le trafic, etc..

Au chemin de Rives à Thonon la consommation est de 3 mc. 5 par voyage. Au Territet-Glion, pour un trajet des deux wagons vides, la dépense d'eau est de 4 mc. 5.

51. — Dépenses d'exploitation. — Les dépenses d'exploitation sont également peu considérables; le tableau ci-dessus donne la décomposition de ces dépenses pour diverses lignes, ainsi que les recettes correspondantes.

On le voit, les dépenses d'exploitation varient dans des proportions considérables.

Tandis qu'au Giessbach le coefficient d'exploitation est de 35 %, il atteint 86 % au Biel-Magglingen. Les dépenses pour le service de l'expédition des trains et du mouvement sont généralement les plus importantes ; elles varient de 0,25 à 0.33 des dépenses totales de l'exploitation.

La première année de l'exploitation, les dépenses au Giessbach se sont ainsi décomposées.

Administration	450 fr.
Entretien de la voie	420 fr.
Exploitation	1530 fr.
Matériel et traction	1240 fr.
Total	3640 fr.

On ne perdra pas de vue que l'exploitation des funiculaires à contrepoids d'eau n'a lieu généralement que pendant l'été.

Même au Territet-Glion, où l'exploitation se continue généralement toute l'année, les recettes des mois d'hiver sont très faibles.

En 1885 par exemple, les recettes de l'année du Territet-Glion se sont élevées à 68.487 fr. tandis que les recettes pour les mois de décembre, janvier et février, soit $\frac{1}{4}$ de l'année, n'ont été que de 1825 fr. soit $\frac{1}{40}$ de la totalité des recettes de l'année.

Les recettes du trimestre juillet, août, septembre, représentent au contraire la moitié des recettes de l'année.

On comprend qu'avec de telles variations dans le trafic journalier, les dépenses d'exploitation soient relativement élevées, malgré la simplicité et l'économie du système.

A part le personnel, les seules dépenses consistent dans l'entretien des voies et du matériel, et le remplacement des câbles quand ils sont usés.

La durée de ces derniers est du reste fort longue, lorsque le tracé est rectiligne ; au Territet-Glion elle a été de 8 ans et 4 mois.

Le câble est encore en bon état au Gütsch, après 7 ans et 4 mois, et au Giessbach après 12 ans et demi de service.

Au Béatenberg, où le tracé est sinueux, la durée du câble mis en service en juin 1889 n'a pas excédé 1 an et 4 mois. Nous renverrons du reste le lecteur au chap. Ier § 4 pour tout ce qui concerne les câbles.

Le personnel de l'exploitation est toujours très réduit ; au Giessbach il ne comprend que 2 agents, au Gütsch 5, au Territet-Glion 10.

A Rives-Thonon on compte 5 agents, savoir : un chef de service, un chef de traction, deux conducteurs et un camionneur.

Les recettes sont faites aux stations terminus, et contrôlées par des tickets ; plus simplement par des tourniquets, quand il n'y a qu'une seule classe.

Le nombre moyen des voyageurs par an et le nombre moyen de trains par jour sont indiqués ci-dessous.

	Nombre de voyageurs par an	Nombre de trains par jour.
Zurichberg	446.955	261
Marzili Berne	163.613	281
Lugano	160.000	148
Gütsch	97.000	43
Territet-Glion	85.000	35
Giessbach	16.000	18

52. Recettes, tarifs, considérations financières. — Le tableau ci-dessus donne les recettes d'un certain nombre de funiculaires à contre-poids d'eau.

En tenant compte du capital de premier établissement, le taux de placement ressort pour les diverses lignes aux chiffres suivants :

Gütsch	16 %
Giessbach	6,8 %
Territet-Glion	5,5 %
Béatenberg	4 %

A part les trois premiers funiculaires dont les résultats sont très satisfaisants au point de vue pécunier, tous les autres n'ont produit qu'une faible rémunération du capital engagé.

La plupart des funiculaires transportent les voyageurs et les marchandises ; mais pour ces dernières le poids est limité et le prix de transport très élevé.

Tarifs. — Les prix de transport sont naturellement des plus variables ; ils dépendent de la hauteur à gravir, du nombre total des voyageurs de la durée de l'exploitation, etc... Il est évident que sur de semblables lignes, où l'on franchit des différences de niveau considérables, dans un temps très restreint, le prix ne peut pas être proportionnel à la longueur du tracé comme sur les voies ordinaires.

Voici les tarifs de quelques funiculaires à contre poids d'eau.

	montée	descente	aller et retour
Giessbach	1 fr.	1 fr.	1 fr.
Territet-Glion.	1	0,75	1,50
Gütsch.	0,30	0,30	0,50
Marzili-Berne.	0,10	0,10	0,20
Lugano. . { 1re classe .	0,40	0,20	0,60
Lugano. . { 2e — .	0,20	0,10	0,30
Zürichberg.	0,10	0,10	0,20
Béatenberg.	1,50	0,70	2
— Durant la saison d'été.	2,50	1 fr.	3

Comme nous l'avons vu, à part les funiculaires du Gütsch et du Giessbach qui ont été de très belles opérations au point de vue financier, les autres funiculaires n'ont rapporté qu'un revenu modéré. Cependant, on peut dire qu'en général le rendement du capital a été d'au moins 4 %.

Ces résultats sont encourageants, et doivent faire songer à l'emploi de ce système partout où il est possible.

Malheureusement, les cas d'application sont restreints, et dépendent absolument des circonstances locales.

Les dépenses de premier établissement sont toujours élevées ; il faut donc être certain de l'intensité du trafic à desservir, avant de songer à la constructien d'un semblable moyen de transport.

En Suisse on est hardi pour ce genre d'entreprise, et le succès des premiers funiculaires justifie cette hardiesse ; les conditions particulières du pays indiquent du reste tout naturellement ce mode de traction.

En France, les circonstances locales sont moins favorables, et en général on hésite beaucoup à créer un chemin funiculaire ne devant servir qu'aux touristes et pendant quelques mois de l'année seulement. Souvent même, le développement de certaines stations thermales est arrêté faute de moyens d'accès faciles, permettant de visiter sans fatigue des sites pittoresques ; ce cas est malheureusement fréquent en France.

Depuis deux ans cependant, on a construit en France un ascenseur hydraulique à balance d'eau, à Marseille, pour faciliter l'accès de la côte de Notre-Dame-de la-Garde.

A Rouen, on a ouvert à l'exploitation en 1892 le funiculaire à contre-poids d'eau de Notre-Dame-de-Bonsecours, et à Bellevue on vient de livrer à l'exploitation un funiculaire mû par une machine à vapeur.

53. Comparaison entre les chemins funiculaires à contre-poids d'eau et les funiculaires à machine fixe. — Toutes les fois que le funiculaire à contre-poids d'eau est possible, il faut l'employer, quand il s'agit de lignes courtes.

Il est en effet bien plus économique que tout autre système : il ne consomme que de l'eau, il n'exige que peu ou point d'installations mécaniques, par suite l'entretien des machines est à peu près nul.

On échappe donc ainsi à tous les frais et embarras que causent les machines à vapeur et même les machines électriques.

La sécurité offerte par ce système est aussi grande que celle de n'importe quel autre. La capacité de trafic est assez considérable, car la durée du remplissage et de la vidange des 4 caisses à eau est toujours inférieure à celle qu'exige la descente et la montée des voyageurs. Au demeurant, l'exemple des chemins du Gütsch, du Territet-Glion, du Zurichberg, etc., etc. est des plus probants à cet égard.

Toutefois, cette capacité de trafic est inférieure à celle des funiculaires à machine fixe.

En effet, par raison de sécurité, la vitesse de marche sur les funiculaires à contre-poids d'eau est toujours inférieure à 2 m. par seconde. Le wagon descendant, ayant sa caisse à eau plus ou moins pleine, pèse toujours un poids assez considérable, la masse en mouvement est grande, par suite la force vive du système a une grande valeur : on doit donc réduire la vitesse, pour être sûr de la marche et être maître du train, sans craindre des réactions dangereuses en cas d'arrêt ou de ralentissement.

La vitesse de marche étant plus faible, le temps de parcours est plus long que sur les funiculaires à machine fixe ; cet inconvénient est d'autant plus sensible que la longueur de la ligne est plus grande.

En outre, quand la longueur de la ligne augmente, un autre inconvénient se présente.

Le poids du câble dépend de sa tension ; or, il est clair que le câble, ayant à supporter la composante due au poids de la charge d'eau motrice, pèse plus pour un même poids de voyageurs que si l'on employait un moteur fixe. Sur de faibles longueurs, l'augmentation du poids du câble n'est qu'un léger inconvénient ; mais pour de grandes longueurs, ce défaut est capital et peut suffire à faire rejeter le système.

Au point de vue des sinuosités en plan, il est clair que le système à contre poids d'eau s'y prête au moins aussi bien que le système à machines fixes.

Il y a là une question d'usure des câbles, qui existe dans l'un comme dans l'autre des deux systèmes ; la seule différence, c'est que dans le premier système la tension est sensiblement uniforme sur les deux brins du câble ; tandis qu'avec une machine fixe, exigeant l'emploi à une extrémité d'un tambour ou de poulies à adhérence, les tensions sur les deux brins du câble ne sont jamais les mêmes : considération toute à l'avantage du premier système.

En résumé, les funiculaires à contre poids d'eau conviennent parfaitement pour les lignes à très forte pente, faible longueur et trafic modéré. Leurs avantages sont tels que dans certains cas comme au Bienne-Macolin on a, manquant d'eau au sommet, installé une pompe au bas du plan incliné et refoulé l'eau jusqu'au sommet.

Les funiculaires à contre poids d'eau sont destinés, croyons-nous, à se développer dans notre pays. Si en Suisse on a été quelquefois un peu trop hardi à ce sujet au point de vue financier, on peut dire qu'en France on ne l'a pas été assez en général.

Ce n'est qu'en facilitant l'accès de sites pittoresques, en offrant aux touristes des promenades aisées et agréables, que l'on pourra retenir dans les stations thermales de nos montagnes une partie de cette affluence de voyageurs qui visite la Suisse durant la belle saison.

CHAPITRE III

FUNICULAIRES A CABLES SANS FIN

§ 1. *Historique. Principes. Théorie.*
§ 2. *Description de divers tramways funiculaires.*
§ 3. *Constitution de la voie.*
§ 4. *Câbles.*
§ 5. *Machines motrices.*
§ 6. *Matériel roulant. Dépenses de premier établissement.*
§ 7. *Exploitation.*

SOMMAIRE :

§ 1. — *Historique, Principes, Théorie.* — 54. Généralités. — 55. Chemin funiculaire de Londres à Blackwall. — 56. Plans inclinés de Liège. — 57. Emploi d'un câble souterrain. Brevets Gardiner et Hallidie. — 58. Principe des tramways à câble. — 59. Condition d'établissement en plan et profil. — — 60. Calculs de traction, résistances, tension du câble, adhérence sur les poulies.

§ 2. — *Description de divers Tramways funiculaires.* — 61. Historique. Tramways à câble de San Francisco. — 62. Ligne de Clay-Street. — 63. Lignes de Sutter et Larkin Street. — 64. Ligne de California Street. — 65. Ligne de Geary-Street. — 66. Ligne de Union Presidio et Ferries. — 67. Ligne de Market Street. — 68. Tramways de Los Angelos. — 69. Tramways à câble de Chicago. — 70. Tramways à câble de Philadelphie. — 71. Tramways à câble de la Nouvelle-Zélande. — 72. Tramways à câble du pont de Brooklyn. — 73. Tramways à câble de Highgate-Hill. — 74. Tramways à câble de Birmingham. — 75. Tramways à câble d'Edimbourg. — 76. Tramways à câble de Belleville. — 77. Lignes diverses.

§ 3. — *Constitution de la voie.* — 78. Largeur de voie, rails de roulement et de rainure. — 79. Cadres de la voie. — 80. Jougs. — 81. Supports en fonte. — 82. Tableau de la superstructure des tramways à câble, dépenses de construction de la voie.

§ 4. — *Câbles.* — 83. Enroulement sur les tambours moteurs. — 84. Distance des poulies, composition et poids des câbles, allongement. — 85. Durée des câbles.

§ 5. — *Machines motrices.* — 86. Dispositions générales, emplacements. — 87. Types de chaudière et moteur. — 88. Tambours moteurs et poulies. — 89. Appareils et poulies de tension.

§ 6. — *Matériel roulant, dépenses de premier établissement.* — 90. Types divers de voitures. — 91. Appareils de gripp, classification. — 92. Gripps serrant horizontalement, types de Claye-Street, Geary-Street, Brooklyn. — 93. Gripps serrant verticalement, types de Sutter-Street, California-Street, Highate-Hill, Belleville. — 94. Remarque sur les divers types de Gripps. — 95. Freins. — 96. Dépenses de premier établissement.

§ 7. — *Exploitation.* — 97. Généralités, disposition des voies aux points terminus. — 98. Dépenses d'exploitation. — 99. Trafic, considérations financières ; comparaison avec les autres modes de traction.

CHAPITRE III

FUNICULAIRES A CABLE SANS FIN

§. 1. — PRINCIPES. HISTORIQUE. THÉORIE.

54. Généralités. — Nous avons indiqué déjà au commencement de cet ouvrage le principe des funiculaires à câble sans fin.

Les deux brins du câble s'étendent d'un bout à l'autre de la ligne; ils s'infléchissent sur une poulie de renvoi à chaque extrémité, et s'enroulent sur les tambours moteurs en un point quelconque du trajet. La ligne est généralement à deux voies; un brin du câble est placé dans l'axe d'une des voies, l'autre brin sur la seconde voie; comme les deux brins continuellement en mouvement se meuvent chacun en sens contraire, les voitures suivent l'une des voies à l'aller, et l'autre au retour.

Les voitures peuvent à volonté saisir ou lâcher le câble, de façon à s'arrêter et se remettre en marche à tout instant. Un mécanisme permet de régler la tension du câble, qui doit demeurer constante.

La première application de ce principe fut faite sous une forme assez différente par Robert Stephenson, en 1840, au railway de Londres à Blackwall. Bien que le principe adopté diffère notablement de celui des funiculaires à câble sans fin actuels, ce système de halage par câble représente un premier essai, une première tentative aussi remarquable par ses dispositions, eu égard à l'époque, que par l'importance du trafic desservi; aussi nous y arrêterons-nous quelques instants.

55. — Chemin de Londres à Blackwall. — Le chemin de Londres à Blackwall, construit sur arcades dans l'intérieur de Londres, avait une longueur de 6.300 m. et comportait d'abord cinq, puis six stations intermédiaires (1).

Les pentes maxima étaient de 10 mm. par mètre, les rayons minimums des courbes de 910 mètres ; encore la pente n'existait-elle qu'entre chacune des stations terminus et la première station intermédiaire. Robert Stephenson imagina d'établir à chacune des extrémités de la ligne une machine fixe mettant en mouvement deux tambours tournant en sens inverse l'un de l'autre ; deux cordages parallèles étaient placés dans l'axe de chacune des voies, ces cordages avait des mouvements inverses : tandis que l'un se déroulait du tambour de Londres pour s'enrouler sur celui de Blakwall, l'autre s'enroulait sur le tambour de Londres en se déroulant de celui de Blackwall. Les voitures pouvaient saisir et lâcher les cordages suivant les besoins.

La largeur de la voie était de 1 m. 50, le câble était soutenu le long de ces voies par des poulies intermédiaires distantes d'environ 1 m.

Les tambours moteurs tournaient à raison de 40 tours par minute, la machine motrice de Londres avait une force de 230 chevaux, celle de Blackwall 140. La vitesse du câble était de 40 kilomètres à l'heure.

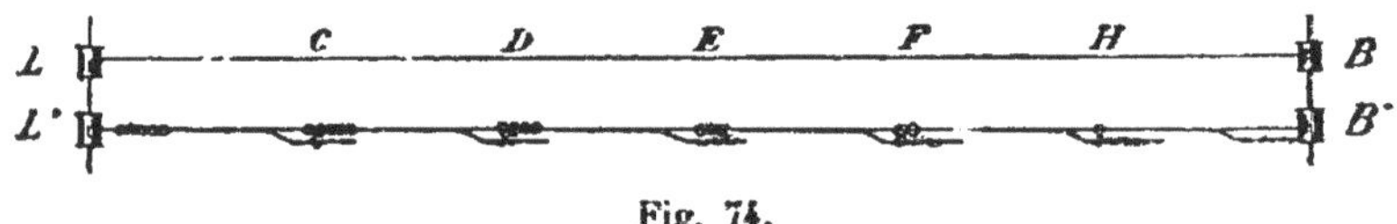

Fig. 74.

Soient (fig. 74) LL' la station de Londres, BB' celle de Blackwall, LB, L'B' les deux cordages ; C, D, E, F, H, les stations intermédiaires ; supposons le cordage L'B' enroulé sur le tambour L' et LB enroulé en B, comme l'indique la fig. 74. A ce moment, on attachait au câble L'B', à la station terminus L' et à chacune des cinq stations intermédiaires, autant de voitures qu'il y avait de stations à desservir dans le sens suivant lequel le câble allait se mouvoir. Chaque voiture ne contenait que des voyageurs allant tous à la même station ; de telle sorte que le nombre minimum des voitures attachées au câble devait être forcément de 6 + 5 + 4 + 3 + 2 + 1 = 21 voitures.

Les deux machines se mettaient en mouvement simultanément, et chaque wagon était détaché du câble un instant avant d'arriver à sa station de destination, sans que le mouvement des autres voitures fut changé en rien. La voiture détachée était aiguillée sur une voie de garage, où son conducteur l'arrêtait à l'aide du frein.

De cette façon, il n'arrivait à Blackwall que les voitures placées en tête des convois aux différentes stations et ne contenant des voyageurs

1. Perdonnet, *Traité des chemins de fer*. — Bucknall Smith. *Câble or Rope traction*, page 11.

que pour cette destination. Chaque train était composé de 6 à 26 voitures de 1re et 3e classe ; celles-ci contenaient 70 voyageurs, celles là 40. La vitesse des voitures était d'environ 40 kilom. à l'heure.

Le poids d'un convoi variait de 100 à 200 tonnes ; or, au moment de la construction de la ligne, les locomotives n'auraient guère pu remorquer que le $\frac{1}{3}$ de cette charge.

Les départs avaient lieu environ toutes les cinq minutes, et le tonnage journalier était d'environ 7.000 tonnes.

Pendant l'année 1844, on transporta 2.500.000 voyageurs, sur lesquels $\frac{2}{3}$ provenaient des stations intermédiaires.

Or, précisément le service des stations intermédiaires était particulièrement dispendieux, puisqu'il nécessitait une voiture avec un conducteur pour les voyageurs de chaque station n'y en eût-il qu'un seul.

Néanmoins, on estima que ce système procurait, comparativement à la traction par locomotive, une économie annuelle de 300.000 f. sur les dépenses d'exploitation (compris entretien et renouvellement).

Les dépenses d'exploitation correspondaient à 1 fr. à 1. 20 par voiture kilomètre.

Les machines consommaient 12 tonnes de charbon par an, soit une dépense d'environ 87.500 fr.

Un des principaux inconvénients du système furent les ruptures des câbles en chanvre, ruptures qui se produisaient fréquemment, environ une fois par mois et toujours avec une violence extrême ; les deux fragments du câble se séparaient brusquement et allaient frapper les voies qui se trouvaient très souvent endommagées par suite de ces accidents. Quand on eût remplacé les câbles de chanvre par des câbles métalliques, les ruptures furent moins fréquentes et la durée ces câbles métalliques fut d'environ 9 à 12 mois.

Les dépenses de premier établissement s'élevèrent à environ 16.250.000 fr. pour 6 300 m. soit 2.580.000 fr. par kilomètre: On estima qu'une ligne à traction de locomotives eût coûté 3.750.000 fr. de plus. Mais il ne faut pas oublier qu'il s'agit d'une voie ferrée construite dans l'intérieur d'une ville telle que Londres.

En 1841, la ligne fut prolongée dans Londres jusqu'à Fenschurch-Street, ce qui coûta environ 750.000 fr. et on créa aussi une sixième station intermédiaire.

Mais, dès que la construction des locomotives et l'industrie des chemins de fer en général eurent progressé, les inconvénients du système de Blackwall : cherté, complication de l'exploitation, et rupture des câbles, le firent promptement abandonner. Dès 1348, la traction par locomotive fut substituée au hâlage par câble.

Bien que ce système n'offre qu'une ressemblance lointaine avec les funiculaires à câble sans fin de notre époque, il était intéressant de signaler cette première tentative déjà ancienne. Son analogie avec les funiculaires actuels réside dans l'application de ces deux principes : prendre et laisser le câble à volonté, et desservir un trafic voyageurs d'une intensité considérable.

56. Plans inclinés de Liège. — Un autre essai de traction funiculaire fut tenté sur les chemins de fer Belges, dans des conditions toutes différentes : nous voulons parler des anciens plans inclinés de Liège, qui ont fonctionné très convenablement jusqu'en 1871.

Ils consistaient en deux plans de 1980 mètres de longueur chacun, rachetant l'un et l'autre une même hauteur de 55 mètres. Les pentes variaient de 14 à 30 mm. par mètre.

Les plans étaient en ligne droite, mais formaient entre eux un angle de 32°, raccordés par une courbe de 350 m. de rayon ; un palier intermédiaire de 330 m. les séparait.

Les plans étaient établis à deux voies.

Les voitures descendaient par la gravité, la vitesse étant modérée à l'aide d'un frein à patin.

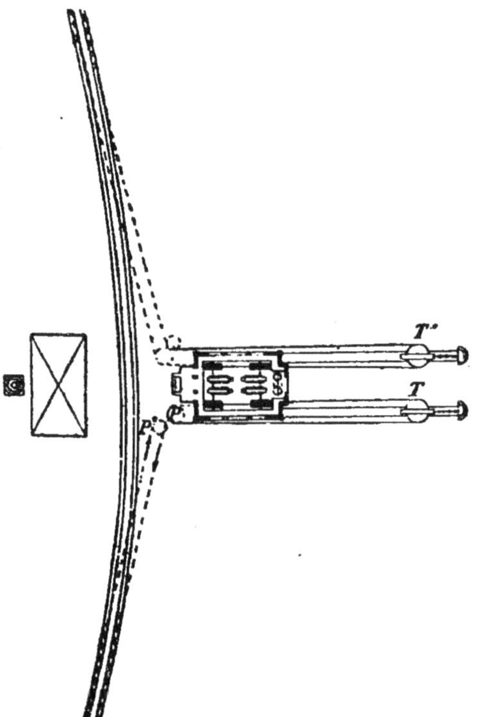

Fig. 75.

A la montée, elles étaient halées par le câble, qui était un véritable câble sans fin, animé d'un mouvement continu dans le même sens. Au bas de chaque plan on avait ménagé une voie de sécurité pour recevoir les wagons échappés.

Les machines étaient placées sur le palier, au sommet de l'angle formé par les deux plans inclinés. Ces machines, au nombre de quatre, étaient de 80 chevaux chacune. Elles étaient accouplées deux à deux et chaque paire mettait en mouvement un arbre moteur sur lequel étaient placées les poulies motrices de 4 m. 80 de diamètre, présentant cinq gorges et une table cylindrique de pression pour le frein. Ces poulies pouvaient a volonté soit faire corps avec l'arbre, soit tourner folles sur lui. Chaque plan incliné était desservi par un câble spécial, comme l'indique la fig. 75.

En service normal, chaque machine desservait un plan incliné, et la poulie droite du premier arbre était embrayée, ainsi que la poulie gauche du second. Si l'une des machines était en réparation, une seule assurait le service ; les deux poulies de son arbre étaient embrayées et les poulies du second arbre étant débrayées tournaient folles sur lui.

En T, on voit la poulie de renvoi du câble, montée sur un chariot mobile sollicité par un poids, de façon à maintenir la constance de la tension du câble.

Les trains, composés au plus de 8 wagons, pesaient au maximum 60 tonnes ; la vitesse de marche étaif de 20 kilom. à l'heure.

Le frein à patin était monté sur un wagon spécial, portant aussi la pince d'accrochage pour saisir le câble, ce que l'on appelle aujourd'hui « le Gripp ». Ce gripp se composait de deux mâchoires, l'une fixe l'autre mobile ; en relevant cette dernière on serrait le câble entre les deux mâchoires. Certains wagons étaient munis de deux gripps. Les fig. 76 et 77 représentent deux vues du gripp de Liège intéressant au point de vue historique.

Une sorte de traîneau était placé en queue du train ; en cas de rupture du câble, les roues du dernier wagon reculant montaient sur le traîneau, et le frottement arrêtait le convoi.

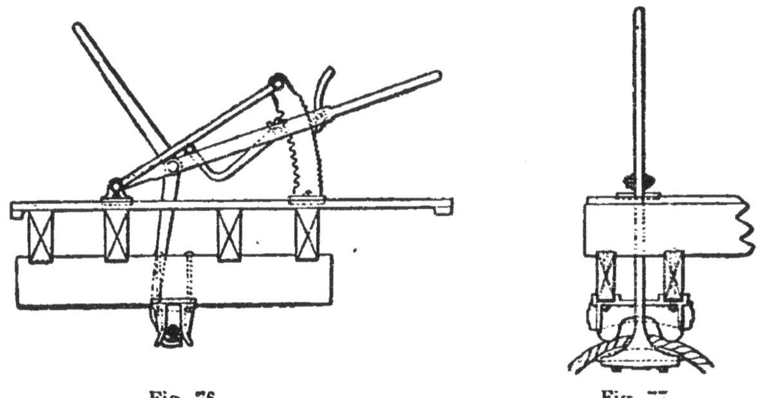

Fig. 76. Fig. 77.

On pouvait remonter 6 convois, par heure soit 70 par jour, ce qui représente une circulation de 560 voitures ou wagons.

Ces plans inclinés, fort bien conçus et exécutés, étaient l'œuvre remarquable de M. Mauss, ils ont très bien fonctionné jusqu'à la fin. Mais par suite de l'augmentation du trafic ils devenaient insuffisants comme capacité de circulation. Dès 1866, le service des voyageurs était fait par des locomotives, à partir de 1871 l'emploi de puissantes locomotives à huit roues accouplées fit renoncer à l'usage des machines fixes qui furent définitivement abandonnées.

« L'introduction des locomotives-tender à huit roues accouplées, dit « à ce propos M. Couche, a été sous tous les rapports un progrès ; le « service de la rampe est devenu plus économique et plus simple ».

Quoi qu'il en soit, les plans inclinés de Liège offrent le premier exemple d'un système de traction basé sur les principes du funiculaire à câble sans fin animé d'un mouvement continu, avec poids tenseur, et comportant l'emploi d'une mâchoire mobile, ou gripp, pour saisir ou lâcher le câble.

De plus, cette installation a fonctionné très convenablement pendant plus de 25 ans ; on doit donc la considérer comme fort intéressante au point de vue historique.

57. Emploi d'un câble souterrain. Brevets Gardiner et Hallidie. Période actuelle. — M. Bucknall Smith indique l'emploi de funiculaires à câble sans fin avec wagonnets munis de gripps mobiles dans les mines, vers l'année 1860.

Jusqu'ici nous n'avons parlé que de halage funiculaire, laissant le câble à découvert, au dessus du niveau des rails de la voie. C'était suffisant pour des chemins de fer ayant une plateforme spéciale, ou pour l'exploitation des mines, mais lorsque l'on voulut appliquer aux tramways urbains le principe de la traction par câble sans fin dans les rues des grandes cités, il fallut partir d'un autre principe, et songer soit à employer un câble aérien, soit à loger le câble dans un égout longitudinal, au dessous du niveau de la voie publique.

D'après M, Bucknall Smith (1), pour la première fois W. Brandling, en 1845, indiqua cette seconde solution. Mais c'est seulement en 1858 que T. S. Gardiner, de Philadelphie, proposa nettement l'emploi d'un câble sans fin soutenu par des poulies et se mouvant dans un tube fendu longitudinalement par une rainure, laquelle était traversée par la tige d'un « gripp » fixé invariablement à la voiture et permettant de la rendre à volonté solidaire ou indépendante du mouvement du câble. La description de l'appareil de gripp n'a pas été donnée par Gardiner qui ne poursuivit pas l'application de son ingénieux système.

En 1866, C. F. Harvey, reprenant des idées déjà émises en 1841 par Fostor et Brown, proposait l'emploi d'un câble sans fin aérien, et imagina un système de gripp fort ingénieux.

Enfin, en 1871 et 1872, A. S. Hallidie, de San Francisco, non seulement donna une forme pratique aux divers organes de traction par câble sans fin souterrain, mais encore arriva à faire partager ses idées à ses concitoyens, et à faire appliquer ce mode de traction pour les

1. *Câble or rope Traction*, p. 16.

tramways des rues de San Francisco, où les pentes sont trop raides pour être desservies économiquement et convenablement par des tramways à traction animale. M. A. S. Hallidie fut puissamment aidé par son collaborateur M. W. Eppelsheimer. C'est en 1872 que l'on commença à San Francisco les travaux du premier tramway à câble sans fin.

Ce système ne devait être introduit en Europe que dix ans plus tard, et appliqué sur la ligne de Highgate-Hill à Londres.

Il est cependant à noter qu'en 1873 M. G. Sigl, de Vienne, prit un brevet pour un système de traction par câble sans fin, et construisit une ligne de 493 m. de long avec rampes de 250 mm. par mètre. Cette ligne avait pour but de faciliter l'ascension d'une hauteur appelée « Sofien-Alpi » aux environs de Vienne.

Toutefois, le câble n'était pas souterrain, mais supporté par des poulies à peu près au niveau des voies. Le câble présentait des nœuds qui entraînaient des sortes de fourches dont les voitures étaient munies.

Cette ligne fut supprimée en 1885 à cause de la diminution du trafic (1). C'était surtout une ligne de plaisance.

C'est seulement en 1890 que le principe fut importé en France, et appliqué dans des conditions particulièrement difficiles, au funiculaire de Belleville.

Pendant tout ce temps, le système s'était répandu dans le nouveau monde, bon nombre des lignes de tramways à chevaux, non seulement de San Francisco mais aussi de Chicago, avaient été transformées en lignes à câble. Kansas City, Saint-Louis, Philadelphie, New-York, suivirent cet exemple, et eurent plusieurs lignes à câble ; l'Australie et la Nouvelle Zélande devancèrent même l'Europe dans cette voie.

Le système de traction par câble sans fin a été appliqué d'abord sur des lignes à très fortes déclivités ; mais il a donné également de bons résultats sur des lignes à faible pente. Chicago offre de bons exemples de cette seconde application.

Les locomotives, outre les inconvénients inhérents à leur emploi, ne peuvent desservir une ligne de tramways très fréquentée qu'à la condition d'être très nombreuses, ce qui entraîne leur chômage au moment où l'intensité du trafic diminue. On ne peut du reste songer à recourir à des locomotives puissantes remorquant des trains plus longs, car en matière de circulation urbaine, la fréquence des départs est le premier désidératum à remplir.

Sur une ligne à forte pente, on n'utilise pas avec les locomotives, le travail des véhicules descendant. Dans la traction funiculaire, au contraire, ce travail est mis à profit.

1. E. Pontzen, *Portefeuille économique des machines*, janvier 1888. Paris, Baudry.

Le développement rapide des tramways funiculaires aux Etats-Unis surprend quand on le compare à la réserve que les Européens ont apportée à l'application de ce mode de transport. Mais, comme le fait remarquer justement M. Pontzen, la viabilité des grandes rues des cités américaines laisse souvent à désirer. Cet état de choses était évidemment des plus favorables au développement des tramways en général. On s'est donc trouvé dans plusieurs villes d'Amérique en présence d'un réseau très important de tramways à traction animale, exploitée souvent dans des conditions particulièrement onéreuses, soit à cause des pentes de la ligne, soit à cause de l'intensité et des variations excessives de la circulation. Dans ces conditions il était naturel de chercher avec ardeur la substitution de la traction mécanique à la traction animale. De là est résulté l'essor donné à la traction mécanique en général, et en particulier à la traction funiculaire. En Europe au contraire où le pavage des rues est très soigné, le besoin des tramways s'est fait sentir moins vivement, et les omnibus ordinaires sont remplacés prudemment et peu à peu par des lignes de tramways. La situation et les besoins ne sont pas les mêmes qu'en Amérique, et il faut évidemment se garder de comparaisons peu justifiées, qui amènent forcément à des conclusions erronées.

58. Principe des tramways à câble. — Avant d'entrer dans la description détaillée des tramways funiculaires, il est utile d'en bien établir le principe.

Un câble sans fin, porté par des poulies, se meut d'un mouvement continu au dessous du niveau du sol de la rue. L'ensemble du câble et des poulies est contenu dans un long tube placé au milieu des voies. Ce tube, entièrement enterré, présente dans l'axe de la voie une fente longitudinale, laissant passer librement la tige verticale de l'appareil de préhension permettant de faire participer à volonté les voitures au mouvement du câble ; cet appareil s'appelle le « gripp » Le gripp est souvent fixé sur une voiture spéciale dite « dummy » qui en remorque une autre.

Le tube est constitué par des sortes de châssis verticaux métalliques où « jougs » disposés perpendiculairement à l'axe de la voie, et équidistants, une maçonnerie allant d'un joug à l'autre donne la continuité au tube rainuré, et en fait un véritable égout, fermé de toutes parts, à l'exception de la fente longitudinale destinée au passage du gripp.

Suivant le nombre des voitures attachées au câble, les charges, etc... etc., l'effort à développer pour mettre le câble en mouvement et par suite la tension de celui-ci varierait à tout moment, si l'on ne tendait ce câble par un fort contrepoids à l'une des extrémités de façon à maintenir la tension constante.

Le câble est mis en mouvement par des poulies, mais l'effort à développer étant considérable, un seul tour de câble ne suffirait pas pour donner l'adhérence ; on a généralement recours à des poulies ou tambours rainurés, placés l'un en face de l'autre ; le câble fait sur chacune d'elles une série de fractions de tours, en se déroulant de l'une pour s'enrouler sur l'autre.

Ces principes généraux étant posés, passons à leur examen détaillé.

59. Conditions d'établissement, en plan et profil.— Lignes à simple et double voie. — Les lignes funiculaires à câble sans fin peuvent présenter des courbes de très faible rayon, tout comme les lignes de tramways à traction animale ; on en cite de nombreux exemples. A Belleville on est descendu jusqu'à 21 mètres, et le développement total des courbes atteint l'énorme proportion de 15 0/0 de la longueur totale. A San Francisco sur la ligne de Sutter Street, on trouve des rayons de 12m. Mais le passage des courbes nécessite certaines dispositions spéciales au point de vue des poulies guidant et supportant le câble. Au début, on avait essayé d'échapper à ces difficultés, en lâchant le câble avant d'entrer en courbe et le rattrapant ensuite en franchissant la courbe par vitesse acquise. Les inconvénients de cet artifice étaient sensibles, et on a dû y renoncer ; le démarrage en cas d'arrêt en courbe, par exemple, offrait de grandes difficultés.

Pour permettre à la fois le guidage du câble, et le passage du gripp, on a adopté les dispositions suivantes :

Le câble est guidé dans les courbes par des poulies à axe vertical, ces poulies sont souvent coniques, et leur plus grand diamètre est à la partie inférieure où elles présentent un large rebord sur lequel le câble peut se poser au besoin. Les fig. 79-80 indiquent comment l'on assure le passage du gripp. La tige du gripp est munie d'un galet, roulant sur un rail placé dans le tube de câble, au-dessus du niveau des poulies de guidage. De cette façon, le gripp se tient toujours à la distance voulue du rebord des poulies, et les mâchoires peuvent passer sans risquer de les accrocher ou de se coincer.

Ces dispositions compliquent évidemment le système, et augmentent les prix de revient.

Les courbes ont également pour effet de diminuer très notablement la durée des câbles, nous en donnerons plus loin des exemples.

Il n'y a pas pour ainsi dire de limite supérieure pour les rampes ; quelle que soit l'inclinaison de la rue, un tramway à câble pourra toujours la gravir aisément. A San Francisco, les pentes atteignent 158 et 177 mm. par m. ; à Belleville, elles ne dépassent pas 75 mm. par mètre.

D'après ce que nous avons dit, il n'y a pas non plus de limite inférieure des pentes ; c'est-à-dire que la traction par câble sans fin peut être appliquée sur une ligne de niveau et y donner de bons résultats, quand les circonstances le permettent. C'est le cas de la ligne de Market-Street à San-Francisco, des lignes de Chicago, et du tramway du pont de Brooklyn, à New-York. Il faut évidemment, pour que ce mode de traction soit justifié en pareil cas, une circulation extraordinairement active, incessante, se produisant sans relâche, un très grand nombre d'heures par jour. Autrement, il serait impossible de trouver dans l'exploitation, non seulement la rémunération du capital considérable de premier établissement exigé par ce système ; mais encore, on ne parviendrait pas assurément à couvrir les dépenses d'exploitation.

Les tramways funiculaires établis en Amérique et en Océanie ont tous été construits avec deux voies distinctes, une pour l'aller et l'autre pour le retour. En Europe, au contraire, à Highgate, on a établi une partie de la ligne à voie unique, avec garages intermédiaires ; à Belleville, la ligne est à simple voie sur toute sa longueur.

Mais dans ces deux derniers cas, la fréquence des courbes et le fait de n'avoir qu'une seule voie ont apporté d'énormes difficultés à la solution du problème.

M. Bucknal Smith conclut qu'à Highgate les conditions posées ne convenaient pas au système, et on peut penser sans doute la même chose pour le cas du funiculaire de Belleville où les conditions imposées au constructeur étaient encore bien plus défavorables qu'à Highgate.

On doit donc dire d'une façon générale que les tramways funiculaires à câble sans fin installés dans les rues doivent être toujours établis à deux voies.

En ce qui concerne les courbes, il convient de ne pas les multiplier et d'avoir présent à l'esprit qu'elles rendent la construction particulièrement coûteuse, qu'elles sont une cause permanente de gêne et de dépenses pour l'exploitation, et qu'elles réduisent dans des proportions énormes la durée des câbles. Les tramways funiculaires sont donc destinés à peu près exclusivement aux rues larges et droites.

60. Calculs de traction, Résistances, Tension du câble, Adhérence sur les poulies. — Soient F l'effort de traction à développer sur l'un des deux brins du câble ;

P et P' les poids des véhicules montant et descendant ;

α et α' l'angle de la voie avec l'horizon au point où se trouvent les véhicules ;

f le coefficient de résistance au roulement des véhicules ;

ρ l'ensemble des résistances passives.

on aura :

$$F = \Sigma P \sin \alpha - \Sigma P' \sin \alpha' + f(\Sigma P + \Sigma P') + \rho$$

Cette équation montre immédiatement dans quelles proportions énormes l'effort moteur F peut varier.

Le terme ρ varie peu, mais suivant que les voitures serrent ou desserrent leur gripp les termes $\Sigma P \sin \alpha$, $\Sigma P' \sin \alpha'$, et $f(\Sigma P + \Sigma P')$ varient, il peut même arriver que ces termes s'annulent complètement si toutes les voitures lâchent le câble en même temps.

Il est clair que l'effort maximum de traction se produira quand toutes les voitures montantes saisissant le câble, les voitures descendantes le lâcheront, à ce moment on aura :

$$F = \Sigma P \sin \alpha + f \Sigma P + \rho$$

En général

$$\Sigma P \sin \alpha = nP\Sigma \sin \alpha$$

P étant le poids maximum d'une voiture en service, n le nombre maximum des voitures pouvant se trouver en même temps sur l'un des brins du cable.

Par suite de ces variations d'effort incessants, la tension du câble changerait à tout moment si l'on ne la maintenait constante à l'aide d'un poids tenseur. Il résulte de cette disposition, que la tension tend à rester toujours la même sur chacun des deux brins du câble de part et d'autre de la poulie de tension.

Il y aurait encore à tenir compte de l'effort à faire pour mettre les voitures en mouvement au moment du démarrage. Cette question a été étudiée par M. Widmer, ingénieur des ponts et chaussées, dans un mémoire relatif au funiculaire de Belleville, inséré dans les *Annales des Ponts et chaussées* de mars 1893 (Voir à ce sujet l'annexe n° 3 a la fin du volume). Il nous reste à évaluer maintenant les résistances passives représentées par le terme ρ.

Evaluation des résistances passives.

Ces résistances comprennent :

1° La résistance au roulement r_1, du câble roulant et de ses poulies de support.

2° La résistance produite par le câble en s'infléchissant sur les poulies de courbe de la voie r_2.

3° La résistance produite par le câble s'infléchissant sur les poulies de tension et de renvoi r_3.

1° *Résistance au roulement du câble et des poulies de support.*

Nous avons vu au n° 7 que la résistance ou roulement du cable peut être prise en général comme ayant une valeur égale aux

$$0{,}008 = \frac{1}{125}$$

du poids du câble

$$r_1 = 0{,}008\ pL$$

p poids par mètre courant du câble

L, longueur totale du câble mesurée de son entrée à sa sortie du bâtiment des machines.

Le terme 0,008 pL représente la résistance qu'offre le câble au mouvement ; mais les galets eux-mêmes offrent aussi une certaine résistance au mouvement ; il faut l'évaluer. Soit g le poids d'un galet, sa mise en mouvement exigera une force égale à

$$0{,}08 \frac{d}{D} g$$

ou, en supposant

$$\frac{d}{D} = \frac{1}{10}, \quad 0{,}008\, g\,;$$

s'il y a N galets à axe horizontal il faudra ajouter au terme 0,008 pL, 0,008 Ng et le terme complet sera

$$r_1 = 0{,}008\,(pL + Ng)$$

2° *Résistance r_2 produite par le câble en s'infléchissant sur les poulies de courbe de la voie et à axe vertical*

Soient T la tension moyenne des deux brins du câble ;
l la distance de deux galets ;
R le rayon de la courbe.

La pression x sur l'axe de la poulie de courbe sera

$$x = l\,\frac{T}{R}.$$

Si d et D sont les diamètres de l'axe et de la circonférence de la poulie, f_1 le coefficient de frottement de l'axe des poulies sur leur support, chaque galet absorbera une force

$$x \times \frac{d}{D} \times f_1$$

si l'on suppose

$$\frac{d}{D} = 0{,}1 \quad \frac{q}{D} \text{ et } f_1 = 0{,}08$$

La force absorbée par chaque poulie de courbe sera

$$x \times 0{,}1 \times 0{,}08 = 0{,}008\, x$$

soit

$$0{,}008\,\frac{Tl}{R}$$

et pour n galets de courbe

$$0{,}008\, nl \times \frac{T}{R}$$

mais, ω étant l'angle au centre de la courbe, on a

$$\frac{nl}{R} = \pi\,\frac{\omega}{180}$$

donc

$$0{,}008\,T \times \frac{nl}{R} = 0{,}008\,T \times \frac{\pi\,\omega}{180}$$

ou approximativement

$$0,05 \times T \times \frac{\omega}{360}$$

Soit Ω la somme des angles au centre des courbes de toute la ligne.

La résistance r_2 sera

$$0,05\ T \times \frac{\Omega}{360}$$

La force absorbée par le mouvement des poulies de courbe à axe vertical peut s'évaluer ainsi ; soit g' le poids d'une poulie, le moment de la force de frottement par rapport à l'axe vertical de la poulie a pour valeur

$$\frac{2}{3} g' \times d \times 0,08$$

ce qui représente à la circonférence de la poulie une force

$$\frac{2}{3} g' \times \frac{d}{D} \times 0,08$$

ou approximativement si

$$\frac{d}{D} = \frac{1}{10}, \quad 0,005\, g'$$

Soit pour n poulies de courbe et axe vertical $n \times 0,005 \times g'$ et on aura en définitive

$$r_2 = 0,05 \left[\frac{T\Omega}{360} + 0,1\, ng'\right]$$

Les résistances apportées par d'autres poulies verticales s'évalueront d'une façon analogue.

Il faudrait ajouter à ce résultat une quantité représentant la raideur du câble. mais il n'est pas possible de l'évaluer d'une façon quelque peu rigoureuse ; il faut majorer les résultats à cet effet d'une certaine quantité. On peut se rendre compte grossièrement de l'effet de la raideur du câble par la formule de Redtenbacher évaluant la perte de force d'un câble soumis à une tension T et s'enroulant sur un tambour de diamètre D à

$$T\left(\frac{0,109}{D} + \frac{0,203}{T}\right)\delta^2$$

δ diamètre du câble, étant exprimé en centimètres ainsi que D.

Il faut aussi comprendre dans ces évaluations les poulies des raccordements en profil de la voie, quand il en existe

Résistance de la poulie de tension et des poulies de renvoi. — Soit T la tension de chaque brin du câble.

La poulie de tension placée au bas du plan incliné produira une résistance égale à

$$2\ T \times 0,08\, \frac{d}{D} = 0,016\ T \times \frac{d}{D}$$

Quand aux poulies de renvoi installées au terminus, elles produiraient une résistance analogue à celle des poulies de courbe.

Soit x la pression sur l'axe de la poulie, la résistance correspondante aura pour valeur

$$x \times \frac{d}{D} \times 0,08$$

Si R est le rayon de la poulie, ω l'angle des deux directions du câble s'infléchissant sur la poulie, T la tension du câble, on a

$$\frac{T}{x} = \frac{2 R \sin \frac{\omega}{2}}{R}$$

d'où

$$x = \frac{T}{2 \sin \frac{\omega}{2}}$$

et la résistance aura pour valeur

$$\frac{T}{2 \sin \frac{\omega}{2}} \times 0,08 \frac{d}{D}$$

Ce raisonnement se répètera naturellement pour chaque poulie de renvoi, il y aura à tenir compte également de la résistance propre de la poulie.

Tension du câble, adhérence sur les poulies.

Dans les funiculaires à mouvement alternatif, l'adhérence du câble s'obtient généralement par un certain nombre de tours de câble sur un grand tambour. Pour les funiculaires à câble sans fin ce n'est plus possible, il faut se procurer l'adhérence nécessaire en disposant en regard l'une de l'autre des poulies à gorge et faisant passer le câble de l'une à l'autre.

On tend le cable plus ou moins, en soumettant la poulie de renvoi de l'extrémité opposée à l'action d'un poids tenseur ; soit 2ζ la tension du câble au repos, tension due au poids tenseur, T la tension du brin conducteur,

t celle du brin conduit dans l'état de mouvement uniforme, on aura

$$2\zeta = T + t$$

Soit R la somme des résistances de toute nature, y compris celles des voitures en mouvement sur la ligne.

On aura

$$R = T - t$$

Or 2ζ est constant donc $T + t$ l'est aussi pour une résistance R déterminée.

En attribuant à R sa valeur maxima, on aura la valeur maxima de T — t.

Nous avons vu au N° 80 qu'en désignant par

f le coefficient de frottement du câble sur le tambour ;

s la longueur de l'axe d'enroulement ;

r le rayon du tambour ;

e la base des logarithmes supérieurs,

on a pour condition d'entraînement du ou des tambours, la relation

$$T = t \times e^{\frac{sf}{r}} = R + t$$

d'où

$$t = \frac{R}{e^{\frac{fs}{r}} - 1}$$

et

$$T = R\,\frac{e^{\frac{fs}{r}}}{e^{\frac{fs}{r}} - 1}$$

d'où

$$t + T = R\,\frac{e^{\frac{fs}{r}} + 1}{e^{\frac{fs}{r}} - 1} = 2\zeta$$

donc

$$\zeta = \frac{R}{2} \times \frac{e^{\frac{fs}{r}} + 1}{e^{\frac{fs}{r}} - 1}$$

Relation déterminant le poids tenseur 2 ζ en fonction des résistances R, de la longueur d'enroulement, et du rayon des poulies ou tambours moteurs.

On calculera ζ en donnant à R sa plus grande valeur, en supposant que toutes les voitures en service sur le brin montant du câble saisissent le câble, tandis que toutes les voitures descendant la pente le lâchent en même temps, si la pente est uniforme s'il s'agit d'une ligne en palier, on supposera au contraire toutes les voitures saisissant le câble en même temps.

Il convient de remarquer que les tensions t et T des deux brins du câble peuvent différer très notablement, et l'une de ces tensions peut devenir de beaucoup inférieure à la tension commune ζ correspondant à l'état statique.

En effet pour un enroulement de deux circonférences, la valeur de

$e^{\frac{fS}{r}}$ est sensiblement égale à 8 et l'on a $T = 8\,t$, d'où il résulte que

$$t = \frac{2}{9}\,\zeta$$

tandis que

$$T = \frac{16}{9}\,\zeta$$

Dans ces conditions extrêmes il n'y aurait pas encore glissement du câble sur les tambours ; or en général le câble fait plus de deux tours sur les tambours moteurs, car il est clair que l'on ne se contente pas de la condition limite au de-là de laquelle se produirait le glissement.

Si V est la vitesse de translation du câble en mètres par seconde, le travail à développer par la machine en kilogr. mt. est $V \times (T - t) = V \times R$, R étant exprimé en kil. soit en chevaux vapeur

$$\frac{V \times R}{75}$$

Nous avons indiqué ci-dessus comment on pouvait évaluer l'ensemble des résistances dues au frottement du câble sur les poulies ; mais nous avons négligé la raideur du câble.

Il n'est pas possible d'évaluer exactement la perte de force due à la raideur du câble ; on ne peut que majorer les résultats d'une certaine quantité, en l'absence de données précises à cet égard.

Nous indiquerons cependant à ce sujet la formule donnée par M. Murgue, on en trouvera la discussion dans les comptes-rendus de la Société des Ingénieurs civils (octobre 1889) ; malheureusement elles ne s'appliquent qu'à un petit nombre de cas.

La formule suivie pendant longtemps, et due à Redtenbacher, est regardée comme inexacte ; mais elle donne des résultats trop forts, ce qui diminue un peu l'inconvénient qu'il y a à l'appliquer. Redtenbacher a indiqué pour un cas particulier la formule suivante.

La raideur d'un câble métallique de diamètre d faisant un demi tour sur une poulie de diamètre D, et soumis à une tension T est

$$\rho = 58\,\frac{d^2}{D}\,T$$

nous avons donné la formule complète plus haut.

Pour des câbles en acier, formés de 6 torons de 8 fils de 2,7 mm. de diamètre, avec âme centrale et des torons en chanvre, M. Murgue donne la formule

$$\rho = (3{,}5 + 0{,}003 \times 2\,T)\,\frac{p}{D}$$

p étant le poids par mètre linéaire du câble.

En résumé, le calcul des résistances passives présente de nombreux aléas et il est prudent d'en tenir compte dans l'établissement d'un projet. On trouvera des indications utiles à ce sujet dans le mémoire de M. Mauss relatif aux plans inclinés de Liège inséré dans les annales des Ponts et Chaussées, ainsi que dans les différentes monographies de M. Agudio relatives à son système de traction funiculaire par locomoteur; et dans le mémoire de M. Widmer dont nous avons déjà parlé (1); on trouvera à la fin de ce volume (annexe n° 3), des extraits du mémoire de M. Widmer.

§ 2. — DESCRIPTION DE DIVERS TRAMWAYS FUNICULAIRES.

61. Historique. — Tramway à câble de San Francisco. — Nous allons décrire maintenant les principales applications des systèmes funiculaires à câbles sans fin et en particulier l'application qui en a été faite aux tramways urbains.

Dans un ouvrage dont nous avons déjà souvent parlé M. Bucknall Smith fait remonter à MM. W. et E. Chapmann en 1812 l'idée d'employer un câble ou une chaîne placée dans les rues pour la propulsion des véhicules ; il cite un projet de câble sans fin dressé dès 1829 par M. Deick, et un projet de gripp mobile imaginé en 1838 par M. N. Curtiss.

L'idée de placer le câble dans un chenal souterrain paraît remonter à 1845, et avoir été énoncée par M. N. Brandling.

Mais on s'accorde sur ce point que la solution complète ne fut nettement indiquée qu'en mars 1858, par M. E. S. Gardiner de Philadelphie.

Comme nous l'avons dit, ce n'est qu'en 1871 que M. A. D. Hallidie, aidé par M. Epelsheimer, reprit la question et la fit sortir de la théorie pour mettre sa solution en pratique.

Au moment où l'on songea à construire à San Francisco la première ligne à câble, celle de Clay-Street, la ville comptait 180.000 âmes.

Le nombre d'habitants des quartiers desservis par le tracé du tramway projeté était de 12.000, et d'après les évaluations basées sur l'exemple des tramways de la ville, on évaluait à 3.300 personnes le nombre de voyageurs par jour ; le tarif était de 0 fr. 25.

Sur ces données, on estima que, déductions faites des dépenses d'exploitation, le capital de premier établissement serait rémunéré à raison de 12 %. L'avenir a montré que ces évaluations n'étaient pas trop optimistes, car le rendement à certains moments à atteint jusqu'à 35 % du capital de premier établissement.

(1) *Annales des ponts et chaussées*, mars 1893.

On conçoit sans peine que de semblables résultats aient excité un grand enthousiasme en faveur du nouveau système.

62. Ligne de Clay-Street. — La voie choisie pour premier essai fut « Clay-Street » ; c'est une rue centrale, commerçante, ayant 15 m. de largeur, coupée à angle droit environ chaque 125 m. par des rues transversales.

Les pentes maxima sont de 164 mm. la pente moyenne est de 108 mm. par mètre, la différence de niveau entre le point le plus haut et le plus bas est de 90 m.

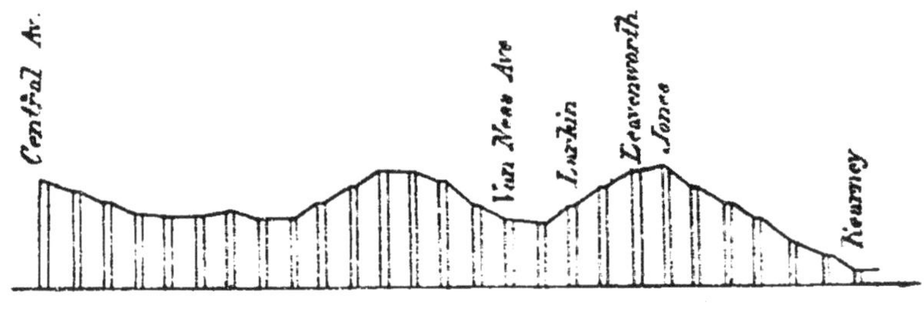

Fig. 78.

Comme l'indique le profil en long (fig. 78) la ligne présente des pentes et contrepentes. On sait que ce profil est très accidenté, et que la traction par chevaux devait y être des plus onéreuses.

La longueur de la ligne, entre ses terminus de Kearny Street et Jones Street, est de 850 m. entièrement à double voie.

La largeur de la voie est de 1 m. 06, elle est rectiligne sur toute sa longueur.

Chacun des deux brins du câble sans fin est placé dans l'axe des voies dans un tube rainuré, dont la fente affleure le niveau du sol de la rue.

La pose de ce tube a présenté de grandes difficultés dues à l'encombrement du sous-sol déjà occupé par de nombreuses conduites d'eau et de gaz, et par un égout.

Néanmoins, les travaux furent commencés seulement le 2 juin 1873, et le premier essai de mise en marche des véhicules eut lieu cependant le 1er août suivant.

En 1877, la ligne fut prolongée jusqu'à Van-Ness Avenue ; la longueur actuelle du tracé est de 1600 m.

Le bâtiment des machines est situé au point culminant de la ligne, à Lavenworth Street.

Le câble a une longueur totale d'environ 3.350 m. ; son diamètre est de 24 mm. ; il est composé de six torons de 19 fils d'acier chacun ; sa vitesse de marche est d'environ 10 kilom. à l'heure.

La tension du câble est assurée par un poids de 1500 kil. sollicitant un chariot mobile sur lequel est fixée la poulie de renvoi d'une des extrémités. En outre, pour compenser les variations de longueur résultant, soit de l'allongement permanent du câble sous l'action des charges, soit de la température, la poulie de renvoi placée en regard des poulies motrices, peut s'éloigner de ces dernières poulies de façon à compenser l'allongement du câble. On peut ainsi parer à un allongement de 30 m. soit $\frac{1}{100}$ de sa longueur.

Le tube rainuré est constitué par des sortes de formes ou « cadres » en fonte du poids de 155 kil. distants de 1 m. 50; des planches relient ces formes, de façon à constituer un tube fermé, continu, d'une largeur moyenne de 0 m. 40 sur 0 m. 65 de hauteur (voir fig. 88 et 106). Les poulies de support du câble sont espacées de 12 m. elles ont 0 m. 28 de diamètre. Des puits de visite permettent d'accéder aux poulies pour la visite et le graissage; ces puits écoulent leurs eaux dans un égout de la ville. Dans les changements de pente, le câble viendrait frotter contre la partie supérieure du tube si l'on n'empêchait cette tendance par des poulies placées à la partie supérieure du tube.

La rainure est constituée par deux fers spéciaux, ou rails, laissant entre eux une pente de 22 mm. d'épaisseur, par laquelle passe la tige de l'appareil saisissant le câble.

Cet appareil ou « gripp » est porté par une voiture de petite dimension, dite « dummy » pesant à vide 950 kil., remorquant une autre voiture plus grande, dont la tare à vide est de 1268 kil.

L'emploi de ces dummys avait été inspiré par l'idée de bien dégager la vue et les mouvements de l'homme chargé de la maneuvre du gripp, et de donner à la voiture porteuse du gripp une grande flexibilité.

La traction se fait sans secousse, et les voyageurs trouvent ce mode de locomotion remarquablement doux.

La durée du trajet est de 11 minutes.

Les départs ont lieu généralement toutes les 5 minutes; mais à certains moments ils ont lieu chaque 3 minutes.

En 1875 et 76, on transportait environ 150.000 voyageurs par mois. En 1880, on comptait dans l'année 1.500.000 voyageurs.

On a constaté que le mouvement des voyageurs à la montée était le triple du mouvement à la descente.

Les dépenses de premier établissement s'élevèrent à environ 500.000 fr. le coût kilométrique de simple voie est ressorti, à 150.000 fr.

Le succès sans précédent de cette ligne, dû à la fois aux conditions techniques, et surtout à l'énorme trafic desservi, attira l'attention sur les tramways funiculaires, et ce système ne tarda pas à se propager à San-Francisco.

63. Lignes de Sutter et Larkin Street. — Les lignes de tramways de Sutter-Street étaient exploitées par traction animale, quand à la suite du succès du tramway funiculaire de Clay-Street on se décida à les transformer pour y appliquer la traction par câbles.

Cette transformation eut lieu en janvier 1877.

La longueur exploitée aujourd'hui est de 5.600 m.

La largeur de voie est de 1 m. 52 ; les pentes, comparées à la ligne précédente, sont faibles, car elles ne dépassent pas 85 mm. par mètre. La différence entre les points le plus haut et le plus bas, est de 21 m.

La ligne précédente était entièrement en alignement droit ; la ligne de Sutter-Street présente plusieurs courbes, dont les rayons varient de 12 à 27 m.

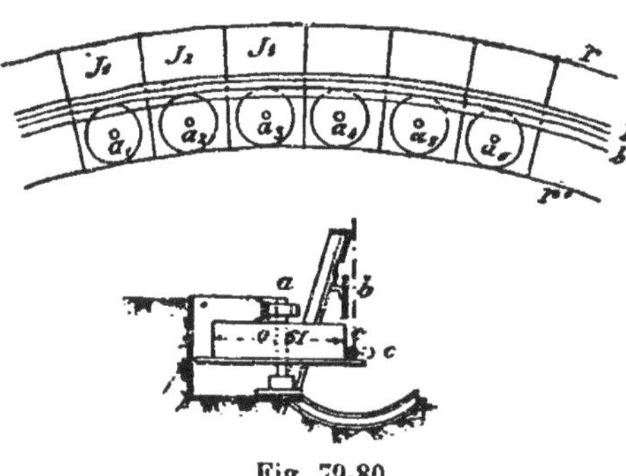

Fig. 79-80.

Ces courbes ont nécessité des dispositions spéciales ; nous en avons indiqué le principe au n° 55. Les fig. 79-80 indiquent comment cette solution était réalisée sur la ligne de Sutter-Street.

Le plan indiqué par la fig. 79 montre en J_1 J_2 J_3 etc. les châssis disposés radialement, b b_1 sont les deux bords de la rainure rr' les rails de la voie ; les poulies de courbe a indiquées par la coupe fig. 80, se projettent en plan en a_1 a_2 a_3.... Ces poulies de 0 m. 61 de diamètre, sont munies d'un rebord à la partie inférieure, sur lequel le câble vient se poser ; leur distance varie suivant le rayon de la courbe ; la corde de la courbe décrite par le câble entre deux poulies varie 25 à 50 mm.

La tige du gripp est munie d'un rouleau qui vient s'appuyer contre la pièce h, sorte de fer plat régnant dans le tube sur toute la longueur de la courbe et qui empêche cette tige du gripp d'être soumise à des efforts obliques tendant à la fausser.

La position normale du câble est indiquée en c au moment du passage du gripp, le câble s'éloigne de la poulie, et vient en c'. Ces dispositions ont donné de bons résultats ; mais elles exigent de fortes dépenses. Le gripp est d'un modèle différent de celui de Clay-Street ; il est dû à MM. Horvey et T. Day. Nous y reviendrons plus loin.

La construction du tube de câble diffère notablement de celle de Clay-Street ; les jougs employés sont en fer. Ce sont de vieux rails consolidés par des contrefiches. Les rails formant le corps du joug, soutiennent les longrines de la voie, et celles-ci sont reliées par des tirants à des contrefiches, pour assurer l'invariabilité de l'ouverture de la fente.

Un béton pilonné relie les jougs et assure la continuité du tube.

Les câbles, composés de 6 torons de 19 fils d'acier au creuset, ont 75 mm. de circonférence ; leur vitesse varie de 1 m. 50 à 2 m. 25 par seconde.

Les voitures et dummys employés présentent 18 places, leur tare à vide est respectivement de 1350 et 900 kil.

Les départs ont lieu toutes les 4 minutes ; on effectue par jour 250 voyages, et en 1884 on a transporté 5.550.000 voyageurs.

L'exploitation de cette ligne, coupant les voies les plus importantes de la Cité, a donné de bons résultats.

La transformation a été faite en cours d'exploitation, et sans interrompre le service, et la première année qui suivit cette transformation, le nombre des voyageurs augmenta de 962.375.

64. Ligne de California Street. — Ce tramway funiculaire fut ouvert à l'exploitation en avril 1878 ; sa longueur est de 3.700 m.

Entièrement rectiligne, il comporte une double voie sur toute sa longueur ; la largeur de voie est de 1 m. 06. Les pentes très raides atteignent jusqu'à 177 mm. 5 par mètre ; la différence d'altitude entre le point le plus élevé et le point le plus bas est de 109 m. 5.

Le tube du câble et les jougs sont du type de Sutter-Street, mais l'appareil de gripp est d'un système différent.

Les câbles, en acier Bessemer, sont formés de 6 torons de 19 fils ; ils ont une circonférence de 100 mm.

Le bâtiment des machines est placé en pleine ligne, dans un point bas, à environ 1325 m. du terminus de Kearny-Street ; le câble est dévié à angle droit, et amené au bâtiment par des poulies de renvoi. La continuité du câble étant interrompue en cet endroit, il faut lâcher et reprendre le câble à ce moment ; pour faciliter cette opération, la voie est déviée latéralement comme l'indique la fig. 81.

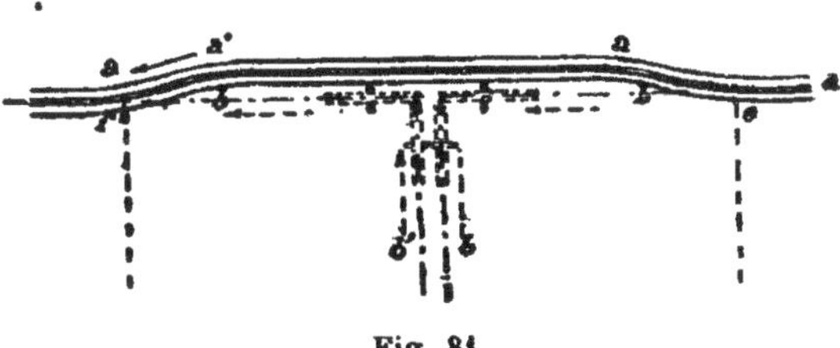

Fig. 81.

Un câble spécial est affecté à chacune des sections, de part et d'autre du bâtiment des machines ; le câble desservant la section de Kearny-Street a une longueur de 2550 m. et celui desservant la section opposée a une longueur de 5.200 m.

Ces câbles sont mis en mouvement par le même moteur, actionnant des tambours doubles.

Les machines employées sont verticales et analogues aux machines de la marine ; leur force est d'environ 200 chevaux ; le diamètre des cylindres est de 0 m. 556. Les pistons ont une course de 0 m. 791, et une vitesse de 2 m. 85 par seconde.

La pression moyenne dans les cylindres est de 4 kil. 9 par cent. q., une pression de 1 kil. 3, est suffisante pour mettre en mouvement le câble sans les voitures.

Pour les autres lignes, on a fait usagede machines horizontales, le type vertical n'a du reste pas donné, paraît-il, d'excellents résultats ; on lui attribue des secousses qui se produisent dans la marche des câbles, et qui proviennent, dit-on, des coups de piston.

Il y a constamment en service 14 voitures et dummys; les premières pèsent 1800 kil. les autres 1250 kil.

Les voitures sont munies de freins à patins très efficaces ; ces patins, à la volonté du conducteur, s'abaissent sur le rail, et le pressent énergiquement.

Les départs se suivent à 5 minutes d'intervalle ; en 1880 on transporta sur cette ligne 2.998.000 voyageurs.

65. — Ligne de Geary-Street. — Cette ligne a été achevée en mars 1880 ; elle dessert une rue centrale très-fréquentée, mettant en relation quelques uns des principaux centres d'affaires avec les beaux quartiers de la ville ; les pentes sont relativement faibles, et n'excèdent pas 95 mm. par mètre ; le tracé ne présente que de faibles courbes.

La ligne est à double voie sur toute sa longueur, qui est d'environ 4025 m. ; elle peut être citée comme exemple d'une ligne à câble desservant une rue des plus passagères. La largeur de voie est de 1 m. 52.

Outre la circulation propre de cette rue, on compte six lignes de tramways à chevaux, suivant sur une certaine longueur les rails du tramway funiculaire ; de plus la ligne funiculaire de Sutter-Street traverse Geary-Street. Les véhicules de la ligne de Geary-Street lâchent le câble un peu avant la rencontre de Sutter-Street, et le câble est amené à passer au-dessous de celui de Sutter Street, à l'aide de poulies.

Des écriteaux éclairés la nuit, indiquent au conducteur les endroits où ils doivent lâcher et saisir le câble, et les véhicules franchissent cette distance par vitesse acquise.

Malgré ces difficultés et la forte circulation de Geary-Street, la ligne à câble a toujours fonctionné convenablement, sans causer d'accidents.

La disposition du tube de câble diffère de celle des autres lignes surtout par sa faible section ; il n'a en effet que 0 m. 175 de largeur ; c'est une sorte de caisse en planches continue. Le cadre est en fonte, et repose sur une fondation en bois.

Le gripp présente cette particularité qu'il saisit le câble dans la verticale passant par l'axe de la rainure, tandis que dans les autres types, le câble n'est pas dans l'axe de la rainure, le gripp affectant la forme d'une L.

Le bâtiment des machines est placé à 2.500 m. de l'une des extrémités, et chaque section de la ligne est desservie par un câble spécial. La longueur totale de ces câbles est de 8.400 m. pour 8.025 m. de voie. La vitesse des câbles est de 3 m. à la seconde.

Les machines sont horizontales; il y en a deux, dont une de réserve. Les cylindres ont 0 m. 456 de diamètre; le piston a 1 m. 220 de course sa vitesse est de 1 m. 85 par seconde ; la pression moyenne dans les cylindres est de 4 kil. 2 par centim. q. et une pression de 0 kil. 6 suffit pour mettre le câble en mouvement dans les véhicules.

Les voitures pèsent 1800 kil. et les dummys 1940, ce qui est anormal, les dummys étant généralement plus légers que les voitures.

Ordinairement 18 à 20 voitures assurent le service journalier; les départs ont lieu toutes les 6 ou 8 minutes.

En 1884, il a été transporté 3.479.000 voyageurs.

Les dépenses de premier établissement se sont élevées à 810.000 livres par mille, soit 157.500 par kilomètre.

66. — Ligne de Union, Présidio et Ferries. — Ouverte à l'exploitation à la fin de décembre 1881, cette ligne est l'exemple le plus remarquable qui puisse être cité de l'exploitation par câble d'un tramway funiculaire gravissant des pentes escarpées dont l'exploitation par des chevaux deviendrait impraticable.

La longueur de la ligne est de 3190 m.; la largeur de voie est de 1 m. 52; les pentes, très longues et très raides, atteignent jusqu'à 189 mm. par mètre ; une double voie existe sur toute la longueur.

La ligne présente une seule courbe qui est franchie par vitesse acquise en lâchant le câble. Cette courbe étant située dans un point bas, la gravité aide au mouvement de la voiture.

Le chenal souterrain du câble est formé de cadres de fonte, reliés par des tubes en fer, formant un véritable tube continu. Le bâtiment des machines et situé au point le plus haut de la ligne. Les machines sont du type horizontal, le diamètre des cylindres est de 0 m. 457; la course du piston est de 0 m. 914; la pression moyenne de la vapeur dans les cylindres est de 5 kil. 9 par cent. q.

Le câble, sans les voitures, absorbe 50 % de la force totale de la machine. Cette déperdition de force considérable est due principalement à la raideur des pentes.

Chaque section de ligne, à partir du bâtiment des machines, est desservie par un câble spécial. Ces câbles, en fils d'acier au creuset, ont 76 mm. de circonférence, ils se meuvent avec une vitesse de 3 m. par seconde.

Les voitures et dummys pèsent 1800 kil. ; 12 voitures de chaque espèce sont en service. En tout, 220 voyages sont effectués chaque jour ; les départs ont lieu toutes les 5 minutes.

Les pentes ne sont pas continues, mais des paliers de repos sont ménagés environ tous les 150 m., et les arrêts de voitures n'ont lieu que sur ces paliers, d'environ 20 m. de longueur. L'appareil de gripp est le même que celui de Clay-Street ; les dispositions des appareils moteurs et de tension sont également analogues à ceux de Clay-Street.

67. Ligne de Market-Street. — Cette ligne fut ouverte à la fin du mois d'août 1883 ; ce n'est pas une simple ligne, mais un ensemble de lignes dont la réunion forme un réseau à câble des plus importants.

La longueur de l'ensemble de ces lignes s'élevait en 1886 à 14 kilomètres, et le trafic desservi est des plus importants.

C'est le premier exemple que nous rencontrons d'une ligne funiculaire en terrain plat : les pentes du réseau de Market-Street n'excèdent pas, en effet, 30 mm. Ces lignes étaient exploitées par des chevaux, et la raison déterminante de la transformation a été d'obtenir une plus grande rapidité de marche et par suite une plus grande capacité de trafic. Le hâlage funiculaire se fait en effet à la vitesse de 13 kilomètrès à l'heure, et à la vitesse moyenne de 12 kilom., arrêts compris ; c'est une vitesse considérable pour une traction urbaine.

Cette vitesse est d'autant plus surprenante, que Market-Street est la principale artère de San Francisco, ville qui comptait en 1885, 230.000 âmes ; Market-Street est traversée par de nombreuses rues très fréquentées, et six lignes de tramways à chevaux sont successivement rencontrées par le funiculaire de Market-Street.

Aussi, vu l'encombrement de cette dernière rue, redoutait-on des accidents e[illegible] cours d'exploitation ; il n'en a rien été, et le service se fait parfaitement et sans incidents.

Les lignes à câble comprennent.

Market-Street — longueur du câble. .	7330 m.
Valentia-Street.	6140 m.
Haigt-Street	6080 m.
Mac Allister-Street.	6150 m.
Embranchement de Mac-Allister et Fulton-Street	1825 m.

Les câbles de Market-Street, Valentia-Street et Haigt-Street, sont mis en mouvement par une machine; les autres par une seconde machine située à l'extrémité de Mac Allister-Street. La longueur totale des câbles est d'environ 30 kilomètres, correspondant à un développement de 27.300 m. de simple voie.

Le réseau comprend en outre d'autres lignes à traction animale ou de locomotives. Le joug, en forme de V, est d'un type analogue à celui de Sutter-Street ; une maçonnerie de béton forme le tube continu. Les rails sont posés sur des longrines, reposant sur les jougs, équidistants de 0 m, 91 ; des massifs de fondations, distants de 2 m. 75 soutiennent le tube.

Les poulies de support des câbles sont distantes de 9 m. 12, elles ont un diamètre de 0 m. 381 et sont fondues d'une seule pièce ; leurs tourillons portent sur des coussinets en bois de gaiac.

Un puits fermé par une trappe permet la visite et le graissage. Au droit du bâtiment des premières machines, la voie présente une courbe de 24 m. 30 de rayon raccordant les deux alignements de Market et Valentia-Street, qui font entre eux un angle de 55° ; cette courbe est exploitée par un câble spécial.

La voie descendant en cet endroit dans le sens de Market-Street vers Valentia-Street, les voitures dans ce sens franchissent la courbe par vitesse acquise ; au retour, elles se halent à l'aide du câble auxiliaire, dont un brin seulement suit la ligne, l'autre revenant directement aux machines. Ce système exige évidemment que les conducteurs lâchent et reprennent les câbles à l'entrée et à la sortie de la courbe ; cette manœuvre est effectuée sur une longueur de 2 m. 40, la voiture franchissant cette longueur par vitesse acquise ; le câble auxiliaire remorque la voiture sur une distance de 36 m. 50. La vitesse de ce câble auxiliaire a été réduite par précaution à 8 kilom. à l'heure, tandis que sur les parties rectilignes, le halage se fait à la vitesse de 13 kilom. à l'heure.

Les câbles sont formés de six torons, de 19 fils d'acier au creuset, enroulés autour d'une âme de manille ; leur diamètre est de 31,8 mm. leur poids est à peu près de 3 kil. 7 le m. l. Ils sont enduits extérieurement de goudron végétal.

Les installations du bâtiment des premières machines ont été très largement prévues. On peut y recevoir et emmagasiner 2.000 tonnes de charbon. Un puits artésien a été foré pour l'alimentation des chaudières.

Les machines motrices sont à condensation et du système Compound, deux machines accouplées développent ordinairement 400 chevaux et deux autres machines sont toujours en réserve. Les cylindres ont respectivement 0 m. 60 et 0 m. 86 de diamètre ; la course des pistons est de 1 m. 28.

Quatre chaudières Balcok et Wilcox, de chacune 250 chevaux, peuvent fournir la vapeur nécessaire.

Les appareils de tension et les tambours moteurs sont d'un système particulier ; nous y reviendrons en décrivant les organes moteurs des funiculaires.

Les voitures forment comme la réunion en un seul véhicule d'une voiture ordinaire et d'un *dummy*. Le châssis a environ 10 m. 20 de longueur, il est porté par deux bogies. L'arrière de la voiture est fermé, la partie d'avant est ouverte latéralement comme les dummys ordi-

13

naires. Le gripp semblable à celui de California-Street, est fixé au bogie, et non à la voiture ; on évite ainsi de transmettre au gripp, et par suite au câble, les mouvements provenant des oscillations des ressorts des véhicules.

Ces voitures pèsent 4.250 kil ; elles sont munies de freins à sabots et à patins qui les arrêtent en 1 ou 2 m à la vitesse de 13 kilom. à l'heure. Les départs on lieu toutes les 2 ou 3 minutes, la durée du trajet est à peu près de 35 minutes pour la ligne de Market-Street

Environ 658 voyages sont effectués chaque jour, et 9.000.000 de voyageurs chaque année font usage des lignes à câble de Market-Street, ce qui représente un nombre journalier de voyageurs égal au $\frac{1}{10}$ de la population de San Francisco.

On peut dire que la ligne de Market-Street a été un grand succès, au double point de vue technique et financier. Cette conclusion s'applique du reste à l'ensemble des lignes à câble de San Francisco.

On estime que les tramways funiculaires transportent chaque jour dans leur ensemble 23 % de la population.

68. Tramway funiculaire de Los Angeles (Californie). — A la suite des succès de la traction funiculaire obtenus à San-Francisco, on construisit une première ligne funiculaire à Los Angeles, ville de la Californie. Cette ligne fut inaugurée en août 1884 ; elle n'avait du reste que 2400 m. de long. Depuis lors, les lignes à câble se sont singulièrement développées dans cette cité.

L'un des tramways à câble de Los Angeles comprend 34 kilomètres de simple voie. Trois stations, de force motrice semblable mettent le câble en mouvement.

La largeur de voie est de 1 m. 07 ; le câble se meut dans un égout en béton de ciment ; les deux rails de rainure pèsent ensemble 20 kil. au m. l. comme les rails de roulement ; ces derniers reposent sur des traverses métalliques.

L'établissement de la ligne a nécessité la construction d'ouvrages d'art exceptionnels. A la traversée du chemin de fer de Santa-Fé et de la rivière de Los Angeles, on a construit un ouvrage métallique sur colonnes du type de ceux des chemins de fer élevés de New-York ; ce viaduc a 450 m. de long ; les travées ont en général 15 m. d'ouverture. L'ouvrage comprend deux courbes, de 18 m. de rayon chacune.

Les machines sont du type Compound ; elles doivent développer 700 chevaux à la vitesse de 75 tours par minute.

Les cylindres ont respectivement 0 m. 60 et 1 m. 05 de diamètre ; la course est 1 m. 30 (1).

1. *Engineering*, 28 août 1891, p. 237.

69. Tramways de Chicago. — (1). La ville de Chicago, dont la population atteint 500.000 âmes, se trouve dans des conditions topographiques et climatériques bien différentes de celles de San-Francisco. La ville est en terrain plat ; le climat, très chaud l'été, est très froid l'hiver ; la neige y tombe en abondance. Cette dernière circonstance faisait naître des craintes pour le fonctionnement des lignes à câble ; mais l'expérience a montré que ces craintes n'étaient pas fondées. Le premier tramway funiculaire de Chicago, la ligne de State-Street, a été inauguré le 2 janvier 1882.

L'ensemble du réseau exploité actuellement, comprend une longueur de 32 kilom. de câble, celui de la ligne de Cottage Grove mesure à lui seul 8 kilom. Toutes ces lignes sont à double voie ; quelques-unes présentent des courbes qui sont exploitées par des câbles spéciaux, à la vitesse de 6,4 kilom. à l'heure, tandis que les câbles principaux ont une vitesse de 11 kil. à l'heure.

Sur les réseaux suburbains la vitesse va jusqu'à 16 kil. à l'heure.

Ces câbles, pour les lignes de Wabash Avenue et State-Street, pèsent 35 kil. le m. l., ils ont une circonférence de 0 m. 100. Le gripp est du type de Sutter-Street et California-Stret ; mais ses mâchoires saisissent le câble sur une plus grande longueur, ce qui diminue son usure. Le tube du câble présente cette particularité d'être très profond : il descend à 0 m. 90 au-dessous du niveau de la rue. Cette disposition a été adoptée à cause des fortes gelées de l'hiver à Chicago. Une des dispositions remarquables des funiculaires de Chicago est celle de l'usine centrale. Au lieu de faire mouvoir le câble de chaque ligne par une usine distincte, on a concentré au contraire toutes les machines motrices dans une seule et même usine, de dimensions considérables, desservant les dix lignes à câble de la cité.

Le mouvement est produit par quatre machines horizontales de 250 chevaux chacune, accouplées deux à deux. Deux sont en service, et deux en réserve. La force ordinairement développée est de 400 chevaux.

Ces machines, du système Wylock sont à condensation et détente variable automatique ; les cylindres ont 0 m. 610 de diamètre et 1 m. 220 de course. La pression de la vapeur dans les cylindres est de 4 kil. 2 par cent. q. Les machines font 65 tours par minute.

Les voitures et dummys, semblables à ceux des lignes de San-Francisco, pèsent respectivement 2.600 et 2250 kil.

Les départs ont lieu par convois formés d'un dummy et de deux voitures pouvant contenir chacune trente personnes.

La forte adhérence des mâchoires du gripp qui saisissent le câble sur une grande longueur relativement aux types précédemment décrits,

1. *Annales Industrielles*, 12 août 1883, col. 206.

permet cette marche par train de plusieurs voitures. Environ 150 véhicules sont en service chaque jour.

On estime que pour faire avec des chevaux le service des lignes à câble, il faudrait 2.700 chevaux, et que les dépenses d'exploitation seraient sensiblement doublées.

« Après le succès des intallations de Chicago, dit M. E. Pontzen (1), « où la température a pu descendre jusqu'à — 34° centigrades, sans « qu'il y ait eu d'interruption dans le service d'exploitation, on est « en droit d'affirmer que le mode de traction par câble sans fin cons- « titue un progrès très sérieux dans l'industrie des transports à l'in- « térieur des villes.

70. Tramways à câble de Philadelphie. — En 1883, on construisit une sorte de petite ligne à câble destinée à servir de champ d'expérience ; mais elle donna de mauvais résultats. On avait adopté pour le tube du câble un véritable tube de fonte à rainure, semblable à une conduite d'eau ou de gaz ; cette disposition n'est à recommander sous aucun rapport.

Malgré ce premier insuccès, on renouvela la tentative, et en 1886 on établit un réseau de 19 kilom. de long.

Les déclivités maxima sont de 50 mm. par mètre ; le rayon minimum des courbes est de 10 m. 50.

La largeur des voies publiques empruntées varie de 7,50 à 18 m. Les parois du tube du câble sont formées par une feuille de tôle continue, s'appuyant sur des jougs en fer qui paraissent coûteux et d'une construction difficile.

On emploie uniquement des voitures sans *dummys*. Les dépenses de premier établissement se sont élevées à environ 172.000 fr. par kilom. de simple voie. L'intérêt du capital engagé est rémunéré au taux de 8 %.

71. Tramways à câble de la Nouvelle-Zélande. — M. Bucknal Smith signale dans son ouvrage *Cable or rope Traction*, l'établissement d'une ligne funiculaire reliant la ville de Dundin aux localités voisines de Roselin et Maori, et exploitée depuis 1882.

Cette ligne, de 5.600 m. de long, est à *voie unique* ; des garages sont ménagés pour les croisements.

C'est le premier exemple que nous rencontrions de ligne funiculaire à voie unique.

En mai 1883 une autre ligne fut ouverte, de Marnington au centre de Dundin ; elle a 1600 m. de long, et s'étend sur un terrain plat.

1. *Portefeuille économique des machines*, février 1888 col. 29.

Nous n'avons pas trouvé de renseignements sur les résultats de l'Exploitation de ces lignes, qui rappellent du reste les lignes de San Francisco.

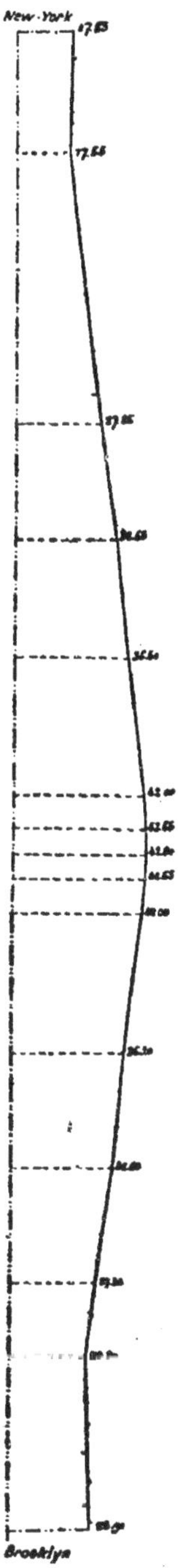

72. Tramway à câble du Pont de Brooklyn. — Le pont suspendu de Brooklyn relie New-York au faubourg de Brooklyn ; il a environ 1800 m. de long. La ligne funiculaire traversant cet ouvrage va de la station de New-York, côté Est de Chatham-Street, à la station de Brooklyn, côté Ouest de Sands-Street.

Comme la partie du tablier du pont sur laquelle est établie le tramway n'est accessible ni aux voitures ni aux piétons, le câble sans fin n'est pas enfermé dans un tube, mais supporté librement par des poulies un peu au-dessus du niveau des rails. Cette ligne a été ouverte en mai 1883.

Une double voie, de 1 m. 635 de largeur, règne sur toute la longueur ; les rails pèsent 27 kil. 5 le m. l.

La fig. 82 (1) indique le profil en long, qui varie du reste suivant la température, à cause de l'effet des contractions et dilatations de la charpente métallique du pont.

Le câble est en acier fondu au creuset ; sa longueur est d'environ 3.500 m. ; son diamètre est 37 mm. ; il pèse 5 kil. 2 au m. l. il est composé de 6 torons de 19 fils, enroulés autour d'une âme en chanvre. Le câble est mû par deux machines placées à Brooklyn au dessous du niveau des voies. La vitesse du câble est de 16 kilom. à l'heure. Les deux machines sont du type horizontal, à détente automatique ; une seule est en service, l'autre en réserve.

Les cylindres ont 0 m. 650 de diamètre ; la course est de 1 m. 22, la vitesse moyenne est de 57 tours à la minute.

La vapeur est fournie par six chaudières du type Balcok et Wilcox, de chacune 104 chevaux ; la pression de la vapeur est en moyenne de 5 kil. 3 par cent. q.

Les chaudières fournissent en outre la vapeur à trois machines d'éclairage électrique de 50 chevaux chacune, à une machine d'atelier de 20 chevaux, et à des appareils de chauffage en hiver.

On a fait usage, tant pour les poulies de renvoi, que pour les galets de support du câble, de garnitures en cuir et caoutchouc qui ont donné de bons résultats.

Fig. 82.

1. *Nouvelles annales de la construction*, janvier 1891.

En voie courante les galets distants de 10 m. maintiennent le câble à 76 mm. au dessus des rails ; mais aux deux extrémités de la ligne le câble est relevé par des galets oscillants à contrepoids jusqu'à 100 ou 200 mm. au dessus des rails, afin que les gripps puissent le saisir.

Les voitures, de 14 m. 60 de longueur, pèsent 10 tonnes à vide ; elles présentent 80 places assises, et peuvent transporter jusqu'à 150 personnes, en les chargeant au maximum.

On a remarqué que les jantes des roues s'usaient rapidement ; cette usure est due, tant aux courbes raides qu'aux pointes d'aiguille ou de cœur des appareils de changement.

Le gripp est d'un type tout particulier, dû à M. le colonel Paine ; nous le décrirons plus loin. Il se distingue des autres systèmes en ce qu'un dispositif particulier compense automatiquement le jeu provenant de l'usure des organes ; en outre, une sorte de patin abaisse les poulies oscillantes au moment du passage du gripp.

Le système de freinage des voitures est à signaler. Toutes les voitures sont munies de freins à sabot, à vide, analogues au frein à vide des chemins de fer. Le vide est fait dans les réservoirs des voitures, à la station de Brooklyn, à l'aide d'un éjecteur placé sur une locomotive. Les manœuvres entre le dépôt et la station sont faites par des locomotives. Le tarif était de 0 fr. 25 jusqu'au 1er mars 1885 ; depuis, il a été réduit à 0 fr. 15. Le nombre des voyageurs atteint 2.400.000 par mois.

Le matin, les voitures venant de Brooklyn sont bondées ; celles venant de New-York sont aux trois quarts vides ; le soir c'est l'inverse.

Le nombre maximum de voyageurs transportés dans les 24 heures s'est élevé à 100.000, et le nombre maximum dans une heure a atteint 12.000 (1) (2).

73. Tramway à câble de Highgate Hill à Londres. — Cette ligne, la première de ce genre en Europe, ne fut commencée qu'en octobre 1883, soit dix ans après la construction des premières lignes à câbles américaines.

L'ouverture à l'exploitation eut lieu le 29 mai 1884.

La ligne part du carrefour d'Archway Tavern, où se trouve le terminus de plusieurs lignes d'omnibus et tramways, et aboutit au sommet d'Highgate-Hill, après un parcours assez sinueux de 1160 m. dont 150 m. en voie unique, répartis dans les 300 derniers mètres de la ligne.

Les courbes s'abaissent à 75 m. en pleine voie, à 23 m. dans les appareils de changement, et à 12 m. dans la voie du dépôt.

1. *Annales de la Construction*. Janvier 1891.

2. *The cable Railway in the New-York and Brooklyn Bridge*, by G. Leverich, New-York 1888.

Les sections à voie unique sont en alignement droit. Les fig. 83 et 84 indiquent le plan général, la position du bâtiment des machines et la répartition des sections à simple voie.

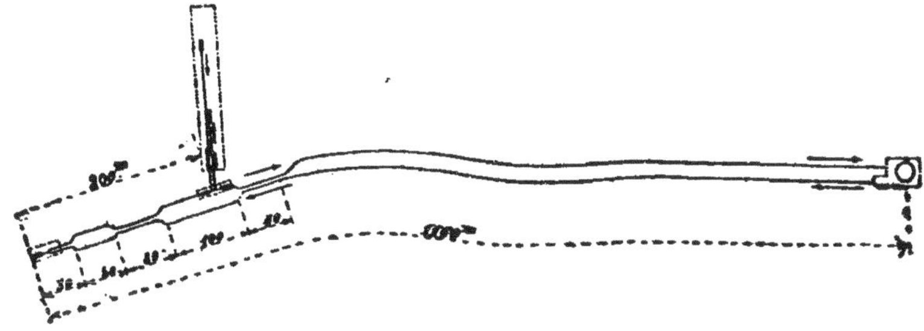

Fig. 83.

Les déclivités varient de 60 à 90 mm.; la pente du profil en long est continue, les déclivités supérieures à 60 mm. représentent environ les $\frac{3}{5}$ de la longueur totale, et la pente de 90 mm. règne sur 240 m. vers Hornsey Lane (voir le plan fig.83). Dans les parties courbes pour obtenir un plus grand rayon, les rails ne sont pas placés dans l'axe de la chaussée, mais déviés sur le côté.

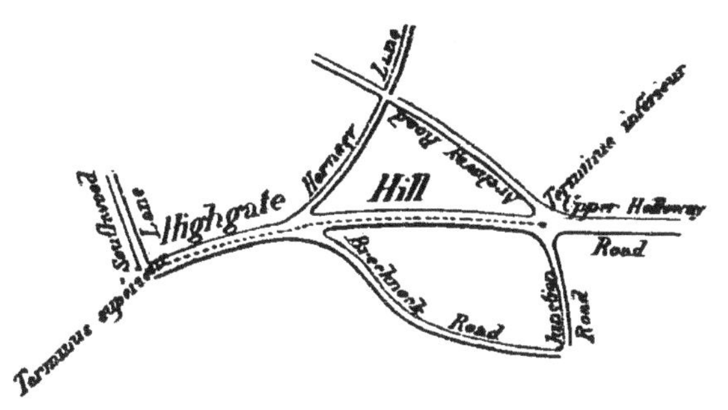

Fig 84.

La voie a 1 m.07 de largeur ; le rail, du type *Dugdale*, pèse 21 kil. 34 au m. l. Les cadres espacés de 1 m. 07, sont en fonte et posés sur une fondation en béton, une maçonnerie de béton de Portland reliant ces cadres forme un égout rectangulaire continu, dans lequel se meut le câble. Les pavés de la chaussée, entre les rails, sont posés sur fondation de béton, et les joints sont garnis au mortier. Une tringle réunit les coussinets des rails de la voie au joug, et assure l'invariabilité de l'ouverture de la rainure du gripp, qui a 19 mm. de large.

La galerie courante a une section de 0 m. 305 sur 0 m. 215.

Dans les parties à simple voie, les deux brins du câble sont contenus dans la même galerie. Les poulies de support du câble sont distantes de 12 m. 02 dans les alignements ; elles soutiennent le câble à 0 m. 28 au dessous de la chaussée et à 35 mm. de la verticale passant par l'axe de la rainure.

En courbe, les poulies sont à gorge profonde, inclinées à 45°, et plus rapprochées.

A chaque poulie se trouve un petit puits de visite, dont le fonds placé à 0,25 au dessous du niveau de la galerie est en communication avec un égout. Ces puits sont fermés par un tampon de fonte, revêtu d'un pavage en bois.

Le câble formé de six torons de 19 fils d'acier enroulés autour d'une âme de chanvre a un diamètre de 24 mm., sa longueur totale est de 2.500 m. ; il pèse environ 2 kil. au m. l., sa vitesse est de 7 à 8 kilom. à l'heure.

Les machines motrices et le dépôt des voitures se trouvent réunis dans un même bâtiment long et étroit de vaste dimension, en façade sur la rue à 200 m. environ du terminus.

Les chaudières et machines sont placées en sous-sol, le dépôt des voitures et l'atelier sont au rez-de-chaussée.

La disposition de ce dépôt est vivement critiquée par M. Bucknal Smith qui la trouve incommode.

Deux machines indépendantes de 25 chevaux peuvent actionner les poulies motrices. Les chaudières, du type Balcok et Wilcox en double, sont chacune de 50 chevaux.

Le service est assuré par 7 voitures à plate formes symétriques et impériales, et 3 dummys. La largeur des voitures est de 1 m. 80. Elles présentent 42 places.

Les voitures sont munies de 2 gripps, un sur chaque plate forme. Le gripp repose directement sur les boîtes à graisse.

Nous décrirons avec détail ce type de gripp.

Au droit du bâtiment des machines, il faut lâcher le câble sur la voie descendante, pour passer d'un brin à l'autre. On facilite la manœuvre en déviant la voie sur cette longueur, comme nous l'avons vu à propos des tramways de San Francisco pour la ligne de California-Street (voir au n° 64). Les voitures sont munies de freins à sabot et à patins.

Les frais de construction pour une longueur d'environ 1200 m. se sont élevés à 800.000 fr. au moins.

Les conséquences d'une pareille exagération des frais de premier établissement ont pesé lourdement sur l'entreprise qui n'a pas réussi au point de vue financier.

Les conditions imposées par les circonstances, telles que la nécessité de la voie unique sur quelques points dans une voie fréquentée, la faible longueur de la ligne et la faiblesse du trafic, ne justifiaient sans doute pas l'adoption de la solution.

L'expérience de Highgate-Hill ne diminue en rien la valeur du système à câble ; elle montre simplement qu'il n'y avait pas lieu de l'adopter pour ce cas particulier.

M. J. Kincaid a indiqué à la Cie de Highgate, les solutions des questions embarrassantes qui se sont présentées à tout moment au début des travaux et de l'exploitation.

74. Tramway à câble de Birmingham. — Malgré l'insuccès du tramway funiculaire de Highgate-Hill, une ligne à câble fut cons-

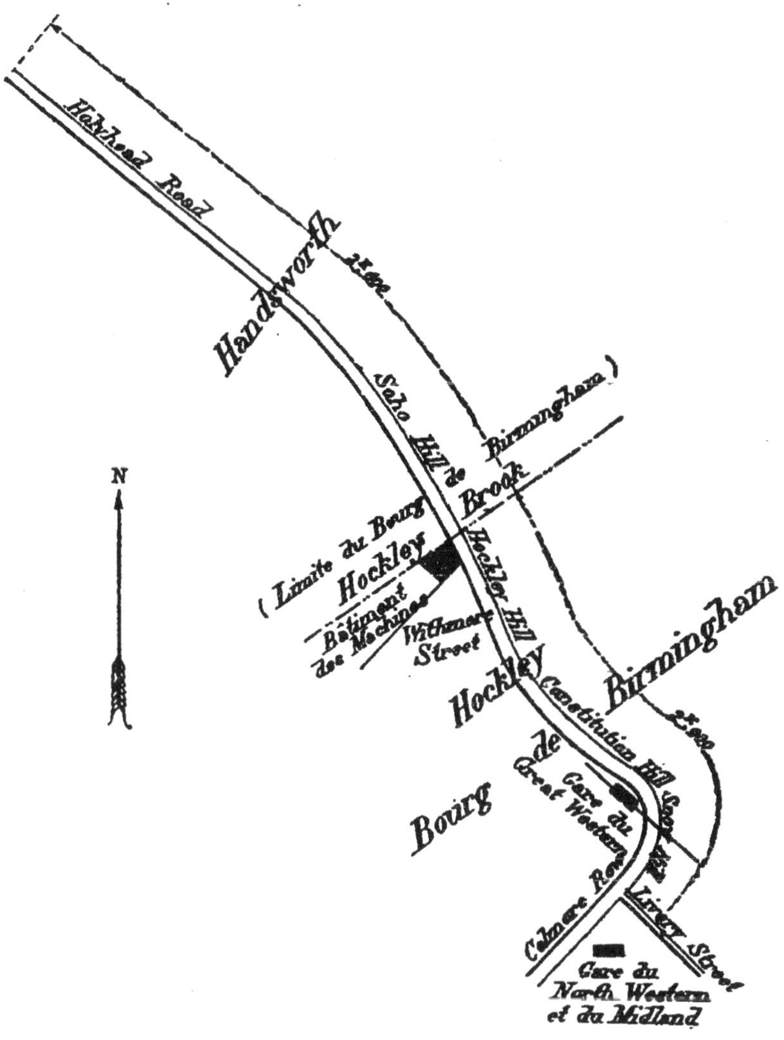

Fig. 85.

truite à Birmingham de 1887 à 1889. La construction fut précédée d'enquêtes et d'études très complètes sur les avantages et défauts du système funiculaire, basées sur des réponses faites par les autorités des villes de San Francisco, Chicago, Philadelphie, etc. etc.

Une compagnie puissante s'engagea à exécuter les travaux pour le compte de la Municipalité, et à exploiter à ses risques et périls.

L'ouverture à l'exploitation de la première section eut lieu à la fin de mars 1888; cette première section s'étend d'un point central de Birmingham, dans Colmore Row jusqu'au ruisseau de Hockley, à la limite de la commune d'Edimbourg, sur une longueur de 2 kilom. (voir fig. 85). La seconde section, ouverte à l'Exploitation en avril 1889, part du ruisseau de Hockley, et s'étend sur le territoire d'Handsworth jusqu'à New-Inn; sa longueur est de 2,6 kilom.

Le rayon minimum des courbes est de 94 m. sauf une seule courbe de 12 m. sur un quart de circonférence située dans Colmore Row vers Snow Hill.

La déclivité maxima est de 50 mm. par mètre.

La différence de niveau entre le point le plus élevé, qui est l'origine, et le point le plus bas, n'excède pas 20 m.

La ligne est à double voie d'un bout à l'autre ; elle est établie dans de larges rues de 12 m. de chaussée.

La largeur de voie est de $1^{m}07$; le rail, du type Broca, pèse 46 kil. le m. l.

Les jougs sont en fer et du type de Chicago, ils sont distants de $1^{m}22$, et noyés dans un béton de Portland qui s'étend jusque sous le pavage de la chaussée.

La ligne est exploitée par deux câbles indépendants pour chacune des deux sections indiquées ; leurs longueurs sont respectivement de 4250 et 5450 m. Ils sont formés de 6 torons de 10 fils d'acier, avec âme centrale en chanvre.

La résistance des fils à la rupture est de 140 kil. par mm. q. de section.

Les poulies porteuses des câbles, distantes de 8 m. 54, (7 longueurs d'écartement des jougs) ont 0 m. 29 de diamètre ; dans les courbes on emploie des poulies coniques à axe vertical, munies d'un rebord à la partie inférieure.

Pour la courbe raide de Colmore-Row, un dispositif spécial a été imaginé. Le câble roule sur une série de galets à axe verticaux, espacés de 0 m. 91 portés par des entretoises allant d'un rail à l'autre.

Dans toutes les courbes, la tige du gripp est soutenue par un fer de guidage comme nous l'avons déjà expliqué dans des cas semblables.

Les machines de 250 chevaux chacune sont placées vers le ruisseau d'Hockley, dans un bâtiment attenant aux remises des voitures

Ces dernières sont au nombre de 20 ; elles sont portées sur bogies avec plate formes symétriques et impériales ; elles offrent 42 places, et sont munies d'un frein à sabot et d'un frein à patin.

Le gripp est analogue à celui de Highgate-Hill.

Le bâtiment des machines étant placé dans un point bas, la manœuvre de lâcher et de reprise du câble s'effectue aisément, car les voitures franchissent facilement par vitesse acquise, la portion de voie déviée en vue de permettre au câble de sortir des mâchoires du gripp.

Les départs ont lieu toutes les cinq minutes sauf le samedi, où les voitures se succèdent de trois en trois minutes ; treize voitures sont en service dans le premier cas ; seize dans le second. Pendant l'année 1889, les voitures ont parcouru 315.858 kilom., et transporté 2.206.168 voyageurs.

Les recettes correspondantes ont été de 326.333 fr., les dépenses de 173.951 fr. soit 152.382 fr. de bénéfice net, par kilomètre de parcours, 1 fr. 03 de recette brute, 0 fr. 55 de dépense et 0 fr. 48 de produit net.

Le coefficient d'exploitation serait donc de 0.54.

Ces résultats financiers sont satisfaisants, et l'on peut augurer favorablement de l'avenir de cette ligne.

Il faut rendre justice à la clairvoyance de la municipalité d'Edimbourg qui, sans se laisser décourager par l'insuccès d'Highgate, n'a pas imputé au système à câble des défauts qu'il n'a pas, et a su en faire étudier et réaliser une application nouvelle. Le tramway à câble de Birmingham a été construit sous la direction de MM. E. Pritchard et J. Kincaid (1).

75. Tramways à câble d'Edimbourg. — La disposition topographique de la ville d'Edimbourg semblait y appeler tout naturellement l'application des systèmes à câble.

En 1884, le Parlement donnait la concession d'une ligne dite ligne de *Trinity* partant d'une des rues centrales d'Edimbourg, Princes-Street, pour se diriger vers les nouveaux quartiers du Nord qui se développent chaque jour.

Cette ligne fut livrée à l'exploitation en 1884.

De l'origine de Princes Street au terminus de Trinity Cottage, la longueur du tracé est de 2.400 m. Les voies suivies sont larges, et à l'exception d'une courbe de 23 m. de rayon, les conditions du tracé en plan sont favorables.

Les déclivités atteignent 87 mm. par mètre dans la traversée des jardins de Queen Street sur environ 150 m. (voir le plan fig. 86). Le point le plus haut du profil en long se trouve dans Hanover-Street, à l'intersection de George-Street.

Le dépôt et les machines motrices sont situés à 150 m. de la ligne dans Henderson Row. Cette situation a été choisie en vue de l'exploitation d'une seconde ligne à câble, celle de *Stockbridge*, dont nous nous occuperons un peu plus loin.

La voie est au gabarit de 1 m. 44 ; le rail à patin pèse 37 kil. le m. l. ;

1. *Rapport de Mission* de M. Bienvenue, ingénieur des ponts et chaussées.

le tube du câble est formé par des cadres en fonte du type de Highgate, espacés de 1 m. 07, reposant sur une fondation de béton, et une maçonnerie de béton assure la continuité de l'espace réservé au câble, d'un cadre à l'autre.

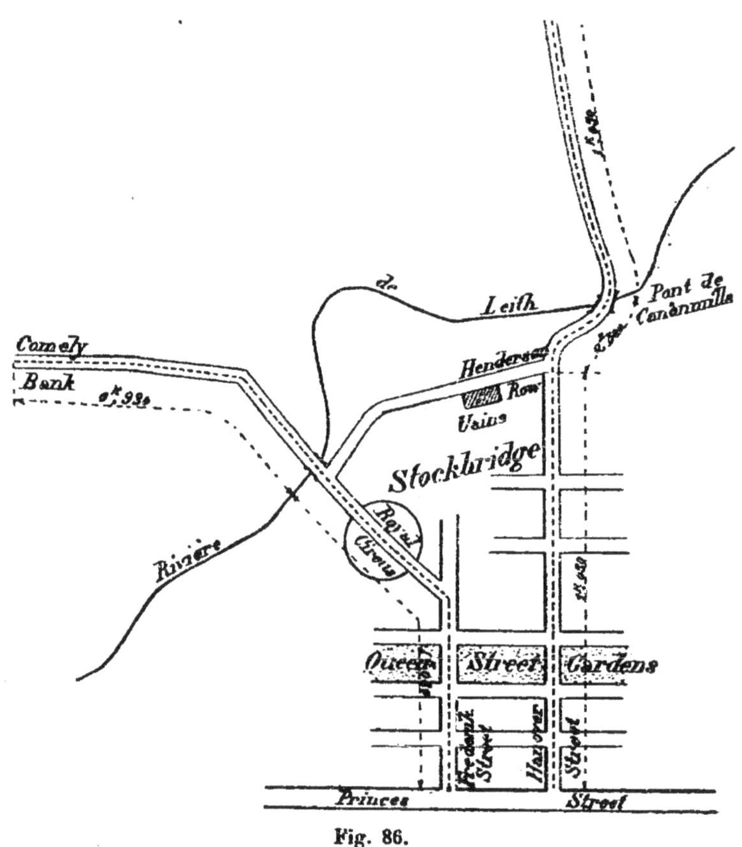

Fig. 86.

Les poulies de support, de 0 m. 30 de diamètre, soutiennent le câble à 0 m. 30 au dessous de la chaussée, elles sont espacées de 15 m. Comme sur certaines lignes américaines, les paliers des poulies sont garnis de bois de gaiac, ce qui permet de supprimer presque complètement le graissage.

Les machines sont installées en sous-sol dans un vaste bâtiment situé dans Henderson Row. Au premier étage se trouvent les remises du matériel. Le tendeur est placé en arrière des poulies motrices.

Deux machines du type Prœll's, offrant chacune une force nominale de 160 chevaux, donnent le mouvement aux câbles.

Les deux chaudières sont du type Balkock et Wilcox.

Le câble est formé de 6 torons de 13 fils ; son diamètre est de 27 mm. sa vitesse est de 9 kilom. 650 à l'heure.

Le matériel comprend huit voitures à bogies, plate formes symétriques et impériales, comptant 20 places à l'intérieur, et 32 tant à l'impériale que sur les plate formes. Le gripp et les freins sont analogues à ceux des autres lignes anglaises.

La voie, tracée dans les rues larges à faible circulation, est d'une exploitation facile.

Les départs ont lieu de 7 en 7 minutes ; 6 voitures sont en service pendant 16 heures.

Les résultats financiers n'ont pas été bons dans les débuts ; mais il est difficile de se rendre compte des motifs ayant déterminé cet insuccès financier.

Une autre ligne à câble a été construite à Edimbourg, celle de *Stockbridge*.

Elle a son origine dans Princess Street, à 200 m. de la première, et se dirige également vers les nouveaux quartiers du Nord, en passant par Fréderick Street, les jardins de Queen-Street, Royal Circus, Traverse la Leith à Stockbridge, et se termine dans les terrains de Comely Bank. La longueur du tracé est de 2 kilom., entièrement à double voie. (Voir fig. 86).

Les courbes sont plus nombreuses et plus raides que sur la ligne de Trinity. Dans une courbe de 32 m. de rayon, les poulies horizontales ont été rapprochées à 2 m.

Les pentes n'atteignent qu'exceptionnellement 70 mm. par mètre.

Le câble est mis en action par l'usine de Henderson Row, qui sert également, comme nous l'avons vu, pour la ligne de Trinity, de telle sorte que deux brins du câble inutilisés pour le trafic suivent Hamilton Place et Claremont Place sur une longueur de 450 m.

Les travaux du tramway d'Edimbourg ont été exécutés sous la direction de M. W. Newby-Colam (1).

76. Tramway à câble de Belleville. — Les tramways funiculaires, on peut le dire, ne sont guère en faveur sur le continent Européen. Malgré le succès des lignes américaines, ce n'est qu'en 1883 que le tramway de Highgate Hill a été commencé, soit dix ans après l'ouverture de la première ligne de San Francisco.

L'insuccès de Highgate a évidemment dû faire naître de grandes hésitations ; aussi, bien qu'il y ait actuellement 412 kilomètres de tramways funiculaires aux Etats-Unis, (2) ce n'est qu'en 1887 que le conseil municipal de la ville de Paris se mit sérieusement à étudier la question.

Par un vote en date du 31 décembre 1887, le Conseil s'engageait ré-

1. *Rapport de mission* de M. Bienvenue, ingénieur des ponts et chaussées.

2. *Génie Civil*, 25 juillet 1891. *Tramway de Belleville*, par M. Max de Nansouty.

solument dans cette voie, et décidait en principe sur la demande en concession présentée par M. Fournier, Ingénieur civil, l'établissement d'un tramway funiculaire entre la Place de la République et l'église de Belleville, passant par le faubourg du Temple et la rue de Belleville.

Si le système à câble est absolument justifié par l'importance du trafic et la raideur des pentes, son application devait présenter des difficultés exceptionnelles par suite des autres conditions d'établissement.

La rue de Belleville n'ayant que 7 m. de largeur, la voie unique était imposée d'un bout à l'autre, condition détestable tant au point de vue des difficultés de construction qu'au point de vue de l'exploitation, et cette sujétion était aggravée encore par l'obligation d'adopter la voie de 1 m. Nous avons vu, en effet, qu'à Highgate-Hill, la simple voie avait créé de grandes difficultés ; encore n'existe-t-elle que sur une très faible longueur, environ 300 m., et *dans les parties rectilignes seulement.* A Belleville, au contraire, la voie est unique d'un bout à l'autre, et le tracé est sinueux.

Or, il est facile de comprendre que la voie unique. outre ses autres inconvénients, entraîne de grandes difficultés dans les courbes. Les deux brins du câble sont placés à peu de distance de part et d'autre du plan vertical passant par l'axe de la rainure du tube ; en alignement, pas de difficulté pour les poulies de support placées côte à côte, mais en courbe, chaque brin du câble est guidé par des poulies horizontales rapprochées, et les deux brins du câble, dans leurs oscillations, tendent à sauter d'un système de poulies sur l'autre, ce qui est une cause de gène et d'ennuis.

L'obligation prescrite par le cahier des charges, de placer le rail le plus rapproché du trottoir à une distance minima de 3 m. de ce trottoir, a également conduit à augmenter la sinuosité du tracé.

Si l'on ajoute à toutes ces conditions défavorables et sans précédents, la gène causée par la circulation énorme du Faubourg du Temple et de la rue de Belleville, on pourra se faire un aperçu des difficultés de la question.

L'origine du tracé se trouve au bas du faubourg du Temple, vers la place de la République, à côté du vaste bâtiment de l'Hôtel Central; la voie, après avoir franchi le canal St-Martin, couvert en cet endroit par un tunnel, remonte le faubourg du Temple par des pentes variant de 12 à 37 mm., traverse le boulevard de la Villette, entre dans la rue de Belleville, suivie jusqu'au terminus en face l'église Saint-Jean-Baptiste. La longueur totale de la ligne est de 2.025 m.

Le bâtiment des machines, attenant au dépôt et aux ateliers, est situé au n° 101 de la rue de Belleville, à environ 100 m. du terminus. Le tracé comprend vingt-quatre courbes; le développement total de ces courbes, non compris celles des garages, est de 325 m., soit 15 % de la longueur totale de la ligne.

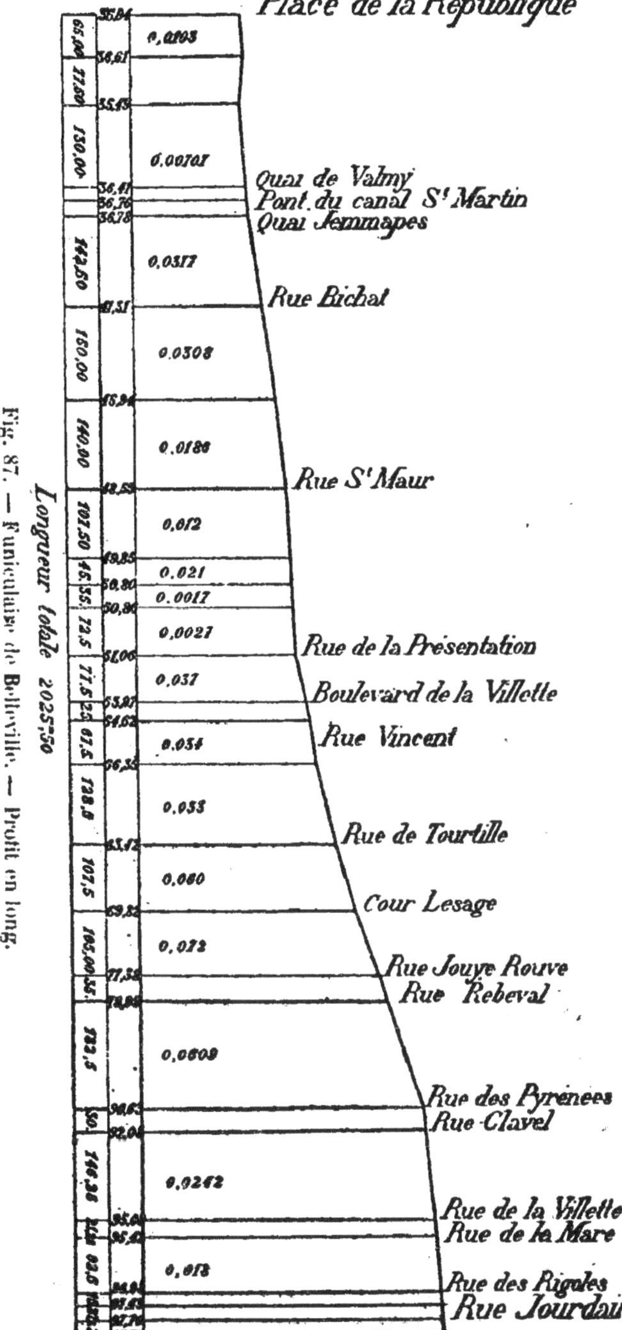

Fig. 87. — Funiculaire de Belleville. — Profil en long.

Le rayon minimum des courbes en pleine voie est de 41 m. ; il s'abaisse à 21 m., dans les appareils de changement.

La longueur des parties droites des voies de garage pour les croisements n'est que de 18 m., sauf au droit de la rue Bolivar, vers le dépôt, où l'on a donné au garage 60 m. de longueur, afin de faciliter l'opération du lâcher et de la reprise du câble. En ce point, aboutit également la voie de raccordement avec le dépôt.

A cet endroit, la rue est en pente de 24 mm.

Le profil monte d'une façon presque continue, depuis le canal Saint-Martin jusqu'au terminus.

Les pentes maxima dans la rue de Belleville se trouvent entre les rues de Tourtille et des Pyrénées, la pente moyenne entre ces deux rues distantes de 430 m. est de 62 mm. elle atteint même 73 mm. 7, sur une longueur de 52 m. 50, comme l'indique le profil en long (fig. 87.)

La différence de niveau entre l'origine et le terminus est de 63 m.

On a ménagé cinq garages intermédiaires pour les croisements : au canal St Martin, rue de Maur, boulevard de la Villette, rue Julien Lacroix, rue Bolivar. Ces garages servent de stations pour laisser descendre et monter les voyageurs.

Les aiguillages d'entrée et de sortie de ces garages sont automatiques. Il faut par suite une aiguille mobile aussi bien pour la rainure du tube de câble que pour les rails de la voie, afin que le gripp puisse suivre la rainure correspondant à la voie prise par les roues des véhicules. Ce problème s'était déjà présenté à Highgate, du reste. La solution adoptée à Belleville par M. Seyrig a donné complète satisfaction. On comprendra toute la difficulté du problème, en songeant que la lame aiguille du gripp est en porte-à-faux dans l'égout du câble, et qu'elle a cependant à supporter les véhicules ordinaires passant sur la chaussée.

La voie est à largeur de 1 m., les rails du type Broca pèsent 45 kil. au m. l. Ils sont supportés, ainsi que les rails de rainure par des jougs en fer distants de 1 m. Les rails de rainure, du type en Z pèsent 29 kil. le m. l. Les jougs sont encastrés dans une maçonnerie de ciment de Vassy et de pierre meulière les reliant par une galerie continue de 0 m. 350 sur 0 m. 630.

Les poulies courantes de support du câble sont placées à 60 mm. de part et d'autre de l'axe de la rainure ; elles maintiennent le câble à 0 m. 480 au-dessous du niveau de la chaussée. Ces poulies, distantes de 10 à 11 m. ont. 310 mm. de diamètre ; leur gorge a une profondeur de 40 mm.

Dans les courbes on a procédé de deux facons, suivant leurs rayons.

Pour les courbes de rayons supérieurs à 200 m. l'axe des poulies guides au lieu d'être horizontal a été légèrement incliné, la poulie la plus élevée se trouvant du côté du centre de la courbe ; et étant munie d'un rebord du côté intérieur.

Pour les rayons inférieurs à 300 m. on a employé des poulies à axe vertical. Le câble extérieur à la courbe est guidé par la poulie la plus basse ; le cable intérieur par la plus élevée. La hauteur de l'axe de ces poulies peut être réglée à volonté.

Le câble est formé de six torons de fils d'acier, composés d'un fil central de 0.001 de diamètre, enveloppé par cinq fils de 0,0015 de diamètre recouverts eux-mêmes extérieurement par sept fils de 0,003 ; l'âme centrale est en chanvre, le câble pèse 3 kil. au m. l., sa longueur totale est de 4.200 m. soit un poids total de 12.600 kil.

La tension sur chaque brin, en service est d'environ 1100 kil. La vitesse du câble est de 3 m. par seconde. Les machines installées au dépôt sont au nombre de deux. Ce sont des machines Corliss, de 50 chevaux chacune, installées par la maison Lecouteux et Garnier ; une est en service, l'autre de réserve ; mais la machine en service développe souvent, paraît-il, un travail de 80 chevaux. La pression normale au cylindre est de 6 kil. par mm. q.; la vitesse de 60 tours par minute.

Les chaudières sont multitubulaires, et au nombre de trois, dont deux de 50 chevaux et une de 100.

Les voitures sont au nombre de 10 ; leur tare à vide est de 2.500 kil. elles sont à plate formes symétriques, offrant chacune 5 places, soit 22 places, avec les 12 places assises à l'intérieur.

Chaque voiture est munie de deux gripps, un sur chaque plate-forme.

Un frein d'entraînement genre Lemoine, imaginé et construit par M. Chalou est manœuvré par une pédale et peut presser des sabots sur les jantes des roues ; en outre, un frein à patin est à la disposition du conducteur, et sert normalement dans les descentes. Ces deux freins sont énergiques et sûrs.

Les départs ont lieu de 5 en 5 minutes ; le tarif est de 0 fr. 10.

La vitesse moyenne de marche est de 9 kilom. à l'heure. Le nombre maximum de voyageurs par jour a été de 10.500, c'est relativement peu.

Mais il faut tenir compte de ce que l'existence d'une voie unique restreint la capacité de trafic de la ligne. En réalité, il y a toujours des temps perdus aux croisements ; ce qui cause des retards inévitables. La condition de n'avoir qu'une seule voie est des plus fâcheuses à ce point de vue, et la capacité de trafic de la ligne est très notablement diminuée. Cet inconvénient à lui seul est suffisant pour faire rejeter l'emploi de la voie unique pour les tramways funiculaires, destinés en principe à desservir une circulation des plus actives. Il est très probable, qu'aux jours d'affluence une partie de la clientèle échappe au funiculaire de Belleville à cause du manque de places offertes.

Il est aisé de voir en faisant le trajet, que les voitures sont presque toujours bondées.

En résumé, l'établissement du funiculaire de Belleville a rencontré des difficultés extraordinaires et sans exemple dans les lignes précédemment établies.

Ces difficultés ont été résolues d'une façon remarquable par le constructeur, M. Seyrig, l'ingénieur bien connu qui a projeté et exécuté le pont de Porto concurremment avec M. Eiffel ; M. Bienvenüe, ingénieur des Ponts et Chaussées chargé du service de la Ville de Paris, a fait exécuter les travaux de construction de la voie de l'usine et du matériel, avec la collaboration de M. Lefèbvre conducteur des ponts et chaussées.

Les dispositions originales des changements, du joug en fer, et du gripp sont dues à M. Seyrig.

La construction a été faite par la ville de Paris, et à ses frais ; le devis s'élevait à une dépense totale de 1.000.000 fr. mais il a été dépassé assez notablement ; et les dépenses réelles de premier établissement s'élèvent à 1.200.000 fr. L'exploitation avait été concédée à M. Fournier, moyennant une redevance annuelle de 50.000 fr. mais, par suite de difficultés intervenues entre la ville et le concessionnaire, l'exploitation est faite actuellement en régie.

On trouvera à l'annexe n° 3 divers détails relatifs au funiculaire de Belleville, extraits du travail publié par M. l'ingénieur Widmer dans les *Annales des ponts et chaussées* de mars 1893.

77. Lignes diverses. — Nous avons décrit dans leur ensemble les lignes à câble les plus connues, et sur lesquelles nous avions des données suffisantes ; mais il y en a beaucoup d'autres, que nous pouvons seulement indiquer brièvement. A New-York, d'abord, nous citerons :

La ligne a double voie de la *10e avenue,* longue de 10 kilomètres ; c'est la plus longue de toutes les lignes funiculaires ; elle est établie sur le type des tramways de Chicago.

Deux machines motrices de 300 chevaux, dont une est toujours en réserve, donnent le mouvement au câble.

Pour être sûr d'assurer le service en tout temps, et sans arrêt, on a placé deux câbles dans le tube longitudinal, tout le long de la ligne. Un seul est en service, le second est tout prêt à fonctionner au cas où le premier se romprait. Les gripps des voitures sont disposés de façon à pouvoir saisir à volonté l'un ou l'autre câble.

Ce tramway a été inauguré en 1886.

Citons encore à New-York le tramway funiculaire de la *rue Broadway*; cette ligne à double voie est fort importante, elle a 8.320 m. de long (1).

1. *Engineering News*, 22 août 1891 et *Génie civil*, 2 janvier 1892, Tramway funiculaire de la rue Broadway.

La voie a 1 m. 432 de largeur entre les rails ; elle est supportée par des cadres en fonte, distants de 1 m. 370, pesant chacun 250 kil. Comme pour la ligne de la 10e avenue, il y aura deux câbles, dont un seul en service et l'autre en réserve. Une des difficultés les plus considérables a consisté dans l'encombrement inoui du sous-sol de la rue Broadway, compliqué encore par la nature rocheuse du terrain : en certains points le pavé repose directement sur le rocher et il a fallu faire les déblais à la mine.

Des conduites de gaz, d'eau, d'air comprimé, de vapeur, des câbles électriques, occupaient le sous sol de cette rue. On a dû sur une certaine longueur, déplacer une conduite d'air comprimé et riper une voie de tramway à traction de chevaux.

Tous ces travaux ont dû s'exécuter dans cette rue de Broadway la plus encombrée de toutes les voies publiques de l'Amérique du nord.

Nous devons, avant de quitter l'Amérique du Nord, citer les tramways funiculaires de *Kansas* (3.200 m. de longueur), de *St-Louis*, d'*Ohmaha* et de *Cincinnati*, et nous rappellerons que le développement total des tramways funiculaires aux Etats-Unis atteint 412 kilom. Un réseau important de tramways à câble existe aussi en Australie, à *Melbourne*, il a été concédé dès 1883.

Il est question d'établir à Paris un funiculaire à câble sans fin destiné à relier Montmartre à la place Cadet (rue Lafayette). Il faut espérer que l'on évitera les difficultés rencontrées à Belleville en choisissant un tracé plus approprié aux exigences de la traction funiculaire.

§. 3. — CONSTITUTION DE LA VOIE.

78. — Largeur de voie. Rails de roulement et de rainure. — On a adopté pour les lignes funiculaires deux gabarits, la voie de 3 pieds 6 pouces, (1 m. 07), c'est la voie étroite ; et la voie large, de 5 pieds, (1 m. 52).

La voie étroite a été adoptée à San Francisco pour les lignes de Clay-Street, California-Street ; à Chicago, à Highgate, à Birmingham, à Belleville ; la voie large a été adoptée à San Francisco pour les lignes de Sutter-Street, Union Présidio et Ferries ; à New-York, à Edimbourg, etc., etc.

On peut donc dire que l'une et l'autre largeur de voie ont été adoptées sans que la préférence ait été donnée ni à l'une ni à l'autre ; on s'est laissé guider par les circonstances dépendant de chaque cas particulier.

Le rail adopté le plus généralement pour la voie, est le rail à patin du type Broca ; le poids du m. l. de ces rails varie dans des proportions considérables : de 21 (Highgate), à 45 kil. (Belleville, Broadway). Le poids du rail est déterminé beaucoup moins par la charge des véhicules destinés à y rouler, que par la nécessité de résister aux chocs latéraux des voitures étrangères suivant la voie publique.

Il semble cependant que la tendance actuelle soit d'employer un rail à patin élancé, lourd, et bien résistant.

A Birmingham, Belleville, Edimbourg, Broadway, on a choisi un rail à patin du type Broca, d'une hauteur de 170 à 180 mm. et pesant environ 45 kil. au m. l.

Quant on fait usage de cadres en fonte pour constituer l'ossature du tube de câble, les rails reposent tantôt sur des coussinets en fonte à large empâtement, tantôt sur des longrines, tantôt sur les cadres eux-mêmes comme à Broadway.

Quand on emploie des jougs en fer, on les utilise presque toujours pour leur faire porter les rails de la voie.

Si le rail employé est à patin, on fixe directement le patin sur le joug.

Quand on employait des rails plats, il était nécessaire de les fixer sur des longrines, qui reposaient dans ce cas sur les jougs ; c'est la disposition employée sur les premières lignes des Etats-Unis.

L'emploi du rail à patin est évidemment préférable et l'on n'en emploiera sans doute plus d'autre à l'avenir. La question est la même du reste que pour un tramway ordinaire.

La rainure destinée au passage du gripp est formée par deux cours de fer parallèles laissant entre eux le vide nécessaire à ce passage. Ce sont généralement des fers en formes de ⌴ ou de Z, droit ou oblique, laissant entre eux un vide variant de 19 à 28 mm. suivant les cas. Le rail de rainure d'Highgate pèse 17 kil. 6, au m. l., celui de Belleville 29 kil., celui de Broadway 33 kil., leurs hauteurs respectives sont de 135, 170, 175 mm. Nous allons expliquer leur mode de fixation aux cadres ou aux jougs de la voie, en nous occupant de ces derniers.

Il est de toute importante que l'ouverture existant entre les rails de rainure soit absolument fixe, car si cette ouverture venait à diminuer, le gripp pourrait ne plus passer. Ce cas s'est présenté à Belleville. Sous l'influence des gelées exceptionnelles, les joints des pavés de la chaussée se sont ouverts, et les bordures de trottoir faisant culée, la chaussée s'est soulevée en voûte, en comprimant les deux bords de la rainure qui s'est trouvée resserrée.

Pour éviter le retour de semblables faits, on a coulé entre chaque fer de rainure et la première file de pavés une matière élastique. Généralement, les pavés de la chaussée sont posés sur fondation en béton, et les joints des pavés sont garnis en mortier.

A Geary-Street, on a employé comme fers de rainure de vieux rails de chemins de fer du type Vignole que l'on a fixés côte à côte, le patin à la partie supérieure.

L'ossature du tube continu destiné à contenir le câble et ses poulies de support est formée par des cadres rigides en fonte ou fer de forme rectrangulaire ou en forme de V ; dans ce dernier cas on les désigne sous le nom de jougs. Nous distinguerons trois types principaux :

Les *cadres*, généralement en fonte, indépendants des rails de roulement ;

Les *jougs*, en fer ou acier, avec assemblages rivés, qui sont au contraire solidaires des rails de roulement, et les supportent.

Enfin, les *supports* en fonte également solidaires des rails de roulement. Quel que soit le type adopté ; ordinairement la fente longitudinale, destinée à laisser passer la tige du gripp, ne se trouve pas au-dessus du câble, ce dernier est placé en dehors de la verticale passant par l'axe de la rainure, sur le côté.

Cette disposition a pour but de soustraire le câble à l'action de l'eau et des balayures de la voie publique pouvant tomber par la rainure.

La continuité du tube entre les jougs est obtenue soit par une maçonnerie, c'est le cas général, soit par une tôle, soit par de simples planches en bois.

79. — Câdres de la voie. — Les câdres ont été employés pour les premières lignes à câble, ils sont presque toujours en fonte ; la fig. 88 montre la disposition du cadre en fonte de *Clay-Street*, qui est du type *Hallidie* (1).

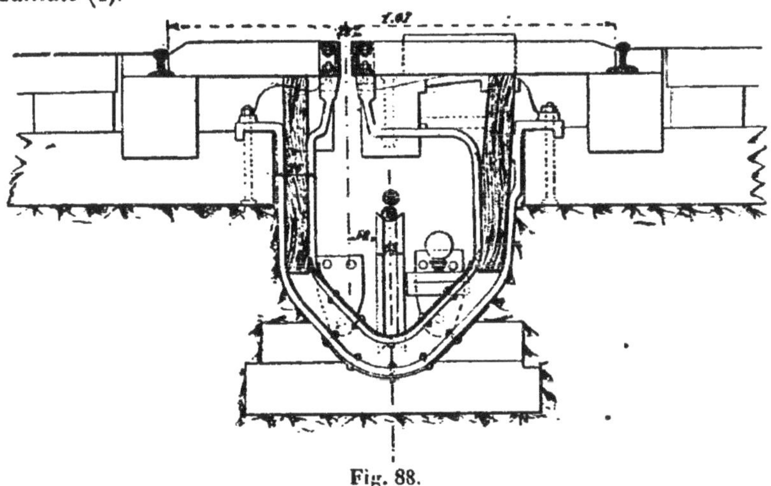

Fig. 88.

Chacun de ces cadres en fonte repose sur une chaise en bois ; latéralement, le châssis est soutenu par une traverse en bois sur laquelle sont fixées les longrines de la voie.

(1). *Cable or Rope traction*, par Bucknall Smith.

La voie publique est pavée sur toute sa largeur.

Les cadres sont équidistants de 1 m. 51 ; ils portent à leur partie supérieure les rails de la rainure qui sont ici deux fers ⌊ laissant entre eux un vide de 22 mm. La galerie continue est constituée par des douves en bois fixées contre les cadres ; sa section est de 0 m.305 sur 0 m. 382, la hauteur totale du niveau de la chaussée au fonds est de 0 m. 559. Les poulies soutenant le câble ont 280 mm. de diamètre ; elles sont désaxées de 89 mm. par rapport à la verticale passant par l'axe de la rainure.

Ces poulies sont portées par des paliers fixés aux cadres de la voie.

Comme on le voit, dans ce type l'entretoisement des cadres et des voies n'est pas bien assuré.

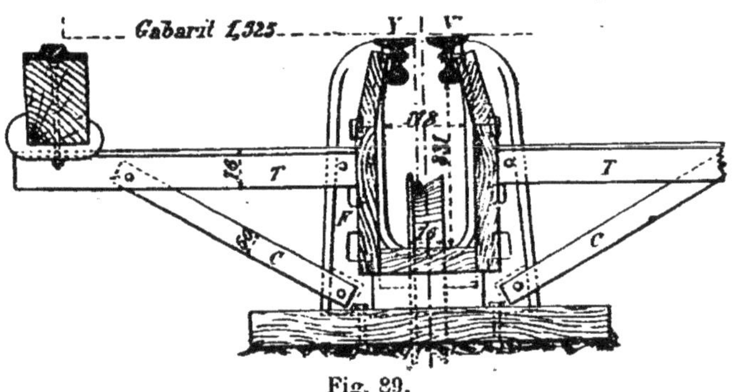

Fig. 89.

Dans le type de *Geary Street*, le bois est encore largement employé pour la fondation et les parois de la galerie, mais l'entretoisement est mieux assuré par le tirant de fer T,T et les contrefiches C,C qui triangulent le système, et sont rivées sur le cadre en fonte F,F. (fig. 89).

Les longrines de la voie sont fixées sur les tirants T par des sortes d'étriers, ce qui assure invariablement l'écartement des rails, et les relie bien au cadre F qui est en fonte.

Les fers de la rainure sont des vieux rails Vignole renversés. Exceptionnellement, dans ce type le câble est placé au dessous de la rainure ; mais la disposition conique de la gorge de la poulie le ramène contre le mentonnet de cette poulie quand le gripp ne passe pas ; le câble se meut alors dans le plan vertical V ; mais au moment où le gripp de la voiture passe, le câble est légèrement dévié et maintenu dans le plan axial V'. Le câble n'est donc maintenu dans ce plan qu'au moment du passage de la voiture, il retombe ensuite en V où il est protégé par le patin du rail de rainure.

La galerie en bois de *Geary Street* est remarquable par sa faible section dont le vide intérieur mesure seulement 0 m. 178 sur 0 m. 332.

A *Philadelphie* on a employé un cadre en fer laminé ; des fers plats, courbés légèrement, soutiennent à leur partie supérieure les fers de rainure, qui sont des fers d'angle, ces fers plats sont fixés à leur partie inférieure sur une pièce servant de base, à laquelle s'attachent également des barres qui triangulent le système.

Les parois assurant la continuité de la galerie sont formées par des tôles continues, fixées sur les cadres.

Ce système paraît d'une construction coûteuse. A *Melbourne*, on a adopté des cadres en fer affectant la forme d'une courbe fermée ; c'est un U dont les deux branches verticales seraient réunies à la partie supérieure.

Ces cadres sont noyés dans un béton formant la galerie. Des tirants en fer reliant les rails à patins de la voie aux fers de rainure.

A *Highgate-Hill*, on a employé également des cadres en fonte, espacés de 1 m. 07; ils pèsent chacun 54 kil. et reposent sur un massif de fondation de 0 m.15 d'épaisseur, en béton de Portland ; ces cadres sont représentés par la fig. 90. Le vide intérieur du cadre en fonte mesure 0 m.305 sur 0 m. 215 ; c'est aussi celui de la galerie continue allant d'un cadre à l'autre, formée par deux murettes en maçonnerie de béton de Portland, reposant sur la fondation.

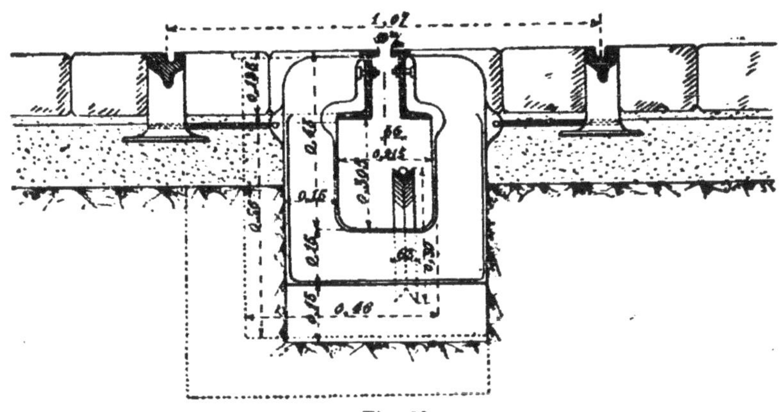

Fig. 90.

Les cadres sont entretoisés avec les voies par des tirants en fer, attachés, aux coussinets de la voie d'une part, et d'autre part à une nervure de fonte sur la tranche du cadre.

Le rail de rainure, pesant 17 kil. 64 au m. l. a un profil en Z redressé à angle droit.

Ce rail porte sur le cadre de fonte par son rebord extérieur ; il est fixé par deux boulons à une nervure venue de fonte. La largeur de la rainure est de 19 mm.

Les poulies de support du câble, de 0 m. 300 de diamètre, sont distantes de 12 m. elles sont désaxées de 36 mm. par rapport à l'axe de la rainure.

La galerie dont le fond est à 0 m. 430 au-dessous de la chaussée verse ses eaux dans les puits ménagés pour la visite des poulies ; ces puits communiquent avec l'égoût de la voie publique.

Le pavage en granite de la rue repose sur une fondation en béton de Portland, qui supporte aussi les coussinets de la voie. Les joints des pavés sont garnis en mortier.

Dans les parties courbes les poulies sont plus rapprochées ; elles sont inclinées à 45°, et leur gorge est plus profonde ; le massif en béton de la galerie est disposé de façon à former sommier pour recevoir le bâti en fonte de la poulie.

La fig. 91 représente la galerie de la ligne de *Trinity* à *Edimbourg*. Les cadres en fonte sont analogues à ceux de Highgate-Hill ; il sont espacés de 1 m.07, et réunis par des entretoises aux rails à patin de la voie.

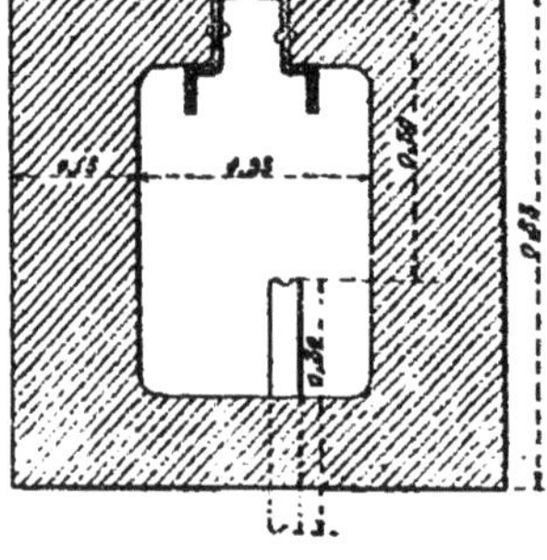

Fig. 91.

Les rails de rainure pesant 19 kil. au m.l. sont à signaler. Leur profil est celui d'un Z à angle droit dont la barre inférieure se prolongerait par une partie verticale, comme l'indique la figure ; cette partie pend en quelque sorte librement dans la galerie, et sert à guider la tige du gripp dans les courbes. La largeur de la rainure est de 16 mm.

Nous allons décrire maintenant le deuxième dispositif employé pour constituer l'ossature de la voie ; ce sont les *jougs*, qui se font toujours en fer.

80. Jougs. — Le premier joug employé est celui de *Sutter-Street*, à San-Fransisco ; il est représenté par la fig. 92 (1). Ces jougs sont formés de vieux rails en fer recourbés, pesant 27 kil. au m. l., consolidés par des contrefiches inclinées, faites de fers d'angle assemblés aux fers de rainure.

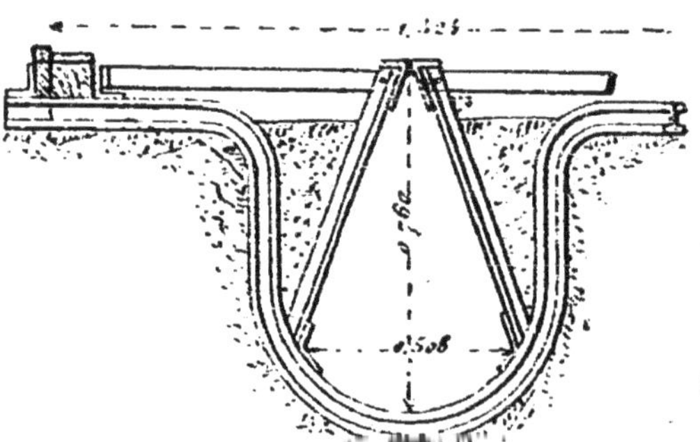

Fig. 92.

Des tirants en fer plat de 62 mm. 5 sur 9 mm. 4, relient les longrines de la voie aux contrefiches et aux fers de rainure.

1. *Portefeuille économique des machines*, janvier 1888.

Les longrines reposent directement sur l'extrémité du joug. Le joug est noyé dans un béton qui assure la continuité de la galerie.

Nous avons indiqué au n° 63 la disposition adoptée dans les courbes pour guider la tige du gripp.

Ce type de joug a été également employé à *Market-Street,* mais sur cette dernière ligne il a été quelque peu modifié, et l'on a adopté franchement la forme en V, en ouvrant les branches de l'U du joug de Sutter-Street.

A *Chicago,* où les hivers sont très rigoureux, on craignait l'introduction des neiges dans la galerie et l'action des gelées ; pour s'y soustraire on a donné à la galerie une profondeur considérable, ce qui a conduit à modifier le type de joug et à adopter une disposition analogue à celle représentée par la fig. 93.

Ce modèle de joug a été également adopté en effet à *Birmingham.* La fig. 93 représente ce dernier type.

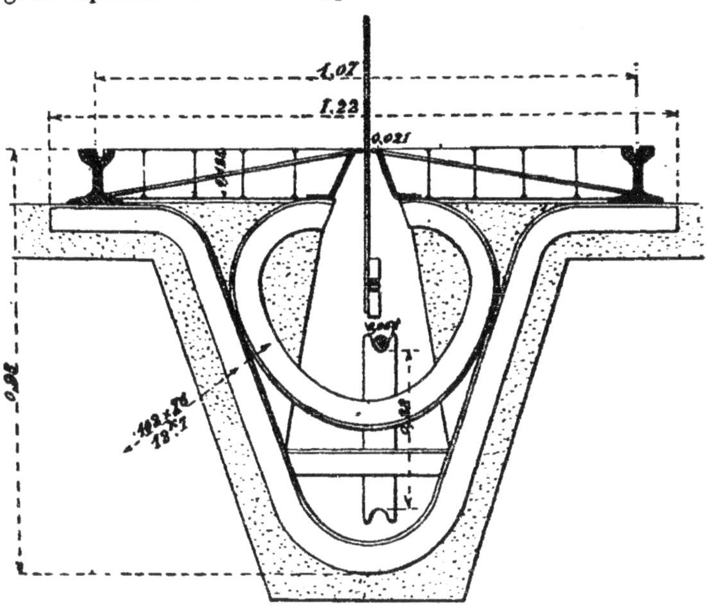

Fig. 93.

Les rails de roulement et de rainure, tous deux en acier, ont la même hauteur, 0 m. 180 ; le rail de rainure pèse 32 kil., au m. l. Les jougs sont constitués par deux barres d'acier à T, l'une en forme de V, l'autre circulaire, rivées ensemble.

Les rails de la voie portent directement sur le prolongement des branches du V. Deux entretoises réunissent les rails de rainure aux rails de la voie pour assurer l'invariabilité de la largeur de la fente qui est de 21 mm.

Ces jougs, distants de 1 m.22, sont noyés dans un béton de Portland, qui forme entre eux une galerie ovoïde continue ; ce béton s'étend sous le pavage et lui sert de fondation.

Une base horizontale, fixée sur la poulie inférieure du V, sert de support aux paliers des poulies du câble.

Nous allons décrire avec quelques détails le type de joug du funiculaire de *Belleville* représenté par la fig. 94. Il se compose essentielle-

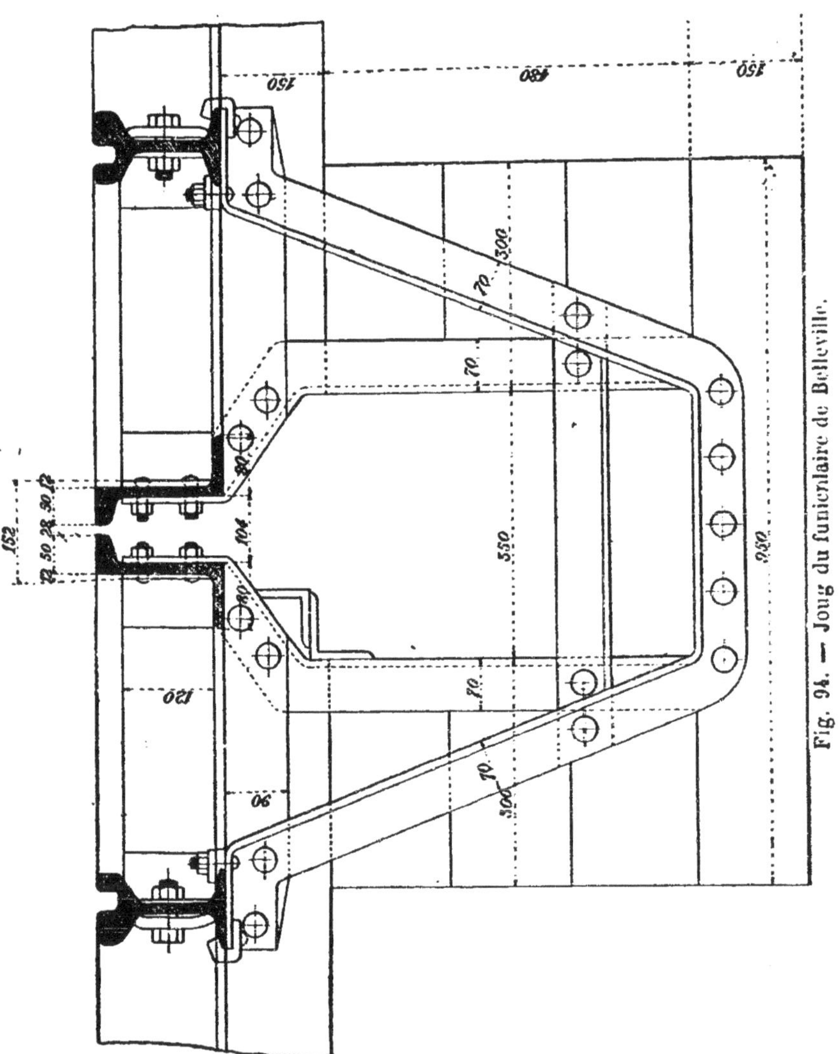

Fig. 94. — Joug du funiculaire de Belleville.

ment de deux cornières, l'une extérieure contournée en forme de V, élargie à la partie inférieure, et portant à sa partie supérieure les rails de la voie ; l'autre contournée en forme d'U est rivée à la base du V ; entre les deux ailes à assembler est intercalée une fourrure de 70 × 7 mm. Les deux branches verticales de l'U se rapprochent à la partie supérieure pour venir porter les rails de rainure. Ces cornières ont 70 mm. de largeur d'aile et 7 mm. d'épaisseur.

Chacune des branches de l'U et du V sont entretoisées par un fer plat, de 90 mm. de hauteur, et 7 mm. d'épaisseur.

Vers la partie inférieure, une autre entretoise, également en fer cornière de 70 × 7 mm. relie les branches des deux systèmes de cornière.

Cette entretoise sert aussi à porter les paliers des poulies de support du câble.

Les rails de la voie sont fixés aux branches du V retournées horizontalement, du côté intérieur de la voie, par des boulons, et du côté extérieur, par des crapauds. Ces rails en acier ont 170 mm. de hauteur comme ceux de la rainure, ils sont du type Broca, et pèsent 45 kil., ceux de la rainure 29 kil. au m. l.

La largeur de la fente, primitivement de 22 mm., a été portée à 29 mm. à la suite d'une diminution de largeur de cette fente dont nous avons déjà parlé plus haut.

Les rails de la voie et ceux de la rainure sont entretoisés au droit de chaque joug par un fer plat de 120 mm. de hauteur et 7 d'épaisseur. Le poids d'un joug est d'environ 51 kil.

Les jougs sont encastrés dans une maçonnerie de pierre meulière, avec mortier de ciment de Vassy ; les deux parois de la galerie sont formées par deux murettes verticales de 0 m. 30 d'épaisseur, laissant entre elles un vide de 0 m. 350 de largeur, de telle sorte que la paroi de chaque murette se trouve à l'aplomb des branches verticales de l'U, la hauteur de la galerie est de 0 m. 630.

Les murettes reposent sur une fondation en béton, de 0 m. 150 d'épaisseur. A la partie supérieure, une portion de voûte s'appuyant contre le dessous des rails de rainure couvre la galerie.

Les pavés de l'entre rails, ainsi que ceux d'une zone de 0 m. 500 de largeur à l'extérieur de la voie reposent sur une fondation en béton.

81. Supports en fonte. — Ce type est adopté à New-York, notamment pour les lignes de la 10e avenue et de la rue Broadway. Les fig. 95 et 96 (1) représentent le type de cette dernière ligne.

Ces supports en fonte sont extrêmement robustes ; ils sont distants l'un de l'autre de 1 m. 37, et chacun d'eux pèse 250 kil. Ces supports qui participent à la fois des cadres et des jougs sont en forme de V à base élargie, ils supportent directement les rails de la voie du type Broca pesant 45 kil. au m. l. ; comme les rails de rainure ils ont 175 mm. de hauteur, ces derniers, en forme de Z redressé à angle droit,

1. *Génie civil*, janvier 1892.

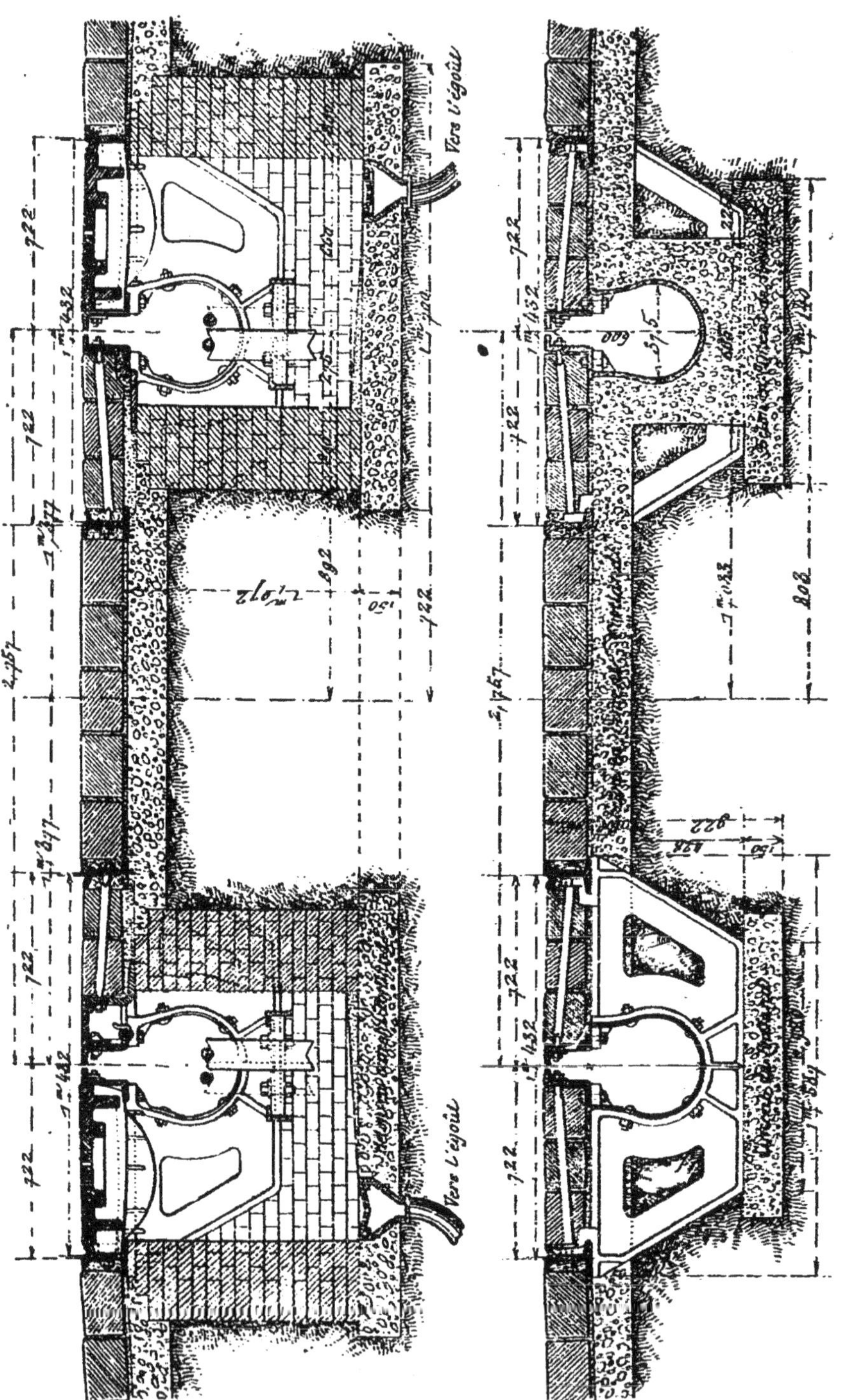

Fig. 95 et 96. — Supports en fonte de la ligne de Broadway.

pèsent 33 kil. au m. l. La galerie continue est formée par une sorte de tube en tôle d'acier, de 45 mm. d'épaisseur, boulonné aux supports en fonte, et noyé dans un massif de béton de ciment de Portland, de 0 m. 685 de largeur; la hauteur intérieure de cette galerie, en forme d'U, est de 0 m. 520, sa largeur de 0 m. 375.

Les supports de fonte et le massif de béton de la galerie reposent sur un massif de béton de fondation, de 0 m. 150 d'épaisseur. Les rails de roulement sont réunis aux rails de rainure par un tirant en fer plat, au droit de chaque joug.

Une fondation en béton s'étend sous le pavage de la rue.

La fig. 95 montre une coupe sur un puits de visite des poulies; elle indique l'écoulement des eaux de la galerie et la fixation des paliers des poulies.

On remarquera que les poulies sont doubles, et qu'il y a deux câbles; nous avons déjà indiqué cette disposition : un seul est en service, l'autre en réserve.

On doit obtenir ainsi une voie indéformable, et la rigidité du système paraît absolue, mais il doit évidemment être d'une construction coûteuse.

Dans tous ces types, on s'est préoccupé d'assurer l'invariabilité de l'écartement des rails de rainure et des rails de la voie. Il y a non-seulement à résister aux efforts latéraux se produisant à la surface du sol, mais surtout à faire face aux pressions latérales transmises au sous-sol par les véhicules ordinaires, suivant la même voie que le tramway à câble; pressions qui sont évidemment des plus considérables.

82. — Tableau de la superstructure des tramways à câbles. Dépenses de construction de la voie. — Le tableau de la page suivante résume les principales données de la superstructure de diverses lignes de tramways à câble.

Nous indiquons comme exemple de prix de revient de l'établissement de la voie, les chiffres donnés par M. Specht, dans le n° du 3 septembre 1881 de la « Mining and Scientifique Press », de San-Francisco et se rapportant à l'établissement de 5 kilom. d'un tramway funiculaire à double voie, construit en 1885 à Los Angeles (Californie).

Ces chiffres sont extraits d'une étude faite par M. E. Pontzen sur les tramways funiculaires (1).

Les bases des prix étaient les suivantes :

Journée de maçon, mécanicien, forgeron, charpentier		15 fr.
Manœuvre		7 fr. 50
Fonte ou fer en barre le kilogr.		0 fr. 32
Tôle	id.	0 fr. 40
Ciment	id.	0 fr. 15
Charbon	la tonne	30 fr.

1. *Portefeuille économique des machines.* — Février 1888, p. 23.

Tableau de la superstructure des tramways à câble.

Indication des lignes	Largeur de voie	Poids des Rails au m. l.		Système de l'ossature	Espacement des cadres ou jougs	Poids des Cadres	Dimensions intérieures de la galerie	Espacement des poulies en alignemt.	Observations
		de Roulemt.	de Rainure						
	m.	kil.	kil.		m.	kil.	m.	m.	
Clay-Street.	1,06	»	»	Cadres en fonte	1,50	»	0,650 × 0,40	12	rail à ornière
Chicago.	1,06	»	»	Jougs en fer	0,915	»	0,900	10	id.
Highgate-Hill.	1,06	21,34	17,64	Cadres en fonte	1,07	54	0,305 × 0.215	12	rail à ornière et coussinet type Dungdale
Birmingham.	1,06	40	32	Jougs en fer	1,22	»	0,810	8,54	rail à patin
Edimbourg.	1,44	37	19	Cadres en fonte	1,07		0,33 × 0,23	13	id.
Belleville.	1,00	45	29	Jougs en fer	1,00	51	0,650 × 0,350	10	id.
Broadway.	1,432	45	33	Supports en fonte	1,37	250	0,520 × 0,375	»	id.

Les frais d'établissement d'un kilomètre de tramways à câble sans fin, à double voie, se sont décomposés ainsi qu'il suit :

Terrassements, réfection de la chaussée	18.630
1680 jougs en fonte.	37.420
164 galets, de 0 m. 28 de diamètre.	11.640
Regards en fonte, tôles et fers pour le tube du câble.	71.270
Rails de 19 k. 8 le m. l. à 305 fr. la tonne, éclisses, boulons, longrines.	25.900 fr.
Divers.	4.090 fr.
Total par kilomètre de double voie. . . .	158.950 fr.

A Clay-Street, les dépenses d'établissement de la voie pour la ligne primitive, qui avait une longueur d'environ 1 kilomètre de double voie, s'établirent ainsi :

Voies et tube de câble 2000 m. de voie simple. . .	191.000
Appareils de tension et plaques tournantes. . . .	13.115
Déplacement des conduites d'eau et de gaz. . . .	6.500
Total.	210.615 fr.

Voici, d'après M. Widmer, le résumé des dépenses de premier établissement de la voie au funiculaire de Belleville :

Fourniture des rails	48.500 fr.
Appareils métalliques de la voie. .	180.000
Construction de la voie	342.000
Fourniture de pavés	143.600
Total	714.100 fr.

pour une longueur d'environ 2 kilomètres, soit 357.050 fr. par kilomètre de voie.

Le prix d'établissement de la voie est du reste extrêmement variable : tandis qu'il s'est élevé à Chicago à 328.000 fr. par kilomètre il n'a été pour la ligne de Geary-Street que de 127.000 fr., et seulement de 97.000 fr. à Cincinnati.

En moyenne, M. Bucknall Smith, évalue les dépenses d'établissement de la voie (voie, tubes de câble, poulies, trous d'hommes, etc.), à environ 172.000 fr. par kilomètre.

A Highgate la dépense kilométrique a été de 273.000 fr. environ.

§ 4. — CABLES

83. Enroulement sur les tambours moteurs. — Les détails dans lesquels nous sommes entrés au sujet des câbles au § IV, du chapitre Ier, nous dispenseront de nous étendre longuement sur ce point, à propos des funiculaires à câble sans fin.

Ces câbles se font aujourd'hui en fils d'acier, avec âme centrale en chanvre.

Il faut leur donner une certaine souplesse, car ils doivent s'enroule plusieurs fois sur les tambours moteurs comme nous l'avons dit, pou pouvoir obtenir l'adhérence suffisante.

L'incurvation du câble sur les poulies produit un effort qui a pour valeur par mm. q. $10.000 \frac{\delta}{R}$

δ étant le diamètre des fils composant le câble, exprimé en mètre ; R le rayon du tambour moteur en mètres (voir au n° 26).

Cette formule suppose que la théorie de la flexion plane des solides est applicable à l'incurvation des fils d'un câble autour d'une poulie. Beaucoup d'ingénieurs contestent l'exactitude de cette assimilation, et admettent que cette méthode de calcul conduit à attribuer à l'incurvation une valeur exagérée.

Admettons néanmoins, faute de preuves absolues, l'exactitude de la formule ; nous trouverons que l'enroulement sur les poulies a produit dans le métal des fils un effort notable, dont il faut s'inquiéter.

En voici quelques exemples :

Tramways de	Diamètre des fils	Diamètre du tambour moteur.	Tension d'incurvation par m/m. carré
Belleville.	0m,0037	2m,50	2k,4
Birmingham.	0m,0027	3m	1k,6
Brooklyn (New-York)	0m,0025	3m,65	1k,4

Sans multiplier les exemples, on voit que l'effort d'incurvation soumet le câble à un travail sensible, qui doit contribuer à son usure.

L'expérience montre que cette action a cependant moins d'influence que celle produite par les courbes de la ligne.

Si l'on calcule, comme il a été expliqué au n° 60, la tension du câble au repos par la formule

$$\zeta = \frac{R}{2} \frac{e^{\frac{fS}{r}} + 1}{e^{\frac{fS}{r}} - 1}$$

il y aura lieu, pour évaluer la tension totale du câble, d'ajouter à cette quantité, celle produite par l'enroulement sur les tambours moteurs.

84. Distance des poulies. Composition et poids des câbles. Allongement. — Il est clair que la tension statique du câble doit être assez grande pour qu'en service les variations de charge à remorquer ne produisent aucun fouettement, aucun soulèvement du câble.

La distance minima de deux poulies de support sera donnée par la formule indiquée au n° 23, d'après M. Vautier

$$l = \sqrt{\frac{8ft}{p}}$$

ou t est la tension minima du brin, tension qui peut être inférieure à la tension de l'état statique comme nous l'avons vu au n° 60
f la hauteur des poulies au-dessus du fond du tube,
et p le poids par mètre linéaire du câble.

Au dessous de cette limite, le câble serait exposé à traîner sur le fond du tube. En général, la distance minima de deux poulies est bien inférieure à la limite ainsi calculée afin de parer aux divers aléas.

La composition des câbles varie naturellement, suivant les efforts qu'ils ont à développer.

Les premiers câbles de Clay-Street étaient formés de six torons de chacun 19 fils métalliques de 1 mm. 6 de diamètre. Le câble avait une circonférence de 76 mm.

La force de résistance du câble était de 110 kil. par mm q. de section.

Le poids de ces câbles était d'environ 2 kil. au m. l. A Highgate-Hill, le câble a un diamètre de 24 mm. il est également formé de six torons de 19 fils, enroulés autour d'une âme en chanvre.

L'effort de rupture est de 120 kil. par mm. q. A Birmingham, le câble est formé de 6 torons de fils d'acier, de 2 mm. 7 de diamètre chacun, avec âme en chanvre.

Le poids du câble est de 2 kil. 5 au m. l.

Chaque fil présente une résistance à la rupture de 140 kil. par mm. q.

La résistance totale du câble est de 33 tonnes. A Belleville, le câble actuel, également en fils d'acier, a un diamètre de 30 mm.; il pèse 3 kil. au m. l. Ce câble est formé d'une âme en chanvre entourée de six torons de fils d'acier composés d'un fil central de 1 mm. de diamètre, enveloppé par cinq fils de 1 mm. 5 de diamètre recouverts eux-mêmes extérieurement par sept fils de 3 mm., la section totale des fils est de 354 mm. q. Ce câble, fabriqué et étudié par MM. George Cradock et Cie de Wakefield, est du type dit « *Lang's patent rope* ». Il présente cette particularité que les fils sont enroulés pour former les torons, dans le même sens que les torons pour faire le câble, de telle sorte que les fils se présentent obliquement à l'axe du câble. Ces câbles semblent présenter cet avantage que les ruptures de fils y sont assez rares. (Voir annexe n° 3).

La tension du contrepoids sur chaque brin du câble est d'environ 1100 kil.

Au funiculaire du pont de Brooklyn le câble a un diamètre de 37 mm. et pèse 5 kil. 2 au m. l. Il se compose de six torons de 19 fils, de 2 mm. 5 de diamètre, enroulés sur une âme en chanvre goudronnée.

La résistance totale du câble est de 50 T., et chaque fil a une résistance à la rupture de 92 kil. par mm. q.

Aux essais, l'allongement, pour un échantillon de 0 m. 300 de longueur, ne devait pas dépasser 4 %, et 3,5 % pour des échantillons de 1 m. 500.

Le pas de l'hélice d'enroulement des brins est de 222 mm. et celui de l'hélice d'enroulement des fils sur chaque brin est de 75 mm. Le rapport de la longueur du câble à la longueur d'un brin est de 1,0624. Ce rapport est de 1,0855 pour les 6 fils intérieurs d'un brin, et de 1,1984 pour les 12 fils extérieurs. Le rapport moyen pour un seul fil est de 1,1556 (1).

Allongement des câbles.

Lorsqu'un câble neuf est mis en service, il ne tarde pas à s'allonger sous l'action des appareils de tension.

Lorsque les gripps des voitures saisissent le câble, sa tension augmente encore sous l'action de ce nouvel effort de traction. Enfin, les variations de température interviennent encore à certains moments pour augmenter la tension, et par suite l'allongement du câble.

Par suite de ces effets multiples, le câble s'allonge très sensiblement dans les premiers jours de sa mise en service ; puis l'allongement journalier devient de plus en plus faible.

On a constaté au funiculaire du pont de Brooklyn, que l'allongement total des câbles pendant toute la durée de leur service avait atteint 2,5 %.

A Clay-Street, on a prévu un allongement du câble de 1 %. au maximum.

A Belleville, pour une longueur de câble de 4.200 m. l'allongement ne dépasse pas 25 m. soit environ 0,6 % de la longueur totale.

Il est évident, qu'au moment de l'application des gripps le câble est tiré plus fortement ; de plus il est serré entre les machines, ce qui aplatit et durcit l'âme en chanvre. Aussi l'allongement du câble dépend-il beaucoup de la façon dont s'appliquent les gripps, et de la fréquence de ces manœuvres.

85. Durée des câbles. — La question de la durée des câbles est, on le conçoit, une des données les plus importantes de la question des funiculaires à câble sans fin ; car la valeur d'un câble est considérable, et sa durée a une grande importance au point de vue des frais de traction.

A San Francisco, la moyenne de la durée des câbles, sur les lignes de Clay-Street, Market-Street et Geary-Street a été d'environ vingt mois. Les parcours ont varié de 177.000 à 192.000 kilom.

A Kansas City, on peut citer un câble qui a duré vingt deux mois, et parcouru 318.740 kilom.

1. *Annales de la Construction.* Janvier 1891.

A Denver City, les câbles ont duré dix neuf et vingt mois, et parcouru 231.000 kilom.

Les courbes exercent une influence fâcheuse sur la durée des câbles.

A Los Angeles (Californie), où il existe une ligne à courbes nombreuses et de petit rayon, les câbles ne durent que dix mois.

A Birmingham, où le tracé est sinueux, les premiers câbles n'ont duré que quatre mois.

A Belleville, où le tracé est encore plus sinueux avec courbes raides, la question est de plus compliquée par le fait de la voie unique exigeant des courbes et contre courbes aux aiguillages, la durée des câbles n'a pas excédé trois mois et demi pendant la première année d'exploitation. En 1892 le premier câble, grâce à une fabrication perfectionnée avait duré six mois (1).

Si la dépense du renouvellement des câbles devient insignifiante quand leur durée atteint vingt mois comme à San-Francisco, on comprend qu'il en soit tout autrement quand cette durée est réduite dans d'aussi fortes proportions que celles que nous venons d'indiquer.

Il faut du reste remarquer que si la durée des câbles à San Francisco est actuellement de vingt mois, elle n'était dans les premières années que de douze à treize mois (2).

Prenons comme exemple le câble de Clay-Street, qui mesure environ 3350 m. et pèse 2 kil. le m. l. ; soit en tout 6700 kil., à raison de 1 fr. 40 le kil. c'est une dépense de 8000 fr. en nombre rond ; ce qui, pour un parcours de 200.000 kil., représente par kilomètre parcouru 0 fr. 04 ou par jour, pour une durée de 20 mois, une dépense de 13 fr. 30 ; c'est à peu près le même chiffre qu'au funiculaire à contrepoids d'eau de Lausanne-Ouchy.

Une telle dépense est évidemment insignifiante pour une ligne à aussi fort trafic que celle de Clay-Street.

Au contraire, pour Belleville, où le câble pèse 12,600 kil. et n'a duré que trois mois et demi la première année de l'exploitation soit 105 jours à raison de 1 fr. 20 le kil. la dépense par jour serait de

$$\frac{12{,}600 \times 1{,}2}{105} = 144 \text{ fr. } 00$$

La différence dans la durée des câbles tient surtout, comme nous l'avons dit, aux conditions d'établissement. Lorsque la voie présente de nombreuses courbes, l'usure du câble sera toujours considérable ; surtout si dans ces courbes les poulies sont trop éloignées les unes des autres, ou présentent des dispositions défectueuses.

On trouvera à l'annexe n° 3 des détails sur la mise en place des câbles et les difficultés que l'on éprouve à faire les épissures.

1. *Revue pratique des Travaux Publics*, 38e année, 28e série.
2. Bucknal Smith, *Cable or Rope Traction*.

§ 5. — MACHINES MOTRICES.

86. — Dispositions générales. — Emplacement. — Les machines motrices doivent être installées, lorsque cela est possible, à une extrémité de la ligne ; malheureusement il est rare que cette disposition puisse être adoptée.

Ordinairement, la machine motrice est placée en pleine voie. Il faut alors interrompre l'un des brins du câble, et en détacher deux rameaux qui se dirigent vers les tambours moteurs placés en dehors de la voie publique sur le côté de la rue.

La fig. 83 indique cette disposition adoptée la plupart du temps, et en particulier à Highgate. Elle oblige à lâcher et reprendre le câble au droit du bâtiment des machines, de telle sorte que les voitures franchissent cet espace par vitesse acquise. Il est par suite nécessaire d'établir le bâtiment des machines au droit d'un palier de la ligne ; et, si les autres conditions le permettent, entre deux déclivités versant leurs eaux au même point. On peut citer à cet égard, comme exemple d'une disposition défectueuse à éviter soigneusement, l'emplacement de la machine de Highgate-Hill, installée au sommet d'une longue rampe.

La disposition consistant à placer ces machines motrices latéralement et en dehors de la voie publique, est la plus ancienne, et le plus souvent adoptée ; mais on a quelquefois installé les tambours moteurs directement sous les voies, dans un espace voûté placé au-dessous de la rue. Ce dispositif, adopté au funiculaire de California-Street à San-Francisco, évite les poulies renvoyant le câble dans une direction normale à la ligne ; mais elle entraîne une dépense de premier établissement excessive.

Le plus ordinairement, à côté du bâtiment des machines, se trouvent le dépôt du matériel roulant, et les bureaux de l'Administration.

La fig. 97 représente la disposition générale adoptée au funiculaire d'Edimbourg pour le bâtiment des machines ; celle de Belleville est analogue.

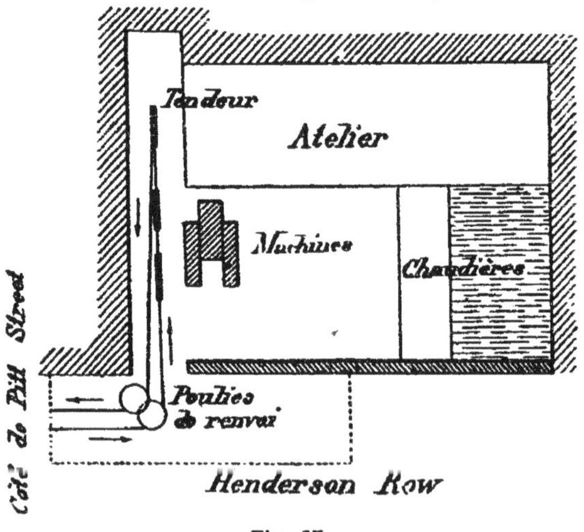

Fig. 97.

Les poulies de renvoi conduisant le câble de la ligne vers les machines sont quelquefois horizontales. A Belleville, elles sont installées sous la voie publique, dans une vaste chambre en maçon-

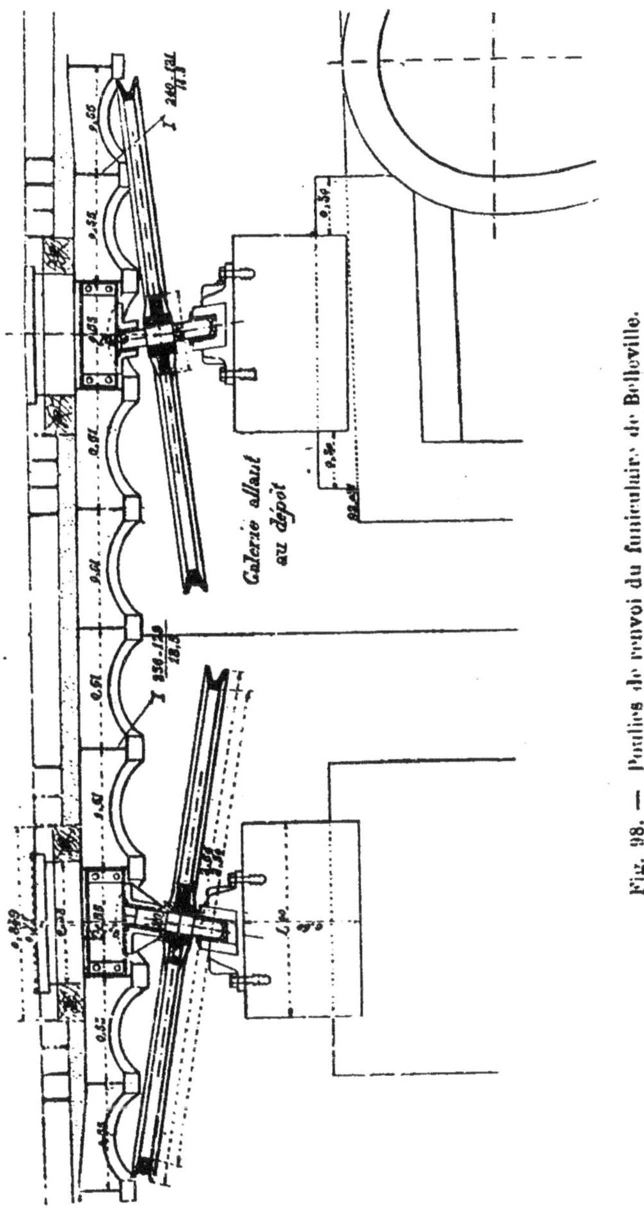

Fig. 98. — Poulies de renvoi du funiculaire de Belleville.

nerie. Les axes de ces poulies de 2 m. 50 de diamètre, sont légèrement inclinés sur la verticale comme l'indique la fig. 98.

L'inclinaison de l'axe des poulies tient à la raison suivante.

Au point de vue de la reprise automatique du câble, on doit relever le câble très près du niveau de la chaussée, ce qui oblige à placer ce câble dans un plan incliné sur l'horizon ; la gorge de la poulie étant placée dans ce plan, son axe est forcément incliné sur la verticale.

87. Types de chaudières et moteurs. — *Chaudières.* — Les chaudières employées sont le plus généralement du système multitubulaire ; afin d'obtenir une grande élasticité dans la production de la vapeur.

Le travail à développer étant, comme nous l'avons vu, extrêmement variable, il importe que la chaudière puisse aisément y faire face à tous moments. Les chaudières du type Babcock et Wilcox sont très usitées en Amérique et en Angleterre. Quel que soit le système, ces chaudières sont à haute pression, et il y en a toujours une en service et une en réserve, pour parer aux avaries possibles.

A Belleville, on a employé des chaudières du genre de Naeyer, dont deux de 50 chevaux, construites par M. Roser et une de 100 chevaux construite par M. Pressard. Les deux chaudières Roser ont une surface de chauffe de 50 mq. dont 45,8 pour les tubes ; la surface de grille est de 1 mq. 36.

La chaudière Pressard de 105 mq. de surface de chauffe est timbrée à 12 kil. ; un détendeur envoie au moteur la vapeur à 7 kil. Ces chaudières sont garanties pour une vaporisation de 8 kil. de vapeur par kil. de combustible de qualité moyenne.

Au funiculaire du pont de Brooklyn, on a disposé six chaudières tubulaires, placées par paires, et pouvant fonctionner ensemble ou séparément.

Chacune d'elles comporte 54 tubes, de 100 mm. de diamètre, et 1 m. 600 de longueur. Elles peuvent développer chacune 140 chevaux. La pression dans les chaudières est d'environ 5,3 kil. par cent. q. Le tirage des cheminées est réglé par un registre automatique de façon à maintenir la pression aussi constante que possible. Les chaudières servent, non-seulement à alimenter les machines motrices, mais à actionner des machines dynamos servant à l'éclairage électrique, et aussi à fournir la vapeur aux appareils de chauffage de la station de Brooklyn.

Moteurs. — Les machines sont toujours du type horizontal ; le type pilon a été essayé et n'a pas donné de bons résultats.

Les moteurs sont souvent accouplés par paires ; ils actionnent alors un même arbre, dont les manivelles sont calées à 90°.

La dépense de charbon entrant pour une très large part dans la totalité des dépenses, à cause du grand nombre d'heures de travail, il importe de réduire cette dépense au minimum ; aussi emploie-t-on toujours des machines à condensation ; ce que permet la continuité de la marche.

Les efforts variant dans des proportions considérables, la détente doit être réglée automatiquement par le régulateur à force centrifuge. La rapidité avec laquelle varient les efforts de traction a été nettement montrée par des expériences faites au funiculaire du pont de Brooklyn. On a constaté une augmentation de 190 chevaux en un quart d'heure ; et aussi de notables différences dans le travail indiqué aux deux extrétés du cylindre à vapeur. Ceci tient à ce que l'action du régulateur n'est pas suffisamment prompte pour pouvoir suivre d'assez près les variations de travail. A certains moments, la machine a développé un travail négatif, ainsi qu'on a pu le voir sur les diagrammes.

On comprend que dans ces conditions la vitesse de rotation ait pu varier de 56 à 84 tours par minute (1).

On trouvera aux annexes (annexe n° 3) le résumé des expériences faites par M. Widmer au funiculaire de Belleville pour déterminer les variations du travail développé par les machines motrices. On a trouvé que de 85 chevaux, puissance moyenne indiquée, le travail pouvait s'élever à certains moments jusqu'à 164 chevaux.

En Amérique, on a employé pour les funiculaires des machines compound à deux cylindres, dans le but de mieux utiliser la vapeur et de diminuer la consommation de charbon.

A Belleville, on a employé des machines du type Corliss, construites par MM. Lecouteux et Garnier.

Ces machines, au nombre de deux, sont chacune d'une puissance nominale de 50 chevaux, avec une pression de 7 kil. au cylindre ; elles tournent normalement à raison de soixante tours par minute :

Une des machines est en réserve ; un appareil d'embrayage permet de mettre en service à volonté ou d'arrêter un quelconque des deux moteurs.

Les machines actionnent simultanément ou plus généralement alternativement un arbre muni d'un pignon de 1 m. 127 de diamètre. Ce pignon engrène avec une roue de 2 m. 953 de diamètre calée sur l'axe portant la poulie du câble de 2 m. 5 de diamètre.

On voit qu'à la vitesse normale des machines de un tour par seconde la vitesse linéaire du câble sera par seconde

$$\frac{1.127}{2.953} \times 3.1416 \times 2 \text{ m. } 50 = 3 \text{ m.}$$

Soit 10 kilom. 800 à l'heure.

A Chicago, où 32 kilomètre de câble reçoivent leur mouvement d'une même usine ; on a disposé 4 moteurs de 250 chevaux chacun, accouplés deux à deux ; deux sont en service et deux en réserve.

La question d'économie du charbon est des plus importantes dans certaines localités où le prix du combustible est excessif.

C'est le cas par exemple à Los Angeles (Californie) où le charbon coûte 50 fr. la tonne.

(1) *Nouvelles annales de la Construction.* — Janvier 1891.

On a fait usage, pour actionner les funiculaires de cette ville, de machines Compound développant ensemble 700 chevaux, à la vitesse de 75 tours à la minute.

Le cylindre de haute pression a 0 m. 660 de diamètre, celui de basse pression 1 m. 067, la course est de 1 m. 219.

A cause du prix élevé du charbon, on avait, essayé de brûler de l'huile de pétrole brute de densité 0,90, coûtant 75 fr. la tonne ; mais les résultats n'ont pas été économiques, et l'on en est revenu au charbon (1).

Les vitesses linéaires données aux pistons des machines motrices sont assez variables ; en voici quelques exemples.

Clay-Street	1 m. 73 par seconde.
Chicago	2 m. 50
Los Angeles	3 m. 05
Belleville	1 m. 80

L'arbre moteur mis en mouvement par les pistons fait généralement de 60 à 70 tours par minute.

La course des pistons est ordinairement à peu près le double du diamètre d'alésage.

La vitesse des câbles ne dépasse pas 12 à 15 kilomètres à l'heure, au maximum, soit 3 à 4 m. par seconde. Or, les poulies motrices d'enroulement ont au minimum 2 m. 50 de diamètre ; elles développent par suite 8 m. par tour ; il faut donc, en transmettant le mouvement de l'arbre des pistons à l'arbre des poulies motrices, diminuer la vitesse de rotation de façon à obtenir pour le câble la vitesse voulue. A Market-Street, par exemple, les arbres moteurs ont une vitesse de rotation trois fois plus grande que les poulies motrices.

La transmission de mouvement d'un arbre à l'autre est toujours faite par engrenages.

On a constaté en moyenne, que la force nécessaire pour mettre en mouvement le câble seul, sans aucune voiture, représentait de 40 à 60 0/0 de la force totale absorbée quand les véhicules sont attelés sur le câble.

88. Tambours moteurs et poulies.—Le câble est mû par de grandes poulies à gorge qui l'entraînent dans leur mouvement.

Mais, quel que soit le système adopté, il faut toujours réaliser une adhérence suffisante du câble sur les gorges des poulies, pour entraîner le câble sans glissement.

Il faut pour cela que le frottement du câble sur les poulies soit plus grand que l'effort à faire pour entraîner le câble.

Cette condition se traduit à la limite par l'équation $T = t \times e^{\frac{fa}{r}}$ que nous avons discutée précédemment au n° 60.

(1) *Compte rendu de la Société des Ingénieurs civils.* Chronique. — Mai 1892, p. 685.

Divers dispositifs principaux sont en usage pour obtenir ce résultat.

Tout d'abord, on ne peut pas, avec un câble sans fin, faire faire plusieurs tours complets au câble sur un même tambour comme avec les funiculaires à mouvements alternatifs. On comprend en effet que, le câble se déplaçant transversalement sur le tambour, au bout de quelques tours il tomberait dehors.

On a imaginé, pour éviter cet inconvénient, d'employer deux tambours rainurés, ou des poulies à gorge, placés vis-à-vis l'un de l'autre; le câble passe de l'un à l'autre, en faisant seulement des fractions de tour sur chacun d'eux. De cette façon, on arrive à avoir le nombre de tours voulus pour obtenir l'adhérence nécessaire.

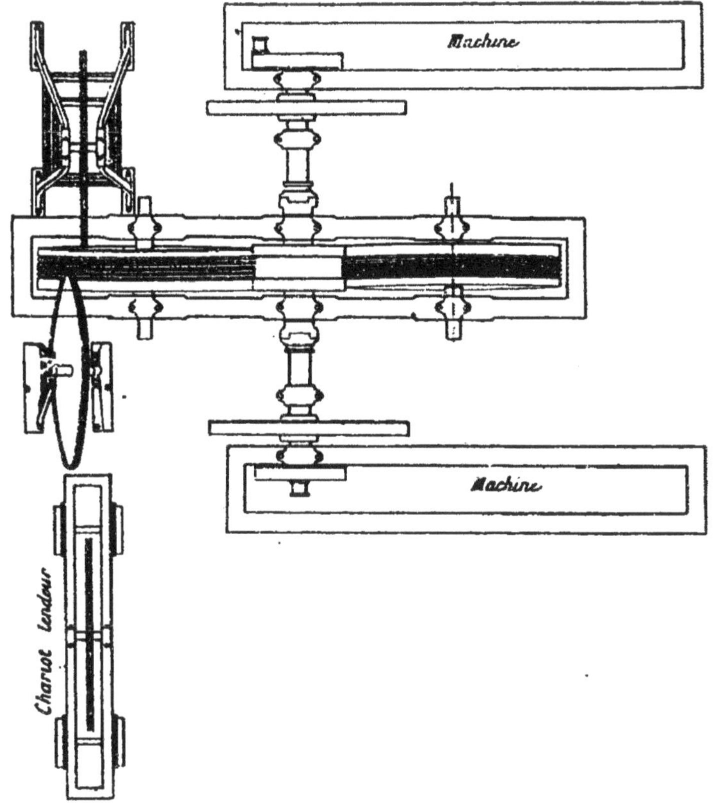

Fig. 99.

Cette disposition a été employée à Clay-Street ; le câble fait plusieurs tours sur les poulies motrices, qui ont 2 m. 40 de diamètre.

En outre, pour augmenter l'adhérence, on a fait usage de poulies à gorge qui serrent fortement le câble.

A Sutter-Street, on a employé deux tambours rainurés. Cette disposition a été adoptée au funiculaire du pont de Brooklyn. Deux grands tambours de 3 m. 05 de diamètre sont placés en regard l'un de l'autre comme l'indique la fig. 99 ; ces tambours sont munis de quatre rainures de section circulaire, et les arbres des tambours ont des inclinaisons opposées de $\frac{1}{128}$ sur l'horizon de façon à ce que les rainures se correspondent deux à deux. Un petit tambour placé entre les deux grands et monté fou sur son arbre, assure le guidage des brins du câble.

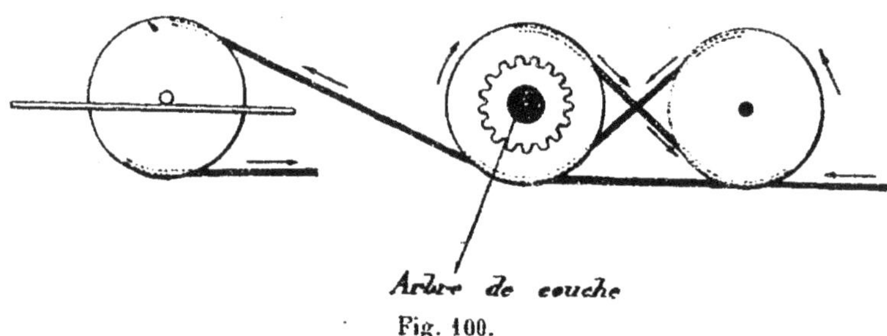

Fig. 100.

A California-Street, et pour les funiculaires d'Edimbourg et de Birmingham notamment, on a employé une disposition analogue à celle de Sutter-Street ; mais en croisant les brins des câbles d'un tambour à l'autre comme l'indique la fig. 100.

On arrive de cette façon à faire faire à chaque fois $\frac{2}{3}$ de tour au câble, sur la gorge de la poulie et l'on obtient ainsi l'adhérence suffisante, tout en ne faisant pas faire au câble un tour complet sur la poulie.

Au lieu de tambours, on emploie aussi des poulies à mâchoires, sur lesquelles le câble ne fait qu'une fraction de tour.

C'est le cas à Highgate : la gorge de la poulie motrice a la forme d'un V dont les branches peuvent être plus ou moins serrées, comme l'indique la fig. 101. Le câble, pincé entre ces deux joues, subit une friction énergique qui détermine l'entraînement.

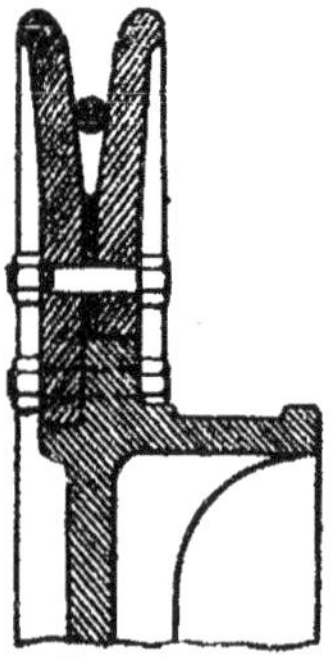

Fig. 101.

A Belleville, l'adhérence du câble est obtenue sur une simple poulie à gorge de 2 m. 50 de diamètre. L'arc embrassé n'atteignait pas tout-à-fait $\frac{2}{3}$ de circonférence dans l'installation primitive ; mais on a muni la gorge de la poulie d'une garniture en cuir. Néanmoins l'adhérence obtenue n'était pas suffisante et il se produisait des glissements du câble sur la poulie ; on a augmenté l'adhérence en doublant les poulies motrices.

Le câble en arrivant embrasse 0.58 de la circonférence de la première poulie motrice, vient passer autour de la première poulie de renvoi, retourne s'enrouler sur les 0,65 de la circonférence de la deuxième poulie motrice, et s'en va vers la deuxième poulie de renvoi pour aller de là au tendeur.

On garnit généralement les gorges des poulies motrices ou des tambours, de bois, de caoutchouc, de cuir, etc., etc.

Mais on n'est pas bien d'accord sur l'efficacité relative de ces dispositions. A California-Street, par exemple, on a fait usage de garnitures en bois, et les avantages de ce mode de construction n'ont pas été bien nettement démontrés.

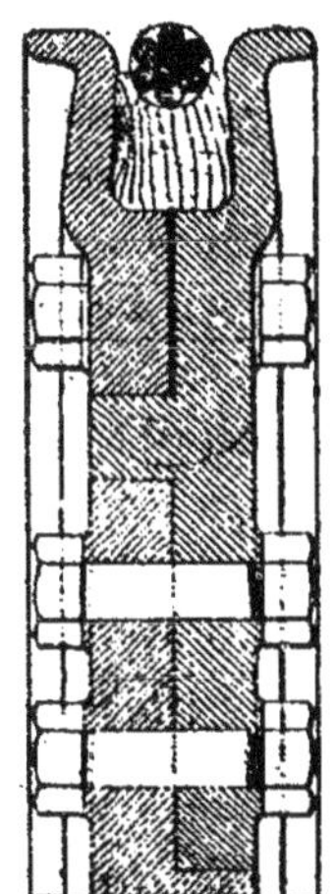
Fig. 102.

Ordinairement, les garnitures de cuir ou de caoutchouc sont forcées dans une cavité circulaire, ménagée en queue d'aronde dans le fond de la gorge.

Au pont de Brooklyn, on a adopté pour garniture des poulies de renvoi une disposition particulière, indiquée par la fig. 102 (1). La garniture est formée de cuir et de caoutchouc, disposés radialement dans la proportion de dix épaisseurs de cuir pour une de caoutchouc.

Comme on le voit, la fonte est en deux parties boulonnées l'une sur l'autre.

89. Appareils et poulies de tension. — Nous avons expliqué au n° 84 que les câbles subissaient des allongements très sensibles dans les premiers temps de leur mise en service ; d'autre part, les changements de température font varier leur longueur à tout moment ; il faut donc parer aux variations de tension résultant de ces changements de longueur, et trouver des dispositifs pour maintenir la tension constante. On arrive à ce résultat de deux façons, et l'on agit sur le câble, tant à l'une de ses extrémités qu'à l'usine motrice.

L'un des dispositifs employé à l'usine motrice consiste à faire passer le câble sur une poulie de renvoi placée devant le tambour moteur. L'axe de cette poulie peut se déplacer parallèlement au câble ; on conçoit qu'en rapprochant ou éloignant cette poulie du tambour moteur on augmente ou diminue à volonté la tension du câble suivant les besoins.

A Highgate-Hill on a adopté une semblable solution indiquée par la fig. 103. Ici, l'appareil de compensation se compose de deux poulies verticales, C et D de 2 m. 44 de diamètre, montées sur deux axes parallèles ; mais ces poulies ne se masquent pas l'une l'autre.

Elles sont portées par deux poutres parallèles, laissant entre elles un intervalle de 0 m. 460 ; l'une des poulies est fixe ; l'autre peut glisser sur le bâti à l'aide d'un système d'écrous. Le bâti sur lequel peut

(1) *Nouvelles Annales de la Construction*, janvier 1891.

se mouvoir la poulie de renvoi a 15 m. de long ; on peut ainsi parer à un allongement du câble de 30 m. soit environ 1 0/0 de sa longueur totale.

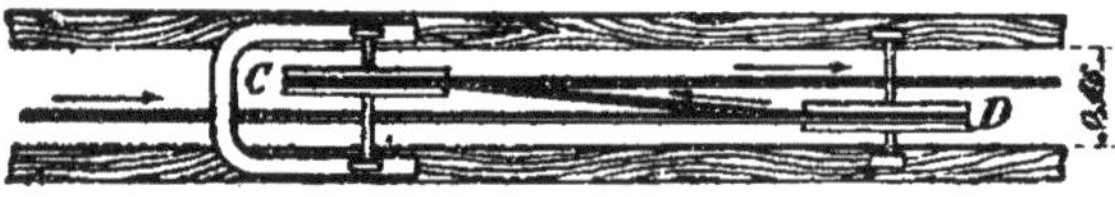

Fig. 103.

On arrive de cette façon à corriger l'allongement permanent du câble, celui qui résulte de la tension à laquelle il est soumis en service. Mais il reste à parer aux variations de tension pouvant provenir des différences de température ; celles-là changent à tout moment, et il n'y a qu'un appareil automatique qui puisse y remédier. C'est le rôle d'un contrepoids tendeur sollicitant la poulie de retour placée à l'une des extrémités de la ligne.

La tension du câble est ainsi réglée par deux appareils l'un à l'usine, que l'on règle à la demande pour compenser l'allongement permanent du câble ; l'autre aux extrémités, pour parer aux variations incessantes dues en grande partie aux différences de température et qui agit automatiquement.

On a imaginé de faire remplir ces doubles fonctions par un seul appareil placé à l'usine.

La fig. 104 représente l'appareil compensateur de Market Street. Le câble fait un demi-tour sur une grande poulie de 3 m. 60 de diamètre ; cette poulie est supportée par un premier chariot constamment sollicité vers la droite par un poids. Ce premier chariot peut rouler sur un second mobile sur un chemin de roulement d'environ 50 m. de long. On comprend qu'en faisant reculer ou avancer le chariot inférieur, on puisse parer à l'allongement permanent du câble, tandis que le contrepoids agissant sur le chariot supérieur peut faire face aux variations de tension qui tendent à se produire à tout moment.

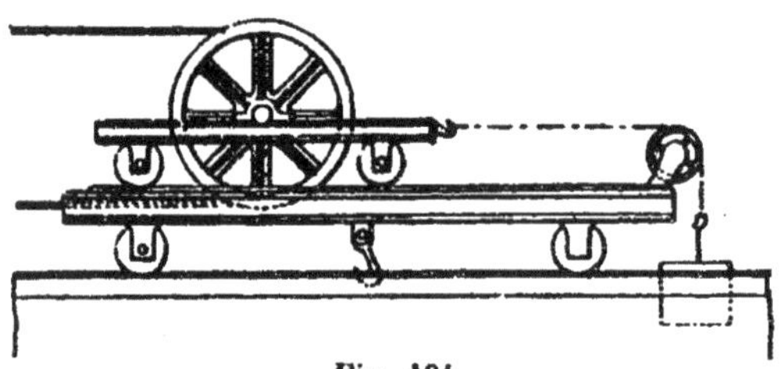
Fig. 104.

Un crochet permet de fixer le chariot inférieur dans une position déterminée.

Quand le poids tenseur a des tendances à rester immobile, c'est que le câble s'est allongé, et a pris un allongement permanent ; il faut alors faire avancer le chariot inférieur vers la droite de manière que le chariot supérieur se trouve placé à l'extrémité de sa course vers la gauche sur le chariot inférieur. Cette disposition a été adoptée également à Birmingham.

A Belleville on a encore employé un appareil permettant de compenser à la fois l'allongement permanent et les variations de longueur incessantes, mais la disposition est différente.

La poulie de tension de 2 m. 50 de diamètre est portée par un chariot mobile sur un chemin de roulement, et sollicitée par un poids tenseur. Ce chariot est muni d'un treuil dont une roue dentée engrène avec les dents d'une crémaillère placée le long de la voie. Quand le poids tendeur tend à rester immobile, c'est que le càble a pris un allongement permanent et qu'il n'est plus assez tendu. A l'aide du treuil, on fait marcher le chariot porteur de la poulie de tension de façon à tendre le câble.

Lorsque le câble s'allonge le poids tendeur s'abaisse dans son puits ; pour éviter de forer un puits profond on a adopté à Belleville une solution originale.

La chaîne reliant le poids tenseur au contrepoids est renvoyée par une poulie au sommet d'un pylone creux en fer à treillis dans lequel le poids peut monter et descendre.

Cette solution a été adoptée après coup, la disposition primitive ne permettant pas au càble de prendre un allongement suffisant.

Lorsque l'on ne corrige à l'usine que l'allongement permanent, comme à Clay-Street ou à Highgate, il faut adapter aux poulies de retour placées aux extrémités de la ligne un appareil de tension.

A cet effet, la poulie horizontale de renvoi placée à l'extrémité de la ligne est montée sur un chariot mobile sur rails, et sollicité par un poids. A Clay-Street, on a placé des poulies de tension à chaque extrémité de la ligne.

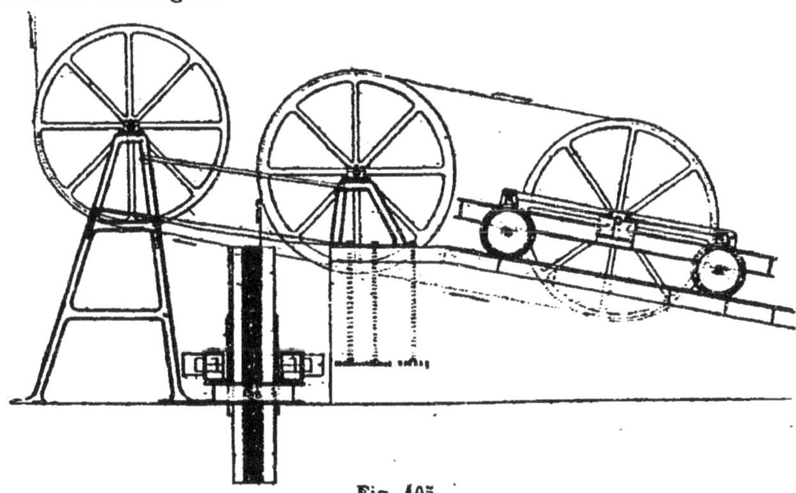

Fig. 105.

La poulie de renvoi n'est pas forcément horizontale ; la fig. 105 (1),

(1) *Nouvelles Annales de la Construction*, janvier 1891.

indique la disposition adoptée au funiculaire de Brooklyn à New-York Station. Le chemin de roulement du chariot porteur de la poulie a une pente de 46 0/0 ; en outre, le chariot est soumis à un effort latéral dû au déversement donné à la poulie de renvoi. Pour y résister et empêcher le chariot d'être retourné, on a disposé sous la poulie un troisième rail guidant le chariot à l'aide de galets.

Les poulies de renvoi sont placées dans une chambre en maçonnerie, disposée sous la voie publique. Une trappe en permet l'accès facile pour la visite et le graissage qui doit être assez souvent vérifié.

La chambre en maçonnerie s'assèche soit par le tube de câble, soit par un caniveau se rendant à l'égout de la rue.

§ 6. — MATÉRIEL ROULANT, DÉPENSES DE PREMIER ÉTABLISSEMENT.

90. Types divers de voitures. — Nous avons dit que le mouvement du câble était transmis aux véhicules par un appareil de préhension appelé *gripp* ; nous étudierons cet appareil un peu plus loin ; contentons-nous de dire pour le moment qu'il est manœuvré de la voiture par une roue ou un levier.

Préoccupé de laisser au conducteur, au « *grippmann* », l'entière liberté de ses mouvements, et de dégager la vue, on a tout d'abord placé le gripp sur un véhicule spécial de petite dimension, appelée « Dummy ». Ce dummy remorquait une autre voiture semblable à toutes les voitures de tramway.

La fig. 106 représente un *dummy* de la ligne de Clay-Steet remorquant une voiture ordinaire.

Le dummy pèse à vide environ 990 kil. et peut transporter 18 voyageurs. Les « *dummys* » sont en général ouverts et munis de banquettes longitudinales placées à droite et à gauche de la voiture : un espace est réservé entre elles, pour l'appareil du gripp et l'homme chargé de la manœuvre.

Pour faciliter la surveillance et diminuer le personnel, sur quelques lignes, notamment à Market-Street, on a réuni le dummy à la voiture, en faisant une seule voiture composite. On a ainsi un véhicule de 12 m. 50 de long, monté sur essieux à bogies. La partie d'avant où se trouve le gripp, est ouverte latéralement ; le restant est fermé.

Ces voitures de Market-Street pèsent environ 4,300 kil. à vide (1).

(1) Bucknall Smith, *Cable or Rope Traction.*

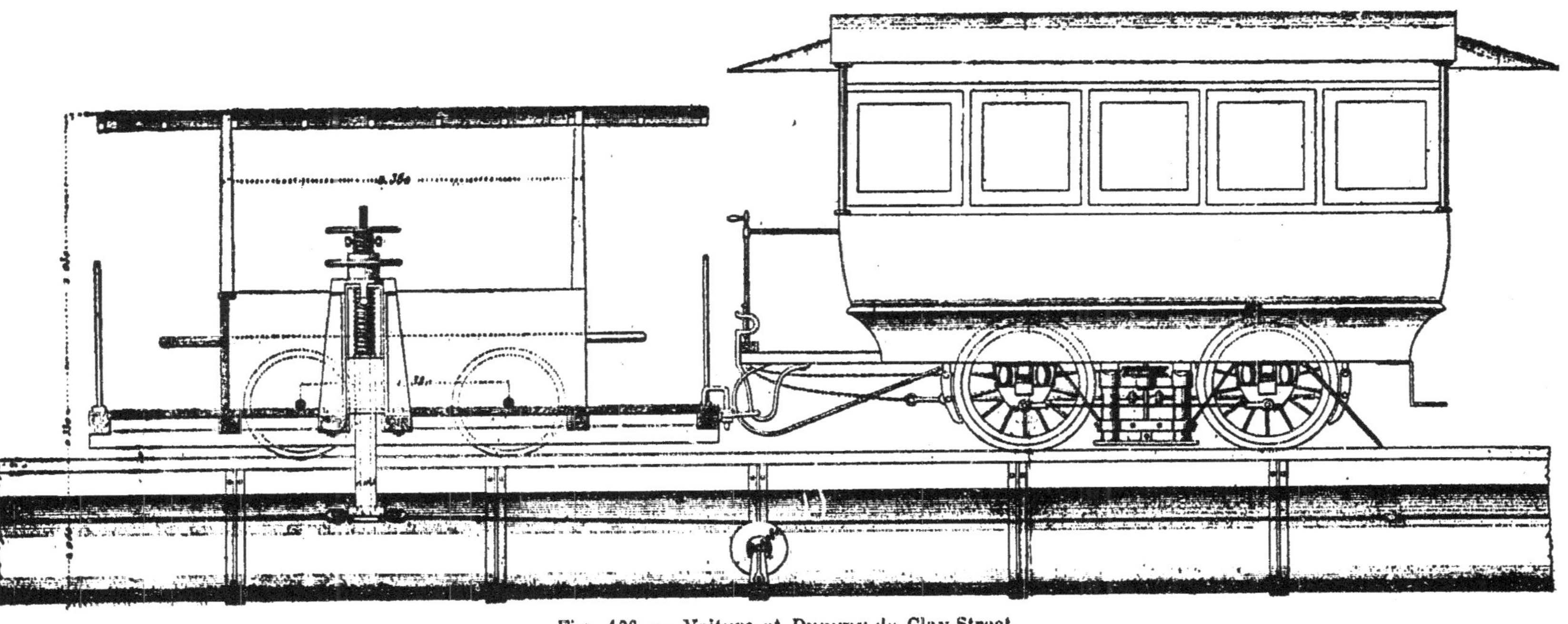

Fig. 106. — Voiture et Dummy de Clay-Street.

Pour éviter de communiquer au gripp et par suite au câble, les mouvements de flexion des ressorts, on a fixé le gripp sur un des trucks à bogie.

Citons aussi les grandes voitures employées à New-York, au funiculaire du pont de Brooklyn, pesant 10 tonnes à vide, 20 tonnes en charge, et mesurant 14 m. 60 de longueur.

Ces voitures contiennent 80 places assises, et peuvent transporter, en entassant les voyageurs jusqu'à 150 personnes.

Ces voitures sont chauffées en hiver par une conduite d'eau chaude sous chaque rang de siège.

Pour faciliter l'entrée et la sortie des voyageurs, on a ajouté des portes latérales.

A Highgale-Hill, on a employé divers types de voitures. Le matériel comprend :

7 voitures ordinaires à plates formes symétriques, et impériales, portées sur bogies, et 3 dummys. La largeur des voitures est de 1 m. 80.

Ces véhicules ont chacun deux gripps, un sur chaque plate forme. Chacun d'eux sert alternativement suivant le sens de la marche.

A Birmingham, le matériel comporte 20 voitures portées sur bogies, à plate formes symétriques et impériales ; elle comportent 42 places.

La fig. 107 représente la voiture de Belleville ayant 6 m. de longueur de 1 m.60 de largeur. Cette voiture, pesant à vide 2500 kil., présente un compartiment fermé à 12 places assises, et deux plate formes symétriques. La plate forme sur laquelle se tient le conducteur reçoit 3 voyageurs seulement, l'autre en reçoit 5. Soit en tout 20 places.

Le matériel comprend 10 voitures, sur chaque plate forme se trouvent placés un gripp et les manœuvres des freins. Suivant le sens de la marche, le conducteur se place sur l'une ou l'autre plate forme.

91. Appareils de gripp, classification. — Le gripp est l'appareil le plus original du système de traction par câble sans fin des tramways de rue.

Il doit pouvoir à volonté saisir ou relâcher le câble et le tenir dans des mâchoires assez élevées pour ne pas choquer les poulies courantes soutenant le câble dans l'égout.

La tige du gripp doit avoir dans un sens une dimension assez faible pour pouvoir passer aisément par la fente que ménagent les rails de rainure du tube souterrain ; enfin, ce qui complique encore le problème, c'est que le câble n'est pas placé dans l'axe de la rainure, mais légèrement dévié sur le côté.

Dans tous les types de gripp le câble est pressé entre deux mâchoires ; mais tantôt le serrage s'opère *verticalement*, tantôt *horizontalement* :

Parlons d'abord du premier système, le plus ancien. Il comprend le

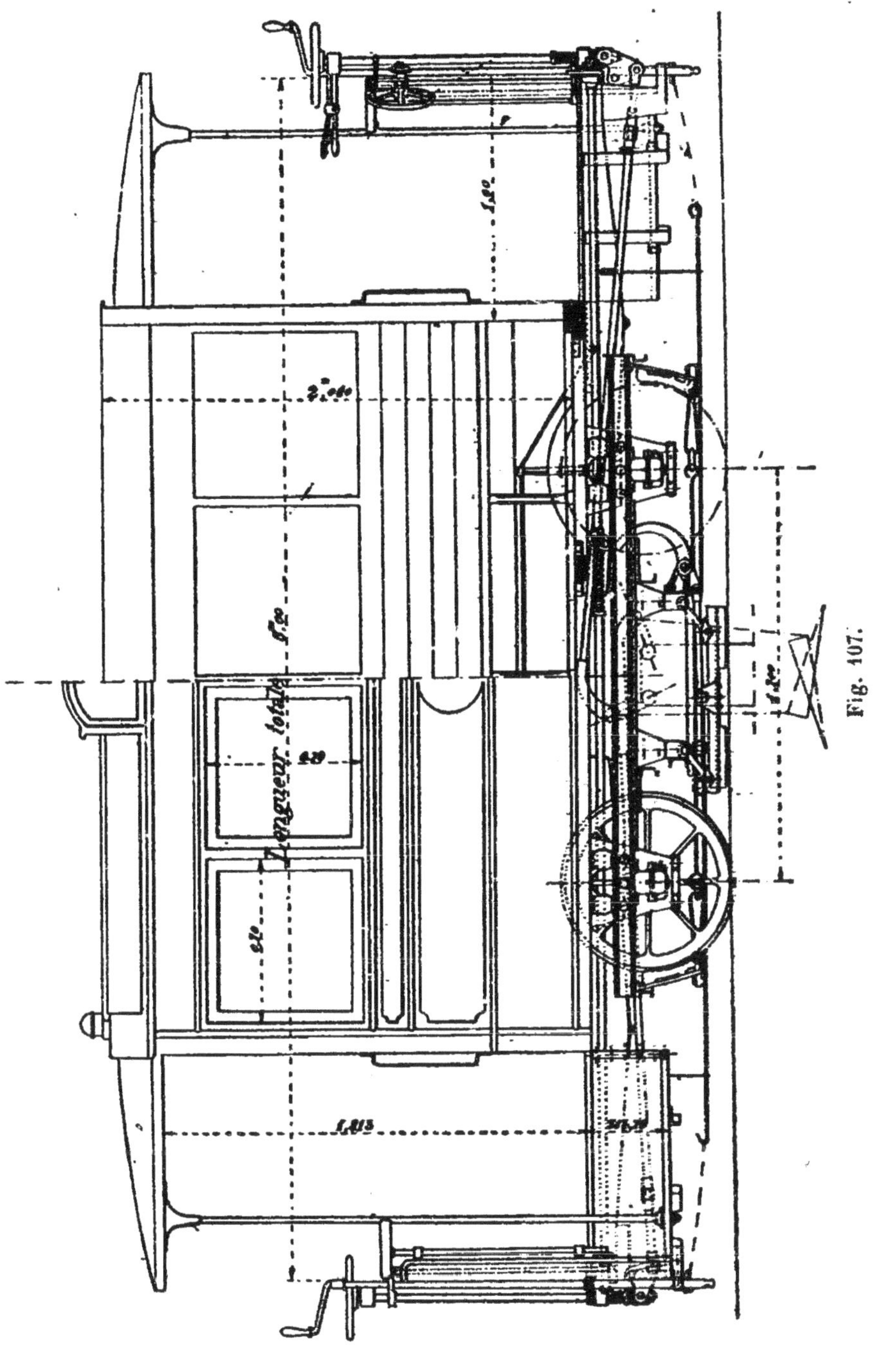

Fig. 107.

type bien connu dit en L dans lequel le câble est saisi latéralement, que nous décrivons tout d'abord.

92. Gripps serrant horizontalement. — Types de Clay-Steet, Geary-Street, Brooklyn. — Ce gripp, du type dit en L, est représenté par les fig. 108 et 109 (1). Cet appareil est assez compliqué, et il faut quelque attention pour bien saisir son fonctionnement.

La fig. 108 donne le détail des pièces saisissant le câble, la fig. 109 l'ensemble de l'appareil.

Le gripp se compose essentiellement d'une longue pièce verticale.

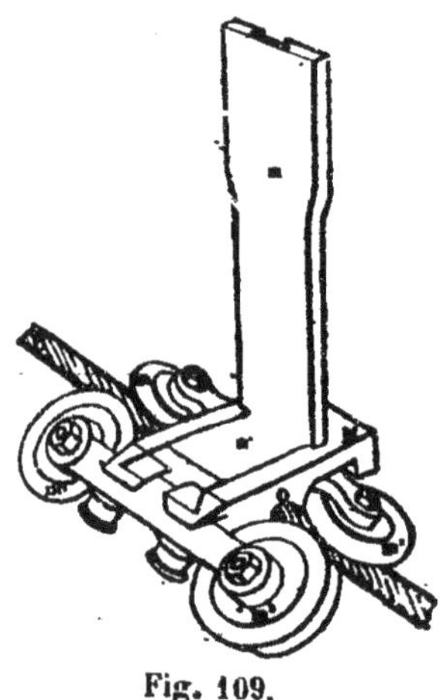

Fig. 109.

Cette pièce se recourbe horizontalement à sa partie inférieure et la partie horizontale est munie d'une entaille en queue d'aronde, afin de pouvoir glisser horizontalement, perpendiculairement à la direction du câble, sur une autre pièce M, dont les bords pénètrent dans la queue d'aronde, et guident *n'*, (voir fig. 108). Cette pièce peut donc jouer sur la pièce M ; ce mouvement est produit par un coin vertical, dont le gros bout est à la base. Ce coin, qui n'a pu être représenté sur la figure, passe entre l'extrémité postérieure de la pièce *n'*, à l'endroit où elle se relève à angle droit, et la pièce M. En relevant le coin, on appuie sur la pièce M, qui se meut vers la droite ; les poulies m m_1 fixées à la partie inférieure de la pièce *n* étant immobiles, les poulies m_2 m_3 attenant à la pièce M s'approchant d'elles, le câble se trouve pris entre ces quatre poulies, qui se mettent à tourner sous l'action du câble en mouvement. Si le coin continue à se relever, les poulies se rapprochent de plus en plus ; elles cessent de tourner et des mâchoires fixées à la partie inférieure des pièces M et *n'* se resserrent en pinçant fortement le câble entre elles.

Pour que tout se passe ainsi, il faut préalablement amener l'ensemble des pièces M et *n'* au niveau du câble. A cet effet, la pièce *n'* se recourbe, et devient en *n* une sorte de lame verticale de 0 m. 151 de largeur et 0 m. 0127 d'épaisseur, qui peut passer aisément dans la fente du tube de câble. Cette tige *n*, (fig. 109) est portée par une vis creuse *p*, que l'on manœuvre par une roue, *q*, placée sous la main du conducteur. L'écrou de la vis *p* est fixé au plancher du « *Dummy* » ; de telle sorte que pour amener les organes de préhension au niveau voulu, il suffit de tourner la roue *q*.

Quant au coin de serrage, il est mû par une tige N (fig. 109) glissant

(1) *Portefeuille Economique des Machines*, janvier 1888.

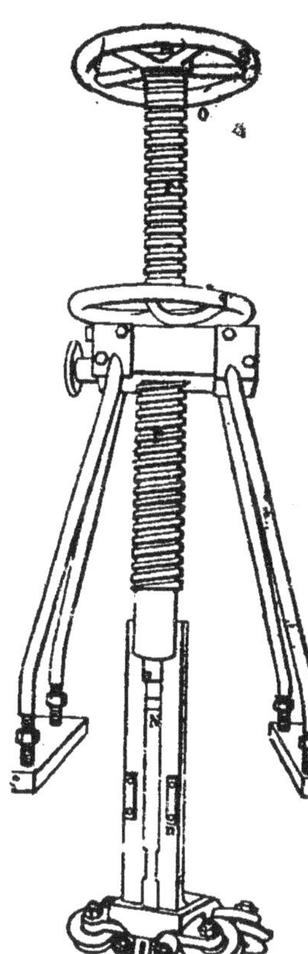

Fig. 109.

dans une rainure de la tige *n*; cette tige N est reliée à une vis *p*, qui peut tourner dans l'intérieur de la vis P, sous l'action de la roue à main *q*.

La manœuvre s'opère de la façon suivante. On abaisse d'abord l'ensemble des pièces *n'* M, (fig. 108), et des poulies, au niveau du câble, à l'aide de la roue *q*; puis on tourne la roue *q*, de façon à saisir le câble entre les petites poulies m, m_1, m_2, m_3; mais sans que ces poulies cessent de tourner.

A l'aide de la roue *q'*, on relève alors les pièces *n'* et M et les petites poulies, de façon à soulever le câble à 0 m.025 au-dessus des poulies de support du câble dans le tube. On relève alors davantage le coin à l'aide de la roue *q*, ce qui opère le serrage des poulies m, m_1, m_2, m_3 et des mâchoires.

Les mâchoires étant serrées, le câble entraîne le dummy par l'intermédiaire de la tige *n*.

Gripp de Geary-Street. — Citons, comme gripps serrant le câble dans le sens horizontal, celui de Geary Street représenté par les fig. 110 et 111 (1).

Ici le câble est saisi entre deux pièces à mâchoires GG, articulées en *g*, *g*; ces mâchoires sont portées par un fer plat F; quand on abaisse ce fer plat F, les mâchoires s'abaissent également; elles viennent frotter contre des buttoirs fixés aux rouleaux EE, et se ferment en emprisonnant le câble, qui se trouve pressé fortement.

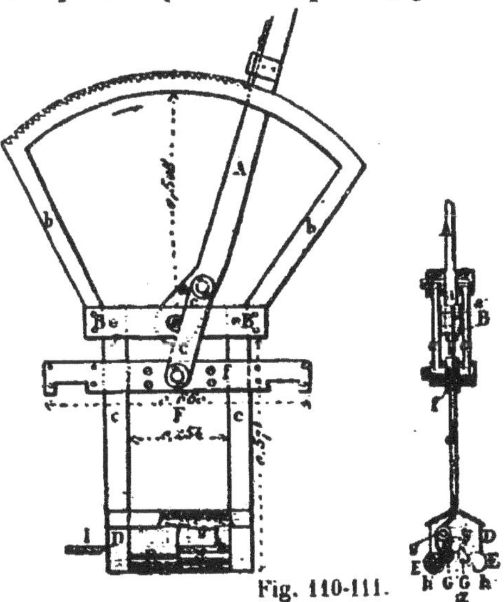

Fig. 110-111.

La manœuvre se fait à l'aide du levier A dont le point fixe est en *a* sur une traverse BB, invariablement fixée au châssis du dummy. Cette traverse porte deux montants verticaux entre lesquels le fer plat F glisse comme dans une cou-

(1) *Portefeuille économique des machines*, janvier 1888.

lisse; à la partie inférieure, ils supportent les deux rouleaux EE.

Dans la position indiquée sur la figure, le gripp est ouvert. Comme on le voit, la manœuvre est plus simple qu'à Clay-Street; mais par contre, on est exposé à laisser échapper le câble d'une façon intempestive.

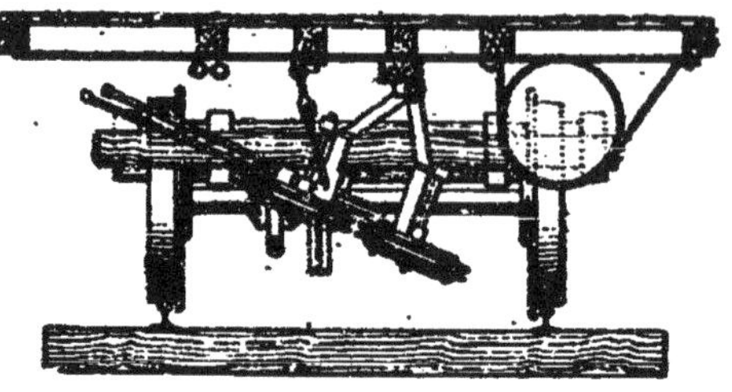

Fig. 112.

Nous indiquerons aussi le gripp usité au pont de Brooklyn dont les dispositions sont très particulières.

Gripp de Brooklyn. — Le câble est saisi entre quatre galets, placés dans un plan oblique par rapport au plancher de la voiture, comme l'indique la fig. 112. Les fig. 113 et 114 (1) montrent le détail des diverses parties du gripp, en coupe et plan.

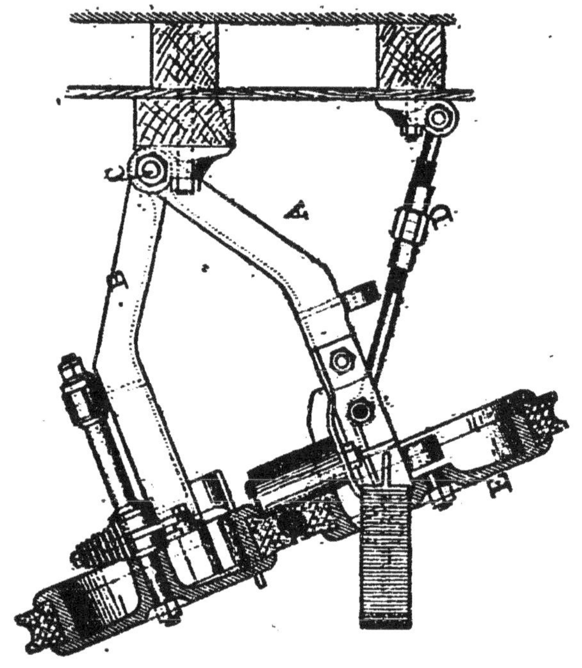

Fig. 113.

La branche A est fixe, la branche B peut pivoter autour de l'articula-

(1) *Nouvelles Annales de la construction*, janvier 1891.

tion C; en agissant sur les leviers I (fig. 114) on détermine le rap-

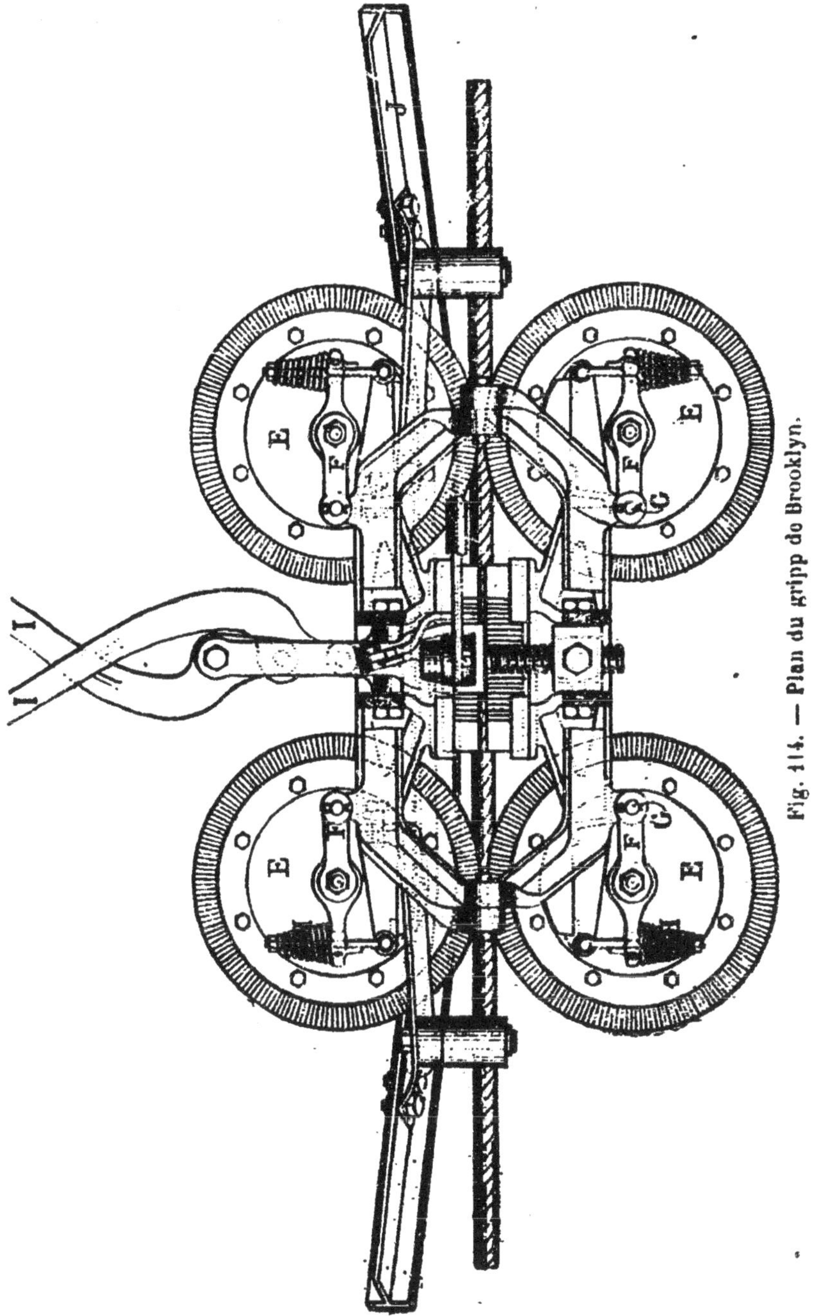

Fig. 114. — Plan du gripp de Brooklyn.

prochement de la mâchoire mobile et de la mâchoire fixe. L'appareil de gripp est placé sous la voiture au milieu de sa longueur, et les leviers I sont mûs par des chaînes, sur lesquelles on agit de la plate-forme de manœuvre.

La gorge des galets est munie d'une garniture formée de morceaux de cuir et de caoutchouc disposés radicalement ; au fur et à mesure de l'usure de cette garniture les ressorts à boudin H sollicitent la chape F du galet mobile autour du point fixe G, et pressent le galet contre le câble d'une façon constante. Cette disposition est originale et permet de compenser automatiquement l'usure des garnitures.

On se rappelle que la voie du funiculaire de Brooklyn n'étant accessible ni aux piétons, ni aux voitures, il n'y a pas de tube de câble. Ce dernier est à peu près au niveau des rails, et il n'y a pas eu à se préoccuper de la forme de la tige du gripp.

On remarquera combien le câble est saisi sur une grande longueur, ce qui est favorable à sa conservation. Le gripp du type de Clay-Street, au contraire, ne saisissait le câble que sur 0 m. 09 ce qui fatiguait très notablement ce dernier.

Nous allons décrire maintenant les appareils de gripp appartenant au second groupe, ceux dans lesquels le mouvement de serrage s'effectue verticalement, ce dernier type est le plus répandu.

93. Gripps serrant verticalement. Types de Sutter-Street, California-Street. Highgate Hill, Belleville.

Type de Sutter-Street. — Comme le montre la fig. 112, le serrage s'opère en abaissant la mâchoire mobile *a* vers la mâchoire fixe et les poulies fixes *f* et *f'*. Lorsque le gripp n'est pas serré à fond, le câble glisse librement sur les poulies *f* et *f*.

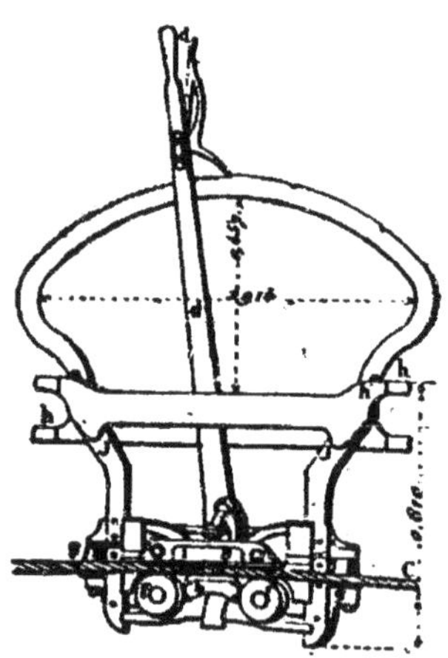

Fig. 115.

Les galets coniques *g* et *g'* sont reliés à la mâchoire *a*, de façon à s'élever avec elle dans son mouvement de bas en haut. De telle sorte qu'en soulevant la mâchoire mobile *a*, les galets coniques se soulèvent aussi, et imprimant au câble une poussée latérale, ils le rejettent hors de la mâchoire fixe *a* et des poulies *ff*.

Dans le type de Clay-Street, au contraire (voir fig. 108) dès que le gripp est ouvert, le câble tombe hors des mâchoires.

Type de California-Sreet. — Ce gripp offre quelques analogies avec le précédent, mais il est d'une construction beaucoup plus simple et présente cet avantage que la plus grande partie des organes sont extérieurs au tube de câble. La fig. 116 en montre l'élévation.

La mâchoire supérieure A est immobile, elle est fixée à la partie inférieure d'un fer plat *b* rivé à une pièce transversale, dont les extrémités reposent sur le châssis du dummy, à l'aide des deux pivots *p* et *p'*.

La mâchoire inférieure portant deux poulies est mobile, et suit les mouvements du châssis *a a'*, dont les branches peuvent glisser sur le fer plat *b*, sous l'action du levier *l* et du lien L. Le châssis *a a'* porte à sa partie supérieure deux branches *c c'*, soutenant un secteur denté destiné à arrêter le verrou du levier de manœuvre.

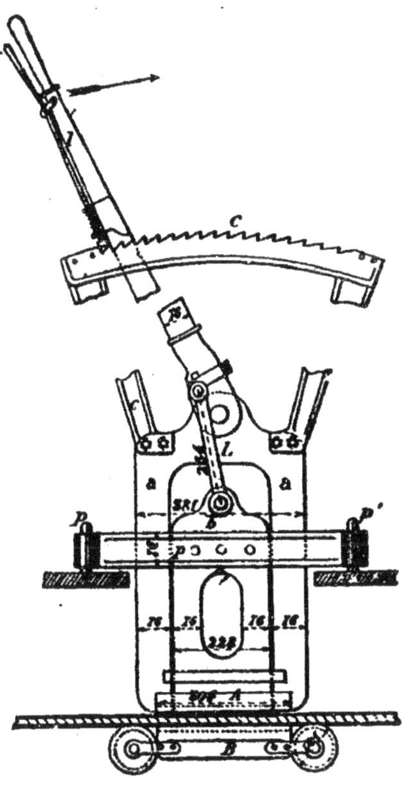

Fig. 116.

Les mâchoires garnies de métal « Babbit », saisissent le câble sur une longueur de 0m.30.

Quand ces mâchoires sont ouvertes, le câble glisse sur les petites poulies de la mâchoire inférieure B. Pour rejeter complètement le câble hors des poulies, il faut avoir recours à une déviation latérale de la voie, aux points où l'on veut atteindre ce résultat.

Le poids de tout l'appareil est d'environ 110 kil.

Type d'Highgate - Hill. — Ce gripp, représenté par la fig. 117, rappelle par ses dispositions les types précédents ; il est du type en L, mais présente quelques dispositions particulières.

Le câble est saisi entre une mâchoire fixe et une mâchoire mobile placée au-dessous de la première.

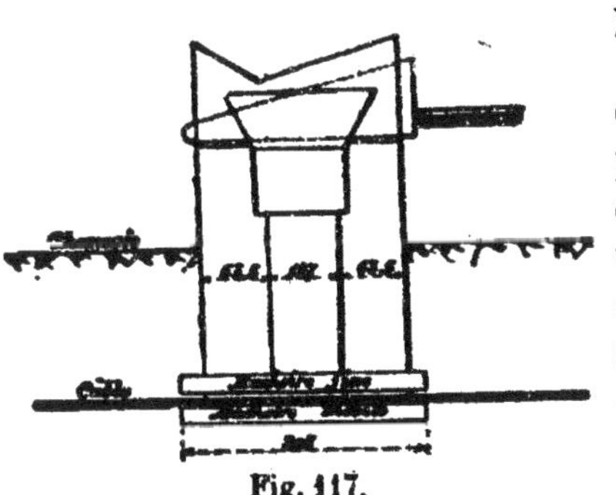

Fig. 117.

Ces mâchoires sont portées par des lames minces de 9 mm. 5 d'épaisseur. La lame portant la mâchoire inférieure forme cadre autour de la lame portant la mâchoire supérieure, et peut se mouvoir verticalement. A cet effet, elle se termine à son extrémité supérieure par une boîte, de section trapézoïdale, dans laquelle peut glisser horizontalement un coin mû par des renvois de levier placés sous la main du conducteur.

L'ensemble du gripp est supporté directement par un essieu de la voiture, à l'aide de coussinets guidés latéralement par des colliers.

Suivant M. Bucknall Smith, le mode de transmission par tiges et leviers avec renvoi, n'a pas donné de bons résultats pour la manœuvre du gripp « le mouvement est lent, et l'usure considérable » (1)

On notera la longueur des mâchoires qui saisissent le câble sur 0 m.30.

Les voitures d'Highgate Hill portent chacune deux gripps, commandés de l'une ou l'autre plate forme suivant le sens de la marche du véhicule.

Le type de Highgate a été adopté sans grandes modifications à *Birmingham*. Dans les courbes, la tige du gripp est maintenue contre toute tendance latérale par un artifice semblable à celui qui a été adopté sur la ligne de Sutter-Street. Le cadre intérieur soutenant la mâchoire fixe, porte à sa partie supérieure une traverse saillante, qui, dans les courbes, vient s'appuyer contre un fer plat fixé sur les jougs.

A *Edimbourg* on a, dans le même but, muni le gripp d'une roulette à sa partie supérieure, cette roulette à axe vertical vient suivre, une partie basse prolongeant le rail de rainure, ce qui forme comme un guidage excellent, tout en réduisant les frottements au minimum (voir fig. 91). De plus, le gripp est mobile, il est attaché chaque matin aux voitures, et on l'en détache tous les soirs; ce qui a permis de supprimer le tube de câble tout le long de la voie de service allant de la ligne principale aux remises.

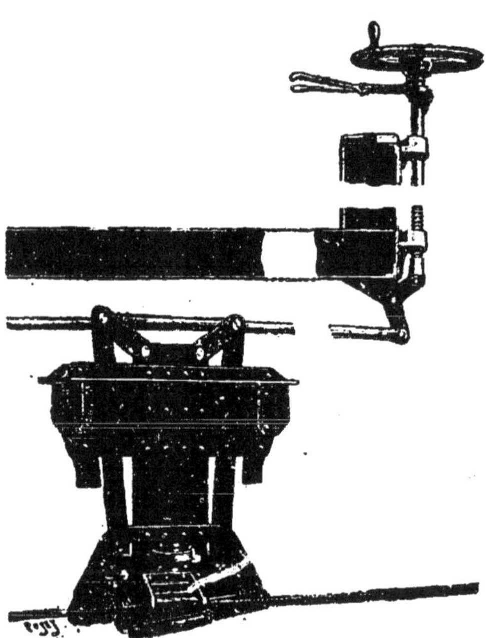

Fig. 118.

Type de Belleville. — Ce type diffère des précédents surtout par la façon dont se meut la mâchoire mobile.

C'est toujours la mâchoire inférieure qui est mobile ; mais au lieu de se mouvoir verticalement, d'un mouvement de translation, elle peut pivoter autour d'un point fixe, comme l'indique la fig. 118.

(1) Bucknall Smith. *Cable or rope Traction*, p. 100.

Les deux mâchoires sont en fonte ; elles présentent une cavité circulaire de 28 mm. de diamètre, servant de logement au câble ; leur longueur est seulement de 0 m.20. La mâchoire fixe est portée par une tôle d'acier, de 15 mm. d'épaisseur, fixée à un bâti ; la mâchoire mobile est supportée à une extrémité au point d'articulation ; à l'autre, elle est portée par une bielle suspendue, mise en mouvement par une tige de traction mûe par un renvoi et une vis à écrou, que le conducteur manœuvre à l'aide d'un volant à roue.

Chaque voiture est munie de deux gripps, portés par un même bâti, fixé au châssis de la voiture. Ces gripps, placés au centre de la voiture, occupent des positions symétriques par rapport à l'axe longitudinal du véhicule. La mâchoire en prise est toujours celle de droite par rapport au sens de la marche. L'âme verticale du gripp est munie d'un galet de guidage à axe vertical, ce galet roule dans les courbes sur une cornière boulonnée sur les jougs.

Le degré de serrage des mâchoires est réglé par la longueur des tiges de transmission du mouvement. Ce degré n'est pas le même pour les deux gripps : on peut exercer sur les mâchoires du gripp servant à la montée un effort de 5.000 kil.; effort réduit à 2.400 kil. pour le gripp servant à la descente.

Ce type de gripp paraît donner satisfaction au point de vue de la rapidité et de la sûreté.

94. Remarques sur les divers types de gripp. — Comme nous l'avons dit, le modèle de gripp le plus répandu est celui dit en L, et à mouvements verticaux. Ce type présente l'avantage d'une plus grande simplicité dans l'agencement des divers organes ; il est moins encombrant, et permet de placer à l'extérieur du tube de câble, au-dessus de la rainure, la plus grande partie de l'appareil.

Nous avons déjà fait remarquer que la longueur des mâchoires avait une réelle influence sur l'usure du câble. La tendance est généralement à employer des mâchoires très longues ; à Birmingham la longueur des mâchoires est de 0 m. 37, néanmoins celles de Belleville n'ont que 0 m. 20 de longueur.

Pour éviter le retournement de la voiture aux points terminus, on place généralement sur chaque voiture deux appareils de gripp, manœuvrés chacun de l'une ou l'autre plate-forme, suivant le sens de la marche.

La commande des mâchoires se fait soit par levier, soit par volant placé sous la main du conducteur.

Le levier agit plus rapidement ; mais il exige que l'appareil soit placé immédiatement au-dessous de lui, ce qui amène à l'installer au centre du véhicule. Quand on emploie un « dummy, » la manœuvre par levier est tout indiquée ; avec des voitures à plate forme, portant elles-mêmes leur gripp, on place les mâchoires mobiles au centre de la voiture où on les suspend au dessous d'un essieu, et la transmission par leviers est actionnée par des volants placés sur les plate formes des voitures. Quand on fait usage de dummy, le gripp est installé au centre de ce véhicule ; mais quand on installe le gripp sur les voitures, il faut le placer sur la plate forme, et il est nécessaire dans ce dernier cas de munir chaque voiture de deux appareils de gripp distincts si l'on veut éviter le retournement aux stations terminus.

Enfin, quand on emploie pour la traction deux câbles dont l'un en service et l'autre en réserve, comme aux funiculaires de la 10e avenue et de Broadway à New-York, les gripps doivent être disposés de façon à pouvoir saisir à volonté l'un et l'autre câble ; c'est toujours le type en L qui a été adopté dans ce cas. Ce dispositif est dû à M. Miller.

95. Freins. — Les voitures des tramways funiculaires sont toutes munies de freins, tant pour modérer leur vitesse à la descente des pentes, quand elles ne descendent pas sur câble, que pour s'arrêter quand elles lâchent le câble.

Les voitures sont munies de deux systèmes de freins. Un frein à sabot ordinaire, agissant sur les jantes des roues, et un frein à patin, constitué par des plaquettes de bois ou de fonte que l'on peut abattre sur le rail, et qui transforment la voiture en traîneau. Ces derniers freins sont extrêmement énergiques, et arrêtent la voiture presqu'instantanément. Convenablement manœuvrés, ils donnent une très grande sécurité.

A *Belleville*, par exemple, dans la longue descente que les voitures ont à effectuer, le gripp est légèrement ouvert, les patins du frein sont abaissés et maintenus à quelques millimètres du rail ; de telle sorte qu'en cas d'alerte, aussitôt le gripp lâché, l'arrêt se produit immédiatement. La vitesse est réglée par le frein à sabot.

La fig. 107 montre la disposition des freins à sabot et à patin de la voiture de Belleville.

Le frein à sabot est un frein à entraînement, du genre Lemoine. Seulement, le frein Lemoine n'agissant que lorsque la voiture marche en avant, le frein a été modifié de façon à agir de la même façon, quel que soit le sens de la marche du véhicule ; cette disposition est due à M. Chalou.

Ce frein est manœuvré par une pédale placée sur chaque plate forme. Nous n'insisterons pas sur la description des freins, qui ressemblent à tous ceux des véhicules de tramways.

Sur ces lignes où le trafic est très intense, et où l'on emploie de grandes et longues voitures, on emploie souvent des freins semblables à ceux des véhicules des voies ferrées. C'est le cas, par exemple, des voitures du funiculaire du pont de Brooklyn, où tous les véhicules sont munis du frein à vide agissant sur des sabots appliqués à chacune des roues du car.

La voiture porte un réservoir et une pompe à air. On fait le vide dans le réservoir à Brooklyn-Station; puis la pompe mise en mouvement par le mouvement de l'un des essieux, entretient ensuite le degré de vide nécessaire pour une double course. Après l'application des freins, un vide suffisant est rétabli par la pompe au bout d'un parcours de 300 m.

Une disposition ingénieuse empêche de pouvoir manœuvrer les freins avant un desserrage complet du gripp.

96. Dépenses de premier établissement des tramways funiculaires. — Il est difficile de citer à cet égard des chiffres comparables entre eux ; les conditions locales changent par trop d'un cas à l'autre ; nous indiquerons cependant, pour fixer les idées, quelques exemples :

Ligne de Clay-Street.

Longueur : 1 kilomètre de double voie.
Largeur de voie 1 m. 06.

2,000 m. de simple voie avec tube de câble. . .	191.000 fr.
Appareils de tension et plaques tournantes. . .	13.125
Machines, chaudières et accessoires.	25.000
Câbles en acier de 2,070 m. de longueur. . . .	20.250
9 dummys.	42.500
7 voitures avec freins.	32.375
Bâtiment des machines, remises, bureaux. . . .	45.000
Déplacement des conduites d'eau et de gaz. . . .	6.500
Surveillance, direction, rétrocession.	50.000
Total	425.750 fr.

Soit 212,875 fr. par kilomètre de simple voie.

Ligne de Los Angelos.

Longueur 5 kilomètres de double voie.

1 kilomètre de double voie (voir au N° 82). . . .	158.950 fr.
2,000 m. de câble de 0,75 de circonférence 4,660 kil. à 2 fr. 50	11.650
Total par kilomètre	170.600 fr.
Soit pour 5 kilom.	853.000 fr.
2 machines :	
Dimensions des cylindres $\frac{0,356}{0,762}$	29.000 fr.
2 chaudières et accessoires.	30.000
Tendeurs et poulies des câbles.	41.000
15 dumnys	52.500
15 voitures.	67.500
Total pour 5 kilomètre.	220.000 fr.

Terrains et bâtiments.	100.000
Imprévus.	117.000
Total	1,290.000 fr.

Soit *258,000 fr.* par kilomètre de double voie.

A Melbourne, quelques sections des tramways à câble sont revenues à environ 310,000 fr. par kilomètre.

A Highgate, où la longueur n'atteint pas 1200 m., les dépenses de premier établissement se sont élevées au chiffre exorbitant de 80,000 *fr.* En 1887-1888 la dépense kilométrique moyenne de premier établissement pour l'ensemble du réseau des tramways anglais était de 225.877 fr. Le prix de *250,000 fr.* par kilomètre de double voie de tramway funiculaire est considéré comme une moyenne raisonnable pour une ligne de 5 kilomètres de longueur, par M. Bucknall Smith. Toutefois, à Chicago et San Francisco, le prix moyen a été de 466,000 fr. par kilomètre.

A Belleville, la dépense kilométrique de premier établissement s'est élevée à environ 600,000 fr.

Voici d'après M. l'ingénieur Widmer, la décomposition des dépenses de premier établissement.

Acquisition de l'immeuble 101, rue de Belleville. .	88.000 fr.
Construction du depôt, aménagement de l'immeuble	108.000
Cheminée	5.000
Voie, pavage	714.100
Fourniture des poulies	33.000
Fourniture et mise en place du câble	15.500
Machines motrices	66.000
Fourniture et mise en place du nouveau tendeur. .	13.000
Fourniture et mise en place de nouvelles poulies motrices	4.200
Générateurs.	31.300
Matériel roulant	88.000
Communication électrique	6.900
Divers	27.000
Total	1.200.000 fr.

En présence de semblables variations dans les dépenses de premier établissement, il est bien difficile de tirer quelques conclusions précises de l'exemple des lignes déjà construites.

§ 7. — EXPLOITATION

97. Dispositions des voies aux points terminus. — Lorsque les voitures doivent toujours marcher dans le même sens il faut les retourner à chaque extrémité de la ligne.

A Clay-Street, les voitures et dummys sont tournés sur des plaques tournantes, ménagées aux extrémités des voies ; ce qui entraîne des pertes de temps.

Fig. 119.

A Sutter-Street, on ne retourne pas les véhicules ; les voies sont disposées à peu près comme à Belleville (voir fig. 119). La ligne descend vers le point terminus, et les deux voies sont mises en communication par deux voies diagonales, situées l'une derrière l'autre. Quand le dummy arrive vers la première diagonale il est désattelé et on lâche le câble ; le dummy prend la voie diagonale, et arrive sur la voie montante où on l'arrête. La voiture, au contraire, continue son chemin sur la voie descendante, prend la seconde diagonale, et arrive ainsi sur la voie montante derrière le dummy. On rapproche le dummy de la voiture, on fait l'attelage, et les deux véhicules sont prêts à repartir.

A Market-Street, où l'on emploie de grandes voitures dont l'avant est découvert et porte le gripp, les cars doivent être retournés. Cette manœuvre se fait sur une grande plaque de 9 m. 20 de diamètre, mise en mouvement par le câble lui-même à l'aide d'un système de tambour ; quatre voies de service placées au terminus central permettent d'avoir simultanément une voiture en station pour chacun des quatre embranchements desservis. Sur les lignes à voie unique, le problème est encore plus délicat, on l'a simplifié à Belleville en renonçant aux dummys et en employant des voitures symétriques à chaque extrémité munies d'un appareil de gripp sur chaque plate forme.

La fig. 119 indique la disposition des voies au terminus de Belleville.

Le brin montant du câble quitte la voie principale V, passe en A, tourne autour de la poulie terminale P, et reprend la voie principale.

La voiture montante suit ce trajet, mais lâche le câble quand elle a dépassé le croisement *d*, et s'arrête vers D ; on la passe sur la voie diagonale C qui est en pente, et elle revient en *m* sur la voie principale, prête à reprendre son service en saisissant le câble par le gripp placé sur l'autre plate-forme.

Cette manœuvre a été simplifiée en pratique ; aujourd'hui les voitures lâchent le câble un peu en avant de la pointe de l'aiguille, et restent sur la voie V, où elles s'arrêtent, après avoir franchi la pointe de cœur de l'aiguille par vitesse acquise. Le conducteur arrête la voiture au point de reprise du brin descendant du câble. Le receveur placé sur la plate forme d'arrière ouvre à ce moment le gripp manœuvré de cette plate forme et le câble guidé par des poulies vient se placer entre les mâchoires.

Pour remettre la voiture en marche et lui faire effectuer un nouveau voyage il n'y a qu'à serrer les mâchoires du gripp.

Au funiculaire du pont de Brooklyn, où l'on fait usage de grandes voitures pouvant contenir 150 personnes, et où le trafic est très intense, les voitures passent d'une voie sur l'autre à l'aide de diagonales en bretelles aboutissant à deux voies en cul-de-sac.

A chaque voie de garage est affecté un câble auxiliaire sans fin de 19 mm. de diamètre. Ces câbles sont mûs par des tambours actionnés par le câble principal. Un embrayage permet de faire marcher chaque câble auxiliaire dans un sens, ou en sens inverse.

En outre, cinq locomotives servent à remorquer les voitures en cas d'arrêt du câble, et pour les manœuvres sur les voies de service.

En général, sur les funiculaires à câble sans fin, le dépôt des voitures communique avec les voies principales par des raccordements sur lesquels la traction est faite sans l'aide du câble, et le plus souvent à bras d'hommes.

Nous reproduisons en annexe (annexe n° 2) quelques détails sur le mode d'exploitation du tramway de Belleville, extraits d'un article fort intéressant publié sur ce funiculaire par un auteur traitant *ex professo* de la matière, M. G. Lefebvre, conducteur des Ponts et Chaussées, qui a surveillé l'exécution des travaux.

Cet article a été publié par la *Revue Pratique des travaux publics*, 1892, 23e série.

On trouvera, relativement au même sujet, à l'annexe n° 3, des extraits du travail très complet publié par M. l'ingénieur Widmer, travail dont nous avons déjà parlé plusieurs fois.

98. Dépenses d'exploitation. — Ces dépenses sont toujours très-élevées en valeur absolue; puisque l'établissement d'un tramway à câble sans fin n'est justifié que lorsqu'il s'agit de desservir un trafic très important.

D'après le « *Street-Railway Journal* », le coût de la traction ressortirait en moyenne à 0 fr. 43 par car et par kilomètre; les frais d'exploitation représenteraient 60 % de la recette brute.

Voici le détail du compte d'exploitation des tramways de Birmingham pour le mois de juillet 1889 (1).

Traction.	7.875 fr. 20
Câble et machines.	6.758, 30
Matériel roulant	283, 95
Exploitation.	4.422, 40
Part de frais généraux.	4.042, 20
Total.	23.382 fr. 05

1. *Rapport de mission*, de M. Bienvenüe, Ingénieur des Ponts et Chaussées.

Les voitures ayant parcouru pendant ce même mois 54.148 kilom., la dépense kilométrique ressort à 0 fr. 43 par voiture ; c'est exactement le chiffre indiqué pour la traction seule par le journal américain.

Il faut remarquer que les dépenses pour le renouvellement de la voie, du matériel et des engins mécaniques, ne sont pas comptées ci-dessus.

Pour le même réseau de Birmingham, les dépenses du 1er juillet 1888 au 30 juin 1889 se sont élevées à 173.951 fr. 15 pour un parcours de 315.858 voiture-kilomètres, soit 0 fr. 55 par voiture-kilomètre.

Le nombre des voitures du réseau de Birmingham étant de 20, cela fait en moyenne 15.793 kilomètres parcourus par voiture et par an.

Ce chiffre est à rapprocher du coût moyen de voiture-kilomètre sur l'ensemble du réseau des tramways anglais. En 1888-1889 la dépense par voiture-kilomètre était de 0 fr. 57 (1).

M. Bucknall Smith, dans son livre *Cable or Rope Traction*, évalue ainsi les dépenses d'exploitation d'un tramway à câble de 4.800 m. de longueur, desservi par 15 voitures, avec départ toutes les 5 minutes, en comptant une durée de service de 16 heures par jour, ou environ 112 kilom. de parcours journalier.

FRAIS ANNUELS.

Appointements et salaires.

Directeur.	7.500 fr.
Chef mécanicien.	3.250
Contrôleur, inspecteur.	3.000
Ouvrier chargé des épissures du câble et son aide.	2.600
3 chauffeurs à 37fr.50 par semaine 2 mécaniciens à 43fr.70. id 2 cantonniers à 12fr.50. id 1 ouvrier à 25fr.00. id	13.000
2 employés de bureau à 37fr.50 id.	3.900
15 conducteurs à 50fr. id.	39.000
15 receveurs à 28fr.05 id.	21.300
Total.	93.750 fr.
Combustible consommé : environ 4 tonnes par jour, à 20 fr. la tonne	29.500 fr.
Entretien et renouvellement du câble calculé sur une durée moyenne de un an	22.500
Entretien des engins mécaniques 8 %.	12.500
Matériaux et divers.	9.250
Taxes, intérêts.	8.750
Renouvellement de la voie et des bâtiments.	25.000
Total.	107.500
Appointements et salaires	93.750
Total.	201.250 fr.

1. *Annales industrielles*, 8 novembre 1891.

pour un parcours annuel de 643.600 voiture kilomètres, soit 0 fr. 13, par voiture et par kilomètre.

Ce chiffre, indiqué commme une moyenne, est notablement inférieur aux résultats d'exploitation indiqués ci-dessus.

Il y a du reste un élément difficile à apprécier, à cause de sa variation extrême d'une ligne à l'autre, c'est la durée du câble. Pour la ligne ci-dessus, le câble représente une dépense d'environ 25.000fr. ; suivant donc que ce câble durera quelques mois, ou plus d'un an, la dépense d'exploitation variera considérablement.

Or, tandis qu'à San-Francisco les câbles ont duré *vingt-quatre* mois, *vingt mois* à Denver City, *trente-huit* mois à Temple-Street, les trois premiers câbles n'ont pas duré plus de *quatre* mois à Birmingham, et *deux* mois et demi à Belleville. On comprend qu'avec de semblables différences dans la durée des câbles, il ne puisse guère y avoir accord dans les dépenses de l'exploitation.

99. Trafic. Considérations financières. Comparaison avec les autres modes de traction. — Comme nous l'avons dit déjà plusieurs fois, les tramways funiculaires peuvent desservir le trafic voyageurs le plus intense. A Clay-Street, en 1875 et 1876, on transportait en moyenne 150.000 voyageurs par mois ; a Chicago, le trafic s'élève à 60 et 100.000 voyageurs par jour ; les tramways de Market-Street transportèrent pendant l'année 1884 15.700.000 voyageurs ; enfin, le tramway funiculaire du pont de Brooklyn transporte jusqu'à 2.400.000 voyageurs par mois, avec un maximum journalier atteignant parfois près de 100.000 voyageurs.

Les funiculaires Européens sont bien loin d'atteindre une pareille intensité de trafic.

Le funiculaire de Birmingham a transporté en 1888-1889, 2.206.168 voyageurs, soit environ 6.000 voyageurs par jour.

Enfin, le funiculaire de Belleville n'a pas transporté dans ses journées les plus chargées plus de 10.500 voyageurs ; on trouvera le détail des résultats de l'exploitation du funiculaire de Belleville aux annexes.

Quelques-uns des tramways funiculaires des Etats-Unis rapportent jusqu'à 12 et 15 0/0 du capital engagé.

Les dépenses d'exploitation s'élèvent en moyenne à 60 0/0 de la recette brute.

A Birmingham, durant l'exercice 1888-1889 :

Les recettes ont été de.	326.333 fr. 40
Les dépenses.	173.951 fr. 45
Bénéfice net.	152.381 fr. 95

Représentant 1.05 de recette brute par voiture kilomètre.
0.55 de dépense
0.48 de produit net.

Le rapport du produit net au produit brut est donc de 53 0/0.

Au tramway de Highgate-Hill la recette brute a souvent atteint 1 fr. 45 par voiture-kilomètre.

De tous ces faits se dégage cette conclusion, que le succès des tramways à câble aux Etats-Unis tient à l'intensité extraordinaire du trafic, rarement atteint en Europe; la proportion de la population voyageant sur les lignes de tramways a, sur quelques points, dépassé 25 0/0 aux Etats-Unis. Le fait que les rues des villes du Nouveau Monde sont généralement rectilignes et larges a également contribué à faciliter l'établissement des lignes à câble. On comprend que dans ces conditions l'établissement de tramways funiculaires puisse être une opération rémunératrice ; et que l'économie réalisée par rapport aux tramways à traction animale puisse être de moitié, comme on l'a constaté, surtout quand cette circulation excessive emprunte des voies accidentées.

L'économie par rapport à la traction animale est d'autant plus sensible que le trafic est le plus généralement fort irrégulier aux diverses heures du jour. C'est ainsi qu'au pont de Brooklyn le nombre des voyageurs transportés *dans un seul sens* s'élève parfois jusqu'à 12.000 dans une heure.

Les dépenses considérables qu'exigent l'établissement des lignes à câble, s'élevant au moins à 250.000 fr. par kilomètre, rendent ce système impossible à appliquer lorsque le trafic à desservir n'est pas des plus intenses.

Lorsque cette dernière condition est remplie on peut songer à appliquer ce mode de traction et à le comparer aux autres systèmes.

Là où les pentes sont assez raides pour ne plus être gravies par simple adhérence, même par des voitures automobiles, c'est-à-dire pratiquement au delà de 50 à 60 mm. l'emploi du câble est tout indiqué. Au dessous de ces pentes raides, il y a lieu de faire soigneusement la comparaison, en écartant la traction animale, avec les autres modes de traction, locomotives, machines à air comprimé ou eau surchauffée et surtout avec la traction électrique.

Il y a là une question d'espèce et l'étude est à faire dans chaque cas particulier.

Toutefois, il faut bien remarquer que les tracés sinueux sont des plus défavorables à l'emploi des câbles, et que la présence de sections à voie unique n'a pas donné de bons résultats en général.

On peut donc conclure de tout ce qui précède, que si les tramways funiculaires rendent de très grands services dans certains cas particuliers, ces cas sont forcément assez rares, et les applications du système resteront toujours assez limitées.

Le système de traction funiculaire présente quelques analogies avec la traction électrique par conducteur aérien.

Les deux systèmes permettent l'emploi de voitures automobiles partant à intervalles aussi rapprochés que l'exige le trafic, tous deux conviennent donc dans le cas de circulation très considérable.

Le faible poids des moteurs électriques comparativement à leur puissance indique tout naturellement la traction électrique avec conducteur pour des lignes à profil accidenté ; ce système offre le grand avantage de réduire le poids mort des véhicules. La traction funiculaire possède cette qualité à un degré beaucoup plus élevé encore que la traction électrique, l'organe moteur des voitures se réduisant au gripp qui pèse à peine 150 kil.; de plus, les voitures pouvant descendre sur câble, on peut profiter de ce que les voitures descendantes équilibrent le poids mort des véhicules montants; par contre, le câble absorbe pour son propre mouvement de 40 à 60 °/₀ de la force motrice. De plus, quand on admet la pose de conducteurs aériens, l'établissement d'une ligne à traction électrique est incontestablement plus économique que celle d'une ligne à câble.

Nous ne saurions donner des frais comparatifs d'exploitation de ces deux systèmes d'une façon générale ; c'est une étude à faire dans chaque cas particulier.

CHAPITRE IV

CABLES PORTEURS AÉRIENS

SOMMAIRE :

§ 1. — *Principe. Historique. Description de diverses installations*: —100. Principe, Historique. — 101. Câbles de l'Usine à Gaz de Hanovre. — 102. Câbles de l'Ile de Rügen, de Sayn, des mines de Truskawiec, etc. — 103. Câbles des mines de la Sierra de Bedar. — 104. Monocâble de Saint-Imier. — 105. Câbles de la sucrerie de Laudun. — 106. Câbles du Bourg Saint-Maurice.

§ 2. — *Détails de construction* : 107. Voies et supports. — 108. Bennes, appareils d'embrayage. — 109. Câbles porteurs et tracteurs. — 110. Calcul des câbles porteurs et tracteurs, théorie, exemples.

§ 3. — *Dépenses d'établissement, d'exploitation. Considérations diverses* : 111. Dépenses de premier établissement. — 112. Frais d'exploitation. — 113. Comparaison entre les divers systèmes de lignes à câbles. — 114. Considérations économiques.

CHAPITRE IV

CABLES PORTEURS AÉRIENS

§ 1. — PRINCIPE. HISTORIQUE. DESCRIPTION DE DIVERSES INSTALLATIONS

100. Principe, Historique. — Le principe des transports par câbles porteurs est extrêmement simple.

Un câble est tendu d'un bout à l'autre de la ligne, et repose sur des pylones intermédiaires répartis de distance en distance. Des bennes suspendues à ce câble par leur partie supérieure, pendent en quelque sorte de ce câble, et peuvent rouler sur lui.

L'installation comporte deux câbles porteurs parallèles, un pour l'aller, un pour le retour.

Le mouvement est imprimé aux bennes par un troisième câble ; celui-là est un câble sans fin, continuellement en mouvement, dont les bennes peuvent être rendues solidaires par un embrayage à déclanchement automatique.

En général, ce câble tracteur est mis en mouvement par un moteur fixe ; mais quand le trafic se fait à la descente, on peut se passer de toute machine motrice : le système est automoteur, et il suffit de modérer la vitesse à l'aide d'un frein.

Aux stations de départ et d'arrivée, l'embrayage automatique des bennes est déclenché par une butée fixe ; ces bennes deviennent indépendantes du câble porteur, et peuvent être poussées sur une voie de service aérienne dont la déviatión a son origine sur les câbles porteurs.

L'économie d'un pareil système au point de vue des frais de premier établissement est évidente, quels que soient les accidents du terrain, et les obstacles, les câbles les franchissent sans plus de dépense que s'il s'agissait d'un terrain plat.

Aussi ce mode de transport s'est-il répandu surtout dans les pays montagneux. On trouve quelques applications de ce système en France, mais c'est surtout à l'étranger, en Allemagne, en Autriche, en Espagne, que les câbles porteurs se sont répandus ; et que l'on en a fait de nombreuses applications au point de vue industriel.

Le principe des transports par câble porteur est fort ancien; dans son *Traité des chemins de fer*, Heusinger von Waldegg signale à la Bibliothèque de Vienne un livre de pyrotechnie, datant de 1411, dans lequel un chemin à câble est dessiné (1).

On trouvera dans l'ouvrage d'Heusinger von Waldegg des détails très intéressants sur l'historique des tramways par câbles aériens.

C'est en Angleterre, que les applications de ce mode de transport se sont répandues, grâce aux travaux de Charles Hodgson qui prit le premier brevet à ce sujet le 20 juillet 1868.

Perfectionné à diverses reprises par son promoteur, le système Hodgson s'est répandu en Angleterre, et en 1872, on y comptait 33 chemins aériens construits suivant ce principe, sans que cet exemple ait été fréquemment suivi sur le continent.

Le système Hodgson, décrit minutieusement dans l'ouvrage d'Heusinger von Waldegg, diffère des câbles porteurs tels que nous les avons définis. Il n'y a à la vérité qu'un seul câble sans fin, constamment en mouvement, qui joue à la fois le rôle de porteur et de tracteur; c'est le système « *monocâble* ». Le câble entraîne les bennes par l'intermédiaire d'une pièce spéciale, en forme de selle posée sur le câble. Cette pièce ne pourrait pas évidemment passer sur les poulies de support du câble, placées au sommet des pylones intermédiaires. Aussi, évite-t-on ces poulies, en accolant à la selle des petites poulies qui aux abords des pylones suivent des rails de guidage. Ces rails soulèvent les petites poulies, et par suite la selle,

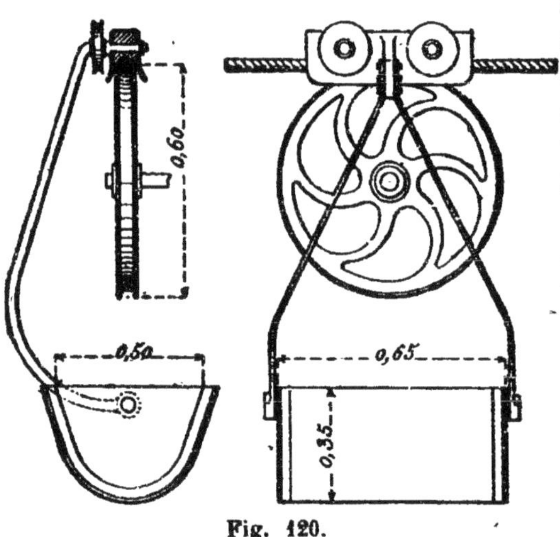

Fig. 120.

(1) Heusinger von Waldegg, *Handbuch fur Specielle Eisenbahn-technik*, Leipzig, 1878, 5e volume, page 544.

qui évite ainsi le choc de la poulie support du câble. La fig. 120 indique cette disposition.

Les frais de transport par le système Hodgson étaient évalués en Angleterre, compris exploitation, entretien, renouvellement et amortissement du capital :

Pour un trafic journalier de	50 tonnes à	0 fr.50	par tonne-kilomètre
	100	0 44	id.
	200	0 40	id.
	au dessus	0 26	id.

Nous ne donnerons pas de détails sur le système Hodgson dont les applications ont été restreintes.

Le principe appliqué par Charles Hodgson a été repris, étudié, et heureusement appliqué en Allemagne, en 1873, par MM. A. Krämer, de Berlin, d'une part, et Bleichert et Otto, de Leipzig, d'autre part.

Ces ingénieurs sont revenus à l'idée de deux câbles porteurs parallèles, sur lesquels roulent les bennes, et d'un câble tracteur sans fin, imprimant le mouvement à ces dernières.

Le point le plus délicat, celui sur lequel ont porté les efforts des constructeurs, est l'appareil d'enclenchement automatique permettant de rendre les bennes solidaires ou indépendantes du câble tracteur, à un moment déterminé de leur parcours.

En 1878, le brevet Bleichert et Otto ayant cessé d'exister, divers constructeurs s'occupèrent de cette question, en introduisant diverses modifications de détail. Nous citerons parmi ces divers constructeurs la maison Beer en Belgique et l'usine Teste fils Pichat et Moret de Lyon Vaise, en France.

Nous allons décrire maintenant quelques installations, avant de donner des détails sur ces divers organes.

Parmi les premières applications, nous citerons en France celle des usines à ciment de la Porte de France, installée en 1876 ; la longueur de la ligne est de 475 m. ; l'abaissement total 350 m. La benne chargée pèse 1200 kil., le trafic journalier peut atteindre 120 tonnes. L'installation est revenue à 25,000 fr. ; elle a été faite par la maison Bernier et Cie de Grenoble.

101. Câbles porteurs de l'usine à gaz de Hanovre. — Etablie par la maison Bleichert et Otto, cette installation importante a pour but de transporter la houille arrivant par chemin de fer à la station de Küchengarten, à l'usine à gaz ; et en sens inverse de transporter le coke produit, de l'usine à la gare.

La longueur de la ligne est de 375 m. ; la longueur des câbles est de 600 m.

Le tracé présente deux changements de direction en plan, l'un de 135° l'autre de 122° en sens inverse ; il traverse une rue, la « Limmerstrasse », à 6 m. 50 de hauteur, et franchit la rivière l'Ihme par une travée de 52 m. d'ouverture.

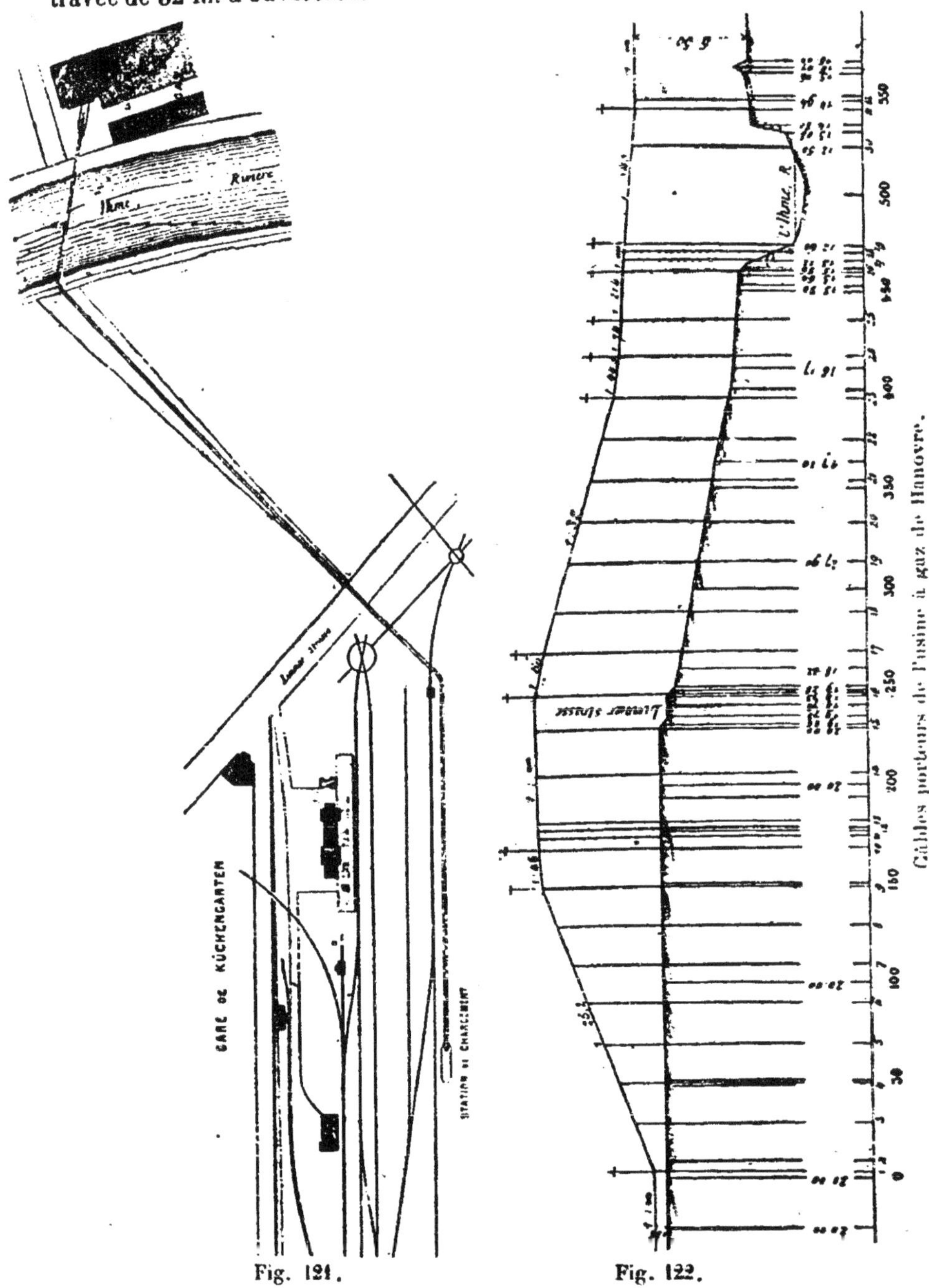

Fig. 121. Fig. 122.

Les câbles porteurs amarrés à la gare sont tendus à l'usine par des poids de 5 tonnes pour le câble des bennes pleines, et de 4 tonnes pour le porteur des bennes vides. Ces câbles ont respectivement 28 et 25 mm. de diamètre.

Le câble de traction a 14 mm. de diamètre.

Les wagonnets, d'une capacité de 300 litres, peuvent porter 250 kil., le trafic maximum journalier peut atteindre 2 et 300 tonnes.

Le mouvement est donné par une machine de 4 chevaux. Une voie de service de 550 m. de long se détache à la station d'arrivée de l'usine, et fait le tour des ateliers de distillation et des magasins à charbon, de façon à permettre de conduire les wagonnets au point voulu.

A la gare de Küchengarten, les bennes sont placées en contrebas des wagons, de façon que le charbon puisse y tomber par trémies. A cette station, quatre ouvriers déchargent les wagons et jettent le charbon dans les trémies ; trois ouvriers sont employés à la manutention des bennes ; les deux courbes exigent chacune la présence de deux ouvriers pour pousser les bennes sur les rails d'évitement ; à l'usine à gaz deux ouvriers reçoivent les bennes et surveillent la machine, quatre autres sont employés à la manutention et au déchargement des bennes ; soit en tout 17 ouvriers.

Un homme pousse facilement deux bennes au pas allongé.

Les frais d'exploitation ressortent à 0 fr. 83 par tonne, pour un tonnage moyen journalier de 135 tonnes, tandis que le transport par voiture coûtait 1 fr. 25.

Les figures 121, 122 (1), montrent le plan et le profil en long de la ligne. La fig. 123 indique en coupe la station de chargement à la gare de Küchengarten.

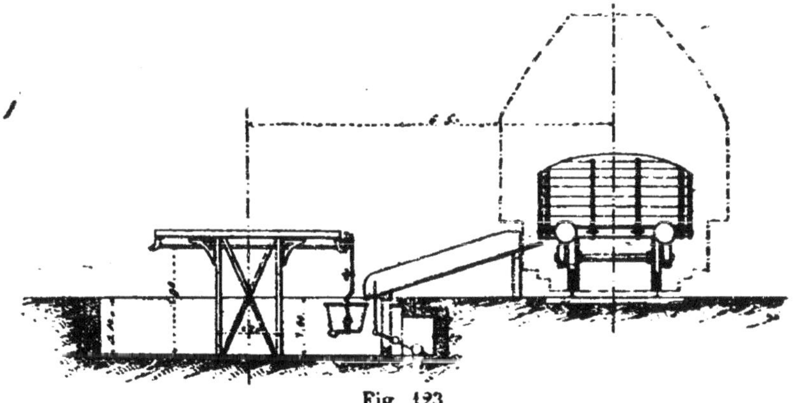

Fig. 123.

Les dépenses de premier établissement se décomposent comme il suit :

Câbles porteurs.	4.302 fr.
Câble tracteur	710

1. *Annales industrielles*, 9 décembre 1877 et 1887.

Voies ou rails	3.750	
Passerelle.	700	
Courbes, ferronnerie, montage, divers.	13.000	
Ensemble.		24.120
36 wagonnets à 140 fr. l'un.		5.040
Charpentes des stations et des courbes, supports, pont de protection sur la Limmerstrasse.		11.335
Toits au-dessus des courbes et stations.		8.200
Déblais et maçonnerie à la station de Küchengarten. . .		3.220
Guides, coussinets et porteurs, portes, etc., aux hangars à charbon et à l'atelier de distillation.		6.000
Achat de terrain et clôtures.		27.900
Remboursement à la Cie du chemin de fer pour nivellement de la gare.		3.750
Total.		89.565 fr.

102. Câbles porteurs de l'Ile de Rugen, de Sayn, des mines de Truskawiec, etc. — Cette installation de l'Ile de Rügen, longue de 1.300 m., sert à transporter la craie, du lieu d'extraction jusque dans les navires ; la pente moyenne du profil est de 125 mm. Les wagonnets, d'une capacité de 2,5 hectolitres, peuvent porter 325 kil. Le trafic journalier varie de 250 à 300 tonnes.

Le système est automoteur ; un frein permet de régulariser le mouvement. Une locomobile sert seulement pour la mise en train au commencement de la reprise du travail. L'installation a été faite par la maison Bleichert.

Citons encore, comme installation faite par cette maison, les *câbles porteurs de Sayn près Coblenz*, établis pour la maison Krüpp. La longueur de la ligne est de 2.150 m.

La pente la plus raide est de $\frac{1}{9}$; en plan, le tracé présente un coude de 143°. Les wagonnets ont une contenance de 1 hectolitre, et portent 200 kil. Le moteur de 3 à 4 chevaux suffit à faire face à un transport journalier de 75 à 100 tonnes.

Les deux câbles porteurs sont équidistants de 1 m. 75. La vitesse du câble tracteur est de 1 m. 30 à la seconde.

Nous indiquerons comme transport aérien du système Bleichert, les câbles porteurs des mines de paraffine *à Truskawiec, près Drohobycz (Galicie)*.

Cette ligne, installée en 1887, a 200 m de longueur, la hauteur gravie est de 36 m. 10, la rampe maxima de 307 mm. Les câbles porteurs sont équidistants de 2 m.

Les bennes se suivent régulièrement à 41 m. de distance ; la vitesse du câble tracteur étant de 1 m. 30 à la seconde, il passe par heure à chaque station 114 bennes, chargées chacune de 350 kil. Le débit de la ligne est donc de 40 tonnes à l'heure.

Le personnel comprend : 1 chauffeur, 5 manœuvres, et 5 pousseurs de benne.

Le transport revient actuellement à 0 fr. 50 par m. c. ou 0 fr. 45 par tonne, compris intérêt, et amortissement du capital (1).

Câbles porteurs de la Société l'Espérance (Belgique). — Cette installation, faite par la maison Beer en 1887, a pour but de transporter le laitier des hauts fourneaux de Seraing, hors l'usine.

La longueur de la ligne est de 375 m., la déclivité maxima atteint 360 mm., la hauteur gravie est de 48 m. 50 ; la capacité de trafic est de 130 tonnes par journée de 10 heures. Les diamètres des câbles porteurs sont respectivement de 33 et 26 m/m.; celui du câble tracteur est de 8 m/m. Le personnel comprend cinq ouvriers.

L'économie réalisée sur l'ancien mode de transport était évaluée en 1888 à 66 0/0 (2).

Câbles porteurs des Mines de Göttesegen (Wesphalie). — Cette ligne, construite par la maison Otto, en 1888, a 2641 m. de longueur ; elle présente un coude de 133° 12' en plan, à 1045 m. de l'origine.

Le profil en long, très tourmenté, présente des pentes et des rampes très raides. La déclivité maxima atteint 800 mm.

L'espacement moyen des supports des câbles est de 35 m.

Le mouvement est imprimé au câble tracteur par un moteur à vapeur.

Les bennes, contenant 0 m. c. 400 de houille, sont régulièrement espacées à une distance de 40 m. ; ce qui correspond, étant donné leur vitesse de translation de 5 kilomètres à l'heure, à une capacité de trafic de 700 tonnes par journée de 10 heures.

Les câbles porteurs ont respectivement 35 et 28 mm. de diamètre ; le câble porteur a 15 mm. de diamètre.

103. Câbles porteurs des mines de la Sierra de Bedar (Espagne). — Cette ligne, établie par la maison Otto Pöhlig en 1888, est un exemple des plus intéressants que l'on puisse citer des transports aériens, tant par l'importance du trafic, que par sa longueur considérable. Le pays traversé étant extrêmement accidenté, il serait de plus fort difficile d'y construire toute autre voie de communication. La longueur du tracé est de 15.600 m. ; il s'étend des gîtes de minerai de fer de la Sierra de Bédar à leur port d'embarquement Garrucha.

La ligne part des environs de Serena, à 270 m. au-dessus de la Méditerranée, franchit des vallées profondes, dont l'une a plus de 1000

1. *Revue industrielle*, 3,7 janvier 1890.
2. *Annales industrielles*, 23 septembre 1888.

m. de largeur et 100 m. de profondeur ; elle gravit des crêtes abruptes, dont la plus haute est à 358 m. d'altitude. La plus grande portée atteint 280 m., et la flèche du câble est de plus de 20 m. Les portées moyennes sont de 40 m. La plus forte rampe est de 333 mm ; le trafic journalier est desservi par 660 bennes, portant chacune 350 kil. de minerai. En marche normale, il passe par minute à la station d'arrivée deux bennes ; soit 1200 bennes, ou 420 tonnes par journée de 10 heures, ce qui correspond à 6.552 tonnes kilomètres ; résultat qui n'avait encore été obtenu par aucune voie aérienne.

Une première machine de 30 chevaux dessert une longueur de ligne de 5.800 m ; une autre, de 70 chevaux, dessert les 9.800 m. restants. Les chaudières ont respectivement 46 et 100 m. q. de surface de chauffe. Le charbon anglais est amené par les câbles ; l'eau est amenée par le même moyen à la machine motrice de 70 chevaux.

A la station de chargement des mines de Serena, il y a toujours un approvisionnement de 800 tonnes de minerai ; quantité permettant d'alimenter la ligne pendant deux jours. Au point d'embarquement, on peut recevoir 2.000 tonnes de minerai, et charger à la fois quatre bateaux (1).

Les câbles porteurs ont respectivement 33 et 25 mm. de diamètre, le câble tracteur 18 m.m.

104. Câble porteur et tracteur des usines de Saint-Imier (Isère). Cette installation a été faite en 1888 par la maison A. Teste fils, Moret et Pichat, de Lyon Vaise, pour transporter la pierre à ciment de la carrière d'extraction aux fours de cuisson.

Elle présente cette particularité, qu'il n'y a qu'un seul câble servant à la fois de porteur et de tracteur.

La longueur de la voie aérienne est de 2.700 m., la hauteur gravie est de 270 m. ; le profil ne présente aucune contrepente. Le câble est porté par 13 supports ou cabrettes en bois, de 12 à 13 m. de hauteur ; les flèches du câble varient de 6 à 8 m. Le service est assuré par 110 bennes, pesant à vide 16 à 18 kil., et portant 50 kil. de pierre à ciment.

Le câble, en acier, pèse environ 1 kil. au m. l. ; sa résistance absolue est de 13.000 kil. ; sa tension en service est de 2.000 kil. Le trafic journalier est d'environ 40 tonnes ; 3 hommes suffisent pour l'assurer. Le trafic se faisant à la descente, le système est automoteur. La mise en marche au commencement de chaque journée de travail se fait simplement à l'aide d'une manivelle actionnée par un homme. L'installation est revenue à environ 30.000 fr. ; mais elle a été renchérie par l'élévation anormale du prix de revient des maçonneries au sommet de la ligne, à la carrière.

1. *Bulletin du Ministère des Travaux Publics*, octobre 1889.

105. Câbles porteurs de la sucrerie de Laudun (Gard). — Cette installation, faite également par la maison Teste fils, Pichat et Moret, date de 1890; elle a pour but d'amener économiquement à l'usine les betteraves récoltées dans la plaine de Vaucluse en faisant franchir aux bennes les deux bras du Rhône et l'île de la Piboulette. Le bras principal, près de la sucrerie, a 280 m. de large, le bras secondaire 150 m.

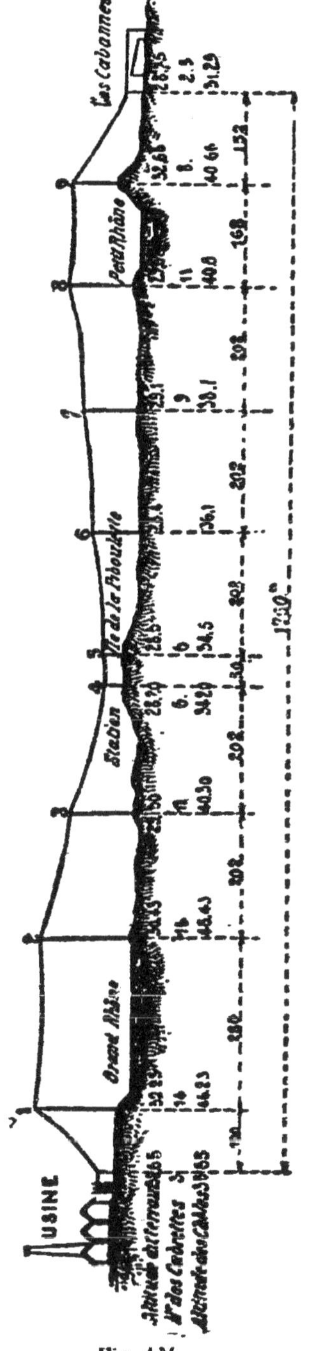

Fig. 124.

La longueur de la ligne et de 1760 m. Le profil en long est représenté par la fig. 124; il est assez plat (1).

Le service de la navigation ayant imposé la condition de réserver une hauteur libre de 12 m. au-dessus de l'étiage, il a fallu placer sur les berges du Rhône des pylones de 14 et 15 m. de hauteur, tout en ne donnant au câble que 7 m. de flèche, ce qui amène forcément des tensions très élevées. Le système comporte deux câbles porteurs de 21 mm. 5 de diamètre, et un câble tracteur de 9 mm. 5.

Le service est assuré normalement par 75 bennes, d'une contenance de 200 litres, pouvant porter chacune 130 kil. de betteraves.

A la station d'arrivée à l'usine, les bennes s'engagent sur un rail se prolongeant parallèlement aux bâtiments de l'usine, et revenant se raccorder avec le câble des bennes vides; ce qui permet d'amener les betteraves à pied d'œuvre sans transbordement.

La longueur de cette sorte de voie monorail est d'environ 600 m.; il en existe une analogue à la station de départ. En outre, une station intermédiaire a été prévue pour le chargement des betteraves dans l'île de la Piboulette. La force est produite par une transmission prise dans l'usine.

La capacité de trafic journalier est de 50 tonnes.

Les dépenses de premier établissement se sont décomposées ainsi qu'il suit.

1. *Génie Civil*. Avril 1891.

Station de l'usine.	4.000 fr.
Station de départ.	3.500
Câbles porteurs	7.500
— tracteurs	1.800
9 pylônes.	7.000
75 bennes	7.000
Transmissions et accessoires	2.000
Transport du matériel et déchargement.	1.360
Montage et pose	10.000
Téléphone	500 fr.
Ensemble	44.660 fr.
Frais généraux et divers.	4.340
Total.	49.000 fr.

On estime que si le porteur de Laudun travaillait régulièrement 300 jours par an, la tonne kilométrique reviendrait de 0 fr. 45 à 0 fr. 50 pendant la période d'amortissement évaluée à dix ans, et ultérieurement de 0 fr. 25 à 0 fr. 30.

106. Câbles porteurs du Truc à Bourg Saint-Maurice (Savoie). — Cette installation, d'un type analogue à la précédente, en diffère en ce que le profil est extrêmement raide ; elle a été faite également par la maison Teste fils, Pichat, Moret et Cie de Lyon.

Cette ligne a été construite en 1891, pour monter les matériaux, destinés à la construction du fort du Truc sur la frontière italienne. La longueur en plan est de 2.100 m ; la hauteur gravie atteint 900 m., le tracé s'élevant du point de départ à la cote 800, jusqu'à la cote 1700, altitude à laquelle se trouve le fort.

Le diamètre des câbles porteurs est de 28 mm., celui du câble tracteur de 11 mm. 5.

La première travée n'a pas moins de 800 m. d'une seule portée. La capacité de trafic est d'environ 15 tonnes par jour ; le service est assuré par 12 bennes, pouvant porter chacune 300 kil. de chaux, ciment, sable, etc.

La vitesse du câble tracteur est de 1 m. 50 à la seconde ; il est mis en mouvement par une turbine de 15 chevaux, actionnée par une dérivation du torrent le Chardonnet.

L'installation, faite pour une durée de trois ans, est revenue à 56.000 fr. dont 15.000 pour le montage et la pose.

La mise en place des câbles a été particulièrement difficile, en l'absence de tout chemin, et à cause des accidents de terrain du tracé, franchissant des gorges abruptes.

On a dû faire porter le premier câble par 600 hommes, gravissant simultanément la montagne par un chemin s'éloignant du tracé, mais permettant d'arriver à la station supérieure par des circuits.

Le câble a été ensuite redescendu en suivant le tracé fixé pour l'établissement de la ligne.

§ 2. — DÉTAILS DE CONSTRUCTION.

107. Voie et supports. — La voie est constituée par deux câbles parallèles, l'un servant pour le roulement des bennes chargées, l'autre pour les bennes vides. Le premier câble est d'un diamètre supérieur au second.

Ces câbles sont solidement ancrés dans un fort massif de maçonnerie, et tendus par un treuil à l'autre extrémité. Quant au câble tracteur qui est sans fin, lorsque, par suite de sa mise en service, sa longueur change, on est contraint de faire des épissures, ce qui est toujours délicat.

Lorsque la ligne présente des coudes en plan, on est obligé de

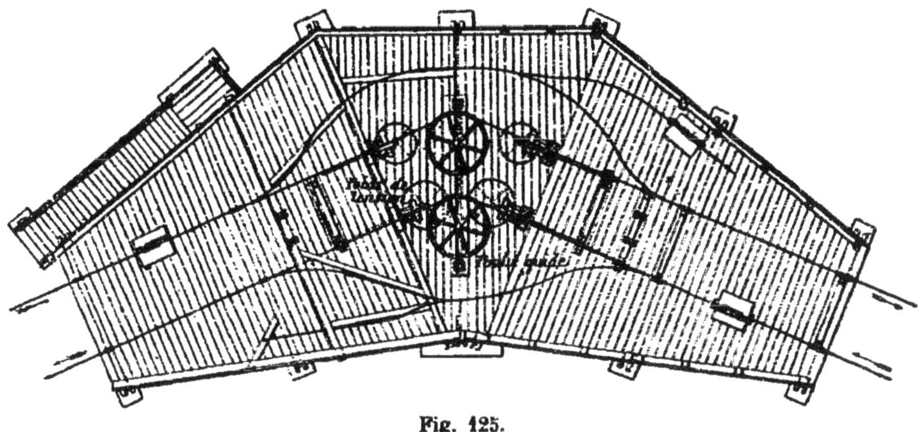

Fig. 125.

recourir à une disposition particulière, représentée par la fig. 125. Les deux brins du câble tracteur passent chacun sur une poulie de guidage qui produit l'inflexion demandée ; les bennes abandonnent le câble, et franchissent le coude par vitesse acquise, en suivant une déviation de la voie des câbles porteurs, déviation constituée par un rail coudé.

Les câbles porteurs peuvent à volonté être coupés au point de brisure, ou s'infléchir sur un guide fixe, parallèlement au câble tracteur ; la fig. 125 représente la première disposition.

Aux stations terminus, un appareil de déclenchement automatique dégage les bennes du câble tracteur ; elles s'engagent sur une voie monorail, où l'on peut les pousser et les amener aux points voulus pour le chargement ou le déchargement.

La fig. 126 représente les dispositions générales d'une station de départ et d'arrivée.

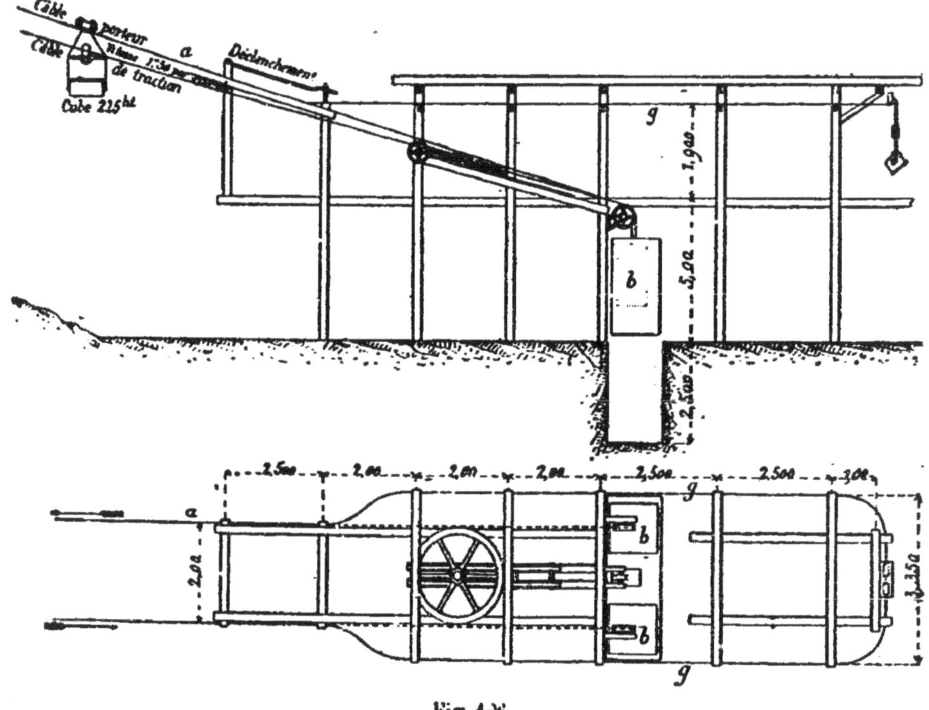

Fig. 126.

Les câbles porteurs sont maintenus au degré de tension voulu par des contrepoids *b*, *b*, placés à la station d'arrivée.

La poulie de retour du câble tracteur est le plus souvent mobile dans une glissière ; un contrepoids la sollicite de façon à donner à ce câble la tension voulue. Quelques constructeurs tendent les câbles porteurs et tracteurs par des treuils ou des vis qui sont d'une installation plus simple.

La fig. 127 représente l'élévation d'une des stations terminus du câble aérien système Otto, des mines de Göttsegen.

Le profil de la voie peut présenter des pentes et contrepentes ; le système permet d'établir des pentes très raides allant jusqu'à 45°.

Lorsque la ligne traverse une rue, une route, une voie ferrée, il faut préserver la voie publique des chutes possibles des matériaux contenus dans les bennes. A cet effet, on ménage sous le trajet de ces dernières un plancher très léger capable d'arrêter la chute de ces matériaux.

L'écartement des supports du câble est très variable ; il est commandé par les circonstances locales. Le maximum ne dépasse guère 5 à 600 m. ; la moyenne est de 50 m. La hauteur des supports, également très variable, peut aller jusqu'à 40 m.

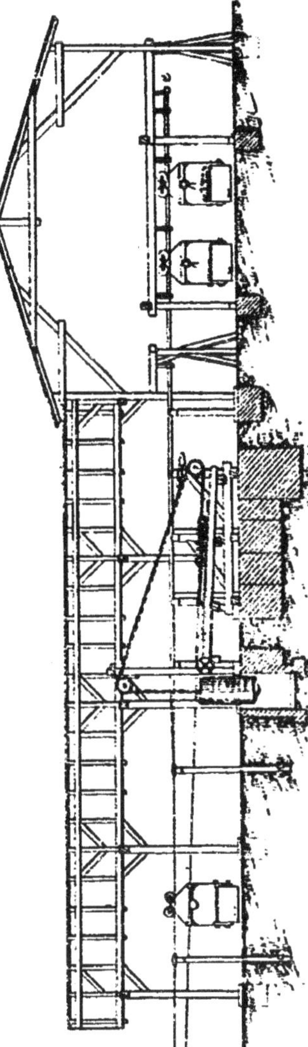

Fig. 127.

Les câbles produisent sur les supports intermédiaires des effets de renversement ou de pivotement très notables suivant que les deux câbles porteurs parallèles agissent dans le même sens, ou en sens inverse. La fig. 128 indique l'un et l'autre cas. Ces efforts se produisent lorsque les tensions des câbles varient sous l'action des changements de température, ou des efforts qui s'y développent.

Ces efforts de renversement et de torsion fatiguent les supports, et d'autant plus qu'ils sont plus élevés ; aussi a-t-on cherché de nombreuses dispositions pour remédier à ces effets.

On a d'abord tenté de faire passer le câble sur un coussinet invariablement fixé au bras horizontal du pylone comme l'indique la fig. 129 ; mais le graissage étant pratiquement impossible, le câble finit par adhérer fortement au coussinet et en devient solidaire, de sorte que le dispositif ne sert plus à rien.

On a ensuite fait reposer le câble sur un galet fixé à la traverse. Dans ce cas, le mouvement du câble détermine bien la rotation du galet, mais la surface

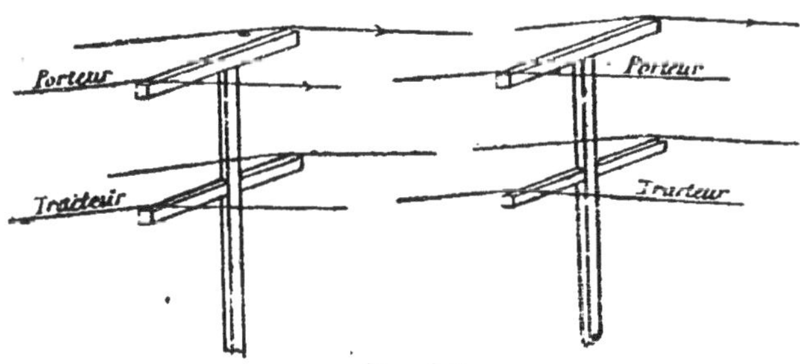

Fig. 128.

d'appui du câble sur la gorge du galet est si faible que l'usure en ce point est considérable.

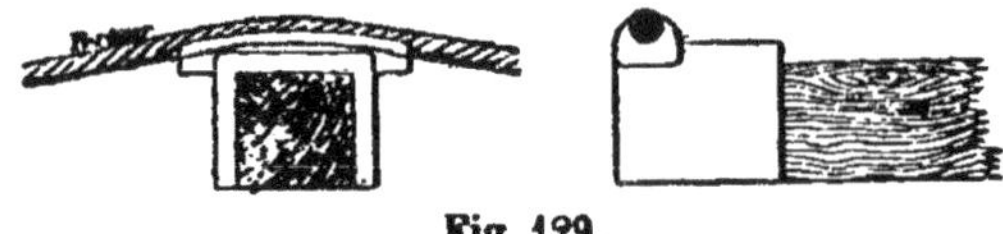

Fig. 129.

La fig. 130 indique cette solution.

On a songé alors à la disposition représentée par la fig. 131. Le câble porte au droit de la traverse sur un chariot muni de deux

Fig. 130.

galets, pouvant se mouvoir sur un chemin de roulement en fonte.

Le câble n'est pas usé et le chariot roule convenablement ; seulement au bout de quelque temps de service le chariot finit par se buter à fond de course et reste immobile.

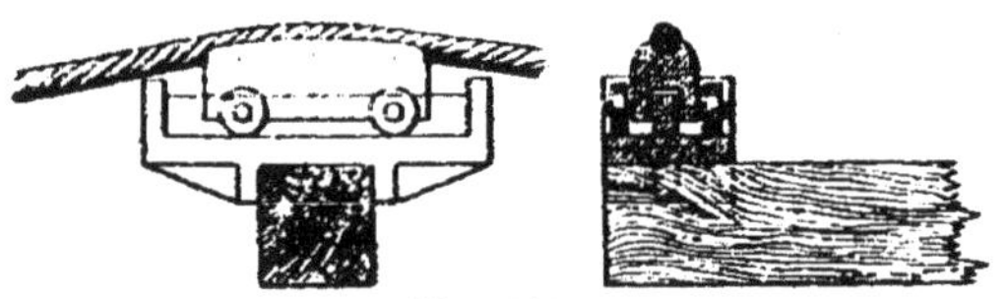

Fig. 131.

Pour éviter ces inconvénients, la maison Beer a adopté la solution suivante : Le câble est supporté par l'intermédiaire d'un balancier pouvant pivoter autour de l'extrémité de la traverse horizontale, comme le montrent les fig. 132 et 133. Le balancier porte en outre un ergot glissant sur une guide, pour limiter les oscillations latérales qui se produiraient par les grands vents.

Lorsque le câble tend à s'allonger ou à se raccourcir, il peut se mouvoir librement en entraînant avec lui le balancier qui pivote autour du point d'articulation.

Une autre solution a été adoptée par la maison Tecto, Pichat et Moret : c'est celle des supports oscillants. Le pylone repose à sa base sur une articulation, de sorte que le câble peut entraîner dans son mouvement le sommet du pylone. Ce dernier décrit alors un arc de cercle autour de sa base, et le pylone tout entier s'écarte légèrement de la verticale.

On évite ainsi tout effet de renversement ; mais il se produit encore

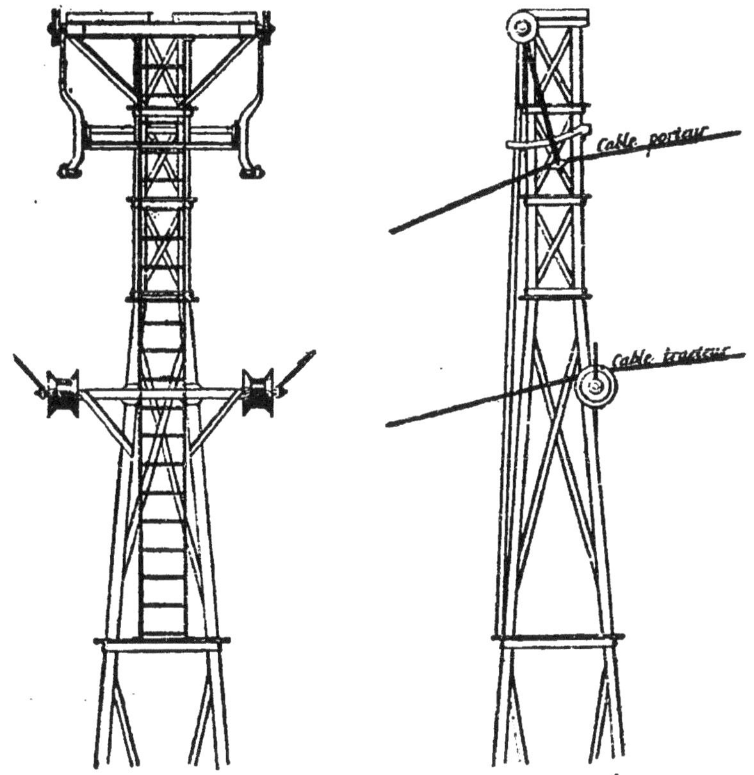

Fig. 133.

dans certains cas une tendance à la torsion, et il faut armer convenablement les pylones pour les empêcher de se voiler.

Le câble repose sur le sommet du pylone par l'intermédiaire d'une sorte de mors en acier trempé, qui peut osciller autour d'un point fixe placé au centre du pylone.

Les pylones de grande hauteur se font toujours en fer ; on ménage une échelle pour permettre de visiter la portée des câbles et de graisser.

Les supports intermédiaires servent à soutenir aussi le câble tracteur, qui porte sur des galets larges et munis de rebords. En outre, des tiges servent à limiter les oscillations du câble en cas de vents violents.

108. Bennes et appareils d'embrayage. — Les bennes sont constituées par des caisses en tôle pouvant osciller autour d'un axe horizontal ; cet axe est placé au-dessus du centre de gravité.

Ces caisses sont portées par des tiges de suspension, qui viennent s'attacher sur un petit chariot muni de deux galets, pouvant rouler sur le câble porteur comme l'indique la fig. 120. Ces galets sont à gorge profonde, pour bien emboîter la forme du câble. Un dispositif permet de graisser les axes des galets ; afin de déterminer le frottement et d'éviter les grippements

On remarquera que le centre de gravité de la benne doit se trouver dans l'axe du câble porteur, pour que l'équilibre soit assuré On y parvient en recourbant la tige de suspension. Ces tiges de suspension sont au nombre de deux ; elles sont réunies par une traverse horizontale sur laquelle l'appareil d'embrayage A est installé.

La forme et la capacité des caisses varient suivant la nature des matériaux à transporter, leur densité, etc. etc

En général leur capacité est de 2 à 300 litres, et elles portent de 350 à 400 kil.

Nous allons examiner maintenant les appareils permettant de rendre les bennes solidaires ou indépendantes du câble tracteur.

On distingue deux classes principales d'appareils d'embrayage ou d'accouplement, suivant que les bennes sont indépendantes ou que leur distance sur le câble est fixée à l'avance par des bagues ou boutons cloués sur le câble tracteur.

Dans ce dernier cas, l'appareil d'embrayage laisse échapper ou retient à volonté ces boutons *ou nœuds d'entrainement* ; on a alors l'appareil d'embrayage à griffes

Dans l'autre cas, la surface du câble étant lisse, l'appareil agit en l'enserrant entre des mâchoires ; on a alors l'appareil d'embrayage à friction.

Décrivons les *appareils à entrainement* appliqués notamment par les maisons Otto Pöhlig, et Beer. Les fig. 134 et 135 représentent un bouton de traction, du système Beer. Ces boutons sont en deux pièces, et s'assemblent à queue d'aronde, ce qui permet de les mettre en place à un endroit quelconque sans couper le câble.

Fig. 134-135.

L'espacement de ces nœuds d'entraînement varie suivant le cas de 50 à 100 m.

M. Otto et Bleichert, et divers constructeurs après eux, ont imaginé un grand nombre d'appareils d'embrayage. La fig 136 représente l'embrayage à fourchettes de M. Bleichert.

Les deux griffes sont pressées par des ressorts antagonistes ; si l'on vient à appuyer sur le bouton *a*, l'étrier *e* s'abaisse en entraînant avec lui la dent *d* hors de la cavité où elle est logée. L'ensemble du système peut alors basculer autour de ce pivot et le nœud d'entraînement peut s'échapper. Le bouton *d* s'abaisse en venant choquer contre un plan fixe placé en un point déterminé du trajet. La maison Beer a modifié cette disposition.

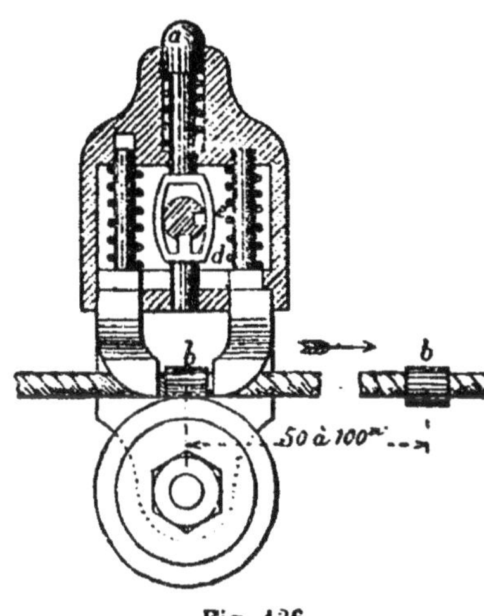

Fig. 136.

Embrayages à friction. — Presque tous les constructeurs précédemment cités ont construit des embrayages à friction.

Dans tous, le câble est saisi entre une pièce de fonte pressée par une excentrique et un galet, ou entre deux pièces de fonte. Nous ne pou-

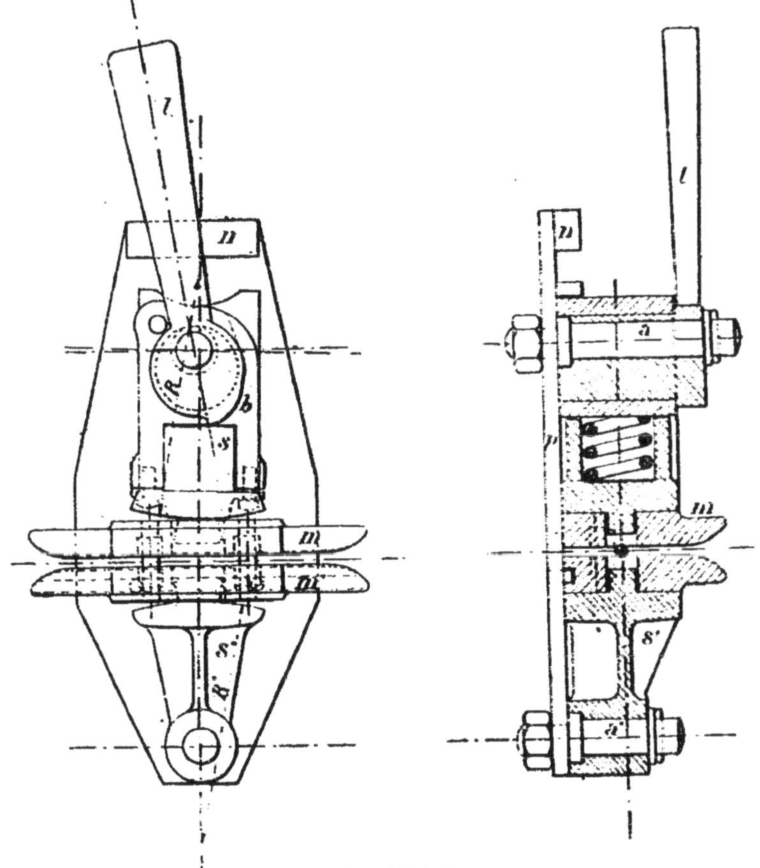

Fig. 137-138.

vons décrire ces appareils sans sortir du cadre de notre ouvrage.

Les fig. 137 et 138 montrent l'embrayage à friction de la maison A. Teste fils, Pichat et Moret de Lyon.

Le câble est pressé entre deux mors en acier trempé, *m* et *m'*, les mors peuvent osciller excentriquement autour des points d'articulation *a* et *a'*, grâce aux secteurs en fonte *s'* et *s*. Le mors inférieur *m'* n'est susceptible que d'un léger mouvement oscillant ; quant au mors supérieur, *m*, il peut s'abaisser sur le câble et le presser ou le relâcher suivant qu'il est ou non comprimé par la pièce *s* qui reçoit la pression d'une pièce excentrique *b*, laquelle fait corps avec le levier *l*. C'est ce dernier levier qui, en buttant contre un arrêt fixe, produit le déclenchement, en faisant tourner l'excentrique, et laissant libre la pièce *s* qui n'est plus alors que pressée par le ressort pour empêcher tout mouvement trop brusque.

L'originalité de cette disposition consiste en ce que, à l'inverse des autres appareils à friction, on peut employer l'embrayage sur des pentes raides : le degré de serrage augmentant avec la raideur de la déclivité. En effet, lorsque le câble présente une forte inclinaison longitudinale, l'effort de traction augmente ; les deux mors tendent à tourner en sens inverse en entraînant les secteurs *s* et *s'*. Mais ces secteurs étant montés excentriquement, les mors, sous l'influence de ce tirage, seront poussés l'un vers l'autre par ces deux secteurs, et le serrage augmentera avec ce tirage, c'est-à-dire au fur et à mesure que la déclivité sera plus raide.

Cette ingénieuse disposition a donné de bons résultats : elle a été étudiée par M. Altmann, ingénieur de la maison Teste fils, Pichat et Moret. Les appareils que nous venons de décrire sont automatiques, et agissent tant au déclenchement qu'à l'enclenchement.

109. Câbles porteurs et tracteurs. — Les détails que nous avons donnés au § IV du chapitre premier sur les câbles, nous dispenseront d'entrer dans de grands détails à ce sujet. On est plus hardi pour les câbles des porteurs que pour les câbles des funiculaires, et avec raison.

Tandis que ces derniers ne travaillent qu'au 1/8 ou au 1/10 de leur force totale, les câbles porteurs travaillent généralement au 1/4 et même au 1/3 de la charge de rupture. Ces câbles, sont faits en fils d'acier à grande résistance capables de supporter avant de se rompre, un effort de 150 kil. par mm. q. Voici à cet égard quelques exemples instructifs cités par M. Gros (1).

Le câble porteur en ter de la Porte de France travaille au $\frac{1}{2,5}$ de sa charge de rupture.

1. *Annales des Ponts et chaussées*, novembre 1887.

Le câble tracteur en acier . . . . $\frac{1}{4,5}$

Le câble porteur en acier d'Arrigas . . . . $\frac{1}{5}$

Le câble tracteur id. . . . . $\frac{1}{6}$

Le câble en acier du Teil. . . . . $\frac{1}{2,5}$

Le câble d'Alzon . . . . $\frac{1}{2}$

L'acier employé pour ces câbles résiste à 150 kil. par mm. q. mais comme nous l'avons dit à propos des funiculaires, le câblage diminue la résistance de 1/10 environ; de plus une simple épissure réduit la résistance du câble encore de 1/10.

Suivant la qualité du métal employé, on peut donc compter par section métallique du câble sur une résistence de 90 à 110 kil. par mm. q. Soit 100 kil. en moyenne. Il est bon pour les câbles porteurs d'admettre un coefficient de sécurité de 4 à 5.

Dans quelques-uns des exemples cités ci-dessus, quelques câbles subissent une fatigue trop grande. Pour le câble tracteur, le coefficient de sécurité est souvent pris égal à 3 ; cependant, il est plus exposé à se rompre que les câbles porteurs; mais il doit être aussi flexible que possible pour passer sur les poulies motrices, ce qui explique la tendance à lui donner une faible section proportionnellement à l'effort qu'il a à développer.

Les grosseurs de fils les plus employées sont les n°s 12 à 18, correspondant aux diamètres de 1 mm. 8 à 3 mm. 4.

Pour diminuer l'usure des câbles porteurs, on a cherché à fabriquer ces câbles à surface lisse.

Ces câbles, du type dit « *Excelsior* » présentant au roulement une surface unie, sont évidemment préférables pour les câbles de roulement ; malheureusement leur prix de revient est plus élevé que celui des câbles ordinaires ; l'épissure de ces câbles présente aussi quelques difficultés sérieuses.

Pour ne pas fatiguer le câble outre mesure, il est prudent de ne pas donner aux poulies motrices un diamètre moindre que 2.000 fois le diamètre du fil élémentaire, ou 100 fois celui du câble.

Quand la ligne présente une grande longueur, on doit composer les câbles de tronçons, qu'il faut réunir par un raccord. On procède généralement ainsi : chaque extrémité du câble est introduite dans un manchon conique. On a préalablement détordu les fils sur une certaine longueur, et décapé leurs extrémités. En versant de la soudure dans le manchon, on le fixe au câble. Une bague cylindrique dont les moitiés sont filetées en sens inverse, réunit les deux manchons coniques.

Pour demeurer en bon état, les câbles doivent être graissés avec une graisse dépourvue d'acide, et un peu fluide. M. Gros recommande un mélange de goudron végétal 3/4, huile de pied de bœuf 1/4. Le mélange est bien brassé à chaud et appliqué à la brosse. On doit faire tourner les câbles porteurs sur eux-mêmes d'un quart de tour de temps à autre, pour répartir l'usure uniformément.

Les câbles en fils d'acier se paient généralement à raison de 100 à 126 fr. les cent kil. à l'usine.

Nous indiquons dans le tableau ci-dessous les principales données de quelques câbles porteurs.

Tableau indiquant les données de divers câbles porteurs aériens.

INSTALLATIONS	Diamètres des câbles	Diamètres des fils	Poids au m. l.	Charge de rupture en kil.	OBSERVATIONS
Hauts Fourneaux de de Seraing					
Câbles porteurs des berlines pleines...	33	6,2	5,4	37.700	19 fils d'acier.
Id. vides....	26	5,2	3,4	23.300	Id.
Câble tracteur.......	18	1,5	1,1	15.000	6 torons de 12 fils d'acier.
Sucrerie de Laudun					Câble à surface lisse, âme métallique, 19 fils d'acier n° 17 et 24 fils d'enveloppe type excelsior.
Câble porteur princip.	21,5	3,1	2,5		
Câble tracteur.......	9,5	1,3	0,340	5.000	
Mines de Paraffine de Truskawiec					6 torons de 4 fils d'acier n° 8
Câbles porteurs des berlines pleines....	32	»	»	»	42 fils acier creuset.
Id. vides.....	24	»	»	»	Câble à surface lisse âme métallique, 19 fils d'acier n° 16, 23 fils d'enveloppe, type excelsior.
Câbles tracteur......	15	»	»	»	
Carrière Branget de Malain (Côte-d'Or).					
Câble porteur princip.	»	2,8	2,2	29.000	
Câble tracteur.......	9,5	1,3	0,340	5.000	6 torons de 4 fils d'acier n° 8
Porteurs agricoles...	8	2	0,247	2.300	Câble en fer.
Porte de France					Câble d'acier.
Câble porteur princip.	45	»	5,5	38.800	
Câble tracteur.......	18	»	1,6	12.200	
Arrigan					
Câble porteur princip.	16	»	0,85	9000	
Câble tracteur.......	6,2	»	0,175	1800	

109. Calcul des câbles porteurs et tracteurs, théorie, exemples. — Nous supposerons qu'il s'agisse d'une installation comprenant deux câbles porteurs et un câble tracteur sans fin, et nous suivrons complètement la méthode de calcul indiquée par M. Gros, Ingénieur des Ponts et Chaussées, dans un article des plus remarquables sur les câbles porteurs, inséré aux Annales des Ponts et Chaussées en novembre 1887.

Le câble porteur supporte :

Son propre poids ;

Celui des bennes ;

Une fraction du câble tracteur ; nous supposerons que le câble porteur supporte la totalité du poids du câble tracteur.

1er Cas. — Porteur à une travée. Calcul des câbles porteurs.

Soient : A'MA la courbe affectée par le porteur (fig. 139).

$2l$ la portée, $2h$ la différence de niveau entre les extrémités.

$2c$ la longueur de la corde.

f la flèche.

p_0 le poids par m. l. du câble porteur | répartis uniformément sur la
p_1 — tracteur | corde.

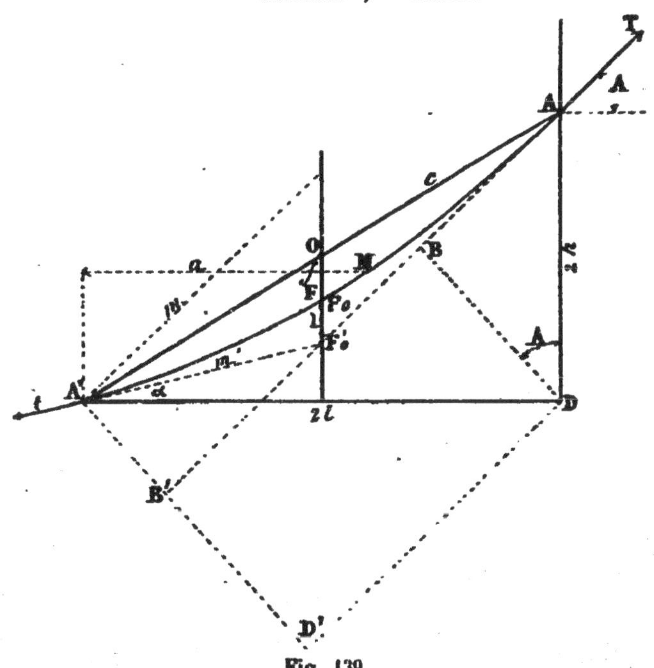

Fig. 139.

Supposons en outre qu'il n'y ait jamais qu'une seule benne à la fois dans la travée. Soient, M la position de la benne au moment considéré; t la tension du câble en M, 2π le poids de la benne et de sa charge :

$$2\,P = 2\,p_0\,c + 2\pi + p_1 c$$

En projetant les forces sur la verticale et l' horizontale, et prenant les moments par rapport à l'extrémité inférieure, on obtient les équations d'équilibre.

$$\text{(1)}\qquad \begin{aligned} T \cos A &= t \cos \alpha \\ t \sin A &= t \sin \alpha + 2\,P \end{aligned}$$

Soit a l'abscisse du point M on a :

$$\text{(2)}\qquad 2p_0\,cl + (2\pi + p_1 c)\,a = T\,(2l \sin A - 2h \cos A)$$

d'où l'on déduit :

$$\text{(3)}\qquad \begin{aligned} T &= \frac{p_0 cl + \left(\pi + \frac{1}{2}\,p_1 c\right) a}{l \sin A - h \cos A} \\ t^2 &= T^2 + 2P\,(2P - 2T \sin \alpha). \end{aligned}$$

Le maximum de la tension a lieu quand $a = 2l$, c'est-à-dire au point le plus élevé du câble ; car en ce point, a est maximum, et l'inclinaison A du câble prend sa valeur maxima A_0. A ce moment, la tension est donnée par la formule

$$\text{(4)}\qquad To = \frac{l\,(p_0 c + 2\pi + p_1 c)}{l \sin A_0 - h \cos A_0}$$

En réglant la tension du câble au point le plus haut, de façon à ce l'inclinaison du câble n'y soit pas inférieure à Ao, on sera sûr que la tension T_0 ne sera dépassée en aucun point du câble.

En pratique, l'évaluation de T_0 en fonction de l'angle A_0 serait mal commode ; il est plus facile de se donner à *priori* la flèche du câble que l'on prend le plus souvent égale à environ $\frac{1}{20}$ de la portée. En transformant la formule précédente et admettant quelques faits vraisemblables, M. Gros arrive à la formule empirique suivante.

$$\text{(5)}\qquad T_0 = 1{,}20\,\frac{P}{2f} \times m \text{ dans laquelle } m = \sqrt{l^2 + (h + 2f)^2}$$

Cette formule est d'un emploi commode ; car l et h résultent immédiatement des données, et $2f$ se fixe *à priori*. Les résultats donnés par cette formule ont été vérifiés dans un certain nombre de cas.

Il est juste d'ajouter qu'il faut aussi, pour calculer P, se donner *à priori* le poids du câble par mètre courant, et par suite sa section métallique.

Mais en se reportant à des exemples connus, les tâtonnements ne sont pas longs.

Le tableau du n° 109 servira de guide, ainsi que les tableaux donnés par M. Gros, que nous reproduisons aux annexes, donnant les poids et dimensions des fils de fer et d'acier des divers numéros, ainsi que les coefficients donnant le diamètre des câbles en fonction de celui des fils. (Annexe n° 4).

Calcul du câble tracteur.

On supposera avec M. Gros que le câble tracteur affecte la même forme que le câble porteur, la tension sera ainsi exagérée, puisque le câble tracteur étant soutenu par la benne sera moins tendu que le porteur.

Il y aura en outre à ajouter à cette tension calculée comme s'il était libre, la composante tangentielle du poids de la charge sur le câble.

On obtiendrait ainsi, pour la tension maxima T_1 du câble tracteur la formule :

$$T_1 = \frac{p_1 c}{2f} m + 2\pi \frac{h + 2f}{m}$$

M. Gros fait remarquer que la formule :

$$T = \frac{pc + \pi}{2f} m$$

peut servir soit pour le câble porteur, soit pour le câble tracteur, à la condition de remplacer π par $\pi + \frac{1}{2} p_1 c$ et de majorer le résultat de 20 0/0 s'il s'agit d'un câble porteur, et s'il s'agit d'un câble tracteur de remplacer le terme :

$$\frac{\pi m}{2f} \text{ par } 2\pi \frac{h + 2f}{m}.$$

Si au lieu d'une seule benne engagée dans la travée il y en a plusieurs, trois par exemple : ces bennes se suivent ordinairement à intervalles réguliers ; la position de l'une étant définie par son abscisse a, celle des autres en résulte immédiatement.

Soient donc $a > a' > a''$ les abscisses des trois bennes à un moment considéré, l'équation (2) deviendra, en supposant le même poids aux trois bennes.

$$2 p_0 cl + (a + a' + a'') 2\pi + p_1 ca = T (2l \sin A - 2h \cos A)$$

En supposant le poids du câble tracteur concentré sur la benne d'abaisse a

On en déduit :

$$T = \frac{p_0 cl + (a + a' + a'') 2\pi + \frac{1}{2} p_1 ca}{l \sin A - h \cos A}$$

On voit, par suite, que T atteindra son maximum quand la benne extrême arrivera au point le plus élevé du câble, et l'on aura :

$$T_0 = \frac{l(p_0 c + 2\pi + p_1 c) + 2\pi(a' + a'')}{l \sin A_0 - h \cos A_0}.$$

Si l'on pose

$$2\pi (l + a' + a'') = 2\pi_1 l$$

L'expression prend la forme indiquée pour le cas d'une benne unique et l'on pourra employer la seconde formule.

$$T = 1,20 \frac{P}{2f} m,$$

à la condition d'y remplacer P par la valeur

$$P = \frac{1}{2} \left[2 \ p_0 c + 2 \ \pi_1 + p_1 c \right]$$

c'est-a-dire que le cas de plusieurs bennes se ramène au cas d'une seule benne, à la seule condition de remplacer le poids des trois bennes par un poids unique appliqué au milieu de la travée, et donnant par rapport à l'extrémité inférieure du câble un moment égal à la somme des moments des trois bennes.

Quant au câble tracteur, on le calculera comme ci-dessus, et l'on supposera pour l'évaluation de la composante tangentielle du poids mobile, que le poids des trois bennes est concentré sur la benne la plus élevée. On évaluera ainsi la tension d'une façon exagérée ; mais l'inconvénient ne sera pas très grave généralement ; à moins que le nombre des bennes engagées dans la travée ne soit considérable, et dans ce dernier cas on peut procéder comme il suit :

Soit n le nombre de bennes passant par heure dans la travée, v leur vitesse par seconde.

Le travail à développer pour les élever à la hauteur $2h$ sera $2h \times 2\pi \times n$ en une heure ; et en une seconde

$$\frac{2h \times 2\pi \times n}{3,600} \text{ kgmt.}$$

représentant une force

$$\frac{2h \times 2\pi \times n}{3600 \times v} \text{ kgmt.}$$

qui sera supportée par le câble de traction en sus de la fatigue due au poids propre du câble tracteur.

2° *Cas de plusieurs travées*

On sait, que dans un câble suspendu, la composante horizontale de la tension est constante dans toute l'étendue de la travée. Si donc on considère un câble porteur à plusieurs travées, il faut qu'au droit des supports ces composantes horizontales se fassent équilibre deux à deux, pour la stabilité des supports ; par suite la composante horizontale devra être la même d'un bout à l'autre du câble.

Il en résulte que le réglage d'une travée entraîne celle des autres et qu'il suffira de considérer la travée dans laquelle l'expression de la tension T sera maxima.

Cet équilibre ne peut exister évidemment que lorsque les câbles ne sont pas en charge; c'est-à-dire *sans* les charges roulantes. En résumé, on procédera comme dans le cas d'une travée, en recherchant pour quelle travée l'expression de T_0 est maxima. Le câble ainsi calculé aura évidemment un excès de résistance dans les autres travées.

Nous allons éclaircir ces explications par des exemples.

Exemples de calculs de câbles porteurs aériens.

Le calcul des câbles ne peut se faire que par tâtonnements. Pour un cas déterminé, on se donne le poids des câbles *à priori*, la charge à supporter est connue ; on calcule la tension maxima, et l'on vérifie que cette tension n'excède pas la limite admissible pour le câble considéré.

Pour la commodité des calculs nous transformons légèrement la formule de M. Gros.

$$T_0 = \frac{P \times l}{l \operatorname{Sin} A_0 - h \cos A_0}$$

Cette expression peut s'écrire :

$$T_0 = \frac{P}{\sin A_0 - \frac{h}{l} \cos A_0}$$

posons :

$$\frac{h}{l} = tg\ \varphi$$

on aura

$$T_0 = \frac{P}{\sin A_0 - \frac{h}{l}\frac{\sin \varphi}{\cos \varphi}} = \frac{P \cos \varphi}{\sin (A_0 - \varphi)}$$

d'où l'on déduit :

$$\frac{\operatorname{Sin} (Ao - \varphi)}{\cos \varphi} = \frac{P}{T_0}$$

on sait que :

$$2P = p_0 c + 2\pi + p_1 c$$

On se donne *à priori* p_0 et l'on admettra ici que $p_1 = \frac{1}{5} p_0$ comme première approximation.

Du poids par mètre courant on peut déduire la section du câble.

En effet, le poids en grammes d'un mètre de fil ayant une section de ω millimètres carrés, est $\omega \times 7{,}8$ et le poids d'un fil enroulé par mètre courant de câble est $1{,}1 \times \omega \times 7{,}8$; la section du câble en millimètres carrés sera donc si p_0 est en kilogrammes :

$$\frac{p_0}{1000 \times 8,5} = \frac{p_0}{0,0085}$$

Prenons comme exemple le câble porteur des bennes pleines de l'installation la Porte de France

$$2\,h = 475 \text{ m.} \qquad 2\,c = \sqrt{475^2 + 350^2} = 590$$

$$2\,h = 350 \text{ m.}$$

$$f = 34, \text{m. } 5$$

$$2\,\pi = 1200 \text{ kil.}$$

$$tg\,\varphi = \frac{350}{475} \quad \varphi = 87^\circ\ 9'\ 30'' \ \cos\varphi = 0,7968$$

Donnons-nous $p = 5$ kil.,5 et prenons $p_1 = 0$ kil.,55. Nous prenons à dessein $p_1 = \frac{1}{10}p$ au lieu de prendre $\frac{1}{5}$ comme il le faudrait, pour montrer que l'erreur commise en se trompant de moitié sur le poids du câble tracteur n'a pas une grande influence sur le résultat final.

On aura

$$2\,P = 5,5 \times 590 + 1200 + 0,55 \times 590 = 4.780$$

$$2\,P = 4780 \text{ kil.}$$

$$P = 2390 \text{ kil.}$$

Le poids du câble 5 kil. 5 au m. l. correspond à une section de

$$\frac{5,5}{0,0085} = 647 \text{ m m. q.}$$

S'il s'agit d'un câble en fer, on peut admettre une résistance à la rupture de 60 kil. par m m. q., soit pour le câble $647 \times 60 = 38.820$ kil. Admettons que ce câble travaille au $\frac{1}{2,5}$ de sa résistance, la plus grande valeur de T_0 ne devra pas excéder

$$\frac{1}{2,5} \times 38820 = 15.528 \text{ kil.}$$

donc

$$\frac{P}{To} = \frac{2390}{15528} = 0,1539$$

$$\text{d'où } \sin(A_0 - \varphi) = \cos\varphi \times 0,1539 = 0,7968 \times 0.1539 = 0,122707$$

$$\text{et } A_0 - \varphi = 7^\circ\ 2' \text{ et } A_0 = 44^\circ\ 11'\ 30'' \text{ valeur admissible}$$

Autre méthode

On peut aussi calculer directement T_0 par la formule empirique

$$T_0 = 1,20 \frac{2f}{P} m.$$

$$m\sqrt{\overline{l^2 + (h + 2f)}^2} = \sqrt{562,69 + 59536} = \sqrt{115.705} = 340$$

$$T_0 = 1,2 \times \frac{2390}{69} \times 340 = 14.300 \text{ kil.}$$

dans ce cas

$$\frac{P}{T_0} = \frac{2390}{14,300} = 0,16713$$

$$\text{et} \sin (A_0 - \varphi) = 0,7968 \times 0,167 = 0,133065$$

$$A_0 = 7_0\,39'$$
$$A_0 = 44_0\,48'$$

On voit que la différence accusée par les deux méthodes pour les valeurs de T_0, a peu d'influence sur la valeur de A_0.

On pourra donc employer la seconde formule, qui est plus rapide.

Remarque. — Nous avons supposé pour p_1 une quantité trop faible, car p_1 n'est pas égal au $\frac{1}{10}$ de p_0 mais au $\frac{1}{5}$

En introduisant dans la formule empirique le poids réel de p_1 on trouve $T_0 =$ 15,160
au lieu de 14,300

On voit que l'erreur *de moitié* commise dans le poids du câble tracteur n'a affecté la valeur de T_0 que dans une assez faible proportion ; environ du $\frac{1}{20}$ de sa valeur.

On supposera donc en général que le câble tracteur pèse le $\frac{1}{5}$ du câble porteur, et l'on obtiendra ordinairement un résultat très suffisamment exact.

Le calcul direct du câble tracteur permettra de vérifier ensuite l'exactitude de l'hypothèse.

La tension est donnée par la formule

$$T_1 = \frac{p_1 c}{2f} m + 2\pi \frac{h + 2f}{m}$$

A la porte de France $p_1 = 1$ kil. 16 donc la tension du câble tracteur est

$$T = \frac{1,16 \times 245}{69} \times 340 + 1200 \times \frac{244}{340} = 2,650 \text{ kil.}$$

La section de ce câble en acier est de

$$\frac{1,16}{0,0085} = 136 \text{ m m. q.}$$

Le travail par m m. q. est donc de

$$\frac{2750}{136} = 20 \text{ kil.}$$

L'acier employé résistant une fois en œuvre à 90 kil. par m m. q. on voit que le câble tracteur travaillera aux $\frac{1}{4,5}$ de sa charge de rupture.

Système monocâble. — Dans ce système, le câble porteur est sans fin et continuellement en mouvement ; les bennes sont attachées à intervalles égaux sur ce câble.

Le mouvement étant uniforme, le calcul se ramène à un cas d'équilibre statique, et M. Gros a établi directement pour ce cas la formule

$$T_0 = \frac{P}{2f} m$$

ici $2P = 2pc + 2\pi$, 2π étant le poids des bennes
et

$$tg\,A = \frac{h+2f}{l}$$

Ces formules supposent que le câble affecte une courbe parabolique, hypothèse admissible ; l'erreur est négligeable, et en tout cas elle conduirait à évaluer les tensions en les exagérant (1).

On trouvera également dans la note de M. Gros des considérations fort intéressantes sur les conditions d'équilibre d'un système monacâble.

§3. — DÉPENSES D'ÉTABLISSEMENT ET D'EXPLOITATION. CONSIDÉRATIONS DIVERSES.

111. Dépenses de premier établissement des câbles porteurs aériens. — Ces dépenses varient dans des proportions considérables, suivant les circonstances particulières et le système adopté. Voici les prix indiqués par la maison Bleichert pour l'établissement de câbles porteurs de son système.

Ces prix indiqués, en francs au mètre linéaire, comprennent la valeur du matériel métallique, tel que bennes, câbles porteurs et tracteurs etc... ; il ne comprennent pas au contraire les supports, les frais de mise en place, les voies accessoires qui seraient nécessaires aux stations, ainsi que le moteur (2).

(1) Gros. *Annales des ponts et Chaussées* novembre 1887, page 617.
(2) Heusinger Von Waldegg, 5e Partie, page 569.

Trafic journalier en tonnes	Longueur de la ligne en mètres				
	250	500	1000	2000	3000
50 T	20 fr. 60	16 fr.	13 fr. 50	12 fr. 25	12 fr.
100 T	22	16,15	15	14, 05	13,75

Les dépenses relatives aux supports sont évaluées, pour un terrain plat, de 1 fr. à 2 fr.50 par mètre courant suivant la longueur de la ligne; et les frais de mise en place de 0,60 à 1,25 par mètre. Ces prix paraissent faibles en général. Voici les dépenses d'établissement effectives de quelques lignes.

Désignation des lignes	Longueur	Trafic journalier	Dépenses de Premier Etablissement	Système adopté
Saint-Imier..........	2700 m.	40 T	30.000 fr.	Monocâble automoteur.
Landeron.............	1760	50	49.000	Câbles porteurs avec
Bourg Saint-Maurice.	2100	15	56.000	tracteur.
Hauts Fourneaux de Vadjna-Hyniad....	31.000		1.178.000	Id.
Porte de France.....	475	100	25.000	Id. automoteur, non compris les indemnités de terrain.

Les câbles ordinaires valent environ 1 fr. 20 le kilogramme à l'usine; pour les câbles à surface lisse, du type excelsior, il faut compter 1,50.

Les bennes valent environ 1 fr. 30 le kilogramme. Les fers pour les supports intermédiaires, et les stations de départ et d'arrivée, environ 0 fr. 80 compris les poulies. Ces prix sont des prix moyens, sujets naturellement à des variations suivant les constructeurs et les cours.

112. Frais d'exploitation. — Ces frais comprennent :

Le personnel, les matières consommées, charbon, etc.; l'entretien et le remplacement du matériel, tel que câbles, bennes, machines, etc., intérêt et amortissement des capitaux engagés.

Les dépenses d'exploitation ramenées à la tonne kilométrique, diminuent rapidement avec l'importance du tonnage.

Voici quelques exemples indiqués par la maison Bleichert.

Frais d'exploitation par tonne-kilomètre.

Trafic journalier	Longueur de la ligne		
	500 m.	1000 m.	3000 m.
50 tonnes	0 fr. 66	0 fr. 47	0 fr. 33
100 tonnes	0,45	0,36	0,26
200 tonnes	0,24	0,17	0,15

Les chiffres indiqués au tableau comprennent tous les frais d'exploitation, amortissement et intérêt des capitaux, excepté les dépenses afférentes au chargement des bennes, dépenses essentiellement variables d'un cas à l'autre, et fort importantes; elles augmentent les prix ci-dessus de 0 fr. 15 à 0 fr. 30 par tonne.

Pour l'installation de la Porte de France: trafic journalier 100 tonnes, longueur 475 m., M. Gros indique comme frais d'exploitation 0 fr. 26 par tonne, soit 0 fr 42 par tonne-kilomètre; c'est à peu près le chiffre indiqué par la maison Bleichert dans le tableau ci-dessus.

Voici les frais annuels d'exploitation de la ligne à câble de l'usine à gaz de Hanovre, d'une longueur de 575 m.

par jour	17 hommes à 3 fr. 15. .	53 fr. 55
	1 charpentier à 4 fr. 35. .	4 35
	Charbon pour le moteur. .	8 00
	Huile, chiffons, etc	0 50
	Ensemble	66 fr. 40

soit en 300 jours. 19.920 fr.

Intérêt et amortissement, 15 0/0 du capital de premier établissement soit 15 0/0 de 89.565 fr. . . . . 13.566 fr.

Total des frais annuels. 33.486 fr.

Pour un trafic moyen de 135 tonnes par jour.

la dépense serait de $\frac{33.486}{135 \times 300} = 0$ fr. 83 par tonne.

Pour le monocâble automoteur de Saint-Imier, installé dans l'Isère, nous évaluons les dépenses ainsi qu'il suit :

Longueur de la ligne 2.700 m.

Trafic journalier 40 T.

Nombre de bennes en service 110, portant 50 kil. chacune et pesant à vide 15 à 20 kil.

Durée du câble 12.000 T.

Dépenses de premier établissement 30.000. fr.

Frais annuels d'exploitation.

Chargement et déchargement des bennes, 3 hommes à 3 fr.		9 f.
Entretien et surveillance de la ligne, 1 homme à 3 fr.		3
Par jour		12 f.
Soit par an. . . . . . . 300×12	3600 f.	
Remplacement d'un câble 5600 kil. à 1.25	7000	
Entretien de bennes, menues réparations, graissage du câble.	1000	
Intérêt du capital 12 0/0 de 30.000	3600	
	15.200	
Frais généraux et divers.	800	
	1.6000 f.	

Soit 1 fr. 33 par tonne, ou 0 fr. 50 par tonne-kilomètre. Après la période d'amortissement, supposée ici de 10 ans, le prix s'abaisserait à 1 fr. 03 par tonne, ou 0 fr. 34 par tonne-kilométrique.

A la sucrerie de Laudun, pour un trafic journalier de 50 à 60 tonnes, et une longueur de 1700 m., le prix de la tonne kilométrique est évalué à 0 f.50 pendant la période d'amortissement, à 0 fr. 35 au delà.

Ces prix sont relatifs à des cas favorables ; mais dans beaucoup d'autres circonstances les prix s'élèvent notablement.

Dans les installations provisoires faites à Alzon pour transporter d'un côté à l'autre d'une vallée des moellons destinés aux maçonneries d'un chemin de fer, les données étaient les suivantes.

Longueur à franchir 706 ; différence de niveau 144 m. 62 ; tonnage journalier, 130 tonnes ; prix par tonne 1 fr. 50, soit plus de 2 fr. par tonne-kilomètre. Cependant, on a pu réaliser une économie de moitié sur les transports par essieux. Heusinger Von Waldeg cite une installation de 1560 m. de long, faite aux forges d'Heinrich, où le transport du minerai de fer par câbles aériens revient à 0 fr. 54 par tonne.

Voici quelques prix de revient indiqués par M. Gros.

Indications des lignes	Longueur	Prix du transport		Tonnage journalier
		par tonne	par tonne kilomètre	
Porte de France.....	475 m.	0 fr. 26	0 fr. 55	100 T
Le Teil.............	475	0,20	0,46	70
Usines Vicat........	675	0,22	0, f. 31	70
Alzon..............	706	1,50	2,15	130

En résumé, dans les conditions ordinaires, pour le trafic de 50 à 60 tonnes par jour, une longueur de ligne de 1 à 3 kilomètres, il est prudent d'évaluer au moins à 0 fr. 50 le prix de revient de la tonne kilométrique pendant la période d'amortissement, et à 0 fr. 35 au delà.

113. Comparaison entre les divers systèmes de lignes à câbles. — Deux systèmes de transport par câble sont en présence. Les câbles porteurs avec câble tracteur sans fin, et le monocâble, servant à la fois de porteur et de tracteur.

Le premier de ces systèmes, câbles porteurs avec tracteur est le type des installations destinées à desservir un trafic important.

Il permet en général plus de division dans le travail des câbles; les porteurs servant seulement à supporter les charges, et le tracteur à les mettre en mouvement. Cet avantage est très sérieux quand il s'agit d'une ligne à pente très raide, où l'effort de traction prend une valeur notable.

L'exploitation proprement dite est plus économique qu'avec le système monocâble. En effet, les câbles porteurs s'usent relativement peu ; c'est surtout le câble tracteur qui est à remplacer assez fréquemment, à cause de son enroulement sur les poulies motrices. De plus, le câble tracteur a un petit diamètre, tandis qu'un câble à la fois porteur et tracteur a forcément un diamètre assez fort ; il s'usera donc davantage par l'incurvation sur les poulies motrices.

Enfin, le monocâble exige un plus grand nombre de bennes.

Par contre, le monocâble est sensiblement plus économique comme dépenses de premier établissement ; le poids du câble est évidemment moindre, à cause de la suppression du tracteur et surtout de la plus grande division des charges, réparties sur un grand nombre de bennes ; de plus, comme il n'y a pas d'installations spéciales pour trois câbles, les dispositifs employés aux stations terminus et pour les supports sont évidemment plus simples.

Lorsque le système est automoteur, les câbles porteurs doivent être assez fortement tendus, pour que le point bas ne soit pas à un niveau trop inférieur à celui de la station d'arrivée. M. Gros fait remarquer que dans ce cas, il arrive que les bennes s'arrêtent quelquefois avant la fin de leur course. Avec un seul câble porteur et tracteur, le fonctionnement sera satisfaisant, surtout avec une grande flèche du câble.

On trouvera aux annexes un tableau extrait du travail de M. Gros, indiquant les donnés comparatives de quelques lignes à câble de divers systèmes (Annexes n°s 4 et 5).

Nous citerons, pour fixer les idées, l'exemple suivant pour lequel nous avons eu recours à l'obligeance de M. Altmann, Ingénieur de la maison Teste fils, Pichat et Moret de Lyon.

Il s'agissait d'un projet de câble porteur destiné à desservir une houillère dans les conditions suivantes :

Longueur de la ligne, 3.100 m.

Tonnage journalier, 40 à 50 tonnes.

La différence de niveau entre les deux stations extrêmes était de 40 m. La station supérieure se trouvait à la mine : peu après le départ, les câbles descendaient dans un ravin placé au niveau du point d'arrivée, et à 3000 m. de l'origine. Un point haut, situé à 1400 m. de ce point bas et à 50 m. au-dessus, était à gravir ensuite ; puis on redescendait vers la station inférieure.

Le système n'aurait pu être automoteur, malgré la descente à charge, à cause des brisures du profil.

Dans ces conditions, M. Altmann évaluait la valeur du matériel nécessaire, sur wagon, à Lyon, à 60.000 fr., avec câbles porteurs et tracteur distincts, et à 30.000 environ en employant le monocâble ; soit une économie de 50 0/0 dans le second cas.

Au point de vue des frais d'exploitation, au contraire, les prévisions étaient que ces frais eussent été sensiblement les mêmes dans les deux cas pendant la durée de la période d'intérêt et d'amortissement ; mais qu'au delà de cette période, les frais d'exploitation du système monocâble eussent atteint le double de ceux du système par câbles porteurs et tracteur distincts.

Cette différence tient, comme nous l'avons dit, à ce que le câble mobile s'use rapidement, tandis que les câbles simplement porteurs peuvent résister longtemps.

114. Considérations économiques sur les lignes à câble. — On voit que, pour un trafic inférieur à 100 tonnes par jour, le prix de transport par câble en pays plat ou peu accidenté ne peut pas lutter à *distance égale* avec les transports par essieux, que l'on peut effectuer pour un transport constant et régulier à raison de 0 fr. 30 à 0 fr. 35 par tonne et par kilomètre.

Mais si l'on manque de routes, et si l'emploi d'un câble permet par exemple un raccourci de moitié, on peut alors réaliser une économie de 0 fr. 15 par tonne, représentant, pour un tonnage annuel de 15.000 tonnes, plus de 2.000 fr. d'économie.

Au-dessous d'un tonnage annuel de 15.000 tonnes, le câble perd vite ses avantages en terrain plat, et il faudrait que les routes fussent bien détournées pour en justifier l'emploi dans ces conditions de tonnage. En pays accidenté; au contraire, le câble aérien a tout l'avantage ; son établissement est peu coûteux comparé à celui des routes de terre ; l'exploitation est économique, car on bénéficie de la force des bennes descendant à vide, et l'on remonte seulement le poids réellement utile. Souvent le plan est automoteur, et dans ce cas, son exploitation est encore plus simple et plus économique.

Enfin, dans les pays montagneux, les terrains sont souvent sans valeur, et incultes ; il est alors facile d'obtenir à peu de frais l'autorisation de faire passer les câbles au-dessus de ces terres incultes, généralement fort peu divisées. Dans les pays de plaine, au contraire, où la terre est fertile et bien cultivée, la propriété est des plus morcelées, la ligne aérienne doit traverser une quantité de petites pièces de terre, et l'entente avec un grand nombre de propriétaires est toujours très difficile et quelquefois impossible.

En résumé, les lignes aériennes à câble se sont peu répandues encore en France, il semble que l'on ait été un peu timoré à cet égard.

Nous pensons que les transports par câble sont destinés à prendre plus d'extension dans l'avenir. Dans un grand nombre de cas, des embranchements industriels peuvent être remplacés très avantageusement par des câbles porteurs, qui relieraient suffisamment une usine importante à la station du chemin de fer qui la dessert.

Dans nos régions montagneuses, des mines, des carrières restent souvent inexploitées, ou sont arrêtées dans leur développement par le manque de moyens de transport : En rendant ces transports faciles et économiques les câbles aériens peuvent permettre d'exploiter avec succès des gisements jusque-là improductifs.

ANNEXES

ANNEXE N° 1

Extraits des règlements de la ligne d'Highgate-Hill

1. Les voitures de la ligne répondront aux conditions suivantes : chaque véhicule sera muni : 1° d'un frein à sabot, agissant sur chacune des roues, et manœuvré soit par un volant à main, soit par une pédale ; 2° d'un frein à patin, mû par le conducteur.

2. La machine motrice sera munie d'un régulateur, soustrait à l'action du mécanicien, disposé de façon à fermer l'arrivée de vapeur toutes les fois que la machine tendrait à imprimer au câble une vitesse supérieure à 9 kil. 6 à l'heure.

3. Chaque voiture sera numérotée, et le numéro sera placé bien en vue.

4. Chaque véhicule sera pourvu d'un chasse-pierres, afin de rejeter les obstacles qui pourraient se présenter sur la voie.

5. Les dummys et voitures motrices, seront pourvus d'une cloche d'avertissement.

6. La vue du conducteur sera dégagée aussi complètement que possible.

7. Chaque voiture mise en circulation sera construite de façon à assurer la sécurité des voyageurs montant et descendant. L'appareil de manœuvre sera disposé de façon à ne pouvoir blesser les voyageurs.

8. Les agents du « board of trade » devront visiter les machines fixes, câbles, véhicules, et prescriront les mesures qu'ils jugeront nécessaires à la sécurité publique.

9. La vitesse de marche des voitures ne dépassera pas 9 kilom. 6 à l'heure.

10. Les dummys seront reliés aux voitures ordinaires par deux chaînes d'attelage.

11. Les voyageurs devront descendre des voitures par le côté droit (les voitures en Angleterre prennent leur gauche).

12. Les véhicules à la descente, seront toujours rendus solidaires du câble par le gripp, et descendront sur câble.

13. Le receveur de la voiture ne quittera pas la plate-forme d'arrière à la montée.

Pénalités. — En cas de contravention par l'exploitant aux règlements ci-dessus, une amende de 250 fr. serait encourue.

Si la contravention constatée continuait, une amende de 250 fr. par jour, après le premier, pourrait être imposée.

14. Le conducteur fera sonner de temps en temps, comme avertissement, la cloche placée sur la voiture.

15. En cas de danger imminent les voitures seront arrêtées.

16. L'entrée et la sortie des voyageurs s'effectueront par la dernière voiture, ou par la plate-forme du conducteur, sauf dans le cas des dummys.

17. La Compagnie affichera dans chacune des voitures un exemplaire imprimé des présents règlements.

Pénalités. — Toute contravention aux règlements ci-dessus sera passible d'une amende n'excédant pas mille francs.

18. Chaque dummy sera muni d'un frein à patin.

19. Aucun véhicule ne commencera un trajet descendant sans que le gripp ait préalablement saisi le câble, et que le frein de glissement soit en bon état.

Le conducteur d'une voiture ordinaire ne la quittera pas pendant le trajet descendant.

Pénalités. — Toute contravention aux règlements ci-dessus sera passible d'une amende n'excédant pas 250 francs, et dans le cas où l'infraction continuerait, l'amende serait de 125 francs par jour, après le premier.

ANNEXE N° 2

Tramway funiculaire de Belleville
Exploitation

Avant d'entrer dans les détails de l'exploitation, il nous paraît utile de rappeler succinctement le chemin suivi par le câble tracteur.

En quittant la poulie-tendeur, il suit une galerie couverte qui le conduit dans une chambre placée sous la rue de Belleville, passe autour d'une poulie de $2^m,50$ de diamètre, à axe légèrement incliné sur la verticale, sur laquelle il fait un angle de 90 degrés, puis il est relevé dans la galerie par une poulie-couronne de 1 mètre de diamètre, et il descend à la place de la République. Sur ce point, il embrasse une demi-conférence d'une poulie de $2^m,50$ de diamètre, à axe vertical, remonte sans interruption au terminus supérieur, semblable à celui de la place de la République, puis il rentre dans le dépôt, après avoir franchi deux poulies identiques à celles de la sortie ; il passe sur les poulies d'entraînement, de renvoi et du tendeur, et recommence le même chemin.

Ceci posé, et étant établi que le câble n'est pas normalement à la portée du gripp, il nous faut expliquer les dispositions adoptées pour permettre de le prendre ou de le lâcher, aux deux extrémités et devant le dépôt. En ces trois points, la voie présente une disposition spéciale qui permet aux voitures de prendre le câble par leur simple mouvement de translation : en amont de la prise, la voie est déplacée vers la gauche de $0^m,045$, ce qui permet au gripp ouvert de passer sans toucher le câble ; lorsque la voiture avance, et entre dans la voie normale, le câble, qui est relevé par des poulies spéciales à la hauteur des mâchoires, vient se placer de lui-même dans le gripp ; celui-ci est refermé, et la voiture est entraînée.

Nous pouvons maintenant suivre une voiture dans un tour complet, et indiquer les manœuvres à faire en divers points.

A la sortie du dépôt, le tramway est poussé à bras jusqu'à la voie d'exploitation ; un peu avant d'y arriver, le mécanicien ouvre son gripp, tandis qu'un homme, au moyen d'un appareil à levier placé sous le trottoir, agit sur une poulie qui relève le câble montant, maintenu à ce passage dans le plan vertical de la rainure par un système de poulies. Aussitôt que la voiture franchit l'aiguille de la voie d'exploitation, les mâchoires viennent se placer au-dessous du câble ainsi relevé ; il suffit de fermer la mâchoire inférieure, et la voiture est entraînée.

A partir de ce moment, le tramway se trouve dans les conditions normales de marche ; le mécanicien doit donner un coup de trompe avant d'arriver aux croisements des rues, ralentir sa marche aux abords des voies principales, et s'arrêter, s'il rencontre des obstacles. L'arrêt s'obtient en desserrant le gripp d'environ trois tours de volant et en agissant sur le frein à pédales ; le câble glisse alors sur la mâchoire inférieure sans provoquer l'entraînement de la voiture. La manœuvre pour le ralentissement diffère peu de la précédente, mais le desserrage du volant est moins important, de sorte que le câble, tout en glissant entre les mâchoires, conserve un certain frottement qui produit un léger entraînement.

Arrivé à la pointe de l'aiguille du garage du terminus supérieur, le mécanicien ouvre complètement son gripp ; le câble, tiré dans la voie d'évitement, s'échappe, et la voiture continue sa route par la vitesse acquise; le mécanicien ferme son gripp et agit sur le frein à pédales pour arrêter le véhicule au point de reprise du câble descendant ; le receveur, placé à l'arrière, ouvre le gripp de marche inverse, et le câble, relevé par deux poulies réglées dans ce but, vient se placer lui-même entre les mâchoires.

Le mécanicien, au moment de partir, ferme le gripp ; au passage devant le dépôt, et pour franchir la distance représentant la solution de continuité du câble entre les deux poulies-couronnes, il ouvre complètement la mâchoire inférieure, de façon à laisser échapper le brin rentrant au dépôt, et il laisse le véhicule continuer sa route par la vitesse acquise, en modérant au besoin l'allure au moyen des freins. Arrivé au point de reprise, il s'arrête, ferme son gripp, et il se retrouve dans la situation normale de marche.

A partir de ce garage, le tramway s'engage sur les grandes pentes, où la vitesse ne doit pas dépasser deux mètres par seconde. Aussitôt l'aiguille franchie, le gripp est ouvert de deux tours, de façon à laisser glisser le câble, dont la vitesse est supérieure, et le frein à patins est abaissé ; la voiture conserve le mouvement produit par son impulsion propre, que le mécanicien se borne à régler en agissant sur le frein. Il arrive ainsi au garage de la rue Julien-Lacroix, avant lequel il doit s'arrêter si le train montant n'y est pas entré ; à son arrivée, il se laisse aller dans le croisement, s'y arrête pour laisser descendre et monter les voyageurs, puis il repart ; aussitôt ce garage franchi, le frein peut être relevé et le gripp fermé pour reprendre la vitesse du câble.

Le mécanicien achève ainsi le voyage à la descente, répète au terminus de la République les mêmes manœuvres qu'au terminus supérieur, exécute le voyage à la montée et s'arrête place de l'Église. S'il doit rentrer au dépôt, il amène sa voiture à la vitesse du câble jusqu'à un point déterminé où il s'arrête, puis il ouvre complètement le gripp ; un homme relève, au moyen d'un appareil à levier placé sous le trottoir, un petit galet fixe qui vient se placer derrière le câble et l'arrache de la mâchoire ; le gripp est alors refermé et la voiture est poussée à bras dans la voie du dépôt jusqu'à la remise. On peut éviter cette manœuvre en ne prenant pas le câble au terminus supérieur ; le tramway revient alors au dépôt pas l'effet de la pente de la voie.

Lorsque les trains sont doublés, les manœuvres ne diffèrent de celles énumérées ci-dessus qu'aux extrémités, pour la première voiture seulement, en ce sens que le receveur n'ouvre pas le gripp d'arrière ; il descend de sa voiture et la pousse, avec l'aide de la vitesse acquise, assez loin pour permettre au deuxième tramway de venir se placer au point de prise du câble.

Le service est fait actuellement, soit avec six voitures, soit avec dix ; dans ce deuxième cas, un départ sur deux à chaque extrémité est composé de deux tramways. Suposons au terminus un départ double : au premier garage rencontré, les deux voitures en croisant deux autres, au deuxième une, au troisième deux, au quatrième une et au cinquième deux ; elles quittent ce cinquième garage pour aller à l'autre terminus. La deuxième voiture, devenue la première, est chargée et repart immédiatement ; elle rencontre au premier croisement une voiture seule et continue sa route ; le tramway croisé vient au terminus, les voyageurs en descendent et y montent, et il repart, suivi et doublé par la voiture abandonnée au départ précédent, qui a été chargée pendant le temps d'un voyage aller et retour au premier croisement.

Lorsque six voitures seulement font le service, elles croisent comme précédemment à chaque garage, mais une voiture seulement, excepté aux deux terminus ; après avoir croisé au dernier garage, la voiture vient au terminus, dépose ses voyageurs, reprend les autres et repart pour le dernier garage, où elle opère un croisement.

Dans le cas de l'exploitation avec six voitures, les départs sont espacés aux extrémités d'a peu près cinq minutes et demie, et avec dix voitures de six minutes et demie ; il y a donc, à chaque extrémité, dans le premier cas, onze départs à l'heure et dans le second cas, neuf départs.

On a essayé d'exploiter avec douze véhicules en doublant les trains, mais les pertes de temps aux extrémités de la ligne, pour le mouvement des voyageurs et les manœuvres, ont abaissé le nombre des voyages bien au-dessous de celui obtenu avec dix voitures.

L'exploitation normale se fait ainsi : six voitures dans la matinée, dix de sept heures du matin à neuf heures du soir, et six de neuf heures à minuit et demie. Le nombre journalier des voyages dans ces conditions, varie dans les six premiers mois de 1892, de 462 à 535.

Les prix de transport sont fixés par le cahier des charges joint au décret d'utilité publique, à 0 fr. 10 par voyageur, quelle que soit la distance parcourue, sauf aux heures des trains correspondant à l'entrée et à la sortie des ateliers, où ils sont réduits à 0 fr. 05 : du 1er avril au 30 septembre, le matin de cinq heures à six heures, et le soir de sept heures à huit heures ; du 1er octobre au 31 mars, le matin et le soir de six heures à sept heures.

L'exploitation est assurée, depuis le 25 août 1891, par la Société anonyme du Tramway funiculaire de Belleville. Cette Société a été constituée par M. Fournier, conformément à la convention intervenue entre la ville de Paris et lui, le 5 août 1890.

Nous donnons dans le tableau ci-dessous les résultats de cette exploitation, du 25 août 1891 au 30 juin 1892.

MOIS.	NOMBRE de VOYAGES.	NOMBRE DES PLACES offertes.	NOMBRE TOTAL des VOYAGEURS.	MOYENNE DES VOYAGEURS par course.	RAPPORT du nombre des VOYAGEURS à celui des places offertes.	RECETTES par MOIS.
1891.						
Août........	2.799	55.980	54.035	19.3	96.5 0/0	5.402f10
Septembre..	12.420	248.400	238.882	19.2	96	23 622 30
Octobre.....	14.563	291.260	263.638	18.1	90.5	25 185 30
Novembre....	14.877	297.540	263.086	17.7	88.5	25 600 15
Décembre...	14.084	281.680	236.128	16.7	83.5	22 322 15
1892.						
Janvier.....	15.969	319.380	269.208	16.8	84	25 380 70
Février.....	15.056	301.120	254.131	16.9	84.5	23 894 25
Mars	14.927	298.540	256 729	17.2	85.9	24 064 75
Avril	16.053	321.060	289.060	18.0	90	27 574 70
Mai.........	16.257	325.140	294.568	17.5	90.5	28 115 35
Juin........	13.866	277.320	247.958	17.9	89.4	23 684 60

ANNEXE N° 3.

Renseignements complémentaires sur le tramway funiculaire de Belleville

Extraits d'un mémoire publié par M. Widmer, ingénieur des ponts et chaussées, dans le n° des Annales des ponts et chaussées de mars 1893.

1. Description du câble actuel, type Lang's patente rope.
2. Mise en place des câbles.
3. Épissures des câbles.
4. Mouvement des voitures.
5. Détermination expérimentale de la puissance développée par les machines motrices.

1. Description du câble actuel, type Lang's patent rope. —

Après avoir essayé divers types de câbles n'ayant pas donné de bons résultats on a employé à Belleville, un câble d'un type particulier, dit : *Lang's patent rope.*

La disposition originale de ce câble consiste en ce que les fils sont enroulés pour constituer les torons, dans le même sens que les torons pour faire le câble, par suite les fils se présentent obliquement à l'axe du câble.

Celui de Belleville est ainsi constitué :

Chaque toron est composé de 7 fils de 3 mm. de diamètre, entourant 5 fils de 1 mm. 5, enveloppant eux-mêmes un fil de 1 mm. Il y a en tout 7 torons groupés autour d'une âme en chanvre.

D'après les Ingénieurs anglais, les fils de ce câble s'useraient par diminution de section et non par rupture.

Ce type de câble est la propriété exclusive de MM. George Cradock et Cie de Wakefield (Angleterre).

Trois câbles de ce système ont été mis successivement en service à Belleville.

Le premier a duré trois mois et demi, quand on l'a retiré son diamètre primitif de 29 mm. avait été réduit à 26 mm. par l'usure des fils ; mais un très petit nombre de ces fils était cassé. Son allongement permanent n'était que de 14 m. 30 soit 0,35 0/0 de sa longueur.

Le second câble de ce type, a donné de moins bons résultats, il a bien résisté aussi trois mois et demi, mais quand on l'a retiré un grand nombre de fils étaient cassés.

Le quatrième câble de ce type, en service en juin 1892, paraissait devoir confirmer l'opinion des Ingénieurs Anglais et s'user simplement par diminution de section et non par rupture des fils.

2. Mise en place des câbles. — Le premier câble a été mis en place de la manière suivante : on avait construit un chariot spécial monté sur les deux essieux d'une voiture, et on lui avait adapté un faux gripp. Le câble était enroulé sur une bobine placée dans la cour du dépôt ; on l'a fait passer sur la grande poulie de renvoi (poulie B de la *fig.* 1) et on a amené l'extrémité jusqu'à la poulie-couronne située sous la rue de Belleville, du côté de la descente. A cette extrémité, on a épissé un bout d'un petit câble de 50 mètres de longueur environ et de 12 millimètres de diamètre ; l'autre bout a été attaché au faux gripp du chariot. On a attelé plusieurs chevaux au chariot et parcouru ainsi la voie,

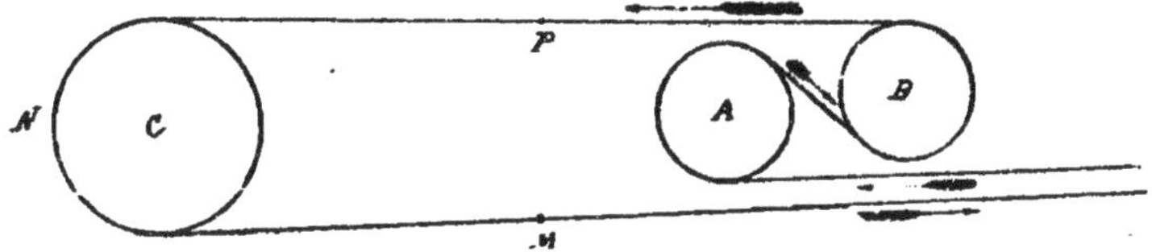

Fig. 1.

du dépôt à la place de la République, de cette place à celle de l'Eglise et de là au dépôt, en ayant soin de placer le câble sur ses poulies. L'opération a été longue et difficile ; elle a été faite pendant les journées des 2, 3 et 4 octobre 1890 ; on y a employé simultanément jusqu'à treize chevaux.

Pour substituer le second câble au premier, nous nous étions proposé d'opérer comme il suit . nous représentons (*fig.* 2) la disposition des poulies sur lesquelles le câble s'enroule dans l'usine, ainsi que nous l'expliquons plus loin.

A est la poulie motrice ;

B est une poulie de renvoi ;

C est la poulie du tendeur.

Les flèches indiquent le sens du mouvement du câble.

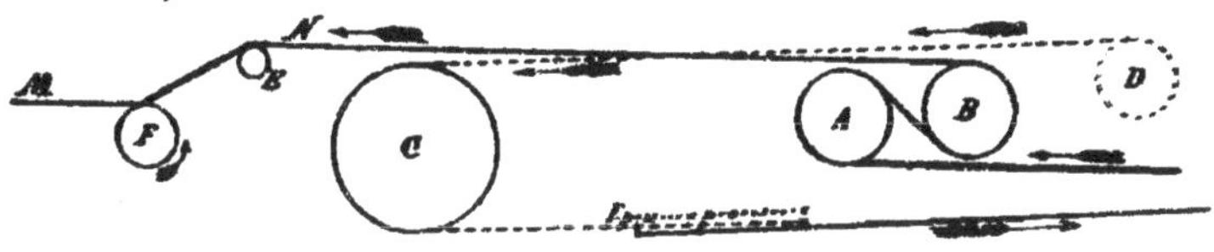

Fig. 2.

Le câble neuf que nous figurons en pointillé étant placé sur la bobine D dans la cour du dépôt, entre la salle des machines et la rue de Belleville, on devait couper le vieux câble en M, enlever ce câble de la poulie du tendeur et faire passer le bout MNP sur une poulie de renvoi E et sur un treuil à bras F, autour duquel on l'avait enroulé. On devait faire passer le câble neuf sur la poulie du tendeur et faire une épissure provisoire entre son extrémité et l'extrémité du brin sortant du vieux câble. En faisant tourner à bras le treuil F dans le sens de la flèche, on aurait exercé sur le vieux câble une tension suffisante pour permettre aux machines, attelées sur la poulie motrice A, de tirer le brin rentrant du vieux câble, qui aurait amené à sa suite et mis en place le câble neuf.

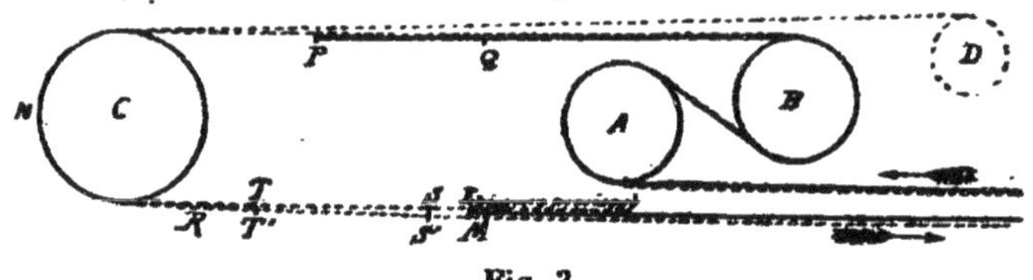

Fig. 3.

Malheureusement, par une circonstance inopinée, le treuil n'a pas été prêt en temps voulu ; le vieux câble ayant été coupé au point M et l'extrémité du brin sortant ayant été épissée avec celle du câble neuf, nous avons tenté de mettre en place le nouveau câble sans extraire l'ancien, en rattachant en PQ, sur une longueur de plusieurs mètres, le vieux câble avec le neuf (*fig. 3*). On a mis les machines en marche, et les deux câbles se sont trouvés simultanément en place.

Lorsqu'ils ont été dans la situation indiquée par la *fig. 4*, on a coupé le câble neuf au point R et enroulé de nouveau sur la bobine

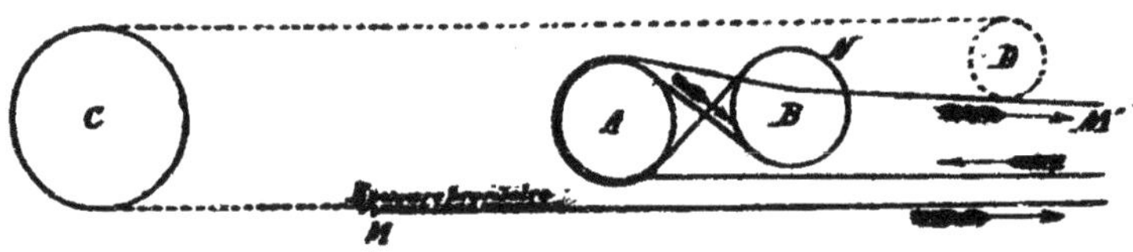

Fig. 4.

D le bout DNR ; on a coupé l'autre brin au point S et fait une seconde épissure provisoire du bout ST sur le brin ST'. On a détaché les ligatures PQ et ramené le bout P du vieux câble vers la cour du dépôt, du côté de la poulie D. On a remis les machines en route et dans ce mouvement, le vieux câble est sorti seul au-dessous de la poulie B.

Ces diverses opérations ont été ralenties par plusieurs incidents. D'abord, les ligatures qui attachaient les deux câbles dans la partie PQ se sont usées pendant la première partie de l'opération; il a fallu les refaire à diverses reprises. La seconde partie se poursuivait sans encombre et l'extraction du vieux câble paraissait devoir s'effectuer avec un plein succès; on en avait enlevé à peu près la moitié, lorsqu'on a cru pouvoir interrompre le travail pour donner du repos aux ouvriers. Pendant l'arrêt, il s'est produit des détensions dans la partie du vieux câble qui n'était pas encore enlevée; il est devenu impossible de remettre les machines en route, et on n'a pu extraire le câble qu'en le coupant par morceaux, qu'on a enlevés par les regards des poulies situés sur la voie publique.

Le câble neuf s'est ainsi trouvé seul en place, et on a fait l'épissure définitive.

La substitution du troisième câble au second a été faite par un procédé beaucoup plus simple et plus rapide :

On a, comme la première fois, coupé le vieux câble en M (*fig.* 5) et fait une épissure entre le commencement du câble

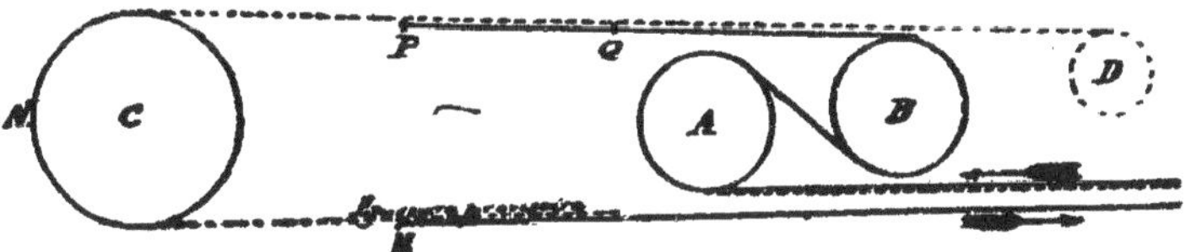

Fig. 5.

neuf et l'extrémité du vieux, puis on a ramené le bout M'N autour de la poulie motrice suivant N P M' et on a mis les machines en marche; ce bout s'est trouvé coincé sous le brin qui va de la poulie A vers la poulie B, et ce coincement a suffi pour produire l'adhérence du vieux câble sur la poulie motrice : l'extrémité M est ainsi venue d'elle-même par le simple mouvement des machines; on n'a eu qu'à le guider pour lover le vieux câble dans la cour. En trois heures environ, le nouveau câble a été mis en place, et l'ancien a été extrait, par une seule et même opération. En résumé, on a arrêté le service le 4 décembre à huit heures du soir; on a mis le nouveau câble en marche le 5 décembre à neuf heures quarante du matin; cet intervalle de treize heures quarante a suffi pour préparer l'opération, faire l'épissure provisoire, opérer la substitution et faire l'épissure définitive.

La substitution du quatrième câble au troisième a été faite

exactement de la même manière : l'opération a duré treize heures, tout compris, entre le moment où on a arrêté le service des voitures et celui où on a mis en marche le nouveau câble.

La confection des épissures est, pour la sécurité du fonctionnement d'un tramway à câble sans fin, d'une importance capitale. Il est absolument indispensable qu'elles ne présentent aucune surépaisseur, par rapport au diamètre normal du câble, et qu'elles soient à peu près invisibles et insensibles au toucher. Il est évident, en effet, que si le câble présente un renflement, les fils qui forment ce renflement sont beaucoup plus exposés que les autres à s'user en passant sur les poulies de support et de guidage, et surtout entre les mâchoires du gripp ; si les fils s'usent, le toron qu'ils composent se coupe rapidement, et il arrive que ce toron, au passage d'un gripp, se rebrousse et se déroule. Cet accident s'est produit à diverses reprises avec des épissures mal faites : il peut avoir des conséquences très graves, si un toron rebroussé derrière le gripp d'une voiture, entraîne cette voiture, sans que celle-ci puisse se dégager du câble.

Les opérations à faire pour la confection d'une épissure sont excessivement simples ; mais pour obtenir un résultat complet, il faut une grande habileté et de nombreux tours de mains, qui ne s'acquièrent que par une longue habitude. C'est ce qui explique que l'on ait été conduit à faire venir d'Angleterre un ouvrier ayant de ce travail une grande expérience, et que les épissures faites par les meilleurs ouvriers qu'on eût pu trouver en France, aient été défectueuses et aient manqué de solidité. Cet ouvrier anglais fait une épissure presque parfaite en deux heures, alors qu'avant lui, on mettait de huit à neuf heures pour obtenir un résultat insuffisant.

Voici comment on procède : l'épissure doit avoir de 18 à 21 mètres de longueur ; supposons qu'on adopte, en chiffres ronds, 20 mètres. On mesure 10 mètres, à partir de l'extrémité de chacun des deux bouts. On décâble chaque bout jusqu'à la ligature, en déroulant successivement chaque toron, et on coupe l'âme à la ligature. On introduit les torons du bout A dans l'intervalle des torons du bout B, comme c'est indiqué sur la *fig.* 6, en ayant soin que chaque toron d'un bout se trouve entre deux torons de l'autre, et que les six torons de chaque bout se suivent bien régulièrement dans leur ordre de 1 à 6 : de la sorte, en faisant un tour complet au point de croisement, on rencontre successivement les torons dans l'ordre suivant :

$$A_1\ B_1\ A_2\ B_2\ A_3\ B_3\ A_4\ B_4\ A_5\ B_5\ A_6\ B_6.$$

Pour simplifier l'opération et faciliter les mouvements, on a soin, dès que les ligatures sont faites, et avant d'enchevêtrer les

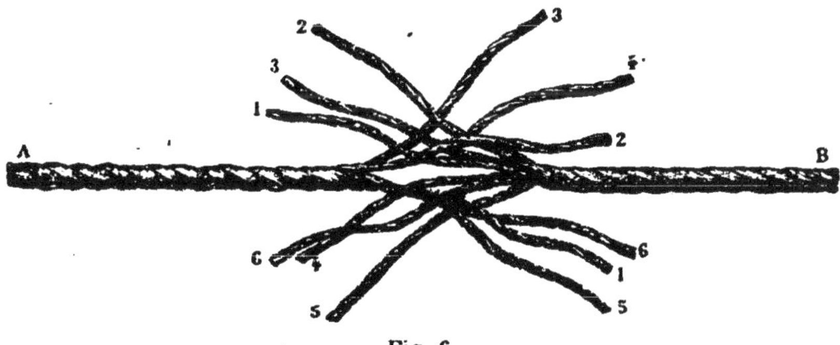

Fig. 6.

torons les uns dans les autres, de couper à $0^m,30$ environ de chaque ligature, les torons A_1 A_3 A_5 d'une part et B_2 B_4 et B_6 d'autre part.

Lorsque les torons sont à leur place dans l'ordre indiqué ci-dessus, on tire vigoureusement les deux bouts l'un vers l'autre, en rapprochant les ligatures et en mettant au contact les extrémités des deux âmes. On défait les ligatures, et on serre encore de façon que les hélices suivies par les six torons de l'un des bouts soient bien exactement les prolongements, sans déformation des pas, des hélices suivies par les six autres torons. Ce serrage est une opération absolument indispensable au succès de l'épissure.

Quand on s'est assuré qu'il en est bien ainsi, on prend le toron A_1, on le déroule progressivement et on lui substitue, au fur et à mesure de son déroulement, le toron B_1 qu'on loge dans le vide laissé par A_1. On serre fortement le toron B_1 dans ce logement, avec la main, et au besoin avec l'aide d'un marteau, de façon à reconstituer exactement le câble. On déroule ainsi le toron A^1 jusqu'à $1^m,20$ de l'extrémité du toron B_1 et on coupe A_1 à $1^m,20$ également du point de jonction des deux torons.

On fait la même opération, dans l'autre sens, en déroulant le toron B_2 et en logeant à sa place le toron A_2.

On revient au toron A_3 qu'on déroule, comme on a fait pour A_1 et on lui substitue B_3 ; mais on a limité le déroulement de A_3 à 3 mètres environ du point de jonction des torons A_1 B_1 ; on coupe A_3 et B_3 à $1^m,20$ de leur jonction.

On continue de la sorte, en substituant successivement A_4 à B_4, B_5 à A_5, A_6 à B_6 et en limitant les substitutions, de telle sorte que les points de jonction soient à 3 mètres les uns des autres,

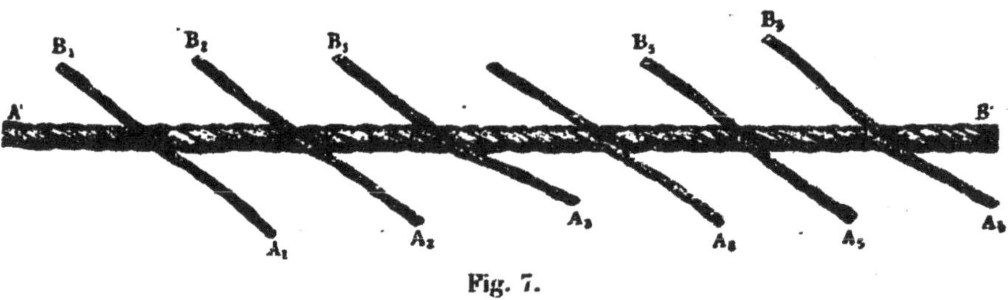

Fig. 7.

dans chaque sens. Quand l'opération est terminée, le travail présente l'aspect de la *fig.* 7, où l'on voit émerger six paires de bouts de toron ayant chacun $1^m,20$ de longueur.

Il reste à noyer dans l'intérieur du câble ces douze bouts de torons. On commence par envelopper l'extrémité de chacun d'eux, sur une longueur de $0^m,20$ à $0^m,30$, au moyen d'une petite corde en chanvre goudronnée, qui empêche les fils de se séparer ; en outre, cette enveloppe donne au toron noyé une légère augmentation de diamètre ; il se trouve ainsi fortement serré par les torons extérieurs, et l'épissure a plus de résistance.

Lorsque les torons sont ainsi préparés, on ouvre le câble, au point de jonction des torons A_1 et B_1, au moyen d'une fiche en acier, qu'on introduit entre les deux torons ; on coupe l'âme en chanvre en ce point et on l'arrache sur une longueur de $1^m,20$ vers la gauche, en faisant tourner la fiche, qui suit, dans ce même sens, les hélices formées par le câblage des torons. On coupe l'âme à l'extrémité de cette longueur de $1^m,20$, et on ramène la fiche au point de jonction des deux torons, toujours entre A_1 et B_1. On prend le toron B_1 et on le détord sur une petite longueur à son origine. On saisit alors le câble avec une pince d'une forme spéciale (*fig.* 8) en plaçant la partie M sous le câble et en appuyant fortement sur l'origine du toron B_1 avec la dent N. On force ainsi B_1 à entrer dans l'intérieur du câble, et en faisant

Fig. 8.

simplement tourner la fiche qui, par cette rotation, suit vers la gauche le sens du câblage, on fait pénétrer le toron B_1 à la place de l'âme qu'on a enlevée.

On opère de même avec le toron A_1, qu'on noie vers la droite à la place de l'âme. La détorsion qu'on fait subir successivement aux torons B_1 et A_1, avant de les noyer, a pour effet d'enchevêtrer leurs fils à leur point de jonction et de rendre insensible la surépaisseur que produirait leur rencontre si l'on ne prenait pas cette précaution. Comme le câble est toujours légèrement déformé par les opérations qu'on vient de faire, on lui rend sa forme en frappant à coups de marteau sur les torons qui font saillie, principalement aux points de jonction des bouts noyés et en serrant les torons les uns contre les autres avec la pince spéciale dont nous avons donné le croquis.

On opère ensuite de même avec les dix autres torons, et quand le travail est terminé, les seuls points de l'épissure qui doivent se distinguer du reste du câble sont les six points de jonction des bouts noyés. Quand le câble est remis en marche, après quelque temps de service, la tension doit serrer ces jonctions au point que l'épissure doit devenir à peu près invisible.

En résumé, comme nous l'avons dit, la suite des opérations est extrêmement simple ; mais il faut une main très exercée, d'abord pour serrer l'un contre l'autre les deux bouts de câble, de manière que le pas des hélices ne soit pas déformé, puis pour substituer les torons de l'un à ceux de l'autre, de manière à leur en faire prendre exactement la place, puis pour noyer les douze bouts de torons.

La moindre imperfection compromet le résultat, et c'est à des imperfections de détail qu'ont été dus les accidents survenus pendant la période d'exploitation provisoire dans le courant des mois de juin, juillet et août 1891.

Malgré tous les soins que peut apporter à ce travail un épisseur expérimenté, une épissure est toujours une partie délicate du câble ; on doit la surveiller constamment et la visiter tous les jours, ou plutôt toutes les nuits, après l'achèvement du service quotidien, car c'est généralement par là que les câbles périssent. Il s'y trouve presque toujours quelque surépaisseur, même insensible à l'œil ; le passage dans les mâchoires du gripp finit par y couper les fils, au bout d'un temps plus ou moins long suivant le degré de perfection du travail, et on est exposé à voir se dérouler un toron. C'est le phénomène que nous avons déjà expliqué. C'est lui qui a été cause de la mise hors de service prématurée du second et du troisième câble.

On peut employer, pour remédier à cet accident, un procédé qui consiste à remplacer le toron déroulé par un toron neuf, dont on noie les extrémités à la place de l'âme, comme on le fait dans une épissure. Mais pour obtenir un résultat satisfaisant, il faut prendre une précaution indispensable ; si le câble a un certain temps de service, l'usure des fils a diminué son diamètre et celui des torons qui le composent ; si donc on remplace un toron usé par un toron neuf ayant le diamètre qu'avait à l'origine ce toron usé, on produira dans le câble une supéraisseur telle que les fils neufs seront très rapidement coupés par le passage des gripps et que le toron neuf sera promptement arraché. Il faut donc avoir, pour remplacer le toron usé, un toron de même pas et de diamètre moindre, qui n'offre aucune saillie sur la surface du câble. Il convient en outre d'exercer sur le toron neuf une forte traction, de manière à donner au pas de son hélice un léger allongement, identique à l'allongement subi par le câble dans son service, afin que ce toron neuf se place bien exactement dans le logement du toron usé.

4. Mouvement des voitures. — Considérons une voiture au repos sur une rampe et examinons ce qui se passe au moment du démarrage. Le mécanicien ferme son gripp et exerce un effort de serrage sur le câble avec la mâchoire inférieure. Le câble commence par glisser dans la mâchoire : il y exerce un frottement qui entraîne peu à peu la voiture ; lorsque ce frottement est égal aux résistances opposées au mouvement, la voiture prend une vitesse égale à celle du câble. Soit P le poids de la voiture, m sa masse égale à $\frac{P}{g}$, g étant l'accélération de la pesanteur. Soit i l'angle que fait la voie avec l'horizontale. Lorsque la voiture monte, les forces qui s'exercent en sens inverse du mouvement comprennent en premier lieu la composante du poids P suivant la pente, soit P sin i, et, en second lieu, la résistance au roulement du véhicule sur la voie : cette résistance est égale à un certain nombre de kilogrammes par tonne de la composante normale à la voie ; désignons-la par ρ cos i. L'ensemble de ces deux forces est P (sin i + ρ cos i) Désignons cette résistance totale par π. Appelons φ le frottement du câble dans le gripp ; ce frottement est le produit de l'effort de serrage F par le coefficient de frottement. Pendant le démarrage, l'équation du mouvement de la voiture est

$$(1) \qquad m\frac{d^2x}{dt^2} = \varphi - \pi,$$

en observant que la force φ s'exerce dans le sens du mouvement

Cette équation montre que la voiture n'est entraînée que lorsque φ est plus grand que π et que son mouvement doit être uniformément accéléré, si l'effort de serrage est constant et si le coefficient de frottement est indépendant de la vitesse. En intégrant les deux membres, on a

$$m\frac{dx}{dt} = \varphi - \pi t + \text{constante}$$

La constante est nulle, puisque la voiture était au repos à l'origine du temps. En intégrant de nouveau, on a le chemin parcouru au bout du temps t par l'équation.

$$m\,x = (\varphi - \pi)\frac{t^2}{2} + \text{const.}$$

dans laquelle la constante est nulle aussi, si l'on compte l'espace à partir de l'origine du temps.

L'équation de la vitesse

$$\frac{dx}{dt} = \frac{\varphi - \pi}{m} t$$

permet de calculer le temps au bout duquel la voiture aura pris une vitesse déterminée V ; on aura ainsi

$$T = \frac{mV}{\varphi - \tilde{\omega}}.$$

On voit, ce qui était évident *a priori*, que ce temps T est d'autant plus court et le démarrage d'autant plus brusque que φ est plus grand. Or φ est le produit de l'effort de serrage par le coefficient du frottement. Pour éviter les démarrages brusques, les mécaniciens doivent fermer progressivement leur gripp, puis l'ouvrir légèrement, lorsque la voiture a pris sa vitesse normale. D'un autre côté, lorsque le câble est bien goudronné et qu'il est glissant, les démarrages sont doux ; ils sont même quelquefois difficiles à obtenir, lorsque, par suite de l'usure des mâchoires, le serrage n'est pas très fort, et qu'en même temps le câble est glissant.

Les diverses circonstances de la marche d'une voiture ont été étudiées dans des expériences faites le 5 mai 1891 avec l'appareil de M. Desdouits, Ingénieur des constructions navales, Ingénieur en chef des chemins de fer de l'État. Cet appareil a été décrit dans la *Revue générale des chemins de fer*, en 1883 ; il enregistre sur une bande de papier, qui se déroule d'un mouvement uniforme, les accélérations — positives ou négatives — que subit la voiture considérée, pendant les démarrages et pendant les arrêts.

Les abscisses des diagrammes obtenus par l'appareil sont les temps ; elles sont à l'échelle de 0^{m},002 par seconde ; les accélérations, représentées par les ordonnées, sont à l'échelle de 0^{m},0042 pour un centième de g, ou pour 0^{m},0981 ; enfin, si l'on suppose la voiture au repos, successivement en palier et sur une rampe dont l'inclinaison est tgi, le crayon trace deux lignes droites parallèles à l'axe des temps, et distantes de 0,0042 par centimètres d'inclinaison.

M. Desdouits a bien voulu venir lui-même au tramway de

Belleville procéder aux expériences dont nous désirions connaître les résultats. Il a placé son appareil dans une voiture, qui a successivement parcouru la ligne entière à la descente et à la remonte ; il a recueilli ainsi deux sortes de diagrammes correspondant les uns aux démarrages, les autres aux arrêts de la voiture. Pour faciliter leur étude, nous en avons fait amplifier plusieurs par la photographie dans le rapport de 1 à 2,5 ; les secondes sont ainsi représentées par $0^m,005$, les accélérations par $0^m,0105$ pour $\frac{1}{100}\,g$ et les pentes par $0^m,0105$ pour un centimètre par mètre.

Ces diagrammes présentent des formes très comparables, aux différences près, qui tiennent à la déclivité de la voie sur les divers points où ils ont été tracés, et au serrage plus ou moins grand des mâchoires du gripp. Ils ne s'accordent nullement avec la théorie que nous avons précédemment établie et d'après laquelle l'accélération de la voiture serait constante, tant que la voiture n'a pas pris la vitesse du câble. L'explication de cette différence peut être trouvée, dans ce fait que nous avons établi nos formules en admettant, suivant l'usage, la constance du coefficient de frottement du câble dans les mâchoires, quelle que soit la vitesse, l'effort φ est constant dans l'équation.

$$\frac{d^2x}{dt^2}=\frac{\varphi-\pi}{m},$$

et par conséquent l'accélération est elle-même constante et doit être représentée, sur les diagrammes, par une ligne droite parallèle à l'axe des temps. Si l'accélération augmente pendant le démarrage, c'est-à-dire pendant que la vitesse relative du câble et des mâchoires diminue, cela tient à ce que la force φ augmente, c'est-à-dire que le coefficient de frottement s'accroît quand la vitesse de glissement diminue, attendu que l'effort de serrage des mâchoires demeure constant, une fois le gripp complètement fermé.

La théorie pourra donc être modifiée comme il suit :

soit $\frac{dy}{dt}$ la vitesse relative du câble et de la voiture ; le coefficient de frottement qui entre dans la force φ pourra être représenté par une expression de la forme $\alpha - \beta \frac{dy}{dt}$, et si l'on désigne par F l'effort de serrage du gripp, la force φ sera de la forme

$$F\left(\alpha - \beta \frac{dy}{dt}\right).$$

Si V est la vitesse uniforme du câble, on a :

$$\frac{dy}{dt} = V - \frac{dx}{dt};$$

on aura donc

$$\varphi = F\left[\alpha - \beta\left(V - \frac{dx}{dt}\right)\right],$$

ou

$$\varphi = F(\alpha - \beta V) + F\beta \frac{dx}{dt},$$

et l'équation du mouvement de la voiture sera

$$m\frac{d^2x}{dt^2} = F(\alpha - \beta V) - \pi + F\beta \frac{dx}{dt};$$

ce qui est de la forme

$$\frac{d^2x}{dt^2} = A + B\frac{dx}{dt}.$$

Cette équation peut s'écrire :

$$\frac{B\frac{d^2x}{dt^2}}{A + B\frac{dx}{dt}} = B.$$

L'intégration des deux membres donne

$$\log \text{nep}\left(A + B\frac{dx}{dt}\right) = Bt + \text{const}.$$

Pour déterminer la constante, observons que $\frac{dx}{dt}$ est nul pour $t = 0$; nous en concluons

$$\log \text{nep}\, A = \text{const.},$$

d'où

$$\log \text{nep}\left(A + B\frac{dx}{dt}\right) = Bt + \log \text{nep}\, A,$$

ou bien

$$A + B\frac{dx}{dt} = Ae^{Bt},$$

ou enfin

$$\frac{dx}{dt} = \frac{A}{B}e^{Bt} - \frac{A}{B}.$$

Telle est l'expression de la vitesse de la voiture ; son accélération est

$$\frac{d^2x}{dt^2} = Ae^{Bt},$$

$$\frac{d^2x}{dt^2} = \left[\frac{F(\alpha - \beta V) - \pi}{m}\right] e^{\frac{F\beta t}{m}}.$$

il est visible que si β est nul, c'est-à-dire si le coefficient de frottement est constant, on retrouve l'équation précédemment admise.

L'équation de la vitesse, en remplaçant A et B par leurs valeurs, est la suivante :

$$\frac{dx}{dt} = \frac{F(\alpha - \beta V) - \pi}{F\beta}\left(e^{\frac{F\beta t}{m}} - 1\right).$$

Pour obtenir le temps T au bout duquel la vitesse est V, nous poserons

$$V = \frac{F(\alpha - \beta V) - \pi}{F\beta}\left(e^{\frac{F\beta T}{m}} - 1\right),$$

d'où

$$e^{\frac{F\beta T}{m}} = \frac{F\beta F}{F(\alpha - \beta V) - \pi} + 1,$$

et

$$T = \frac{m}{F\beta}\log\text{nep}\left[\frac{F\beta V}{F(\alpha - \beta V) - \pi} + 1\right].$$

Enfin l'effort φ, qui est transmis à la machine, a pour valeur, comme nous l'avons vu,

$$\varphi = F(\alpha - \beta V) - F\beta\frac{dx}{dt}.$$

ou bien

$$\varphi = F(\alpha - \beta V) + [F(\alpha - \beta V) - \pi](e^{\frac{F\beta t}{m}} - 1).$$

ou enfin

$$\varphi = [F(\alpha - \beta V) - \omega](e^{\frac{F\beta t}{m}} + \pi.$$

Nous pouvons vérifier que notre hypothèse rend bien compte de ce qui se passe en réalité, en construisant la courbe représentative de l'équation de l'accélération

$$\frac{d^2x}{dt^2} = \frac{F(\alpha - \beta V - \pi}{m} e^{\frac{F\beta t}{m}}.$$

Admettons que le coefficient de frottement ait pour valeur 0,05 au début du mouvement, c'est-à-dire lorsque $\frac{dy}{dt}$ est égal à V ou à 3 mètres par seconde, et 0,14 lorsque $\frac{dy}{dt}$ est nul; nous aurons ainsi $\alpha = 0{,}14$ et $\beta = 0{,}03$. Plaçons-nous d'ailleurs successivement dans les deux hypothèses correspondant aux deux diagrammes donnés par l'appareil de M. Desdouits : le poids de la voiture était égal à 3.000 kilogrammes ; sa masse était, par conséquent, égale à 306. Dans la première hypothèse, la voiture était sur une pente de $0^m{,}045$ par mètre ; la tangente de l'angle i de la roue avec l'horizon est $\operatorname{tg} i = -0^m{,}045$.

Supposons que le coefficient ρ soit égal à 0,015, soit à 15 kilogrammes par tonne, nous aurons :

$$\omega = P(-\sin i + 0{,}015 \cos i) = -90 \text{ kg}.$$

Prenons F = 1.300 kilogrammes. Nous aurons

$$\frac{d^2x}{dt^2} = \frac{3100^{\text{kg}}(0{,}14 - 0{,}03 \times 3) + 90}{306} e^{\frac{1300 \times 0{,}03\, t}{306}}.$$

ou, en faisant les calculs

$$\frac{d^2x}{dt^2} = 0{,}81\, e^{0{,}127\, t}.$$

Le temps T au bout duquel la vitesse de la voiture a atteint 3 mètres par seconde est

$$T = \frac{306}{1300 \times 0,03} \text{lop nep} \left[\frac{1300 \times 0,03 \times 3}{1300 (0,14 - 0,03 \times 3) + 90} + 1 \right],$$

ou

$$T = 4^{sec}, 4.$$

Faisons $t = 0$ et $t = 4,4$ dans l'expression de l'accélération ; nous aurons successivement pour valeurs de cette accélération $0^m,51$ et $0^m,89$.

L'effort du frottement φ a pour valeur 66 kilogrammes pour $t = 0$ et 182 kilogrammes pour $t = 4,4$.

Enfin, la vitesse a pour équation $\frac{dx}{dt} = 4,02 (e^{0,127\, t} - 1)$.

Dans la deuxième hypothèse, la voiture était sur une rampe de $0^m,045$; on a donc tg $i = 0,045$ et

$$\omega = P (\sin i + 0,015 \cos i) = 174.$$

Prenons F = 4.000 kilogrammes, nous aurons

$$\frac{d^2x}{dt^2} = \frac{4000 (0,14 - 0,03 \times 3) - 174}{306} e^{\frac{4000 \times 0,03}{306} t},$$

ou

$$\frac{d^2x}{dt^2} = 0,085\, e^{0,39\, t}.$$

Le temps T a pour valeur

$$T = \frac{306}{4000 \times 0,03} \text{log. nep.} \left[\frac{4000 \times 0,03 \times 3}{4000 (0,14 - 0,03 \times 3) - 174} + 1 \right].$$

$$T = 7 \text{ secondes.}$$

Pour $t = 0$, l'accélération est $0^m,085$; pour $t = 7$, elle est $1^m,25$.

L'effort de frottement φ est de 200 kilogrammes pour $t = 0$ et de 556 kilogrammes pour $t = 7$.

Enfin, la vitesse a pour équation $\frac{dx}{dt} = 1,22 (e^{0,39\, t} - 1)$.

On voit que les deux diagrammes théoriques se superposent assez bien à ceux qu'a fournis l'appareil de M. Desdouits.

Pour terminer l'analyse du mouvement de la voiture, il faudrait examiner ce que nous avons appelé la seconde période du démarrage, comprise entre le moment où le câble cesse de glisser dans les mâchoires et le moment où la vitesse de la voiture est uniforme.

Nous avons montré, dans la deuxième partie de cette notice,

combien le problème est compliqué. On peut reconnaître maintenant que sa solution n'est pas nécessaire au point de vue pratique. Comme le prouvent les diagrammes que nous venons de tracer, les dernières formules que nous avons données rendent compte du maximum de l'accélération et par conséquent du maximum de l'effort qui se produit dans le démarrage. C'est évidemment le résultat essentiel à obtenir, et il est superflu de pousser plus loin les calculs.

Pour terminer, nous ne tirerons de ce qui précède que la conclusion suivante :

Supposons qu'une voiture pesant 4,300 kilogrammes se trouve arrêtée sur la rampe de $0^{m},075$, nous aurons $\pi = 386$. Supposons $F = 5.000$: admettons enfin que l'état du câble soit tel qu'on ait $\alpha = 0,18$ et $\beta = 0,03$; nous aurons :

$$\frac{d^2x}{dt^2} = \frac{5000 \times 0,09 - 386}{438} e^{\frac{5000 \times 0,03}{438} t},$$

ou bien

$$\frac{d^2x}{dt^2} = 0,15\, e^{0,34\, t}.$$

La vitesse de 4 mètres sera obtenue au bout d'un temps $T = 5^{sec},82$.

L'effort φ est égal à 452 kilogrammes pour $t = 0$ et à 854 kilogrammes pour $t = 5^{sec},82$.

Si l'on admettait que le frottement fût constant pendant le démarrage, l'effort φ nécessaire pour que la voiture prît la vitesse de 3 mètres en $5^{sec},82$ serait donné par l'équation

$$\varphi = \pi + \frac{mV}{T},$$

ou

$$\varphi = 386 + \frac{438 \times 3}{5,82} = 612 \text{ kg.}$$

ce qui correspond à un coefficient de frottement égal à $\frac{612}{5000} = 0,12$.

Ce résultat est notablement inférieur à l'effort maximum de 854 kilogrammes que nous venons de trouver. L'hypothèse de la constance du coefficient de frottement donnerait donc un mécompte sérieux dans l'évaluation des efforts que doit développer la machine.

5. Détermination expérimentale de la puissance développée par les machines.

Il aurait été extrêmement intéressant de pouvoir mesurer, par des expériences directes, les efforts produits par les machines sur la jante de la poulie motrice : malheureusement, ces mesures ne pourraient se faire qu'au moyen d'appareils compliqués, à l'installation desquels ne se prête nullement la disposition des machines du tramway funiculaire de Belleville. Il a fallu se contenter de mesurer, au moyen de l'indicateur de Watt, la puissance indiquée sur les pistons : de nombreuses observations ont été faites à diverses reprises avec cet indicateur. On peut en déduire assez approximativement l'effort qui s'exerce sur la circonférence de la poulie motrice, en observant que l'on peut évaluer à 85 p. 100 le rendement d'une machine du genre de celles qui fonctionnent au tramway de Belleville, c'est-à-dire le rapport entre la puissance disponible sur l'arbre de couche, et la puissance indiquée sur les pistons.

Nous avons fait une première série d'observations, en faisant fonctionner le câble seul, sans voiture, et en donnant au brin sortant des tensions différentes obtenues en chargeant plus ou moins le tendeur. Nous donnons, dans le premier tableau ci-après, les résultats des observations faites dans la journée du 27 avril 1891 ; ce tableau exige quelques explications.

Dans la première colonne sont inscrites les tensions du brin sortant ; dans la seconde, les puissances en chevaux indiqués. Nous avons multiplié chacun des chiffres de la 2e colonne par le coefficient 0,85 mentionné plus haut et obtenu la puissance disponible sur l'arbre correspondant pour chaque cas à la puissance indiquée : c'est l'objet de la 3e colonne. En multipliant les chiffres de cette colonne par 75 kilogrammètres et en divisant le produit par la vitesse du câble, qui est de 3 mètres par seconde, nous avons obtenu les efforts qui s'exercent à la jante de la poulie, et nous avons inscrit les résultats dans la 4e colonne.

Nous avons vu qu'en appelant P ces efforts, T_0 la tension du brin sortant et T_1 celle du brin rentrant, on a $P = T_1 - T_0$ ou $T_1 = P + T_0$.

La 5ᵉ colonne contient, à chaque ligne, la valeur de T_1, qui est la somme des valeurs correspondantes de P et de T_0.

Enfin, nous avons établi que les tensions T_1 et T_0 sont liées par une relation de la forme

$$T_1 = A + BT_0.$$

Faisons A = 1.080 et B = 1,35 et inscrivons dans la 6ᵉ colonne du tableau les valeurs de T_1 tirées de l'équation

$$T_1 = 1080 + 1,35\ T_0.$$

TENSION initiale T_0 (1)	PUISSANCE indiquée (moyenne) (2)	PUISSANCE sur l'arbre moteur (col. 2 × 0,85) (3)	EFFORT sur la jante de la poulie motrice (4)	TENSION du brin rentrant (col. 1 + col. 4) (5)	TENSION du brin rentrant (calculée) $T_1 = 1057 + 1,35\ T_0$ (6)
kilog.	chev.	chev.	kilog.	kilog.	kilog.
1.516	74,92	63,68	1.592	3.108	3.126
1.381	74,72	63,51	1.588	2.969	2.944
1.260	71,60	60,86	1.522	2.782	2.781
1.026	68,40	58,14	1.454	2.480	2.465
950	66,14	56,22	1.406	2.366	2.362
900	64,76	55,05	1.376	2.276	2.295
830	63,81	54,24	1.356	2.186	2.203

La comparaison des deux dernières colonnes de ce tableau montre que la tension T_1 est bien une fonction linéaire de T_0, comme l'indiquait la théorie. Les coefficients 1.080 et 1,35 rendent bien compte de l'expérience du 27 avril 1891.

Mais, comme nous l'avons dit, il faut observer que les valeurs numériques données des coefficients A et B ne correspondent qu'à un état déterminé du câble et que ces valeurs sont variables dans de certaines limites, suivant le degré de lubrification du câble et des poulies qui le supportent.

Voici à cet égard le résultat des observations faites à différentes époques :

DATES	TENSION initiale	PUISSANCE indiquée	PUISSANCE sur l'arbre moteur	EFFORT sur la jante de la poulie motrice	TENSION du brin rentrant
1891.	kilog.	chev.	chev.	kilog.	kilog.
28 avril...	1.516	85,58	72,74	1.818	3.334
Id. ...	906	79,61	67,68	1.691	2.597
Id. ...	830	77,42	65,81	1.645	2.475
30 avril...	861	62,43	53,07	1.326	2.187
2 mai.....	1.409	64,79	55,07	1.377	2.786
6 mai.....	1.479	60,81	51,69	1.292	2.771
Id........	920	55,80	47,43	1.186	2.106

Les trois premières observations de ce tableau, faites pendant une période d'un quart d'heure, dans laquelle on peut admettre que l'état du câble n'a pas changé, peuvent être assez bien représentées par l'équation

$$T_1 = 1360 + 1,30\ T_0.$$

Les deux dernières correspondraient à l'équation

$$T_1 = 1035 + 1,17\ T_0.$$

En comparant les deux tableaux qui précèdent, on voit que pour une tension initiale de 1.516 kilogrammes, la puissance indiquée a varié de $74^{\text{chx}},92$ à $85^{\text{chx}},58$, et pour 920 kilogrammes environ, de 65 à 80 et à 56 chevaux. Ces exemples montrent qu'on peut abaisser sensiblement la puissance absorbée par le câble en entretenant les organes avec soin, mais qu'il est prudent, pour établir les moteurs, de compter sur des coefficients élevés.

Nous avons fait un grand nombre d'observations sur la puissance développée par les machines pendant la marche des voitures, ces voitures étant en nombre variable, depuis deux jusqu'à dix. Voici les principaux résultats de ces observations :

Le plus faible diagramme a donné une ordonnée moyenne de $1^{\text{kg}},81$, et le diagramme le plus fort une ordonnée moyenne de $6^{\text{kg}},62$. Le premier correspond à une puissance de $44^{\text{chx}},96$ et le second à une puissance de $164^{\text{chx}},44$.

En appliquant la formule donnée ci-dessus,

$$p = 0,00189\ P,$$

on voit que P a varié entre 958 kilogrammes et 3.503 kilogrammes ; comme la tension initiale du câble était de 1.300 kilogrammes, la tension du brin rentrant a varié entre 2.258 kilogrammes et 4.803 kilogrammes.

Ces deux diagrammes ont été relevés le 7 mars 1892, avec dix voitures en service.

La moyenne des puissances observées paraît d'ailleurs être de 80 à 90 chevaux.

La conclusion qui se dégage de ces observations, c'est qu'avec le service tel qu'il était organisé le 7 mars 1892, et tel qu'il fonctionne au moment où nous écrivons, on peut compter que la puissance moyenne indiquée est de 85 chevaux, pour déterminer la consommation de charbon et de vapeur ; mais, au point de vue des efforts demandés aux organes de la machine, il est prudent de compter que la puissance peut, à de certains moments, par exemple lorsque les voitures démarrent brusquement, dépasser 164 chevaux.

Nous avons dit, au cours de cette étude, que la vitesse de rotation des machines est très peu variable ; nous nous en sommes rendu compte, à diverses reprises, au moyen d'un enregistreur de tour de MM. Richard frères ; les diagrammes obtenus, dans des circonstances de marches très défavorables, ont montré que le nombre de tours du volant ne varie pas de plus de deux tours en plus ou en moins du nombre moyen qui est égal à soixante par minute. La marche est donc très régulière, quelles que soient les variations du travail résistant.

ANNEXE N° 4.

Tableau comparatif des données des lignes à câble de divers systèmes.

		Plans inclinés (mouvement alternatif)		Système mixte Obach	Câbles porteurs sans fin (système monocâble).				
					Sur poulies verticales. Système Gourjon.			Sur poulies horizontales. Système Brenier	
		Porte de France	Arrigas	Vajda-Hymad.	Le Teil	Saint-Imier	Alson (Grand câble / Petit câble)	Vicat	Chatel
Portée totale.		475m	223	31.000	474.86	2.500	706.16	675	640
Nombre de portées partielles		1	1	envir. 300	1	17	2	2	18
Descente.		350	32,7	797	24.90	250	120.94	74	130
Pente par mètre.		0m73	0.15	0,025 (4)	0.05 (4)	0.10	0.18	0.11	0.20
Flèche verticale.		34m5	5.05	»	23,85	»	24.4 à 0,7	»	»
Rapport de la flèche normale à la Corde.	Brin porteur ou inférieur.	1/21	1/44	»	1/20	1/12 à 1/20	1/21 à 1/23	1/20	»
	Brin supérieur.	»	»	»	1/40	»	1/50 à 1/42	»	»
Câble principal (1).	Diamètre.	45 m/m	16	26	14	17	25	21,6	18
	Poids du mètre.	5k5	0.85	2,4	0.7	1.48 (5)	2.26	»	»
Câble tracteur.	Diamètre.	18 m/m	6.2	18	»	»	»	»	»
	Poids du mètre.	1k16	0.175	1,07	»	»	»	»	»
Diamètre de la poulie d'enroulement.		3m (3)	1.00	2.00	2.00	2.00	2.10	1,6	1.6
Rapport au diamètre du Câble.		160	161	111	143	118	84	74	89
Bennes.	Espacement.	»	»	54	34	43	38	40	54
	Poids mort, *a*.	300k	80	200	12	12	20	50	90
	Poids utile, *b*.	900k	200	300	38	38	160	80	150
	Rapport $\frac{a}{a+b}$.	0.25	0.29	0.40	0.24	0.24	0.11	0.38	0.37
Inclinaison maxima du câble.		45°47'	20°30'	»	»	»	27°	15°	»
Mode de suspension.		poulie	poulie	poulie-bague	à demeure	à demeure	pince	sabot.	sabot.
Vitesse de marche.		6m0	7.5	1,2	1.75	10	1.0	1.0	1.0
Trafic journalier courant.		100t	9	300	70	50	130	72	100
Dépense d'établissement (2).		25.000f.	4.500	1.176,000	2.500	13.000	12.000	11.000	»
Durée probable des câbles.	fixes.	15 ans	10	»	»	»	»	»	»
	mobiles.	2 ans	»	1	6	»	»	3	»
Prix de revient du transport.	d'une tonne.	0f.26	»	»	0.20	0.24	1.50	0.22	»
	d'une tonne kilométrique.	»	»	0,90	»	0.60	»	»	»

(1) Tous ces câbles sont en acier, à l'exception du câble porteur de la Porte de France. (2) Non compris les indemnités de terrains. (3) Le câble fait deux tours sur cette poulie dont la gorge est très évasée. (4) Avec ces faibles pentes, une force motrice additionnelle est nécessaire. (5) Ce câble, du genre excelsior, est relativement plus lourd que les autres.

ANNEXE N° 5.

Tableau donnant les poids et dimensions des fils de fer et d'acier des divers numéros.

Numéros français.	Numéros anglais.	Diamètres en millimètres.	Section en millim. carrés $\omega = \pi \frac{d^2}{4}$.	Poids du mètre de fil en grammes $p = \omega \times 7{,}8$.	Poids par fil enroulé du mètre de câbles en grammes $p' = 1.1\ p$.
P	25	0.5	0.196	1.53	1.68
1	24	0.6	0.287	2.20	2.42
2	23	0.7	0.385	3.00	3.30
3	22	0.8	0.503	3.92	4.31
4	21	0.9	0.636	4.96	5.46
5	20	1.0	0.785	6.12	6.73
6	19	1.1	0.950	7.41	8.48
7	18	1.2	1.114	8.81	9.69
8	»	1.3	1.327	10.35	11.38
9	17	1.4	1.539	12.00	13.20
10	»	1.5	1.767	13.78	15.16
11	16	1.6	2.011	15.68	17.25
12	15	1.8	2.545	19.84	21.82
13	»	2.0	3.142	24.48	26.93
14	14	2.2	3.801	29.64	32.60
15	13	2.4	4.524	35.28	38.81
16	12	2.7	5.725	44.63	49.09
17	11	3.0	7.068	55.13	60.64
18	10	3.4	9.079	70.82	77.90
19	9	3.9	12.045	93.17	102.49
20	8	4.4	15.205	118.59	130.45
»	7	4.6	16.619	129.62	142.58
21	»	4.9	18.857	147.08	161.79
»	6	5.2	21.237	165.63	182.19
22	»	5.4	22 902	178.63	196.49
»	5	5.6	24.630	192.09	211.30
23	»	5.9	27.340	213.24	234.56
24	»	6.4	32.170	250.91	276.00
»	3	6.6	34.212	266.84	293.52
25	»	7.0	38.485	300.19	330.21
»	2	7.2	40.715	317.57	349.33
26	1	7.6	45.365	353.84	389.22
27	0	8.2	52.810	411.91	453.10
28	00	8.8	61.821	474.38	521.82
29	000	9.4	69.398	541.28	595.41
30	0000	10.0	78.541	612.59	673.85

Tableau des coefficients donnant le diamètre des câbles en fonction de celui des fils.

Nombre de torons	Nombre de fils par torons.					
	4	5	6	7	8	9
1 (1)	»	2.70	3.00	3.32	3.60	3.96
3	4.81	5.69	5.85	6.97	7.70	8.31
4	5.85	6.53	7.26	8.03	8.83	9.70
5	6.53	7.30	8.40	8.96	9.85	10.69
6	7.26	8.10	9.00	9.96	10.95	11.88
7	8.03	8.96	9.96	11.02	12.41	13.44
8	8.83	9.85	10.95	12.11	13.32	14.45
9	9.70	10.69	11.88	13.14	14.45	»

(1) Pour un toron de plus de 9 fils, par exemple de 27, le coefficient est le même que pour un câble de 3 torons ayant le même nombre total de fils, par exemple 3 torons de 9 fils. De même pour 8 torons de 4 fils, le coefficient est le même que pour 14 torons de 8 fils.

ANNEXE N° 6.

Chemin de fer mixte de Lauterbrünnen à Mürren (1).

Funiculaire de Lauterbrünnen à Grütsch.

Comme au Giessbach et comme presque sur tous les autres chemins de fer funiculaires du même système, le funiculaire de Lauterbrünnen à Grütsch, comporte une voie Vignole avec une crémaillère intermédiaire, cette dernière servant seulement de point d'appui au frein du véhicule. Les deux wagons (dont l'un est à la partie inférieure de la ligne pendant que l'autre est au sommet) sont attachés aux deux extrémités d'un câble métallique unique, qui s'enroule sur un tambour situé au sommet de la rampe. Il suffit d'une charge additionnelle sur le wagon qui est à l'extrémité supérieure, pour qu'en descendant et en tirant sur le câble il fasse monter le wagon qui était à la partie inférieure et qu'il rencontre au milieu du parcours. A cet endroit, un dispositif spécial permet le passage simultané de deux wagons.

La voie qui, en dehors du garage, se compose de trois rails et de deux crémaillères, se dédouble au point de croisement. Ces voies de garage intermédiaire qui ont 125ᵐ de longueur sont raccordées aux voies rectilignes par des courbes de 1000ᵐ de rayon.

Tracé. — Le funiculaire part de l'extrémité nord du village de Lauterbrünnen (816ᵐ au dessus du niveau de la mer) en face de la station du Bern-Oberland, et s'élève en droite ligne sur le flanc de la montagne jusqu'à Grütsch (1490ᵐ d'altitude).

La longueur horizontale de la voie est de 1215ᵐ, la longueur développée est de 1392ᵐ.

On débute par une rampe de 42 1/2 0/0, qui est raccordée au palier origine par une courbe verticale de 2300 mètres de rayon. A la distance de 129ᵐ.225 comptée horizontalement à partir du point origine, la déclivité passe de 42 0/0 à 50 0/0 pendant les 95ᵐ403 suivants, puis se réduit à 49,2 0/0. Enfin, à partir du point situé à 448ᵐ (distance horizontale) au point origine, on observe une rampe continue de 60 0/0 jusqu'à la station de Grütsch. Le

(1) *Revue générale des chemins de fer,* juillet 1893. Chemin de fer de mixte Lauterbrünnen à Mürren, par M. A. Moutier.

passage de la déclivité de 49,2 0/0 à celle de 60 0/0 a lieu par une courbe de raccordement de 1800 mètres ; à cause du mauvais sol, on a dû multiplier les murs de soutènement avec remplissage en terre.

A l'origine de la ligne, près de Lauterbrünnen, se trouve un remblai de 45ᵐ de longueur environ, puis des viaducs successifs de 3ᵐ à 4ᵐ d'ouverture, dont la longueur totale est de 300 mètres et dont la hauteur y compris les fondations atteint souvent 16ᵐ à 17ᵐ. Le plus grand viaduc situé entre les hectomètres 4 et 6 a 220ᵐ de long. A partir de l'hectomètre 8, le fer succède à la pierre pour l'établissement d'un viaduc de 100ᵐ de longueur, comportant dix ouvertures de 10ᵐ de largeur, avec piliers, alternativement en pierres et en fer.

On ne peut guère se faire une idée des difficultés qu'a soulevé le transport à pied d'œuvre de l'immense quantité de pierres employées, qui ont été fournies par quatre carrières distinctes actuellement épuisées. Les premiers matériaux durent être transportés à dos de mulets, puis on construisit un chemin de fer funiculaire provisoire, entre Lauterbrünnen et l'hectomètre 4 environ ; un second funiculaire provisoire fonctionna ensuite pour les transports de matériaux, depuis l'hectomètre 4 jusqu'à l'hectomètre 8, et enfin un troisième, de l'hectomètre 8 à la station de Grütsch.

Ces trois installations de fortune, furent d'un grand secours (une fois l'infrastructure établie) pour la pose des appareils de voie, des crémaillères, du câble, des poulies et du tambour du funiculaire définitif.

Sur la plate-forme on a installé deux plates-bandes de $0^m50 \times 0^m50$ de section en maçonnerie de béton. Entre ces plates-bandes se trouve une aire de béton, en forme de radier (dont nous verrons tout à l'heure l'utilité). C'est sur ces plates-bandes que sont installées les longrines en bois qui supportent les traverses. Ces longrines de 18×21 d'équarissage, et dont la longueur varie de 3^m00 à 3^m60, sont fixées solidement dans les plates-bandes en béton au moyen de forts boulons à scellement. Comme tout le système a tendance à glisser, les longrines sont séparées les unes des autres par deux cubes de béton, ayant la hauteur des longrines

(18 cent.) une largeur de 40 cent. et une longueur de 50 cent.; ces petits cubes s'opposent au glissement de la longrine, sous l'effet de la pesanteur et de l'adhérence des wagons.

Sur ces longrines sont fixées, au moyen de tire-fonds à vis, les traverses, qui sont en fer Zorès de 2m30 de longueur, de 127 m/m de hauteur et de 305 m/m de largeur. Elles sont espacées d'un mètre.

Sur ces traverses sont placés les trois rails des deux voies à écartement d'un mètre. Ils sont du type Vignole (longueur 6m, hauteur 100 m/m; largeur du patin 80 m/m, et du champignon 44 m/m; leur poids est de 20 kg. par mètre courant.

A l'intérieur de chacune des voies, se trouve également fixée sur les traverses la crémaillère directrice, qui a 140 m/m de hauteur et 246 m/m de largeur. La distance des dents est de 100 m/m; son poids par mètre courant est de 48 kg. et elle est formée de parties élémentaires de 6m de longueur.

Afin de faciliter la pose des supports et poulies du câble, la crémaillère ne se trouve pas exactement dans l'axe de la voie, elle est plus rapprochée du rail intermédiaire commun aux deux voies.

Le câble pèse 3 kg. 50 par mètre courant; il est du type compound de Felten et Guillaume et est formé de 126 fils élémentaires en acier, de 2.63 m/m et de 1.31 m/m de diamètre. Les supports et poulies sont distancés de 13 à 16m dans les alignement droits, et de 12 mètres seulement dans les courbes de raccordement.

La résistance maxima de ce câble a été fixée à 60.000 kg., et il a été constaté à la réception que la rupture ne pouvait être obtenue que par une traction supérieure à 62,250 kg.

Enfin, latéralement aux deux voies, ont été établis deux chemins de 0.80 de large pour piétons, dont les supports en fer sont fixés aux traverses et se courbent à leurs extrémités pour recevoir les garde-fous.

Matériel roulant. — Il se compose de deux voitures, comportant chacune trois compartiments, à niveaux différents, pouvant contenir 30 personnes assises; à la partie postérieure, est une plate-forme qui peut contenir, soit les bagages, soit dix personnes debout.

Il n'y a rien à dire de ces voitures, dont l'aménagement est fort simple.

Les voitures sont munies de deux systèmes de freins séparés ; l'un, le frein à main, se trouve d'un côté, tandis que le second, le frein automatique, se trouve du côté opposé. Les deux actionnent également les essieux antérieurs et postérieurs. Chaque essieu porte, près des roues et de la roue à engrenage, deux sabots de freins, actionnés, l'un par le frein à main et l'autre par le frein automatique. Ce dernier fonctionne soit par une rupture de câble, soit par le fait du dépassement de la vitesse maxima qui est fixée à 1m35 par seconde.

Le conducteur peut aussi, en cas de besoin, par une pression sur un bras de levier, mettre en activité le frein automatique pour arrêter la voiture.

Les voitures sont munies de caisses à eau de 7 m.c. de capacité ; pour éviter un excès de poids moteur, au fur et à mesure de la descente, le conducteur ouvre un robinet de vidange et l'eau s'écoule sur le radier de la voie ménagé entres les longrines ; on régularise ainsi la vitesse de marche.

OUVRAGES A CONSULTER

Alesmonière. — Chemin de fer funiculaire de Rives à Thonon, Lyon, 1890.

Bienvenue. — Rapport de mission, février 1890.

Bonhomme. — Etude sur les câbles aériens. — *Annales des Ponts et Chaussées*, 1888. — *Annales des chemins vicinaux*, 1889.

Bucknall Smith. — *Cable or rope traction*, Londres, 1887.

Couche. — *Voie, matériel roulant et exploitation technique des chemins de fer*, tome II.

Evrard. — *Les Moyens de Transport*, Baudry, éditeur, 1872.

Gavaud. — *Chemin de fer souterrain de Galata à Péra*, Lahure, éditeur, Paris, 1876.

Grivet. — Plan incliné de Lyon-Fourvière, *Revue générale des Chemins de fer*, août et septembre 1882.

Gros. — Câbles porteurs aériens. — *Annales des Ponts et Chaussées*, novembre 1887.

Hensinger von Waldegg. — *Handbuch für Specielle Eisenbahn Technik* (5e volume), Wilhelm Engelmann, éditeur, Leipzig, 1878.

Lefebvre. — Tramway funiculaire de Belleville, *Revue pratique des Travaux publics*, novembre et décembre 1892, janvier 1893.

G. Leverich. — The cable Railway on the New-York and Broklin Bridge, New-York, 1888.

Mallet. — Compte-rendu de la Société des Ingénieurs civils ; Chronique ; Avril 1880, août 1890, mai 1892.

Mauss. — Description des plans inclinés de Liège, *Annales des Ponts et Chaussées*, 1843.

Méyer. — Le Rigi Vaudois, *Annales des Ponts et Chaussées*, mai 1884.

Molinos et Pronier. — Chemin de fer de Lyon à la Croix-Rousse, Morel, éditeur, Paris, 1862.

A. Moutier. — Chemin de fer mixte de Lauterbrünnen à Mürren, *Revue générale des chemins de fer*, juillet 1893.

Murgue. — Raideur des câbles et cordages, *Compte-rendu de la Société des Ingénieurs civils*, octobre 1889.

Perlonnet. — Traité élémentaire des Chemins de fer, Paris, 1856.

Pontzen. — Tramways funiculaires, *Portefeuille économique des machines*, janvier 1888.

Strub. — Le funiculaire de Territet, Montreux, Glion. Traduction française par M. A. Vautier.

Strub. — Unsere Drathseilbahnen, *Schweizerische Banzeitung* 16, 19 et 26 avril 1891.

Tramways funiculaires de San-Francisco. — *Mining and scientific Press*, 3 septembre 1881, San-Francisco.

Vautier. — Chemins de fer funiculaires, *Nouvelles annales de la Construction*, septembre, octobre, novembre 1891, février et mars 1892.

Ch. Vigreux. — *Revue technique de l'Exposition de 1889*, Chemins de fer funiculaires, par Vigreux et Lopé (5e partie).

Widmer. — Tramway funiculaire de Belleville, *Annales des Ponts et Chaussées*, mars 1893.

DIVERS

Annales industrielles, 9 décembre 1877, 6 janvier 1878, 12 août 1883, 9 décembre 1887, 23 septembre 1888, octobre 1888, 8 juin 1890, novembre 1891.

Annales des Mines, 8e série, tome XVI, 6e livraison, 1889.

Annales des Ponts et Chaussées.

Bulletin du Ministère des Travaux publics. Câbles aériens des mines de la Sierra de Bedar, octobre 1889.

Engeneering News, 22 août 1891, 28 juin 1884.

Génie civil. — Avril et 25 juillet, 8 août 1891, 2 janvier 1892.

Journal Officiel du 8 février 1888 : Cahier des charges du chemin de fer funiculaire de Rives à Thonon.

Nouvelles Annales de la construction.

Organ für die Fortschritte des Eisenbahnwesens, 9e série, 17e volume, 1880.

Portefeuille économique des machines.

Revue générale des chemins de fer.

TABLE ANALYTIQUE DES MATIÈRES

www.ingramcontent.com/pod-product-compliance
Ingram Content Group UK Ltd.
Pitfield, Milton Keynes, MK11 3LW, UK
UKHW012011240726
13965UKWH00002B/303

9 782013 571302